高等职业教育机电类专业新形态教材

机床电气控制

第 6 版

主　编　王兰军
副主编　刘长慧　程厚强　段晶莹　韩维敏
参　编　李东辰　孙宪良　潘　强　孙国栋
　　　　高芳芳
主　审　邢相洋

机械工业出版社

本教材是一本定位于高等职业院校，服务于机械制造及自动化、机电一体化技术、数控技术等专业的一体化教材。全书共 5 章，即机床电气控制基础、典型机床控制电路分析与检修、可编程控制器（PLC）应用基础、PLC 控制系统的典型应用与系统设计、交流电动机的变频调速技术。本教材技能训练以"会配线—会修机床—会编程—会用变频器"的能力主线来编写，重点介绍了电动机基本控制电路的分析和槽板配线工艺，两种典型机床控制电路的阅读分析和故障检修方法，可编程控制器的原理、硬件、软元件、指令系统、设计方法以及变频器的结构、原理、参数设置、变频控制系统的安装、设计。本教材每章后都配有精选的典型实训项目，与教学内容同步进行实训练习，在内容上适应了高职高专及应用型本科院校专业知识和技能训练的要求，其知识体系与相关技能训练符合国家 1+X 证书制度。

本教材可作为高职高专及应用型本科院校机械制造及自动化、机电一体化技术及数控技术专业的教材，也可作为职大、电大、函大及各类相关培训机构的专业教材，还可供工程技术人员参考。

本教材配有电子课件，凡使用本教材的教师可登录机械工业出版社教育服务网（http://www.cmpedu.com）注册后免费下载。咨询电话：010-88379375。

图书在版编目（CIP）数据

机床电气控制/王兰军主编. —6 版. —北京：机械工业出版社，2022.11（2024.1 重印）
高等职业教育机电类专业新形态教材
ISBN 978-7-111-71364-7

Ⅰ.①机… Ⅱ.①王… Ⅲ.①数控机床-电气控制-高等职业教育-教材 Ⅳ.①TG659

中国版本图书馆 CIP 数据核字（2022）第 141975 号

机械工业出版社（北京市百万庄大街 22 号 邮政编码 100037）
策划编辑：王英杰　　　　　　责任编辑：王英杰
责任校对：潘 蕊 张 薇　　封面设计：张 静
责任印制：常天培
北京机工印刷厂有限公司印刷
2024 年 1 月第 6 版第 3 次印刷
184mm×260mm·18 印张·440 千字
标准书号：ISBN 978-7-111-71364-7
定价：54.00 元

电话服务　　　　　　　　　　网络服务
客服电话：010-88361066　　　机　工　官　网：www.cmpbook.com
　　　　　010-88379833　　　机　工　官　博：weibo.com/cmp1952
　　　　　010-68326294　　　金　书　网：www.golden-book.com
封底无防伪标均为盗版　　　机工教育服务网：www.cmpedu.com

前　言

2021 年 4 月，全国职业教育大会胜利召开，大会确定要优化职业教育类型定位，深化产教融合、校企合作，深入推进育人方式、办学模式、管理体制、保障机制改革，这为职业教育进一步发展指明了方向。为贯彻职业教育类型定位、产教融合、校企合作和国家提质培优行动计划的要求，编者与山东钢铁集团合作，按照理、实同步"双主线"编写的思路修订了本教材，同步采用了知识体系主线和技能训练主线，教材中知识体系与相关技能训练紧密结合，充分体现"做中学""学中做"的教学理念。

本教材"双主线"的具体内容是：①根据机床电气控制系统的知识体系脉络，结合相关岗位要求建立了机床电气控制基础→典型机床控制电路分析与检修→可编程控制器（PLC）应用基础→PLC 控制系统的典型应用与系统设计→交流电动机变频调速技术这样一条知识体系主线。②根据相关岗位要求建立了会配线→会修机床→会 PLC 编程→会用变频器这样一条技能实训主线。

本次修订相较于本教材第 5 版所做的调整如下：

（1）将第一章中的板前明线布线删除，只进行线槽配线练习。实训项目也有更新，增加了第六节机床电路的安装规范与电路故障检修方法的内容。本章开始进行基本控制电路的故障检修训练，为下一章机床控制电路的故障检修打下基础。

（2）第二章适当降低难度，只学习 CA6140 型车床和 Z3040 型摇臂钻床的电路分析和故障检修。

（3）第三、四章对比介绍了三菱 FX3U 系列和 FX2N 系列 PLC。实训项目主要以 FX3U 系列 PLC 来进行训练。第三章在直接设计法中根据不同情况区别使用不同的编程方法，使初学者可以根据控制任务很快地建立编程思路。第四章第三节将原来西门子公司的 S-200 型 PLC 改为 S7-1200 进行简介。另外对第三、四章的实训项目进行了全面更新，思考与练习也有很大部分做了更新。

（4）第五章标题改为"交流电动机变频调速技术"，增加了第一节交流电动机调速系统概述的内容，讲述了交流调速系统在自动控制系统中的定位以及三相异步电动机的调速方法，便于初学者理解变频调速系统与运动控制系统的衔接。本章选用新型变频器 FR-D700 为例进行讲解。本章实训项目也做了较大幅度的更新。

本教材为高职高专及应用型本科院校机械制造及自动化、机电一体化技术、数控技术等专业的教材，其特点如下。

（1）本教材是理论与实践一体化教材，全书以岗位职业能力为主线，系统地将行业岗位所必需的理论知识深入浅出地进行阐述，体现出清晰的层次性和阶段性。

（2）本教材衔接相关职业技能鉴定要求，实施符合国家 1+X 证书制度的课证融通式教学。

（3）本教材按照理实同步"双主线"编写。教学过程中两条主线互相联系，互相交织，彼此依存，互为补充，彼此缠绕，构建了清晰的整体架构，在两个维度上做到了贴近现场、紧贴学生，实现了知识学习和技能训练"两条腿走路，两个轮子驱动"。

（4）本教材是一本"互联网+"的立体化教材，配有丰富的教学资源，关键和重要的知识点和技能点都配备了教学视频，方便了教师教学和学生自学。

（5）本教材对各知识点、技能点，讲解的更加透彻，非常注重知识技术的前后衔接和关联。

本教材由山东劳动职业技术学院王兰军主编，山东劳动职业技术学院刘长慧、程厚强、段晶莹，湖南理工职业技术学院韩维敏为副主编，李东辰、孙宪良、潘强、孙国栋、高芳芳参与编写。编写分工为：第一章由段晶莹、李东辰编写，第二章由韩维敏、潘强编写，第三章由王兰军、高芳芳编写，第四章由刘长慧、孙国栋编写，第五章及附录由程厚强、孙宪良编写。山东大学邢相洋审阅了本书并提出了宝贵意见。

由于编者水平所限，书中难免存在疏漏之处，恳请广大读者给予批评指正。

编　者

二维码索引

目 录

第一章

机床电气控制基础

【知识目标】

1. 掌握常用低压电器的结构和动作原理。
2. 掌握机床电气原理图的画法和阅读方法。
3. 熟练掌握三相异步电动机基本控制电路的原理。

【能力目标】

1. 掌握常用低压电气元件的正确使用和选用方法。
2. 掌握简单电路的板前线槽配线方法。
3. 掌握基本控制电路的故障检修方法。

普通机床都是由电动机拖动的，而电动机尤其是三相异步电动机是由各种有触点的接触器、继电器、按钮、行程开关等电器组成的控制电路来进行控制的。虽然机床的控制电路各有不同，但都是由一些比较简单的基本环节按需要组合而成的。本章介绍常用低压电器及控制电路的基本环节。

第一节　机床常用低压电器

一、开关电器

1. 刀开关

刀开关又称闸刀开关，是结构最简单、应用最广泛的一种手动电器，常用于接通和切断长期工作设备的电源及不经常起动及制动、容量小于 7.5kW 的异步电动机。图 1-1 所示为常用的开启式开关熔断器组（胶盖刀开关）（HK 系列）、封闭式开关熔断器组（铁壳刀开关）（HH 系列）刀开关的实物图。

刀开关的种类较多，按极数可分为单极、双极和三极，按转换方式可分为单投和双投，

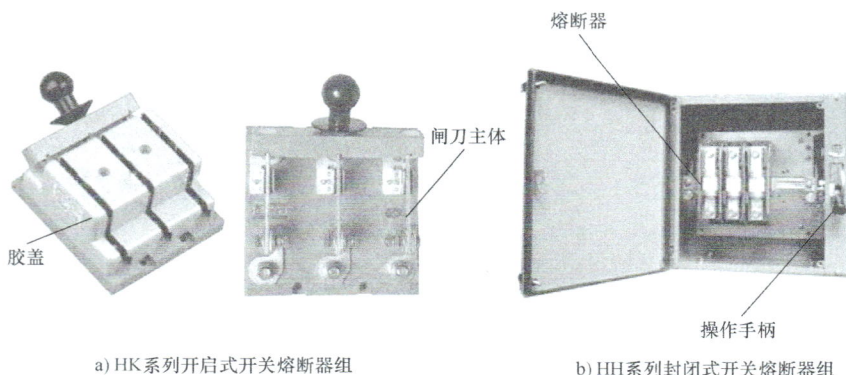

a) HK系列开启式开关熔断器组　　　　　　b) HH系列封闭式开关熔断器组

图 1-1　刀开关

按操作方式可分为直接手柄操作和远距离连杆操作，按灭弧情况可分为有灭弧罩和无灭弧罩等。常用刀开关有瓷底式刀开关和封闭式负荷开关。

（1）刀开关的型号及电气符号　目前常用的刀开关有 HD 系列刀形隔离器、HS 系列双投刀开关、HK 系列开启式刀开关、HH 系列封闭式刀开关及 HR 系列熔断器式刀开关等。刀开关的电气符号如图 1-2 所示。

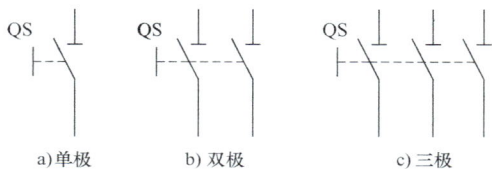

a)单极　　　b) 双极　　　c)三极

图 1-2　刀开关的电气符号

（2）刀开关的选用　刀开关的选用应考虑以下因素：

1）按用途和安装位置选择合适的型号和操作方式。

2）额定电压和额定电流必须符合电路要求。

3）校验刀开关的动稳定性和热稳定性，如不能满足要求，就应选大一级额定电流的刀开关。

2. 转换开关

转换开关又称组合开关，是用于从一组连接转换至另一组连接的开关。

一般用于不频繁通断的电路、换接电源或负载、控制小型电动机正反转以及各种控制电路的转换、仪表的换相测量控制、配电装置线路的转换等。组合开关是由多组相同结构的触点组件叠装而成的多回路控制电器，它由操作机构、定位装置、触点、接触系统、转轴、手柄等部件组成。

组合开关用手柄带动转轴和凸轮推动触点的接通或断开。由于凸轮的形状不同，当手柄处在不同位置时，触点的接合情况不同，从而达到转换电路的目的。手柄可手动多角度旋转，每旋转一定角度，动触点就接通或分断电路。组合开关如图 1-3 所示。

（1）转换开关的常用型号和电气符号　国内常用的转换开关有 LW2、LW4、LW5、LW6、LW8、LW12、LW15、LW16、LW26、LW30、LW39、CA10、HZ5、HZ10、HZ12 等类型。转换开关还有派生的挂锁型开关和暗锁型开关（63A 及以下），可用作重要设备的电源切断开关，防止误操作以及控制非授权人员的操作。转换开关规格齐全，有 10A、16A、20A、25A、32A、63A、125A 和 160A 等电流等级。图 1-4 所示为转换开关的电气符号。

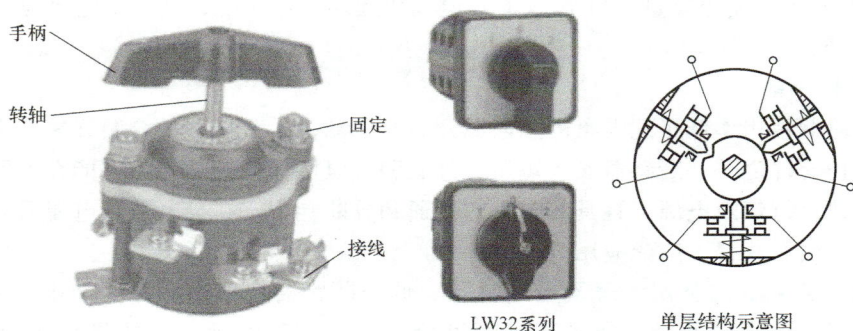

图1-3　组合开关

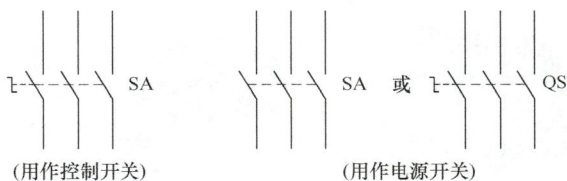

（用作控制开关）　　　　　　　（用作电源开关）

图1-4　转换开关的电气符号

（2）倒顺开关　倒顺开关也是一种转换开关，它是一种手动开关，它不但能接通和分断电源，还能改变电源输入相序，用来直接实现对小容量电动机的正反转控制，故又称为可逆转换开关，其外形与电气符号图如图1-5所示。

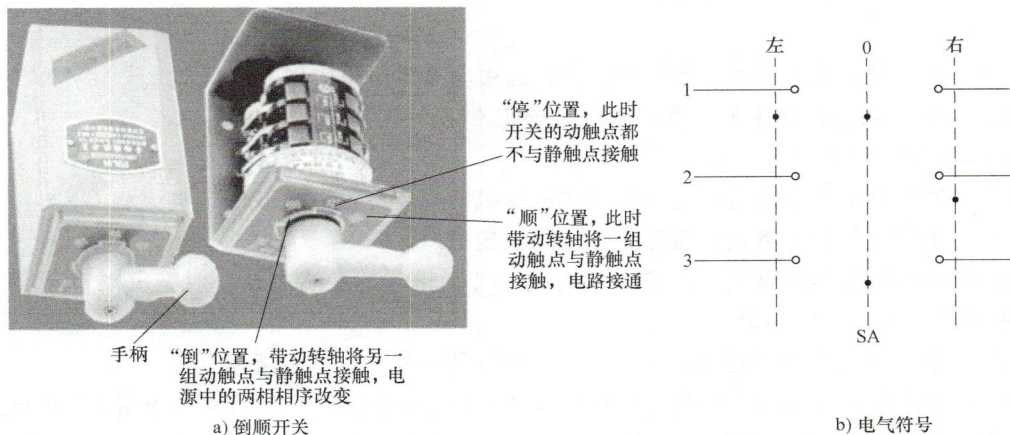

"停"位置，此时开关的动触点都不与静触点接触

"顺"位置，此时带动转轴将一组动触点与静触点接触，电路接通

手柄

"倒"位置，带动转轴将另一组动触点与静触点接触，电源中的两相相序改变

a) 倒顺开关

b) 电气符号

图1-5　倒顺开关及其电气符号

1）欲使电动机改变转向，应先将手柄扳在"停"位置，待电动机停转后，再将手柄转向另一方，切不可不停顿地将手柄从一方直接转向另一方。

2）由于倒顺开关可以改变电源的相序，所以也可用来对电动机进行反接制动。

（3）转换开关的选用　转换开关的选用应考虑以下因素：

1）转换开关作为电源的引入开关时，其额定电流应大于电动机的额定电流。

2）转换开关控制小容量（5kW 以下）电动机起动、停止时，其额定电流应为电动机额定电流的 3 倍。

3. 低压断路器

低压断路器常用作低压配电盘的总电源开关及电动机、变压器的合闸开关，它是低压配电的重要保护元件之一。断路器兼有短路、过载和欠电压保护等功能，它能在电路发生上述故障时快速地自行切断电源，且具有较大的接通和分断能力。在分断故障电流后，一般不需要更换零件，因而获得了广泛应用。

（1）低压断路器的常用型号及电气符号 低压断路器按用途可分为配电（照明）、限流、灭磁、漏电保护等几种；按动作时间可分为一般型和快速型；按结构可分为框架式（万能式 DW 系列）和塑料外壳式（装置式 DZ 系列）；按极数可分为单极、二极、三极和四极。低压断路器的外形结构及电气符号如图 1-6 所示。

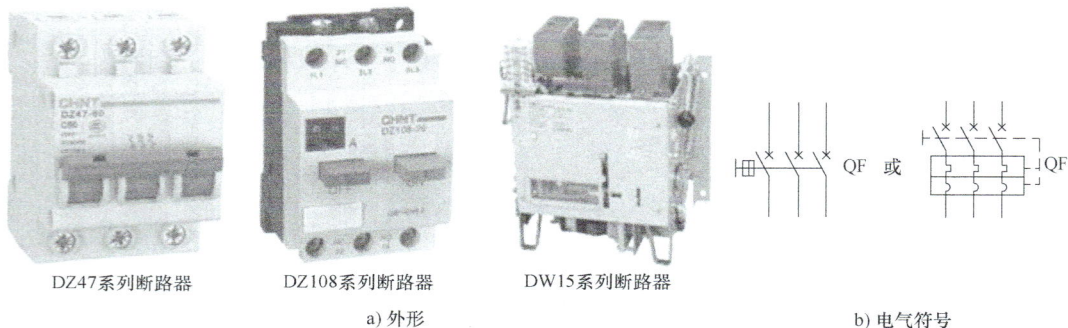

DZ47系列断路器　　DZ108系列断路器　　DW15系列断路器

a) 外形　　　　　　　　　　　　　　b) 电气符号

图 1-6　低压断路器的外形及电气符号

（2）低压断路器的选用 低压断路器的选用应考虑以下因素：

1）额定电压和额定电流应不小于电路的正常工作电压和工作电流。

2）各脱扣器的整定：

① 热脱扣器的整定电流应与所控制的电动机的额定电流或负载额定电流相等。

② 欠电压脱扣器的额定电压等于主电路额定电压。

③ 过电流脱扣器的整定电流应大于负载正常工作时的尖峰电流。对于电动机负载，通常按起动电流的 1.7 倍整定。

3）极数和结构形式应符合安装条件、保护性能及操作方式的要求。

（3）剩余电流断路器 剩余电流断路器是一种常用的漏电保护装置，如图 1-7 所示。它既能控制电路的通与断，又能保证其控制电路或设备发生漏电或接地故障时迅速自动掉闸，自动断开电源进行保护。断路器与漏电保护开关（脱扣器）两部分合并起来就构成一个完整的剩余电流断路器，具有过载、短路、漏电保护功能。

剩余电流断路器的选择：

1）保护单相电路（设备）时，选用单极二线或二极剩余电流断路器。

2）保护三相电路（设备）时，选用三极产品。

3）既有三相又有单相时，选用三极四线或四极产品。

图 1-7 剩余电流断路器外形结构图

二、主令电器

自动控制系统中用于发送控制指令的电器称为主令电器。常用主令电器有按钮、行程开关、接近开关等。

1. 按钮

按钮开关俗称按钮，是一种结构简单、应用广泛的主令电器。一般情况下它不直接控制主电路的通断，而是在控制电路中发出手动"指令"去控制接触器、继电器等电器，再由它们去控制主电路。按钮也可用来转换各种信号电路与电气联锁电路等。

按钮开关的外形、结构如图 1-8 所示。按钮开关一般由按钮帽、复位弹簧、触点和外壳等组成，通常分为常开（动合）按钮开关、常闭（动断）按钮开关和复合按钮开关。

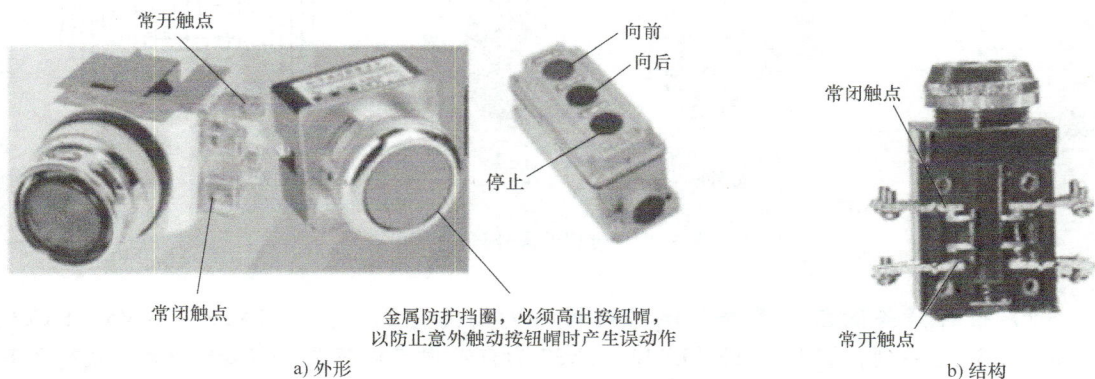

a) 外形

向前
向后
停止
金属防护挡圈，必须高出按钮帽，以防止意外触碰按钮帽时产生误动作

常开触点
常闭触点
常闭触点
常开触点
b) 结构

图 1-8 按钮开关外形与结构

按钮开关的结构形式很多。紧急式按钮开关装有凸出的蘑菇形钮帽，用于紧急操作；旋钮式开关用于旋转操作；钥匙式按钮开关须插入钥匙方能操作，用于防止误动作；指示灯式按钮开关是在透明的按钮帽内装有信号灯，用于信号指示。为了明示按钮开关的作用，避免误操作，按钮帽通常采用不同的颜色以示区别，主要有红、绿、黑、蓝、黄、白等颜色。一般停止按钮采用红色，起动按钮采用绿色。

（1）**按钮开关的常用型号和电气符号**　常用按钮开关的型号有 LA18、LA19、LA20、LA25 和 LAY3 等系列。LA25 系列为全国统一设计的按钮新型号，采用组合式结构，可根据需要任意组合触点数目。LAY3 系列是引进德国技术标准生产的产品，其规格品种齐全，有紧急式、钥匙式、旋转式等。按钮开关的电气符号如图 1-9 所示。

图 1-9　按钮开关的电气符号

（2）**按钮的选用**　按钮选择的主要依据是使用场所、所需要的触点数量、种类及颜色。嵌装在操作面板上的按钮一般选用开启式；需要显示工作状态的一般选带指示灯的；重要场所为防止误操作，一般选钥匙式；有腐蚀的环境选用防腐式。

2. 行程开关

行程开关的作用与按钮开关相似，是对控制电路发出接通或断开、信号转换等指令的。不同的是行程开关触点的动作不是靠手来完成，而是利用生产机械某些运动部件的碰撞使触点动作，从而接通或断开某些控制电路，达到一定的控制要求。为适应各种条件下的碰撞，行程开关有多种结构形式，用来限制机械运动的位置或行程以及使运动机械按一定行程自动停车、反转或变速、循环等。常见行程开关的外形与结构如图 1-10 所示。行程开关的种类很多，按结构可分为直动式、滚轮式和微动式。

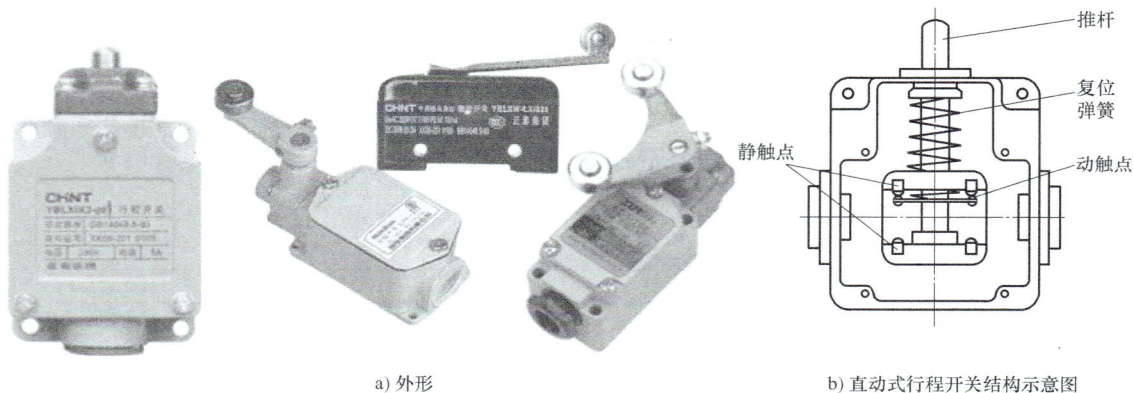

a）外形　　　　　　　　　　　　　　　b）直动式行程开关结构示意图

图 1-10　行程开关外形与结构

（1）**行程开关的常用型号和电气符号**　常用的行程开关有 LX19、LXW5、LXK3、LX32、LX33 等系列，其中 LX19、LX32、LX33 为直动式行程开关，LXW5 为微动式行程开关。行程开关的电气符号如图 1-11 所示。

（2）**行程开关的选用**　行程开关的选用应考虑以下因素：

1）根据应用场合及控制对象选择开关种类。

2）根据安装环境选择开关的防护形式。

3）根据控制电路的额定电压和额定电流选择开关的额定电压和额定电流。

4）根据机械行程或位置选择开关的形式及型号。

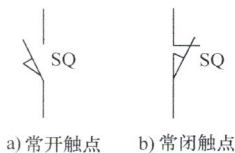

a）常开触点　b）常闭触点

图 1-11　行程开关的电气符号

使用行程开关时，安装位置要准确牢固；若在运动部件上安装，连线应有套管保护，使用时应定期检查，防止接触不良或连线松脱造成误动作。

3. 接近开关

接近开关是一种无接触式物体检测装置，又称无触点行程开关，它除可以完成行程控制和限位保护外，还可以用于检测零件尺寸和测速等。当有物体移向接近开关并接近到一定距离时，接近开关的感应头才有"感知"，使其输出一个电信号，其常开触点闭合，常闭触点断开。通常把这个距离称为检出距离。接近开关按工作原理分为电感式、电容式、霍尔式、超声波式、光电式、磁性式等；按输出形式又可分为两线制和三线制，三线制接近开关又分为 NPN 输出型和 PNP 输出型两种。

目前市场上常用的接近开关有 LJ2、LJ6、LXJ6、LXJ18 等系列产品。接近开关的外形及电气符号如图 1-12 所示。

a) 外形　　　　　　　　　　　　　b) 电气符号

图 1-12　接近开关的外形及电气符号

对于不同材质的检测体和不同的检测距离，应选用不同类型的接近开关，以使其在系统中具有高的性价比，为此在选型中应遵循以下原则：

1）当检测体为金属材料时，应选用电感式接近开关。

2）当检测体为非金属材料时，如木材、纸张、塑料等，应选用电容式接近开关。

3）金属体和非金属要进行远距离检测和控制时，应选用光电式接近开关或超声波式接近开关。

4）当检测体为金属时，若检测灵敏度要求不高，可选用价格低廉的磁性接近开关或霍尔式接近开关。

三、熔断器

短路保护是指电路或设备发生短路时，迅速切断电源的一种保护。熔断器是一种结构简单、使用维护方便、体积小、价格便宜的短路保护电器。它采用金属导体为熔体，串联于电路中，当电路发生短路或严重过载时，熔断器的熔体自身发热而熔断，从而分断电路。熔断器广泛用于照明电路中的过载和短路保护及电动机电路中的短路保护。熔断器由熔体（熔丝或熔片）和安装熔体的外壳两部分组成，起保护作用的是熔体。低压熔断器按形状可分为管式、插入式、螺旋式等；按结构可分为半封闭插入式、无填料封闭管式和有填料封闭管式等。

1. 熔断器的型号及电气符号

熔断器的常用型号有 RL6、RL7、RT12、RT14、RT15、RT16（NT）、RT18、RT19（AM3）、R019、R020、RT0 等。熔断器的外形结构及电气符号如图 1-13 所示。

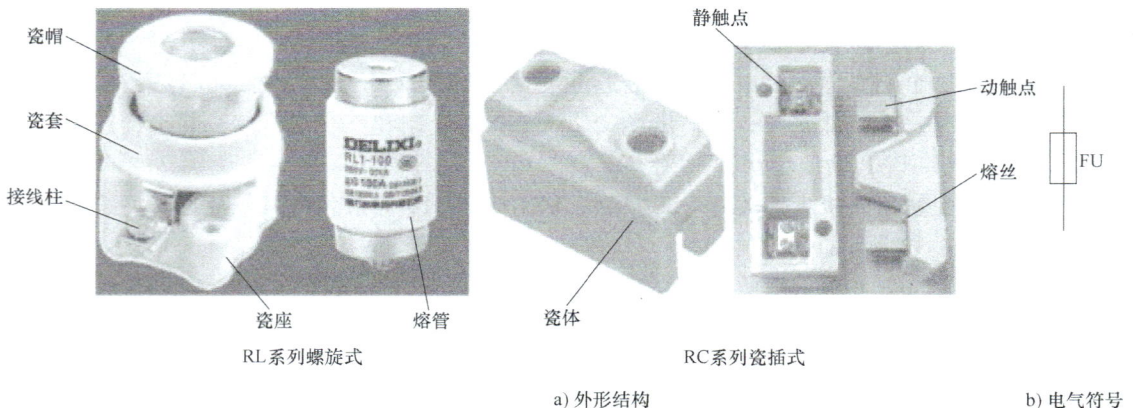

图 1-13 熔断器外形结构及电气符号

2. 熔断器的选用

1）熔断器主要根据使用场合来选择不同的类型。例如，作电网配电用，应选择一般工业用熔断器；作硅元件保护用，应选择保护半导体器件的熔断器；供家庭使用，宜选用螺旋式或半封闭插入式熔断器。

2）熔断器的额定电压必须大于或等于安装处的电路额定电压。

3）电路保护用熔断器熔体的额定电流基本上可按电路的额定负载电流来选择，但其极限分断能力必须大于电路中可能出现的最大故障电流。

4）在电动机回路中作短路保护时，应考虑电动机的起动条件，按电动机的起动时间长短选择熔体的额定电流。

① 对照明电路等没有冲击电流的负载，可按下式决定熔体的额定电流：

$$I_{fu} \geqslant I$$

式中 I_{fu}——熔体的额定电流；

I——电路工作电流。

② 对电动机类负载应考虑起动冲击电流的影响，可按下式决定熔体的额定电流：

$$I_{fu} \geqslant (1.5 \sim 2.5)I_N$$

式中 I_N——电动机额定电流。

对于多台并联电动机的电路，考虑到电动机一般不同时起动，故熔体的电流可按下式计算：

$$I_{fu} \geqslant (1.5 \sim 2.5)I_{Nmax} + \sum I_N$$

式中 I_{Nmax}——功率最大的一台电动机的额定电流；

$\sum I_N$——其余电动机额定电流之和。

四、接触器

接触器是一种适用于远距离频繁接通和分断交、直流主电路和控制电路的自动控制电器，其主要控制对象是电动机，也可用于其他电力负载，如电热器、电焊机等。接触器具有欠电压保护（欠电压保护是指当电路电压下降到某一数值时，电动机能自动脱离电源而停转，避免电动机在欠电压下运行的一种保护），零电压保护（又称失电压保护，是指电动机在正常运行中，由于某种原因引起突然断电时，能自动切断电动机电源，当重新供电时，保证电动机不能自行起动的一种保护）功能，控制容量大、工作可靠、寿命长。它是自动控制系统中应用最多的一种电器。接触器种类繁多，在此主要介绍交流接触器。

1. 交流接触器的结构和工作原理

（1）交流接触器的结构 交流接触器由电磁系统、触点系统、灭弧装置、释放弹簧及基座等几部分构成，图1-14所示为交流接触器的外形结构。接触器的电气符号如图1-15所示。

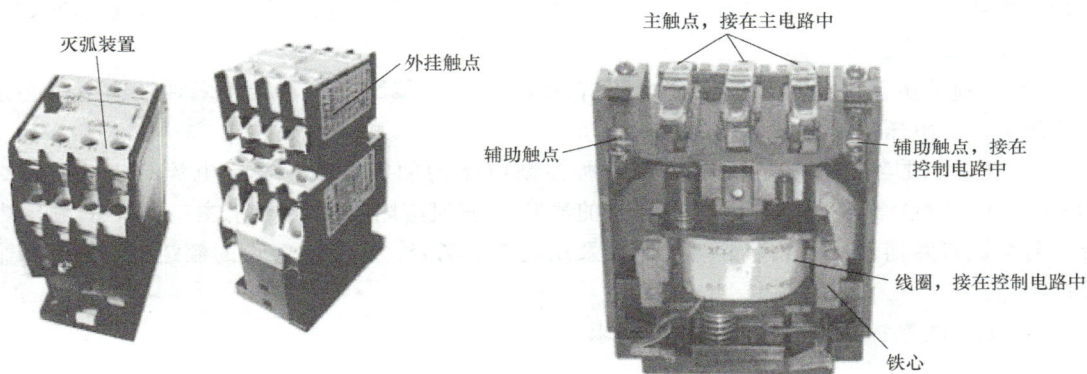

图1-14 交流接触器外形结构

1）电磁系统。电磁系统由线圈、动铁心（衔铁）和静铁心组成。工作过程是：当线圈通电后，线圈电流产生磁场，使静铁心产生电磁吸力，将衔铁吸合。衔铁带动触点动作，使常闭触点断开，常开触点闭合。当线圈断电时，电磁吸力消失，衔铁在弹簧反作用力的作用下释放，各触点随之复位。

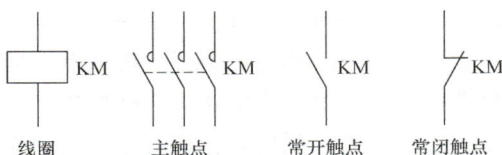

图1-15 接触器的电气符号

2）触点系统。按通断能力的不同，触点分为主触点和辅助触点。主触点用于通断电流较大的主电路，通常为3对常开触点；辅助触点用于通断电流较小的控制电路，一般常开、常闭各2对。

3）灭弧装置。交流接触器在断开大电流或高电压时，在动、静触点之间会产生很强的电弧。灭弧装置的作用是熄灭触点分断时产生的电弧，容量在10A以上的接触器都有灭弧装置。

4）辅助部件。辅助部件包括复位弹簧、传动机构及外壳。

（2）交流接触器的工作原理 当电磁线圈通电后，铁心被磁化产生磁通，由此在衔铁气隙处产生电磁力将衔铁吸合，主触点在衔铁的带动下闭合，接通主电路。同时衔铁还带动辅助触点动作，常闭辅助触点首先断开，接着常开辅助触点闭合。当线圈断电或外加电压显著降低时，在反力弹簧的作用下衔铁释放，主触点和辅助触点又恢复到原来的状态。

2. 接触器的技术参数

（1）额定电压　接触器铭牌上的额定电压是指主触点的额定电压。交流有 220V、380V、500V；直流有 110V、220V、440V。

（2）额定电流　接触器铭牌上的额定电流是指主触点的额定电流，有 5A、10A、20A、40A、60A、100A、150A、250A、400A、600A。

（3）线圈额定电压　交流接触器线圈的额定电压有 36V、110V、220V、380V；直流接触器线圈的额定电压有 24V、48V、220V、440V。

（4）通断能力　通断能力可分为最大接通电流和最大分断电流。

（5）寿命及操作频率　接触器的电气寿命是按规定使用类别的正常操作条件下，不需修理或更换零件的负载操作次数。额定操作频率（次/h）是指允许每小时接通的最多次数。

3. 接触器的选用

1）交流接触器电磁线圈的额定电压有 36V、110V、220V、380V 等多种，选用时必须使线圈的额定电压等于控制电路的电压。

2）主触点的额定电压应大于或等于所控制电路的额定电压。额定电流有 10A、20A、40A、60A、100A 等多种，选用时主触点的额定电流值应略大于或等于主电路中的额定电流。若交流接触器使用在频繁起动、制动及正反转的场合，应将主触点的额定电流提高一个等级使用。

3）触点的数量应满足控制电路的要求。

五、继电器

继电器是一种根据某种输入信号的变化接通或分断控制电路，实现控制目的的电器。继电器的输入信号可以是电流、电压等电量，也可以是温度、速度、时间、压力等非电量，而输出通常是触点的接通或断开。继电器一般不直接控制有较大电流的主电路，而是通过控制接触器或其他电器对主电路进行间接控制。因此，同接触器相比较，继电器的触点断流容量较小，一般不需灭弧装置，但对继电器动作的准确性则要求较高。

继电器的种类很多：按其用途可分为控制继电器、保护继电器、中间继电器；按动作时间可分为瞬时继电器、延时继电器；按输入信号的性质可分为电压继电器、电流继电器、时间继电器、温度继电器、速度继电器、压力继电器等；按工作原理可分为电磁式继电器、感应式继电器、电动式继电器、热继电器和电子式继电器等；按输出形式可分为有触点继电器和无触点继电器。

1. 电磁式继电器

在电力拖动系统中，电磁式继电器是应用最早也是应用最广泛的一种继电器，其外形结构如图 1-16 所示。电磁式继电器的电气符号如图 1-17 所示。

（1）电磁式电压继电器　电压继电器的动作与线圈所加电压大小有关，使用时和负载并联。电压继电器的线圈匝数多、导线细、阻抗大。电压继电器又分过电压继电器、欠电压继电器和零电压继电器。

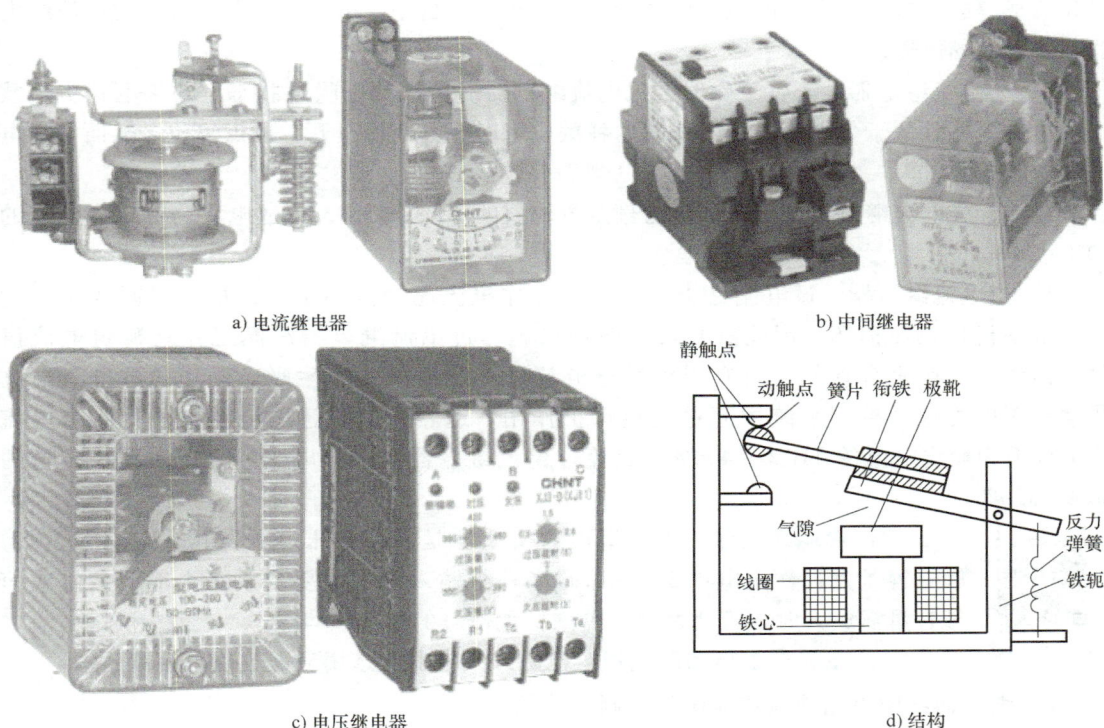

a) 电流继电器

b) 中间继电器

c) 电压继电器

d) 结构

图 1-16 电磁式继电器的外形与结构

1）过电压继电器。当由于某种原因使得电动机电源电压超过其额定值时，电动机的定子电流增大，使电动机发热增多，时间久了就会造成电动机损坏，因此需要进行过电压保护。最常见的过电压保护装置是过电压继电器。当过电压继电器线圈为额定电压值时，衔铁不产生吸合动作，只有当电压为额定电压的 105% ~ 115%时才产生吸合动作；当电压降低到释放电压时，触点复位。

2）欠电压继电器。欠电压继电器在电路中用于欠电压保护。当其线圈在额定电压下工作时，欠电压继电器的衔铁处于吸合状态。如果电路出现电压降低，并且低于欠电压继电器线圈的释放电压时，其衔铁打开，触点复位，从而控制接触器及时切断电气设备的电源。

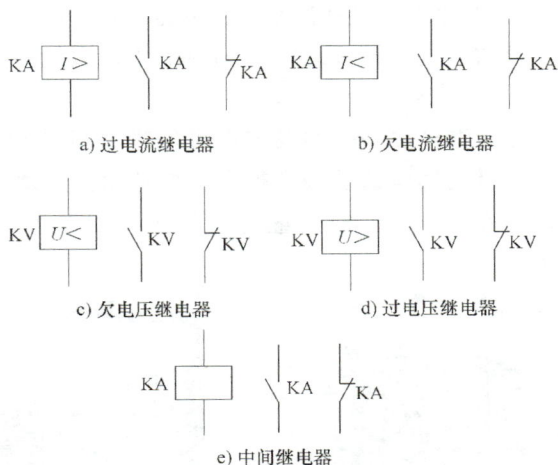

a) 过电流继电器

b) 欠电流继电器

c) 欠电压继电器

d) 过电压继电器

e) 中间继电器

图 1-17 电磁式继电器的电气符号

3）零电压继电器。零电压继电器主要作用是零电压保护。当电压降低至额定电压的 5% ~ 25%时，继电器动作。

（2）电磁式电流继电器 电磁式电流继电器的动作与线圈通过的电流大小有关，使用时和负载串联。电流继电器的线圈匝数少、导线粗、阻抗小。电流继电器又分为欠电流继电器和过电流继电器。

1）欠电流继电器。正常工作时，欠电流继电器的衔铁处于吸合状态。如果电路中负载电流过低，并且低于欠电流继电器线圈的释放电流时，其衔铁打开，触点复位，从而切断电气设备的电源。

通常，欠电流继电器的吸合电流为额定电流值的30%~65%，释放电流为额定电流值的10%~20%。

2）过电流继电器。过电流是指电动机的工作电流超过其额定值，如果时间久了，就会使电动机过热而损坏，因此需要采取保护措施。过电流继电器线圈工作在额定电流值时，衔铁不产生吸合动作，只有当负载电流超过一定值时才产生吸合动作。过电流继电器常用于电力拖动控制系统中起过电流保护作用。通常，交流过电流继电器的吸合电流整定范围为额定电流的110%~400%，直流过电流继电器的吸合电流整定范围为额定值的70%~350%。

（3）中间继电器　中间继电器实质上是一种电压继电器，其触点数量多，触点容量大（额定电流5~10A）。当一个输入信号需要变成多个输出信号或信号容量需放大时，可通过继电器来扩大信号的数量和容量。

中间继电器

（4）电磁式继电器的选用　电磁式继电器的选用应考虑以下因素：

1）继电器线圈电压或电流应满足控制电路的要求。

2）按用途区别选择欠电压继电器、过电压继电器、欠电流继电器、过电流继电器及中间继电器等。

3）按电流类别选用交流继电器和直流继电器。

4）根据控制电路的要求选择触点的数量和类型（常开或常闭）。

2. 时间继电器

时间继电器是一种根据电磁原理或机械动作原理，实现触点延时接通或断开的控制电器。时间继电器的种类很多，按其动作原理与构造的不同可分为电磁式、空气阻尼式、电动式和电子式。时间继电器的实物如图1-18所示。时间继电器的电气符号如图1-19所示。

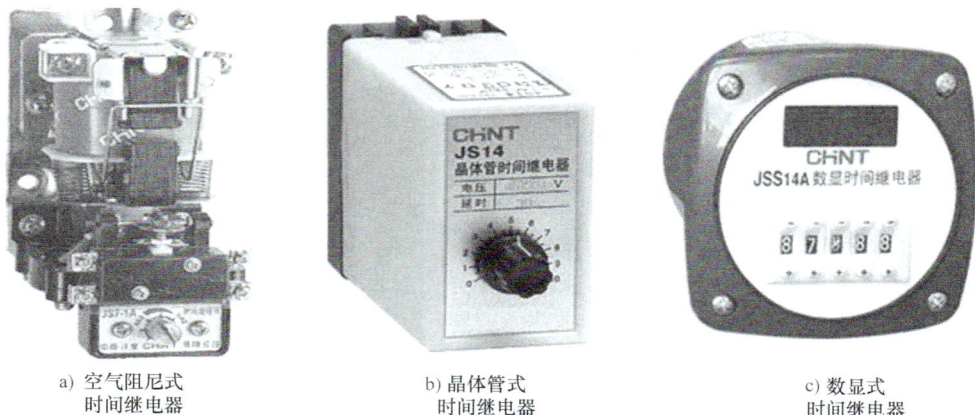

a）空气阻尼式时间继电器　　b）晶体管式时间继电器　　c）数显式时间继电器

图1-18　时间继电器的实物

时间继电器在控制系统中用来控制动作时间，有两种延时方式：通电延时和断电延时。通电延时是指从继电器线圈得电开始，延时一定时间后触点闭合或分断，当线圈断电时，触点立即恢复到初始状态。断电延时是指当继电器线圈得电时，触点立即闭合或分断，从线圈断电开始，延时一定时间后触点恢复到初始状态。断电延时型时间继电器的原理与结构均与通电延时型时间继电器相同，只是电磁机构翻转180°安装。

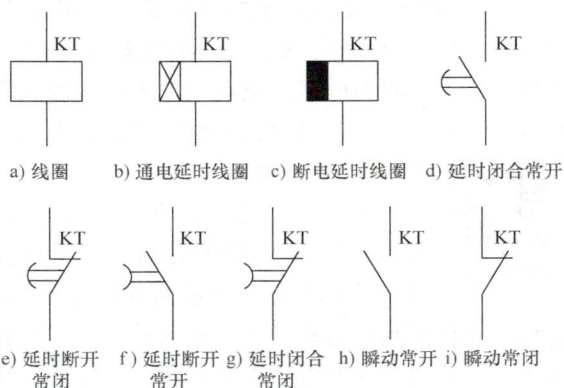

a) 线圈   b) 通电延时线圈   c) 断电延时线圈   d) 延时闭合常开

e) 延时断开   f) 延时断开   g) 延时闭合   h) 瞬动常开 i) 瞬动常闭
   常闭   常开   常闭

图 1-19 时间继电器的电气符号

（1）数显式时间继电器简介   图 1-20 所示是 DH48S 系列数显式时间继电器，该时间继电器是通电延时型。图 1-20a 是安装好的时间继电器，图 1-20b 是将时间继电器安装在图 1-20c 所示的底座上。图 1-20d 所示是接线图，图中②、⑦之间接直流或交流电源，其延时闭合常开触点有两对（①与③、⑥与⑧）、延时断开的常闭触点有两对（①与④、⑤与⑧）。

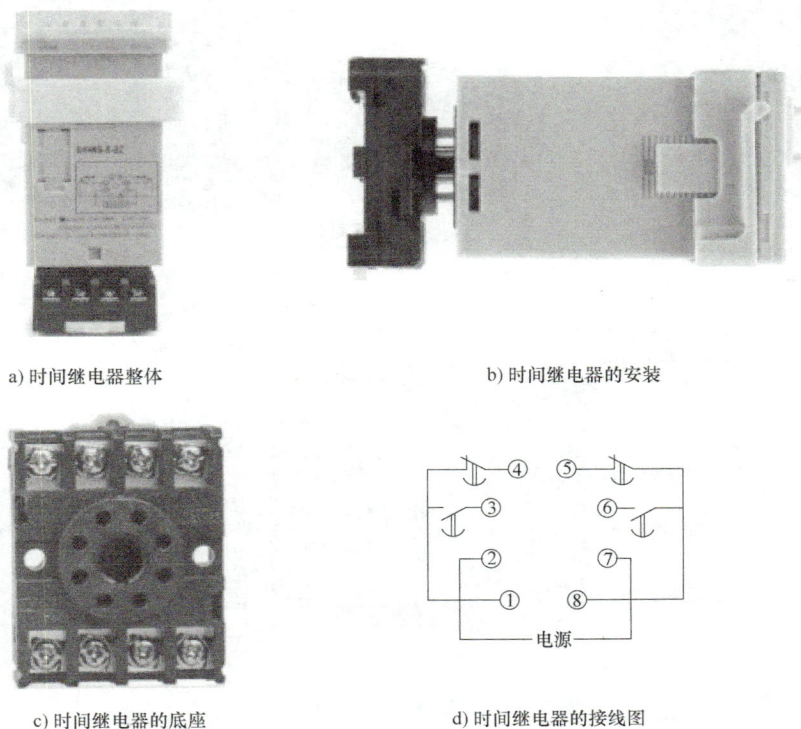

a) 时间继电器整体

b) 时间继电器的安装

c) 时间继电器的底座

d) 时间继电器的接线图

图 1-20 DH48S 系列数显式时间继电器

（2）时间继电器的选用   时间继电器的选用应考虑以下因素：

1) 根据控制电路对延时触点的要求选择延时方式，即通电延时型或断电延时型。

2）根据延时范围和延时精度要求选用合适的时间继电器。

3）根据工作条件选择时间继电器的类型。如环境温度变化大的场合不宜选用空气阻尼式和电子式时间继电器，电源频率不稳定的场合不宜选用电动式时间继电器，电源电压波动大的场合可选用空气阻尼式或电动式时间继电器。

3. 热继电器

热继电器主要由热元件（驱动元件）、双金属片、触点和动作机构等组成。双金属片是由两种热膨胀系数不同的金属片碾压而成的，受热后热膨胀系数较大的主动层向热膨胀系数较小的被动层方向弯曲。热继电器是利用电流通过发热元件加热使双金属片弯曲，推动触点动作的保护电器。当电动机出现长期过载时，热继电器动作，串联在控制电路中的常闭触点断开，切断接触器线圈，使电动机脱离电源，实现过载保护。热继电器常用作电动机的过载保护以及用作三相电动机的断相保护。热继电器外形、结构如图1-21所示。热继电器的电气符号如图1-22所示。

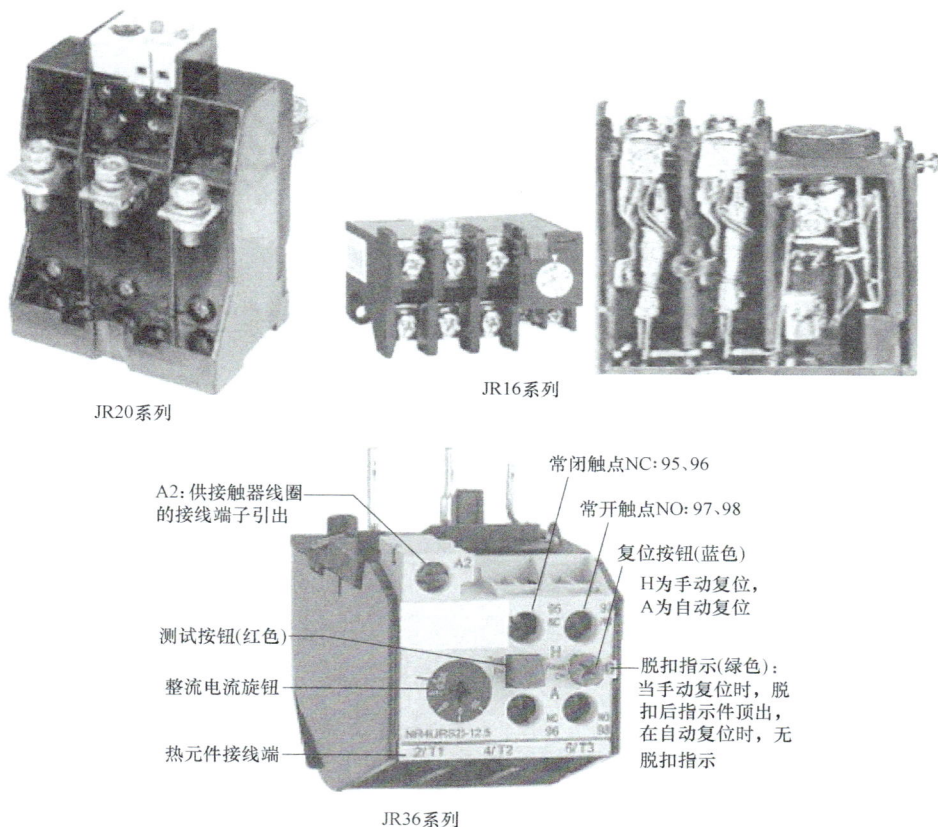

JR20系列

JR16系列

A2: 供接触器线圈的接线端子引出

常闭触点NC: 95、96

常开触点NO: 97、98

复位按钮(蓝色)
H为手动复位，
A为自动复位

测试按钮(红色)

整流电流旋钮

脱扣指示(绿色)：
当手动复位时，脱扣后指示件顶出，在自动复位时，无脱扣指示

热元件接线端

JR36系列

图 1-21　热继电器的外形、结构

FR　热元件　　FR　常闭触点

图 1-22　热继电器的电气符号

1）热继电器的类型选择。一般轻载起动、长期工作的电动机或间断长期工作的电动机，选择两相结构的热继电器；电源电压的均衡性和工作环境较差或较少有人照管的电动机，或多台电动机的功率差别较大，可选择三相结构的热继电器；三角形联结的电动机，应选用带断相保护装置的热继电器。

2）热继电器的额定电流应略大于电动机的额定电流。

3）热继电器的整定电流选择。热继电器的整定电流是指热继电器长期不动作的最大电流，超过此值即动作。一般将热继电器的整定电流调整到等于电动机的额定电流；对过载能力差的电动机，可将热继电器的整定电流调整到电动机额定电流的 $0.6 \sim 0.8$ 倍；对起动时间较长、拖动冲击性负载或不允许停车的电动机，热继电器的整定电流应调整到电动机额定电流的 $1.1 \sim 1.15$ 倍。

4. 速度继电器

速度继电器是一种当转速达到规定值时动作的继电器。它是根据电磁感应原理制成的，主要用作笼型异步电动机的反接制动控制，所以也称反接制动继电器。

速度继电器主要由转子、定子和触点 3 部分组成。转子是一个圆柱形永久磁铁，定子是一个笼形空心圆环，由硅钢片叠成，并装有笼型绕组。图 1-23 所示为速度继电器的外形、结构及电气符号。

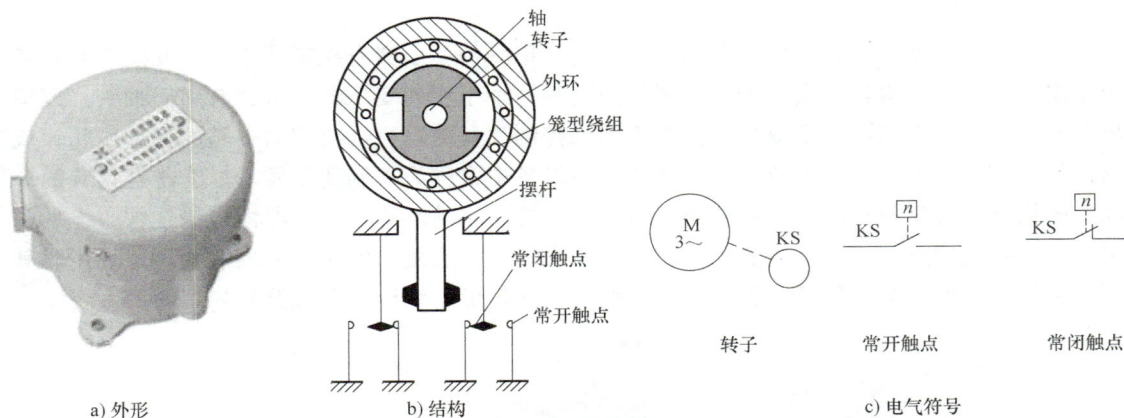

图 1-23　速度继电器的外形、结构及电气符号

速度继电器的转子是一个永久磁铁，与电动机或机械轴连接，随着电动机旋转而旋转。定子与笼型转子相似，它也能围绕着转轴转动。当转子随电动机转动时，它的磁场与定子笼型绕组相切割，产生感应电动势及感应电流，这与电动机的工作过程相同，故定子随着转子转动而转动起来。定子转动时带动摆杆，摆杆推动触点，使之闭合或分断。当电动机旋转方向改变时，继电器的转子与定子的转向也改变，这时定子就可以触动另外一组触点，使之分断与闭合。当电动机转速较低时，继电器的触点即复位。

速度继电器一般具有 2 对常开、常闭触点，触点额定电压 380V，额定电流 2A。通常速度继电器动作转速为 130r/min，复位转速在 100r/min 以下。

5. 固态继电器

固态继电器（SSR）是近年发展起来的一种新型电子继电器，具有开关速度快、工作频率高、重量轻、使用寿命长、噪声低和动作可靠等一系列优点。固态继电器不仅在许多自动化装置中代替了常规电磁式继电器，而且广泛应用于数字程控装置、调温装置、数据处理系统及计算机 I/O 接口电路。三相及单相固态继电器实物及控制原理如图 1-24 所示。

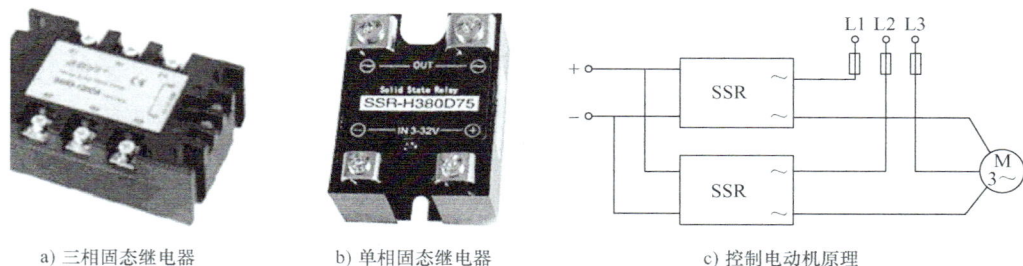

a) 三相固态继电器　　b) 单相固态继电器　　c) 控制电动机原理

图 1-24　三相及单相固态继电器实物及控制原理

固态继电器按其负载类型分类，可分为直流型（DC-SSR）和交流型（AC-SSR）。

常用的 JDG 型多功能固态继电器是直流固态继电器的一种，其按输出额定电流划分共有 4 种规格，即 1A、5A、10A、20A，电压均为 220V，选择时应根据负载电流确定规格。

六、变压器

变压器的类型很多，在电气控制电路中经常用到的变压器有控制变压器、互感器和自耦调压器。在这里只讲控制变压器。控制变压器是一个小型的变压器，常常有中间抽头，以输出多种电压，这个电压常常提供给控制板用来控制设备的运行，或控制电路的局部照明，或用作信号灯、指示灯电源，所以这种变压器在设备中常称为控制变压器。变压器是具有两个以上的线圈，通过各自的电磁导电作用改变电压的大小的装置。变压器由缠绕在铁心上的一次及二次绕组构成，两个绕组的匝数比就是一次侧及二次侧的电压比。控制变压器选用时其额定容量必须大于所带负载的容量。控制变压器的外形、结构及电气符号如图 1-25 所示。

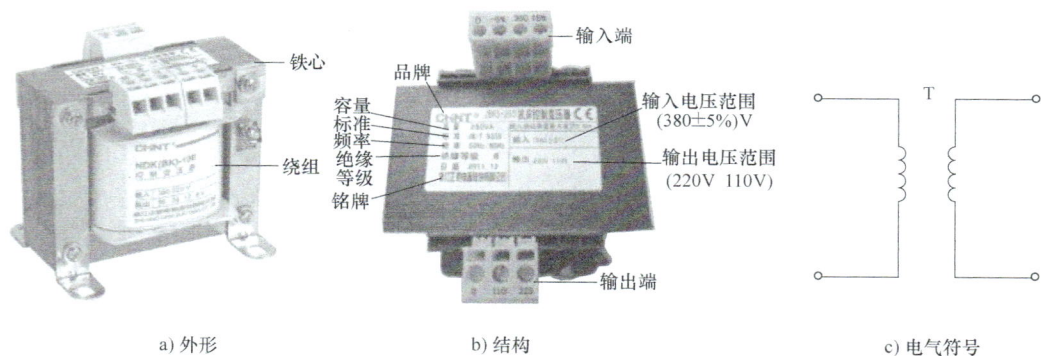

a) 外形　　b) 结构　　c) 电气符号

图 1-25　控制变压器的外形、结构及电气符号

第二节　机床电气控制系统图的画法及阅读

为了清晰地表达生产机械电气控制系统的工作原理，便于系统的安装、调试、使用和维

修，将电气控制系统中的各电器元器件用一定的电气符号来表示，再将其连接情况用一定的图形表达出来，这种图形就是电气控制系统图（工程图）。常用的电气控制系统图主要有 3 种：电气原理图、电气元件布置图、电气安装接线图。为了便于交流，在绘制电气控制系统图时，必须采用国家统一规定的电气符号和绘图方法。

一、电气原理图

电气原理图是将元件以展开的形式绘制而成的一种电气控制系统图样，包括所有电气元件的导电部分和接线端点。电气原理图并不按照电气元件实际安装位置来绘制，也不反映电器元件的实际外观尺寸，电器元件采用国家标准规定的符号来表示。图 1-26 所示为某车床电气原理图。

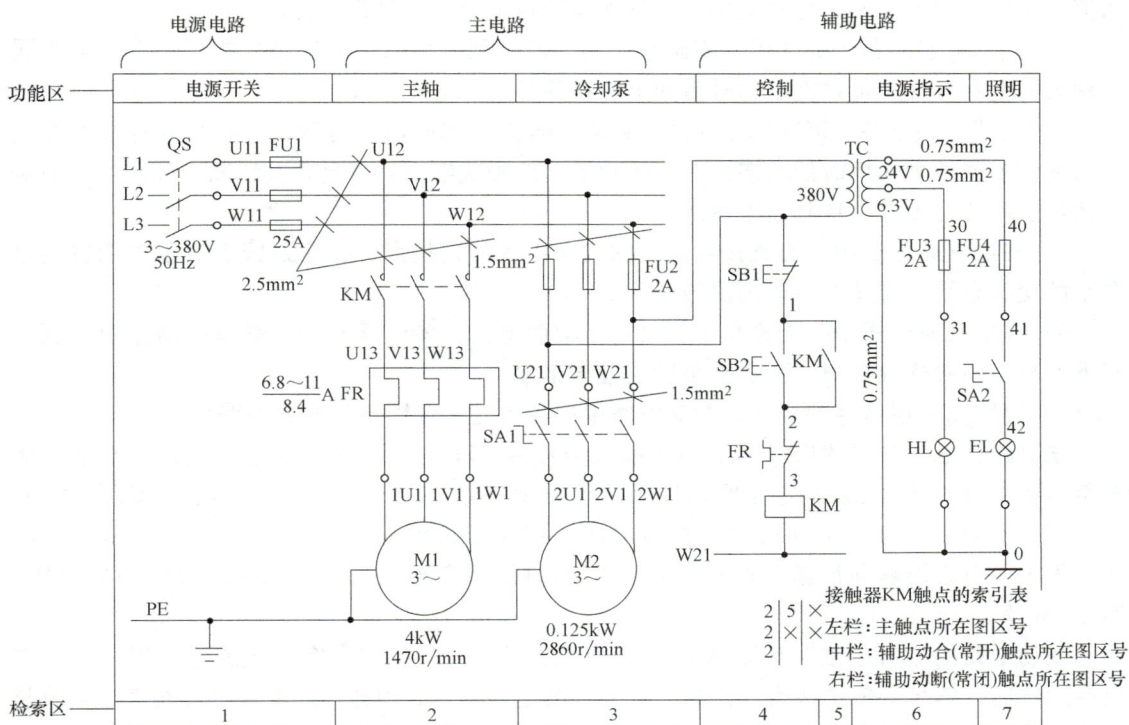

图 1-26　某车床的电气原理图

1. 电气原理图的组成

电气原理图由电源电路、主电路、辅助电路构成。

（1）**电源电路**　电源电路用于给主电路和辅助电路提供电能，是从配电柜到机床配电盘之间的部分。一般由断路器、转换开关、熔断器等器件构成。

（2）**主电路**　主电路用于直接驱动电动机，是从电源到电动机绕组的大电流通过的路径。在电气原理图中一般画在电路图的左侧并垂直于电源电路，一般由接触器的主触点、热继电器的热元件以及电动机等组成。

（3）**辅助电路**　辅助电路包括控制电路、指示电路和局部照明电路。控制电路用于实现对电动机的控制操作，由接触器、继电器的线圈和辅助触点以及热继电器、按钮的触点等组成；指示电路用于提示操作人员电动机运行状态；局部照明电路则用于对控制台提供照明。

2. 电气原理图的画法规则

1）电源电路在电气原理图中一般画成水平线，三相交流电源相线 L1、L2、L3 自上而下依次画出，电源开关也应水平画出，中线 N 和保护线 PE 依次画在相线之下。直流电源的正极端用"+"符号画在图样的上方，负极端用"-"符号在下边画。主电路画在左边（或上面）；辅助电路画在右边（或下面）。

2）在电气原理图中，各电气元件不画实际的外形图，而采用国家规定的统一标准来画，文字符号也要符合国家标准。属于同一电器的线圈和触点，都要用同一文字符号表示。当使用相同类型电器时，可在文字符号后加注阿拉伯数字序号来区分。

3）同一电器的各个部件可以不画在一起，但必须采用同一文字符号标明。若有多个同一种类的电器元件，可在文字符号后加上数字序号，如 KM1、KM2。

4）元器件和设备的可动部分在图中通常以自然状态画出。自然状态是指各种电器在没有通电和不受外力作用时的状态。对于接触器、电磁式继电器等是指其线圈未加电压，而对于按钮、限位开关等，指其尚未被压合。

5）在电气原理图中，有直接电联系的交叉导线的连接点，要用黑圆点表示。无直接电联系的交叉导线，交叉处不能画黑圆点。

6）在电气原理图中，无论是主电路还是辅助电路，各电器元件一般应按动作顺序从上到下，从左到右依次排列，可水平布置或垂直布置。

7）电路图采用电路编号法，即对电路中的各个连接点用字母或数字编号。

主电路在电源开关的出线端按相序依次编号为 U11、V11、W11，然后按从上至下、从左至右的顺序，每经过一个电器元件后，编号要递增，如 U12、V12、W12，U13、V13、W13 等。单台三相交流电动机的三根引出线按相序依次编号为 U、V、W。对于多台引出线，为了不引起误解和混淆，可在字母前用不同的数字加以区别，如 1U、1V、1W，2U、2V、2W 等。

辅助电路按"等电位"原则从上至下、从左至右的顺序用数字依次编号，每经过一个电器元件后，编号要依次递增。控制电路编号的起始数字必须是 1，其他辅助电路编号的起始数字依次递增 100，如照明电路编号从 101 开始，指示电路编号从 201 开始等。

8）图面应标注出各功能区域和检索区域；根据需要可在电路图中各接触器或继电器线圈的下方，绘制出所对应的触点所在位置的索引表。

9）技术数据的标注。电器元件的技术数据，除在电器元件明细表中标明外，有时也可用小号字体标在其图形符号的旁边。如：主电路、控制电路、辅助电路进线规格；电动机功率；变压器一次侧、二次侧电压；熔断器的额定电流；热继电器的电流整定范围、整定值等。例如图 1-26 中热继电器 FR 的动作电流值范围为 6.8～11A，整定值为 8.4A，图中标注的 1.5mm^2 和 2.5mm^2 等字样表明该处导线的截面。

二、电器元件布置图

电器元件布置图表示各种电气设备或电器元件在机械设备或控制柜中的实际安装位置，

为机械电气控制设备的制造、安装、维护及维修提供必要的资料。

各电器元件的安装位置是由机床的结构和工作要求决定的。如行程开关应布置在要取得信号的地方，电动机要和被拖动的机械部件在一起，一般电器元件应放在控制柜内。

机床电器元件布置图主要包括机床电气设备布置图、控制柜及控制面板布置图、操作台及悬挂操纵箱电气设备布置图等。图 1-27 所示为 CW6132 型车床电器元件布置图。

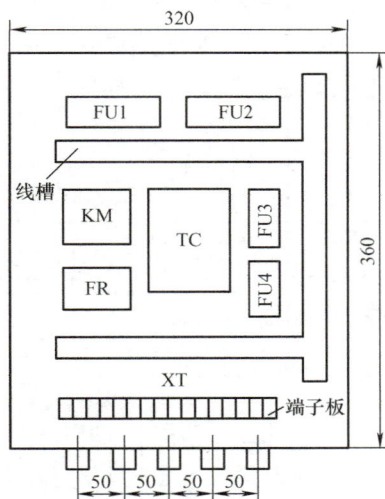

图 1-27　CW6132 型车床
电器元件布置图

电器元件的布置应注意以下几方面：

1）体积大和较重的电器元件应安装在电器安装板的下方，而发热元件应安装在电器安装板的上方。

2）强电、弱电应分开，弱电应屏蔽，防止外界干扰。

3）需要经常维护、检修、调整的电器元件安装位置不宜过高或过低。

4）电器元件的布置应考虑整齐、美观、对称。外形尺寸与结构类似的电器安装在一起，以便于安装和配线。

5）电器元件布置不宜过密，应留有一定间距。如用走线槽，应加大各排电器间距，以便于布线和维修。

6）机械设备轮廓用双点画线，所有电器元件用粗实线绘出其简单外形轮廓，无需标注尺寸。

三、电气安装接线图

电气安装接线图主要用于电气设备的安装配线、线路检查、线路维修和故障处理。图 1-28 所示为某机床电气安装接线图，在图中要表示出各电气设备、电器元件之间的实际接线情况，并标注出外部接线所需的数据。在电气安装接线图中各电器元件的文字符号、元件连接顺序、线路号码编制都必须与电气原理图一致。

电气安装接线图的绘制原则：

1）绘制电气安装接线图时，各电器元件均按其在安装底板中的实际位置绘出。元件所占图面按实际尺寸以统一比例绘制。

2）绘制电气安装接线图时，一个元件的所有部件绘在一起，并用点画线框起来，有时将多个电器元件用点画线框起来，表示它们是安装在同一安装底板上的。

3）绘制电气安装接线图时，安装底板内外的电器元件之间的连线通过接线端子板进行连接，互连关系可用连续线、中断线或线束表示。安装底板上有几条接至外电路的引线，端子板上就应绘出几个线的接点。连接导线应注明导线根数、导线截面面积等，一般不表示导线实际走线路径，施工时根据实际情况选择最佳走线方式。

4）绘制电气安装接线图时，走向相同的相邻导线可以绘成一股线。

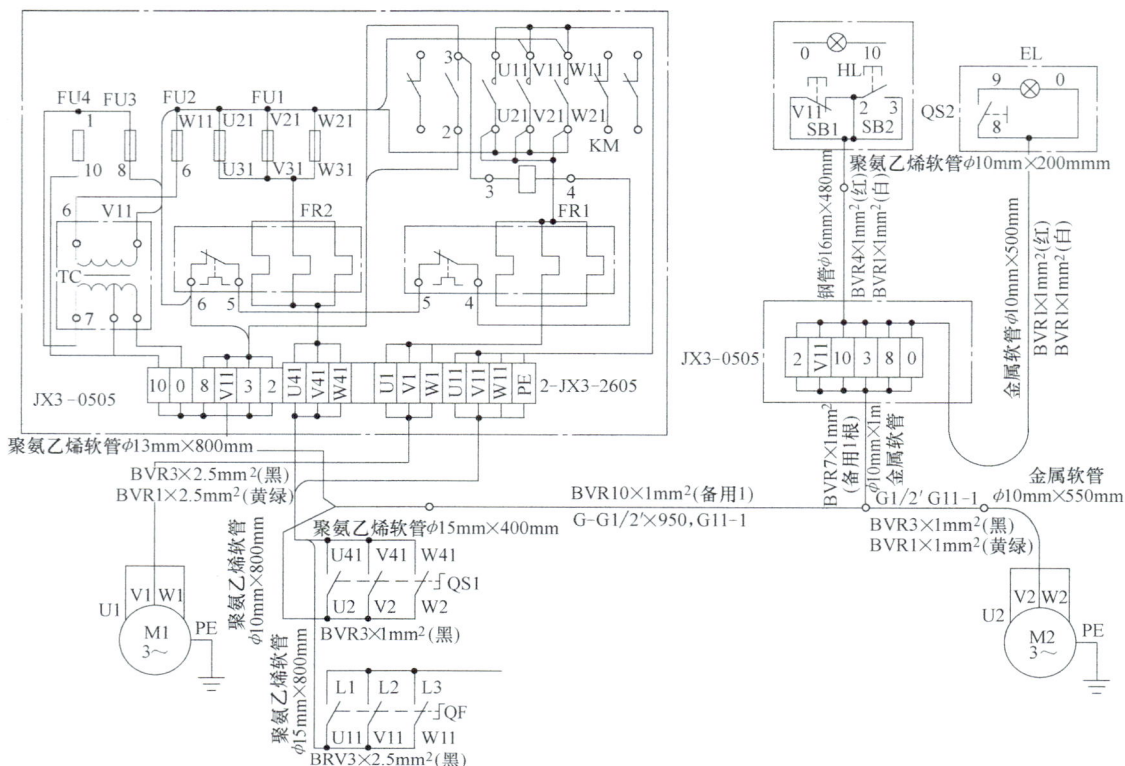

图 1-28 某机床电气安装接线图

四、电气原理图的阅读和分析方法

阅读电气原理图的方法主要有两种：查线读图法和逻辑代数法。这里仅介绍查线读图法。查线读图法又称直接读图法或跟踪追击法，它是按照线路根据生产过程的工作步骤依次读图，其读图步骤如下：

1）了解生产工艺与执行电器的关系。在分析电气原理图之前，应该熟悉生产机械的工艺情况，充分了解生产机械要完成哪些动作，这些动作之间又有什么联系。然后进一步明确生产机械的动作与执行电器的关系，必要时可以画出简单的工艺流程图，为分析电气线路提供方便。

2）分析主电路。在分析电气原理图时，一般应先从电动机着手，根据主电路中有哪些控制元件的主触点、电阻等元器件大致判断电动机是否有正反转控制、制动控制和调速要求等。

3）分析控制电路。通常对控制电路按照由上往下或从左往右的顺序依次阅读。可以按主电路的构成情况，把控制电路分解成与主电路相对应的几个基本环节依次分析，然后将各个基本环节结合起来综合分析。首先应了解各信号元件、控制元件或执行元件的初始状态；然后设想按动了操作按钮，线路中有哪些元件受控动作，这些动作元件的触点又是如何控制其他元件动作，进而查看受驱动的执行元件有何运动；再继续追查执行元件带动机械运动时，会使哪些信号元件状态发生变化。

第三节　三相异步电动机起动控制电路

三相异步电动机有全压直接起动和减压起动两种方式。较大容量电动机（大于 10kW）因起动电流较大（可达额定电流的 4~7 倍），一般采用减压起动方式来降低起动电流。中小型异步电动机可采用直接起动方式，起动时将电动机的定子绕组直接接在额定电压的交流电源上。通常对容量小于 10kW 的笼型异步电动机采用直接起动方法。

一、全压直接起动控制电路

1. 点动控制电路

所谓点动是指按下起动按钮时电动机起动工作，手松开按钮则电动机停止工作，即实现"一点就动，松开就停"的控制。点动控制多用于机床刀架、横梁、立柱的快速移动和机床对刀等场合。

图 1-29 所示为电动机点动控制电路原理图。由于在机床电路中，点动控制主要用于运动部件行程较短的情况，属于短时间工作，一般不需要热继电器做过载保护。

控制电路的工作原理如下：

1）先合上电源开关 QF。

2）起动：按下按钮 SB→KM 线圈得电→KM 常开主触点闭合→电动机 M 起动运转。

3）停止：松开按钮 SB→KM 线圈失电→KM 常开主触点分断→电动机 M 失电停转。

2. 连续控制电路

在机车运转、车床切削、水泵抽水等场合，常要求电动机起动后能连续运转，如果采用点动控制就不可行。为了实现电动机的连续运转，可采用接触器自锁的单向连续控制电路。图 1-30 所示

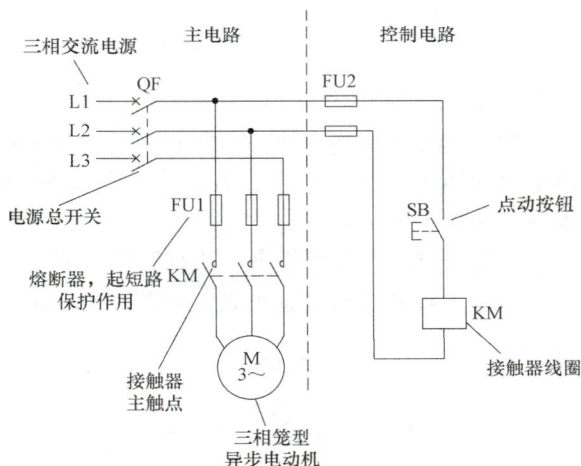

图 1-29　电动机点动控制电路原理图

为具有自锁和过载保护功能的单向运转控制电路，主要应用在电动机容量 10kW 以下的场合。例如冷却泵、小型台钻、砂轮机等。短路保护由熔断器 FU 实现，过载保护由热继电器 FR 实现。它的工作原理如下：

起动:合上电源开关OF → 按下SB1 → KM线圈得电 → KM主触点闭合 → 电动机M通电起动连续运转
　　　　　　　　　　　　　　　　　　　　　　 → KM常开辅助触点闭合

松开按钮 SB1 后，由于 KM 常开辅助触点闭合，KM 线圈仍得电，电动机 M 继续运转。

停止:按下SB2 → KM线圈失电 → KM主触点断开 → 电动机M失电停转
　　　　　　　　　　　　　 → KM常开辅助触点断开

松开按钮 SB2，由于 KM 自锁触点已断开，接触器线圈不可能得电，电动机停转。这种

依靠接触器自身的辅助触点来使其线圈保持通电的现象称为自锁。

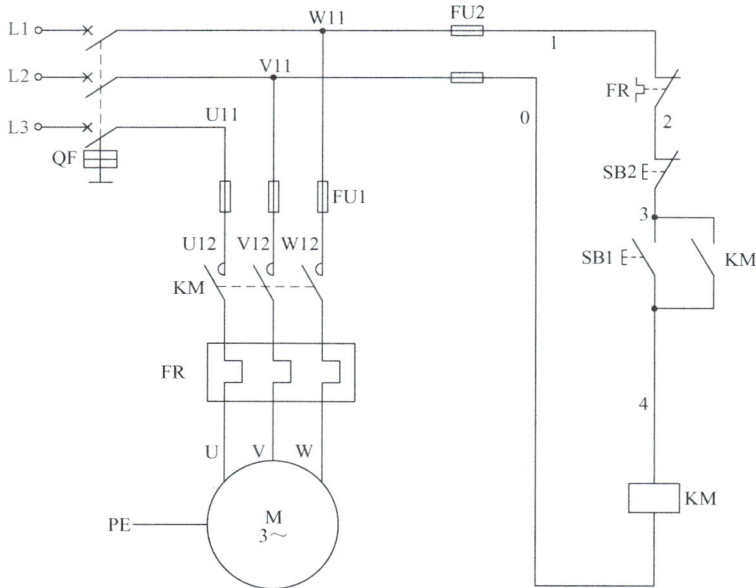

图 1-30　连续控制电路

3. 多点控制电路

大型机床为了操作方便，常常要求在两个及以上的地点都能进行操作。实现多点控制的控制电路如图 1-31 所示，即在各操作点各安装一套按钮，接线时，常开触点并联，常闭触点串联，如图 1-31b 所示。

多人操作的大型压力设备，为保证操作安全，要求几个操作者都发出指令后，设备才能工作，此时应将各起动按钮串联，如图 1-31c 所示。

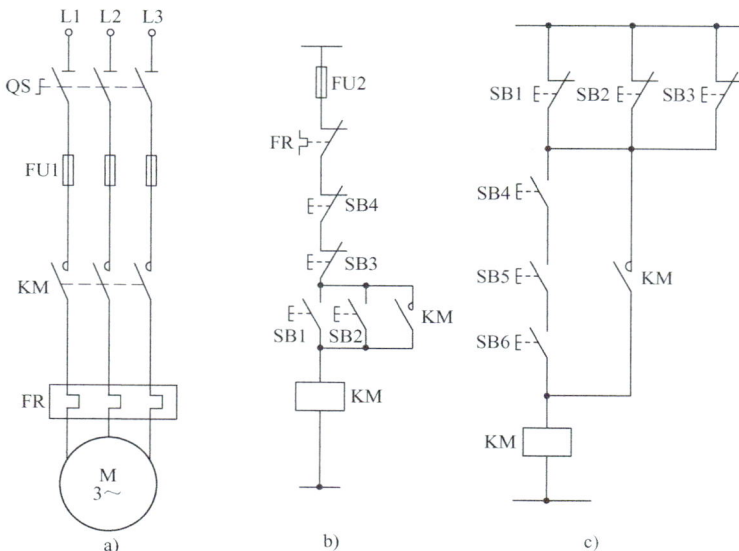

图 1-31　多点控制电路

4. 点动和连续控制电路

机床设备在正常工作时，一般需要电动机处在连续运转状态，但在试车或调整刀具与工件的相对位置时，又需要电动机能点动。实现这种工艺要求的电路是连续与点动混合正转控制电路。图 1-32b 所示电路是在具有过载保护的接触器自锁正转基础上，把手动开关 SA 串在自锁电路中，实现混合控制的。图 1-32c 所示电路是在起动按钮 SB2 两端并接一个复合按钮 SB3 来实现混合控制的。

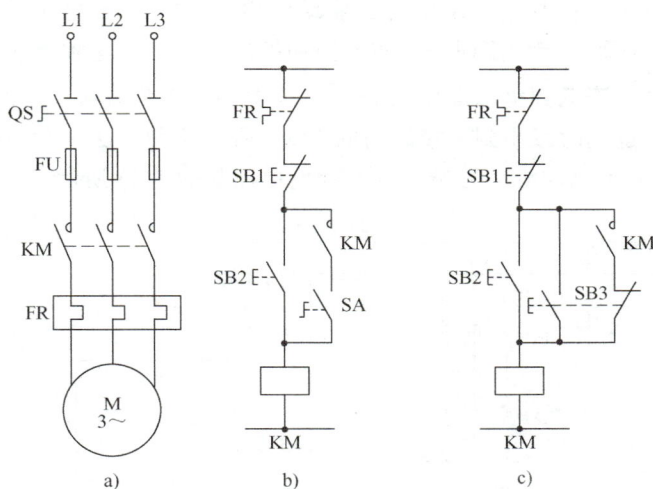

图 1-32 点动和连续控制电路

图 1-32c 所示电路的工作原理如下。

（1）连续控制

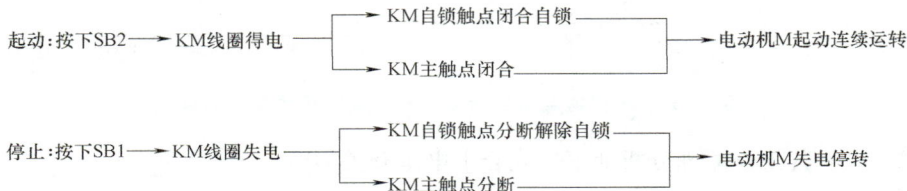

（2）点动控制

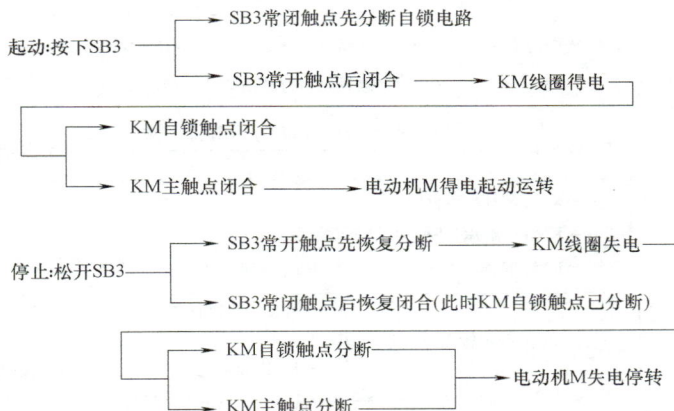

二、减压起动控制电路

较大容量的笼型电动机（大于 10kW），一般都应采用减压起动，以防止过大的起动电流引起电源电压的下降。定子侧减压起动常用的方法有丫-△（星形-三角形）减压起动、定子串电阻减压起动及自耦变压器减压起动等。下面介绍丫-△减压起动和自耦变压器减压起动。

1. 丫-△减压起动控制电路

该电路仅用于正常运行时定子绕组为△联结的电动机。丫-△起动时，电动机绕组先接成丫联结，待转速增加到一定程度时，再将电路切换成△联结。这种方法可使每相定子绕组所承受的电压在起动时降低到电源电压的 $1/\sqrt{3}$，而电源电流为直接起动时的 $1/3$。由于起动电流减小，起动转矩也同时减小到直接起动的 $1/3$，所以这种方法一般只适合于空载或轻载起动的场合。13kW 以上电动机丫-△减压起动控制电路如图 1-33 所示。

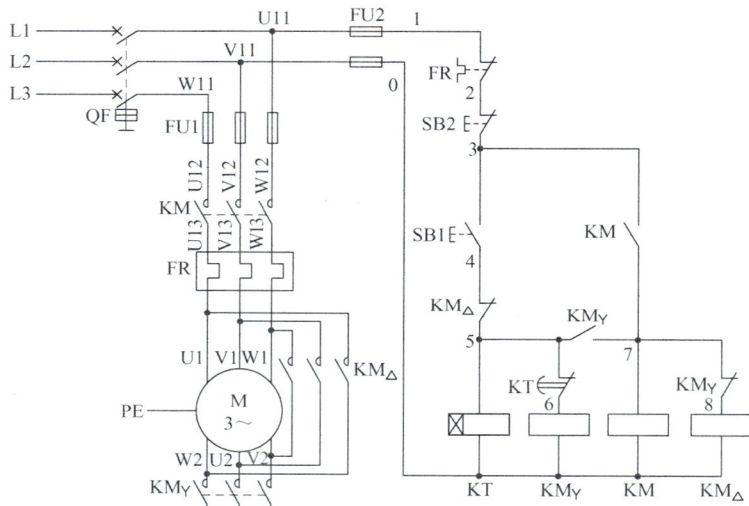

图 1-33 时间继电器自动控制丫-△减压起动控制电路

其工作原理分析如下：先合上电源开关 QF。

星三角降压启动控制线路工作原理

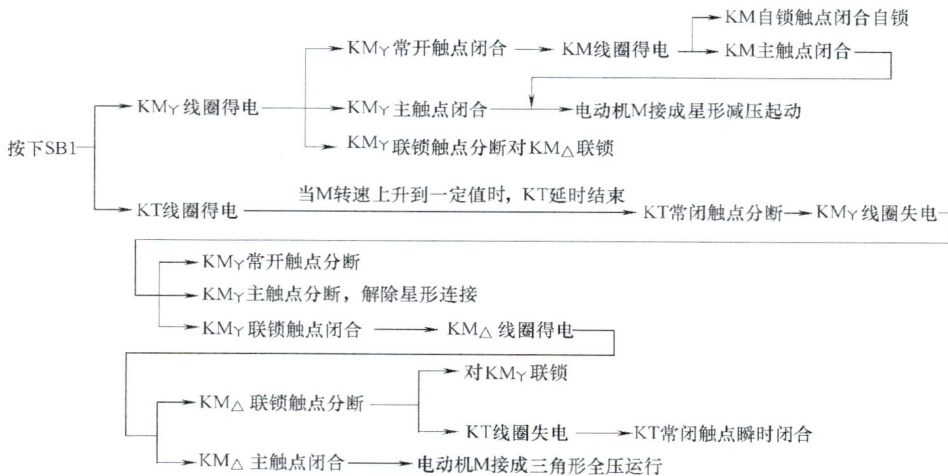

停止时：按下停止按钮 SB2→KM、KM△线圈失电→KM、KM△主触点分断→电动机停转。

2. 自耦变压器减压起动控制电路

自耦变压器减压起动方法适用于起动较大容量的、正常工作时接成星形的电动机，起动转矩可以通过改变抽头的连接位置得到改变，因此起动时对电网的电流冲击小。它的缺点是自耦变压器价格较贵，且不允许频繁起动。图 1-34 所示为自耦变压器减压起动的控制电路。

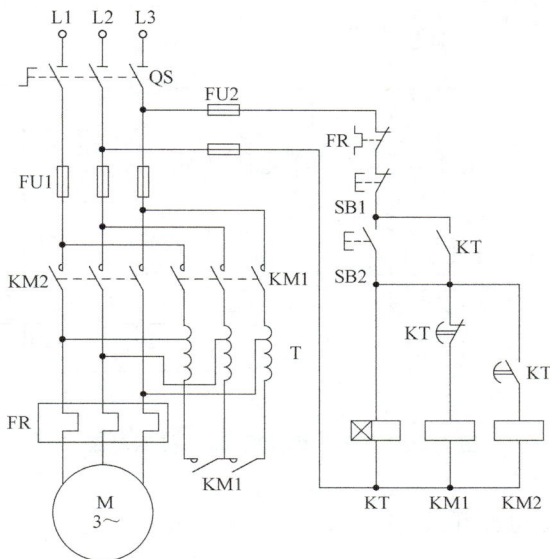

图 1-34　自耦变压器减压起动控制线路

其工作过程如下：

起动时：合上电源开关 QS

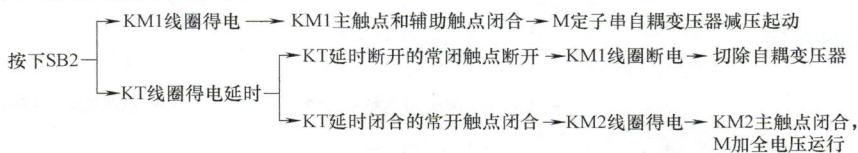

按下SB2
　KM1线圈得电 → KM1主触点和辅助触点闭合 → M定子串自耦变压器减压起动
　KT线圈得电延时
　　KT延时断开的常闭触点断开 → KM1线圈断电 → 切除自耦变压器
　　KT延时闭合的常开触点闭合 → KM2线圈得电 → KM2主触点闭合，M加全电压运行

停止时：按下 SB1→KT、KM2 线圈断电释放→电动机 M 断电停转。

一般工厂常用的自耦变压器起动方法是采用成品的补偿减压起动器。这种成品的补偿减压起动器包括手动、自动操作两种形式。手动操作的补偿器有 QJ3、QJ5 等型号，自动操作的补偿器有 XJ01 型和 CTZ 系列等。

第四节　三相异步电动机运行控制电路

一、三相异步电动机正反转控制电路

许多生产机械需要正、反两个方向的运动，例如机床工作台的前进与后退，主轴的正转与反转，起重机吊钩的上升与下降等，要求电动机可以正、反转。只需将接至交流电动机的

三相电源进线中任意两相对调，即可实现反转。在电路中可由两个接触器 KM1、KM2 控制。必须指出的是 KM1 和 KM2 的主触点决不允许同时接通，否则将造成电源短路的事故。

1. 电动机的"正转-停止-反转"控制电路

控制电路如图 1-35 所示，其实质利用接触器互锁实现正反转。工作原理是：

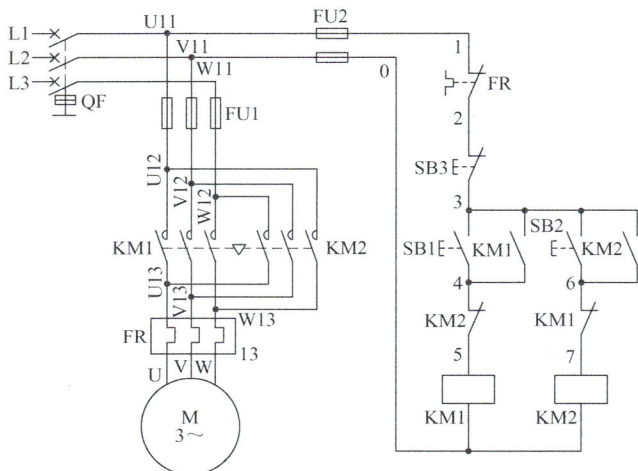

图 1-35 　"正转-停止-反转" 控制电路

（1）正转控制　合上电源开关 QF。

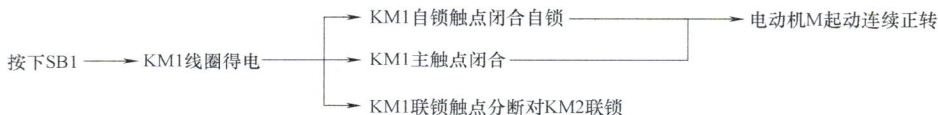

按下SB1 ⟶ KM1线圈得电 ⟶ KM1自锁触点闭合自锁 ⟶ 电动机M起动连续正转
　　　　　　　　　　　　⟶ KM1主触点闭合
　　　　　　　　　　　　⟶ KM1联锁触点分断对KM2联锁

（2）反转控制

先按下SB3 ⟶ KM1线圈失电 ⟶ KM1自锁触点分断解除自锁 ⟶ 电动机M失电停转
　　　　　　　　　　　　⟶ KM1主触点分断
　　　　　　　　　　　　⟶ KM1联锁触点恢复闭合，解除对KM2联锁

再按下SB2 ⟶ KM2线圈得电 ⟶ KM2自锁触点闭合自锁 ⟶ 电动机M起动连续反转
　　　　　　　　　　　　⟶ KM2主触点闭合
　　　　　　　　　　　　⟶ KM2联锁触点分断对KM1联锁

停止时，按下停止按钮SB3 ⟶ 控制电路失电 ⟶ KM1(或KM2)主触点分断 ⟶ 电动机M失电停转

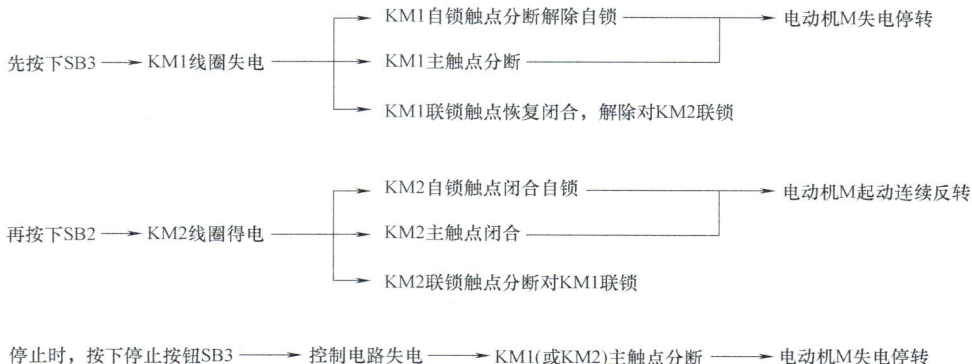

2. 电动机的"正转-反转-停止"控制电路

控制电路如图 1-36 所示，其实质是利用接触器及复合按钮相结合的双重互锁的形式实现正、反转控制。这种电路既有接触器的电气互锁，又有复合按钮的机械联锁。

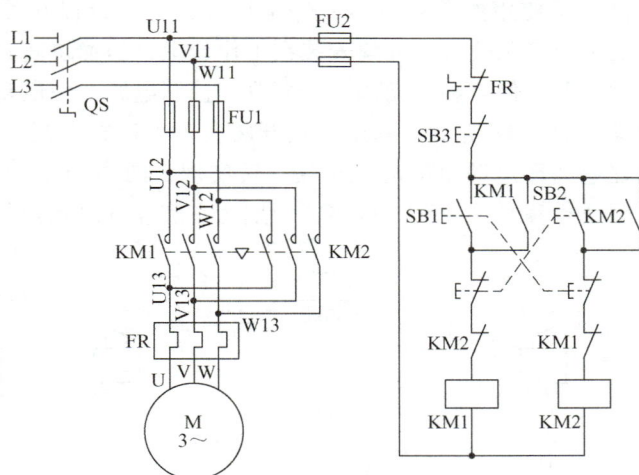

图 1-36 "正转-反转-停止"控制电路

工作原理如下：

合上电源开关 QF。

（1）正转控制

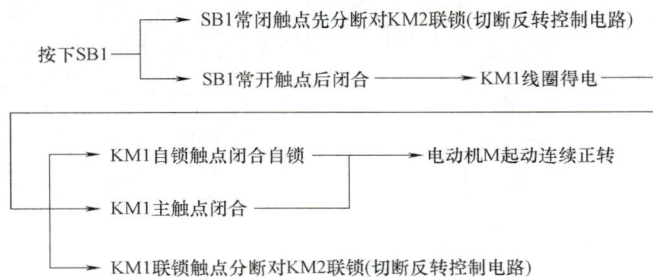

（2）反转控制

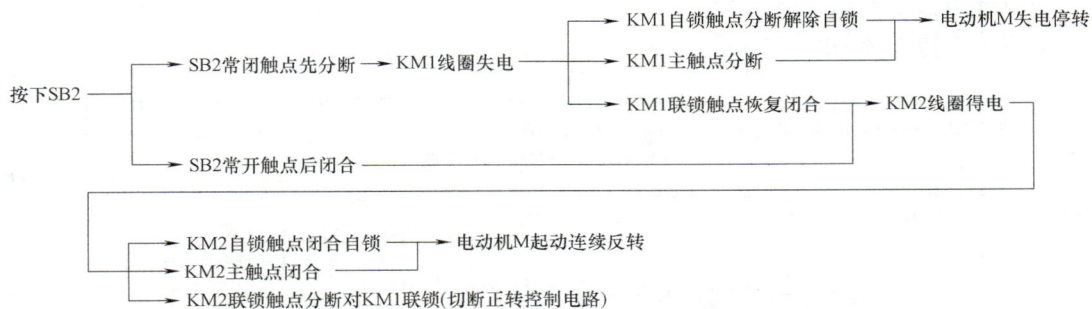

（3）停止 按下 SB3，整个控制电路失电，主触点分断，电动机 M 失电停转。

二、正反转自动循环控制电路

在实际生产过程中，有时需要控制生产机械运动部件的行程，例如铣床的工作台、组合机床的滑台等，并要求在一定的行程范围内自动往返循环。实现运动部件位置的控制，称为行程控制，在行程控制中所使用的主要电器元件是行程开关。行程开关分别安装在床身两端，反映工作台行程的两个极限位置。撞块安装在工作台上，当撞块随着工作台运动到行程开关位置时，压下行程开关，使其触点动作，从而改变控制电路，使电动机正、反转，实现工作台的自动往返运动。图 1-37 所示是利用行程开关实现电动机正反、转的自动循环控制电路。机床工作台的往返循环运动由电动机正反、转实现，图中 SQ1 与 SQ2 分别为工作台右限位行程开关和左限位行程开关，SQ3 和 SQ4 分别为右和左的终端限位保护行程开关。

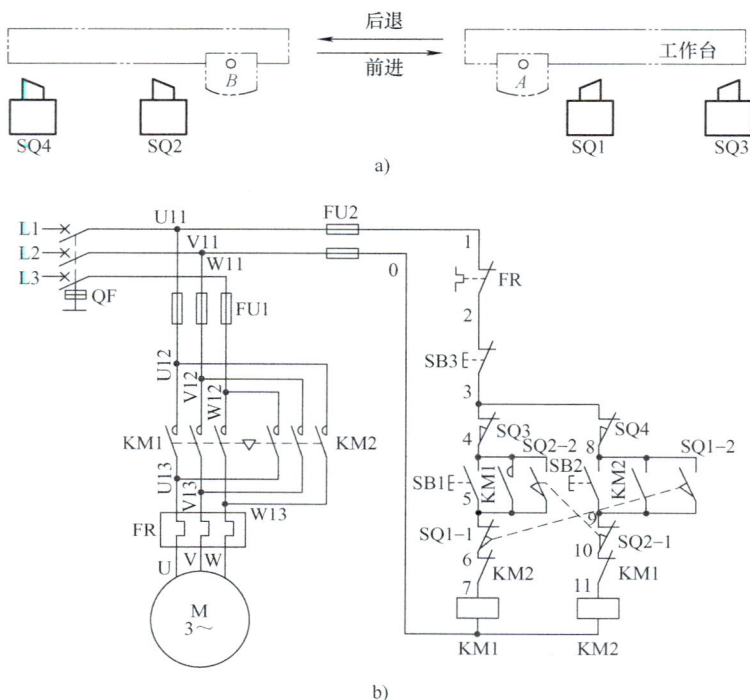

自动往返
控制线路
工作原理

图 1-37　工作台自动往返行程控制电路

自动往返运动控制过程如下：
先合上电源开关 QF。

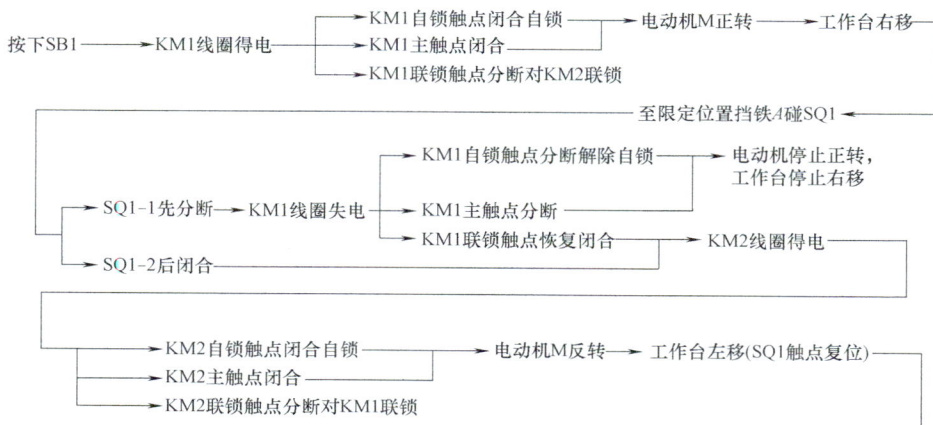

至限定位置挡铁B碰SQ2 ←

┌→ KM2自锁触点分断 ┐
├→ KM2主触点分断 ├→ M停止反转，工作台停止左移
SQ2-1先分断 → KM2线圈失电 ┤
└→ KM2联锁触点恢复闭合 → KM1线圈得电

┌→ KM1自锁触点闭合自锁 ┐
SQ2-2后闭合
├→ KM1主触点闭合 ├→ 电动机M又正转 → 工作台又右移(SQ2触点复位)
└→ KM1联锁触点分断过KM2联锁

└→ …，以后重复上述过程，工作台就在限定的行程内自动往返运动。

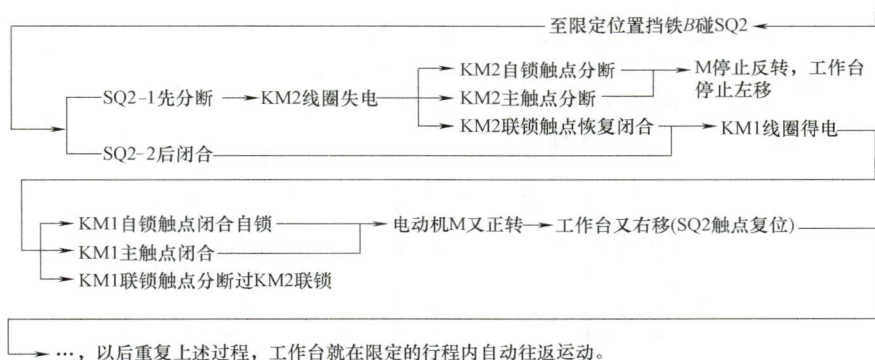

停止：按下 SB3→整个控制电路失电→KM1（或 KM2）主触点分断→电动机 M 失电停转→工作台停止运动。

从上述分析来看，工作台每经过一个往返循环，电动机要进行两次转向改变，所以电动机的轴将受到很大的冲击力，电动机容易损坏。此外，当循环周期很短时，电动机由于频繁地换向和起动，会因过热而损坏。因此，上述电路只适用于循环周期长且电动机的轴有足够强度的传动系统中。

三、双速电动机控制电路

采用双速电动机能简化齿轮传动的变速箱，在车床、磨床、镗床等机床中应用很多。双速电动机通过改变定子绕组接线的方法获得两个转速。

图 1-38 所示为 4/2 极双速电动机定子绕组接线示意图。图 1-38a 将定子绕组的 U1、V1、W1 接电源，而 U2、V2、W2 接线端悬空，则三相定子绕组接成三角形，每相绕组中的两个线圈串联，电流参考方向如图 1-38a 中箭头方向所示，磁场具有 4 个极（即 2 对极），电动机为低速。若将接线端 U1、V1、W1 连在一起，而 U2、V2、W2 接电源。则三相定子绕组接成双星形，每相绕组中的两个线圈并联，电流参考方向如图 1-38b 中箭头方向所示，磁场为 2 个极（即 1 对极），电动机为高速。

图 1-39 所示为双速电动机采用复合按钮联锁的高、低速直接转换的控制电路，即用按钮和接触器控制电动机的高速和低速运行：SB1、KM1 控制电动机低速运行，SB2、KM2 控制电动机高速运行。

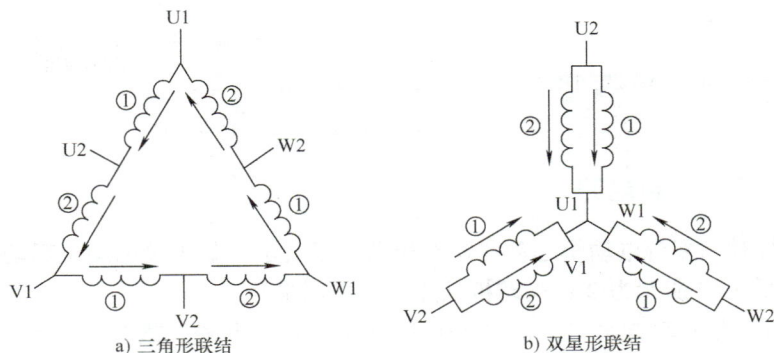

a) 三角形联结   b) 双星形联结

图 1-38 4/2 极双速电动机定子绕组接线示意图

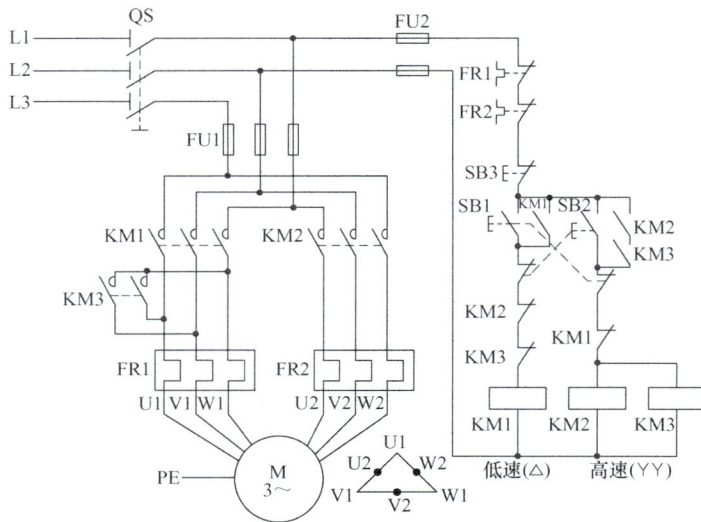

图 1-39　双速电动机的控制电路

二作原理如下：

合上电源开关 QF。

（1）三角形联结低速运行

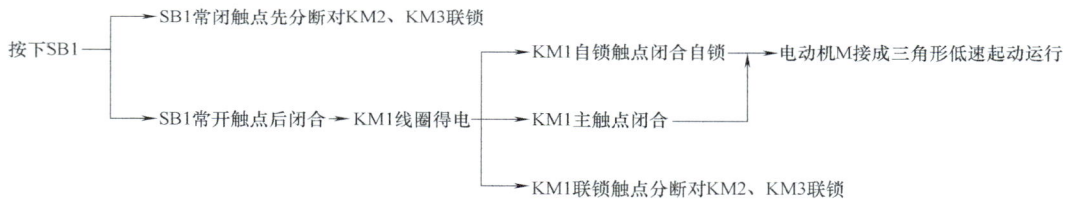

（2）双星形联结高速运行

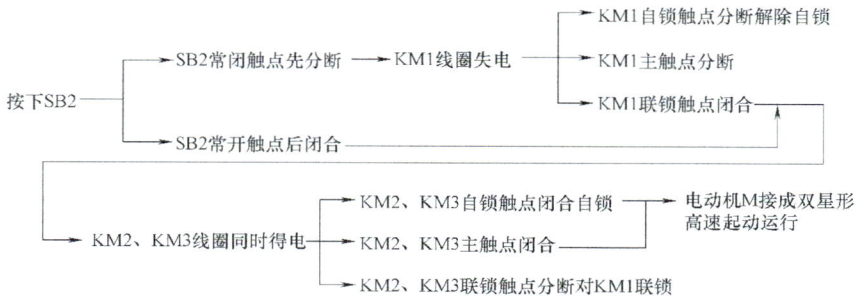

四、顺序起动控制电路

在机床运行时，多台电动机起动往往有先后顺序要求，如主轴电动机起动前先起动润滑油泵电动机。图 1-40 所示为 2 台电动机顺序起动控制电路。

图 1-40a 为顺序起动方案一，采用单个 KM1 的辅助常开触点进行顺序起动。

工作原理：先按下按钮 SB2，KM1 线圈得电，主电路中 KM1 主触点闭合，电动机 M1

先运转，KM1 常开触点闭合自锁，再按下按钮 SB4，KM2 线圈得电，主电路中 KM2 主触点闭合，电动机 M2 运转，KM2 常开触点闭合自锁。

图 1-40b 为顺序起动方案二，采用两对 KM1 的辅助常开触点进行顺序起动。

工作原理：先按下按钮 SB2，KM1 线圈得电，主电路中 KM1 主触点闭合，电动机 M1 先运转，KM1 线圈回路中的 KM1 常开触点闭合自锁，同时，KM2 线圈回路中的 KM1 常开触点闭合为 KM2 线圈得电提供条件，再按下按钮 SB4，KM2 线圈得电，主电路中 KM2 主触点闭合，电动机 M2 运转，KM2 常开触点闭合自锁。

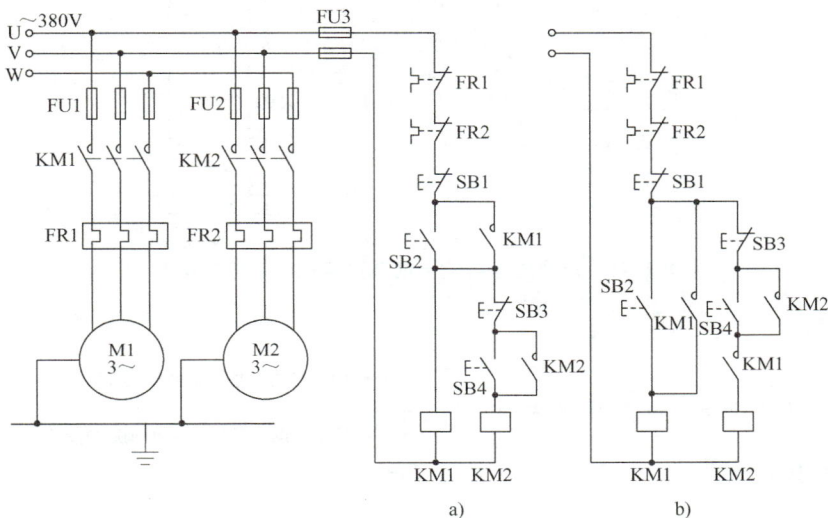

图 1-40 2 台电动机顺序起动控制电路

第五节 三相异步电动机制动控制电路

三相异步电动机从切断电源到完全停止旋转，由于惯性，总要经过一段时间，这往往不能适应某些生产工艺的要求，如卷扬机、机床设备等。无论是从提高生产率，还是从安全及工艺要求等方面考虑，都要求能对电动机进行制动控制，即能迅速使电动机停机、定位。三相异步电动机的制动方法一般有两大类，即机械制动和电气制动。机械制动时用机械装置来强迫电动机迅速停车，如电磁抱闸、电磁离合器等；电气制动实质上在电动机接到停车命令时，同时产生一个与原来旋转方向相反的制动转矩，迫使电动机转速迅速下降。电气制动控制电路包括反接制动控制电路和能耗制动控制电路。

一、能耗制动控制电路

所谓能耗制动，就是在电动机脱离三相交流电源后，在电动机定子绕组上立即加一个直流电压，利用转子感应电流与静止磁场的相互作用产生制动转矩以达到制动的目的。方法是：停车时，在切除三相交流电源的同时，将一个直流电源接入电动机定子绕组的任意两相，以获得大小和方向不变的恒定磁场，从而产生一个与电动机原转矩方向相反的电磁转矩以实现制动。当电动机转速下降到零时，再切除直流电源。能耗制动可用时间继电器进行控制，也可用速度继电器进行控制。

1. 时间继电器控制的单向能耗制动控制电路

图1-41所示是时间继电器控制的单向能耗制动控制电路。电路工作过程如下：

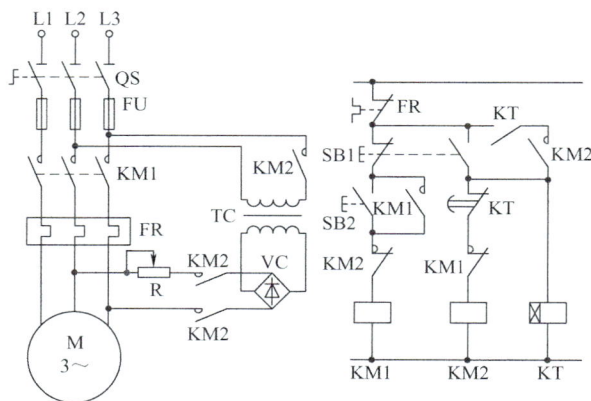

图1-41　时间继电器控制的单向能耗制动控制电路

（1）起动

合上QS，按下SB2 → KM1线圈得电并自锁 ┬→ KM1互锁的常闭辅助触点断开
　　　　　　　　　　　　　　　　　　　└→ KM1主触点闭合 → 电动机M起动运行

（2）制动停车

按下SB1 ┬→ KM1线圈断电 ┬→ KM1主触点断开 → 电动机M断电，惯性运转
　　　　　│　　　　　　　└→ KM2线圈得电 → KM2主触点闭合 → 直流电通入M定子绕组 → 电动机能耗制动
　　　　　└→ KT线圈得电，延时 → KT常闭触点延时断开 → KM2线圈断电 → KM2主触点断开，切断电动机直流电源，制动结束

2. 速度继电器控制的单向能耗制动控制电路

图1-42所示是速度继电器控制的单向能耗制动控制电路。速度继电器KS取代了时间继电器KT，其他基本相同。工作原理如下：

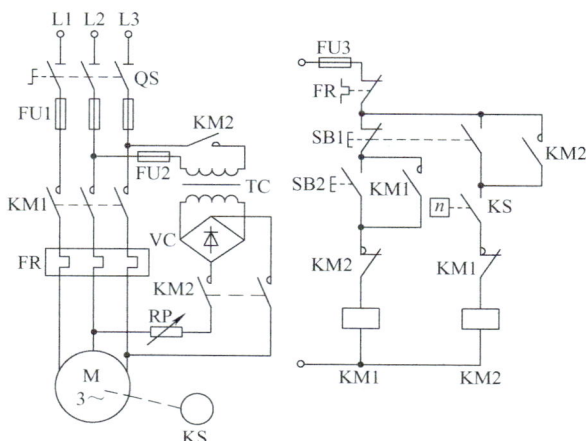

图1-42　速度继电器控制的单向能耗制动控制电路

（1）起动

合上QS，按下SB2 ──→ KM1得电并自锁 ┬──→ KM1主触点闭合 ──→ M起动运行
　　　　　　　　　　　　　　　　　└──→ KM1互锁的常闭触点断开，KS常开触点闭合，为能耗制动做好准备

（2）制动停车

按下SB1 ┬──→ KM1线圈断电 ──→ KM1主触点释放，切断M三相交流电源
　　　　 └──→ KM2线圈得电 ──→ KM2主触点闭合 ──→ M定子绕组通入直流电流 ──→ 对M进行正向能耗制动 ─┐
　　 │
转速降至一定值(120r/min)以下时 ──→ KS常开触点断开 ──→ KM2线圈失电，能耗制动结束 ←──────────────┘

二、反接制动控制电路

反接制动是利用改变电动机电源的相序，使定子绕组产生相反方向的旋转磁场，从而产生制动转矩的一种制动方法。反接制动的特点是制动迅速，效果好，但电流冲击较大，仅适用于 10kW 以下的小容量电动机。为了减小冲击电流，通常要求在电动机主电路中串联一定阻值的电阻以限制反接制动电流，该电阻称为反接制动电阻。

反接制动电阻的接线方式有对称和不对称两种。采用对称接法可以在限制制动转矩的同时，也限制制动电流；采用不对称接法，只限制了制动转矩，未加制动电阻的那一相，仍具有较大的电流。反接制动需要注意的是在电动机转速接近于零时，要及时切断反相序电源，以防止反向再起动。图 1-43 所示是一种电动机单向起动反接制动控制电路。工作原理如下：

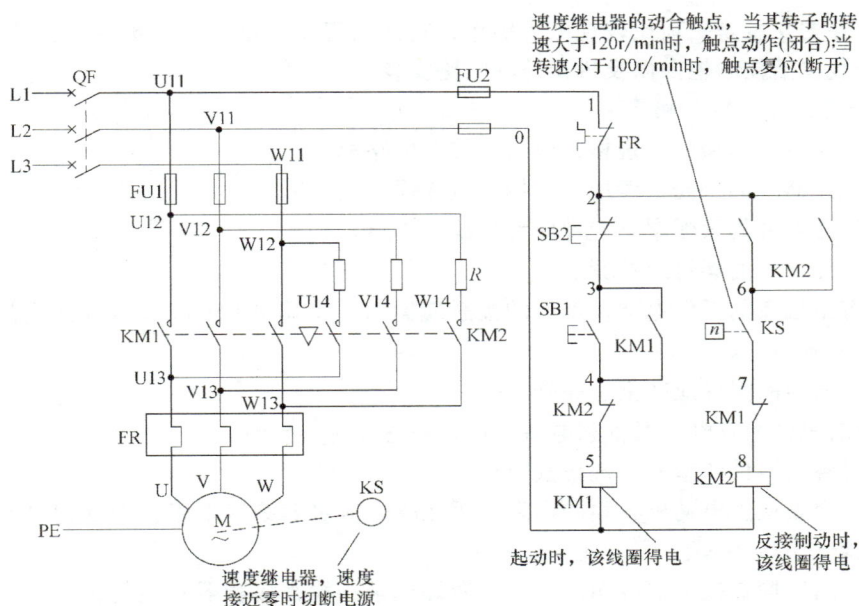

图 1-43　单向起动反接制动控制电路

按下复合按钮SB2
→ SB2常闭触点先分断 → KM1线圈失电
→ KM1自锁触点分断、解除自锁
→ KM1主触点分断，电动机M暂失电
→ KM1联锁触点闭合
→ SB2常开触点后闭合

→ KM2线圈得电
→ KM2联锁触点分断对KM1联锁
→ KM2自锁触点闭合自锁
→ KM2主触点闭合 → 电动机M串联R反接制动

至电动机转速下降到一定值（100r/min左右）时

→ KS常开触点分断 → KM2线圈失电
→ KM2联锁触点闭合，解除联锁
→ KM2自锁触点分断，触除自锁
→ KM2主触点分断 → 电动机M脱离电源停转，制动结束

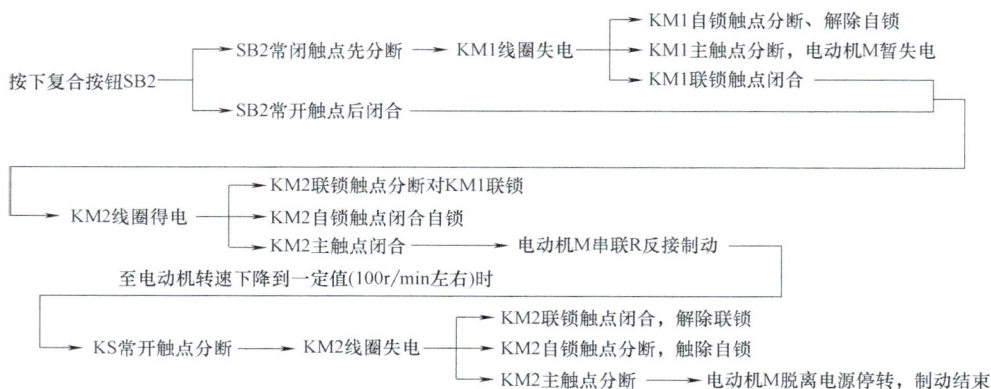

反接制动时，由于旋转磁场与转子的相对转速（n_1+n）很高，故转子绕组中感生电流很大，致使定子绕组中的电流也很大，一般约为电动机额定电流的 10 倍。因此，反接制动适用于 10kW 以下小容量电动机的制动，并且对 4.5kW 以上的电动机进行反接制动时，需在定子回路中串入限流电阻 R，以限制反接制动电流。

第六节　机床电路的安装规范与电路故障检修方法

学习机床电气控制电路最重要的两项技能就是机床电路的安装和电路的检修。机床电路的安装必须遵循一定的安装规范，机床电路故障检修也必须遵循一定的方法。

一、机床电路的安装

机床电路的安装是一项比较规范的操作，它必须遵循一定的安装步骤和安装工艺要求。机床电路安装包括控制柜内以及机床外围电路安装接线两部分。

1. 机床电路安装前的检查

1）电气元器件的型号、规格，应与被控制电路相符。

2）电气元器件的外壳、漆层、手柄，应无损伤或变形。

3）电气元器件的灭弧罩、瓷件应无裂纹或伤痕。

4）电气元器件的螺钉应拧紧。

5）具有主触点的低压电器，触点的接触应紧密，采用 0.05mm×10mm 的塞尺检查，触点两侧的压力应均匀。

6）低压电器的附件应齐全、完好。

根据明细表，配齐电气设备和电器元件，并逐件对其校验。

1）核对各元器件的型号、规格及数量。

2）用万用表检查电动机各相的电阻；用兆欧表测量其绝缘电阻。做好记录并对电动机进行常规检查。

3）用万用表检查接触器线圈电阻，并做好记录；检查接触器外观是否清洁完整、有无损伤，各触点的分合情况，接线端子及紧固件有无短缺等。

4）检查电源开关的断合及操作的灵活程度。

5）检查按钮的常开、常闭触点的分合动作。检查热继电器的常闭触点是否接通。

2. 机床元器件的安装规范

（1）控制柜内元器件的安装规范

1）一般规定。

① 元器件组装顺序应从板前视，由左至右，由上至下，同一型号产品应保证组装一致性。

② 元器件在操作时，不应受到空间的妨碍，不应有触及带电体的可能。主回路上面的元器件、一般电抗器、变压器需要接地，断路器不需要接地。

③ 所有元器件及附件，均应固定安装在支架或底板上，不得悬吊在电器及连线上。

④ 每个元器件接线面的附近有标牌，标注应与图样相符。除元器件本身附有供填写的标志牌外，标志牌不得固定在元器件本体上。标号应完整、清晰、牢固，标号粘贴位置应明确、醒目，如图 1-44 为端子的标示。

⑤ 安装于面板、门板上的元器件，其标号应粘贴于面板及门板背面元器件下方，如下方无位置时可贴于左方，但粘贴位置尽可能一致。图 1-45 所示为面板上的元器件标号。

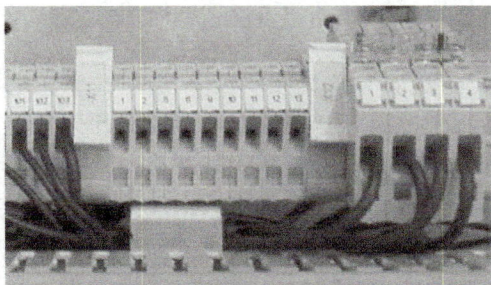

图 1-44　端子标示

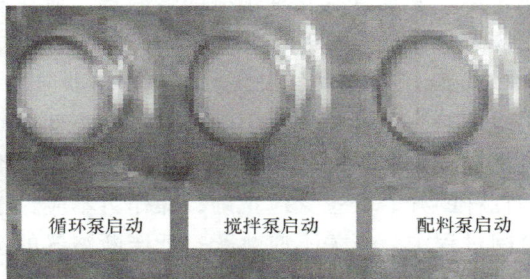

图 1-45　面板上的元件标号

⑥ 电器的金属外壳、框架的接零或接地。柜内任意两个金属部件通过螺钉连接时如有绝缘层均应采用相应规格的接地垫圈，并注意将垫圈齿面接触零部件表面（圆圈标记处），或者破坏绝缘层门上的接地处（圆圈标记处）要打磨，防止因为油漆的问题而接触不好，而且连接线尽量短。保护接地的连接实物如图 1-46 所示。

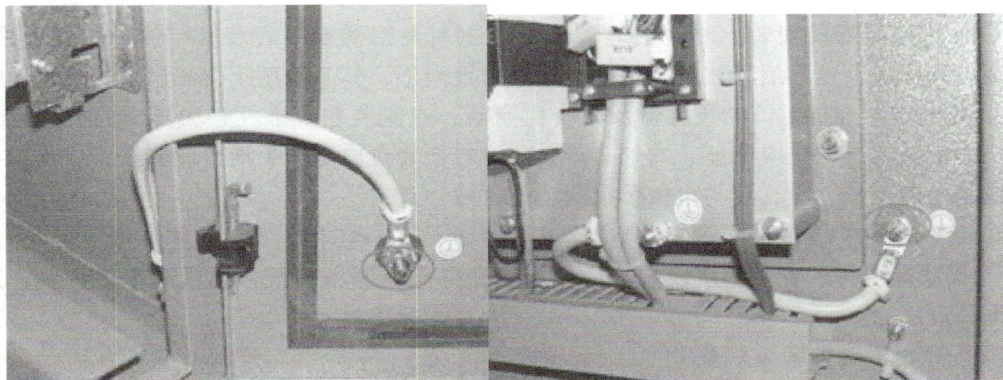

图 1-46　保护接地的连接实物

⑦ 低压电器根据其不同的结构，可采用绝缘板将其固定在配电箱构件上。绝缘板应平

整；当采用卡轨支承安装时，卡轨应与低压电器匹配，并用固定夹或固定螺栓与壁板紧密固定，严禁使用变形或不合格的卡轨。

⑧ 紧固件应采用镀锌制品，螺栓规格应选配适当，电器的固定应牢固、平稳。

2）电器元件的安装规范。

① 组合开关的安装。组合开关一般安装在控制箱盖板上，HZ3 型组合开关外壳必须接地。若需在控制箱内操作，组合开关最好安装在箱内右上方，且它的上方最好不要安装其他电器。转换开关和倒顺开关安装后，其手柄位置指示应与相应的接触片位置相对应。定位机构应可靠，所有的触点在任何接通位置上应接触良好。

② 熔断器的安装。熔断器应完整无损，接触紧密可靠，并应有额定电压、额定电流的标志。用电设备应接在螺旋壳的接线端子上。熔断器应装合格的熔体。上下级之间根据动作选择性原则应有配合。熔断器安装在各相线上，中线上严禁安装熔断器。熔断器应安装在控制开关电源的进线端。熔断器安装位置及相互间距离，应便于更换熔体。有熔断指示器的熔断器，其指示器应装在便于观察的一侧。瓷质熔断器在金属底板上安装时，其底座应垫软绝缘衬垫。安装具有几种规格的熔断器，应在底座旁标明规格。带有接线标志的熔断器，电源线应按标志进行接线。

③ 低压断路器的安装。低压断路器应垂直于配电盘安装，其倾斜度不应大于 5°；电源引线应接到上端，负载引线接到下端。低压断路器用作电源总开关或电动机控制开关时，在电源进线侧必须加装刀开关或熔断器等，以形成一个明显的断点。低压断路器操作手柄或传动杠杆的开、合位置应正确，操作力不应大于产品的规定值。电动操作机构接线应正确。在合闸过程中，开关不应跳跃；低压断路器的接线，裸露在箱体外部且易触及的导线端子，应加绝缘保护。

④ 接触器的安装。交流接触器一般应安装在垂直面上，倾斜度不得超过 5°。安装孔的螺钉应装有弹簧垫圈或平垫圈并拧紧螺钉以防止振动松脱。

⑤ 热继电器的安装。热继电器的热元件必须串联在主电路中，常闭触点必须串联在控制回路中。应确保可动部分动作应灵活、可靠。热继电器的整定电流应按电动机的额定电流自行调整。绝对不允许弯折双金属片。一般情况下，热继电器应置于手动复位的位置上。

⑥ 时间继电器的安装。时间继电器的安装主要是接插座的安装要牢固，位置要准确。在安装时要保证断电之后释放时，衔铁的运动垂直向下，其倾斜度不得超过 5°。

⑦ 其他电器元件。凸轮控制器及主令控制器，应安装在便于观察和操作的位置上。控制器操作应灵活，档位应明显、准确。带有零位自锁装置的操作手柄，应能正常工作。操作手柄或手轮的动作方向，宜与机械装置的动作方向一致。

⑧ 走线槽的安装。走线槽应做到横平竖直，排列整齐匀称，安装牢固和便于走线。

⑨ 接线端子排的安装。接线端子一般安装在电气控制箱的最下边或右下边位置，这样便于电源进出。

（2）外围电路的安装规范

1）导线在进出电气柜时，一定要用缠绕带绑扎好。要注意保护接地线。从电气柜到进给电动机接线盒的电线要穿螺纹管进行防护。

2）电器元件的外部接线，应符合下列要求：

接线应按接线端头标志进行。接线应排列整齐、清晰、美观，导线绝缘应良好、无损伤。电源侧进线应接在进线端，即固定触点接线端；负荷侧出线应接在出线端，即可动触点接线端。电器元件的接线应采用铜质或有电镀金属防锈层的螺栓和螺钉，连接时应拧紧，且应有防松装置。外部接线不得使电器元件内部受到额外应力。

3）电器元件的安装规范。

① 按钮的安装。按钮应根据机床实际工作便利需要和机床的实际位置进行安装。同一设备有几种不同的工作状态时，应使每一对相反状态的按钮安装在一组。安装按钮必须牢固，金属按钮盒必须可靠接地。应使按钮之间的距离为 50~80mm，按钮箱之间的距离宜为 50~100mm；当倾斜安装时，其与水平的倾角不宜小于 30°。按钮操作应灵活、可靠、无卡阻。集中在一起安装的按钮应有编号或不同的识别标志；"紧急"按钮应有明显标志，并设保护罩。

② 行程开关的安装。安装行程开关时，位置要准确，安装要牢固。滚轮的方向不能装反。挡铁与其碰块的位置应符合控制电路的要求，并确保能可靠地与挡铁碰撞。碰块或撞杆对开关的作用力及开关的动作行程，均不应大于允许值。

③ 速度继电器的安装。安装前要先弄清其基本结构，辨明常开触点的接线端。速度继电器的连接头与电动机转轴直接连接，并使两轴轴线重合。速度继电器的金属外壳应可靠接地。

④ 照明灯的固定。照明灯的具体安装位置根据不同型号的机床确定。照明电路必须可靠接地，以确保人身安全。

⑤ 电动机的固定。电动机的具体安装位置根据不同型号的机床确定。从电气柜到进给电动机接线盒的电线要穿螺纹管进行防护。电动机外壳必须可靠接地，以确保人身安全。

3. 机床电路安装工艺要求

机床电气配线顺序如下：先接电气控制柜内的主电路、控制电路，需要外接的导线接到接线端子排上，然后接柜外的其他电气设备，如按钮、照明灯、电动机等。引入机床的导线要用金属软管加以保护。

（1）线槽配线

1）所有导线的截面积等于或大于 $0.5mm^2$ 时，必须采用软线。考虑机械强度的原因，所用导线的最小截面积在控制箱外为 $1mm^2$，在制箱内为 $0.75mm^2$。但对控制箱内通过很小电流的电路连线，如电子逻辑电路，可用 $0.2mm^2$，并且可以采用硬线，但只能用于不移动又无振动的场合。

2）布线时，严禁损伤线芯和导线绝缘。

3）各电器元件接线端子引出导线的走向以元件的水平中心线为界限：在水平中心线以上接线端子引出的导线，必须进入元件上面的走线槽；在水平中心线以下接线端子引出的导线，必须进入元件下面的走线槽。任何导线都不允许从水平方向进入走线槽内。

4）各电器元件接线端子上引出或引入的导线，除间距很小或元件机械强度很差时允许直接架空敷设外，其他导线必须经过走线槽进行连接。

5）进入走线槽内的导线要完全置于走线槽内，并应尽可能避免交叉。装线不要超过其容量的 70%，以便于能盖上线槽盖和以后的装配及维修。

6）各电器元件与走线槽之间的外露导线，应合理走线，并尽可能做到横平竖直，垂直变换走向。同一个元件上位置一致的端子和同型号电器元件中位置一致的端子引出或引入的导线，要敷设在同一平面上，并应做到高低一致或前后一致，不得交叉。

7）所有接线端子、导线线头上，都应套有与电路图上相应接点线号一致的编码套管，并按线号进行连接；连接必须牢固，不得松动。

8）在任何情况下，接线端子都必须与导线截面积和材料性质相适应。当接线端子不适合连接软线或不适合连接较小截面积的软线时，可以在导线端头穿上针形或U形冷压端子并压紧。

9）一般一个接线端子只能连接一根导线，如果采用专门设计的端子，可以连接两根或多根导线，但导线的连接方式必须是公认的、在工艺上成熟的，如夹紧、压接、焊接、绕接等，并应严格按照连接工艺的工序要求进行。

（2）外部连线的连接　外部连线是指电源、电动机、按钮板等配电箱外部的连接导线。在图1-47所示某机床的电气互联图中，从配电箱到电动机、按钮板的外部接线，一般采用金属软管进行布线。

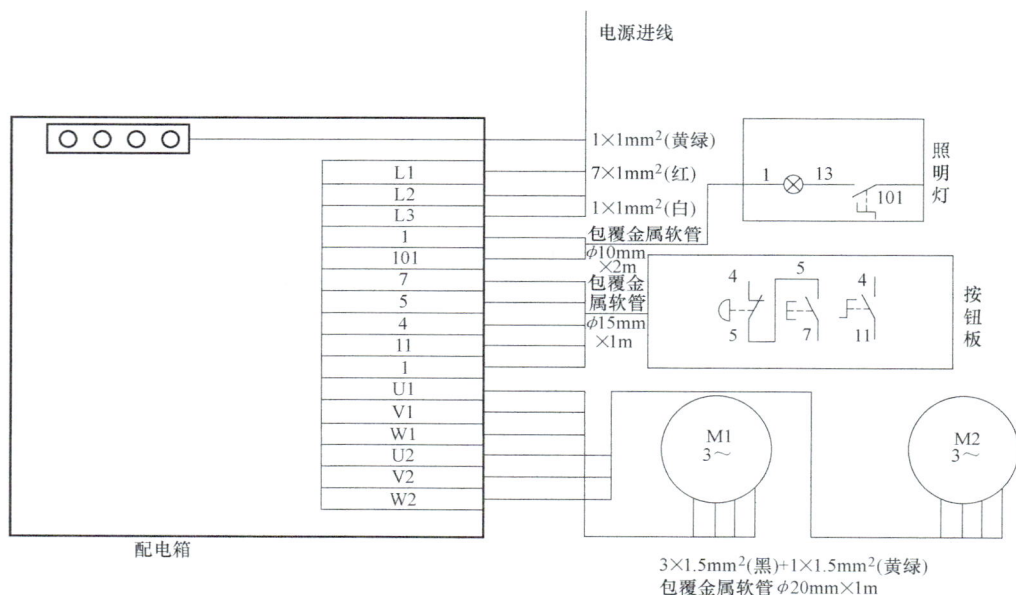

图1-47　某机床电气互联图

4. 安装完毕的检查

1）常规检查。对照原理图和接线图，逐线检查，核对线号，防止错接、漏接。检查各接线端子的接触情况，若有虚接现象应及时排除。

2）用万用表检查。在不通电的情况下，用万用表的欧姆档进行通断检查。

3）所有螺钉和螺母要拧紧，以减少试车故障，安装时不要漏接地线。

4）试车前必须严格遵守安全操作规程，依次检查电器动作是否符合电气原理图的要求，正确完成试车。

5）试车出现故障时，应立即切断电源，排除故障，找出原因并改正后方可再次试车。

二、机床控制电路检修的常用方法

机床控制电路确定故障范围的方法参见第二章第一节"用逻辑分析法确定故障范围，用排除法缩小故障范围"的内容。下面介绍在确定故障范围后查找故障点的几种常用检测方法。

1. 电压法

电压法属带电操作，操作中要严格遵守带电作业安全规定，确保人身安全。测量前首先将万用表的转换开关置于相应的电压种类（直流、交流），合适的量程（依据电路的电压等级）。

（1）电压分阶测量法 如图 1-48 所示，若按下按钮 SB2 时，接触器 KM 线圈不得电，则说明故障在控制电路。将万用表转换开关置于交流电压 500V 的档位上，然后按图 1-48 所示方法进行测量。

测量时，首先测量 L1、L2 电源电压，确认电源电压正常。然后一人帮助按下按钮 SB2 不放，一人把黑表笔接到 0 点上，红表笔依次接 1、2、3、4、5、6 各点上，分别测量 0—1、0—2、0—3、0—4、0—5、0—6 各点电压，根据测量结果即可找出故障点，见表 1-1。

这种测量方法像下（或上）台阶一样依次测量电压，所以称为电压分阶测量法。

电压分阶测量法还可灵活运用，如图 1-49 所示方法测量，可更快速缩小故障范围，适合较长线路测量，依据测量结果即可快速缩小范围，见表 1-2。这种电压分阶测量法称为电压长分阶测量法。分阶点的位置可根据电路情况灵活选择，一般选择电路中段，可将故障范围快速缩小 50% 左右。

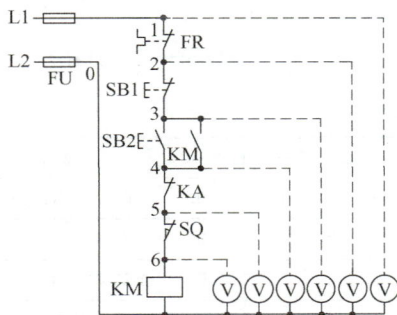

图 1-48 电压分阶测量法

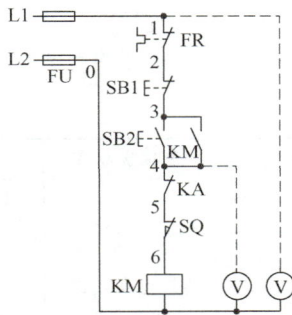

图 1-49 电压长分阶测量法

表 1-1 电压分阶测量法

故障现象	测试状态	0—1	0—2	0—3	0—4	0—5	0—6	故障点
按下按钮 SB2 时，接触器 KM 线圈不得电	电源电压正常，按下按钮 SB2 不放	0	0	0	0	0	0	FU 熔断或接触不良
		380V	0	0	0	0	0	FR 接触不良或动作
		380V	380V	0	0	0	0	SB1 接触不良
		380V	380V	380V	0	0	0	SB2 接触不良
		380V	380V	380V	380V	0	0	KA 接触不良
		380V	380V	380V	380V	380V	0	SQ 接触不良
		380V	380V	380V	380V	380V	380V	KM 线圈断路

表 1-2 电压长分阶测量法

故障现象	测试状态	0—1	0—4	故障范围
按下按钮 SB2 时,接触器 KM 线圈不得电	电源电压正常,按下按钮 SB2 不放	0	0	FU 熔断或接触不良
		380V	0	1—2—3—4
		380V	380V	4—5—6—0

（2）**电压分段测量法**　将万用表的转换开关置于交流电压 500V 的档位上，然后按如下方法测量。

如图 1-50 所示，若按下按钮 SB2，接触器 KM 线圈不得电，则说明该控制电路有故障。首先确认电源电压正常，然后一人按下按钮 SB2，这时另一人用万用表的红、黑两根表笔逐段测量相邻两点 1—2、2—3、3—4、4—5、5—6、6—0 之间的电压，根据测量结果即可找出故障点。见表 1-3。该方法是利用等电位原理测量故障点。

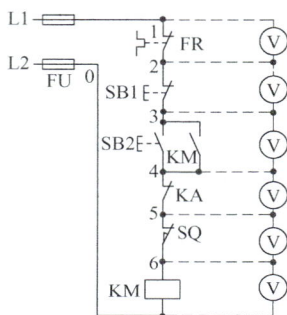

图 1-50　电压分段测量法

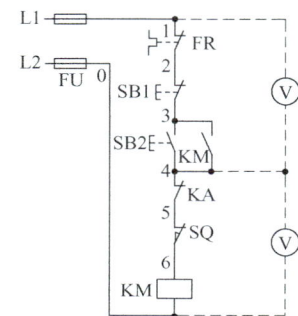

图 1-51　电压长分段测量法

表 1-3　电压分段测量法

故障现象	测试状态	1—2	2—3	3—4	4—5	5—6	6—0	故障点
按下 SB2 时,KM 不吸合	电源电压正常,按下 SB2 不放	380V	0	0	0	0	0	FR 接触不良或动作
		0	380V	0	0	0	0	SB1 接触不良
		0	0	380V	0	0	0	SB2 接触不良
		0	0	0	380V	0	0	KA 接触不良
		0	0	0	0	380V	0	SQ 接触不良
		0	0	0	0	0	380V	KM 线圈断路

这种测量方法将被测电路分段，逐段进行测量，所以称为电压分段测量法。该方法还可灵活运用，即加长分段，如图 1-51 所示，电路分成 1—4、4—0 段进行测量，可将故障范围快速缩小 50%，这种方法也称为电压长分段法，见表 1-4。

表 1-4　电压长分段测量法

故障现象	测试状态	1—4	4—0	故障范围
按下按钮 SB2,接触器 KM 线圈不得电	电源电压正常,按下按钮 SB2 不放	380V	0	1—2—3—4
		0	380V	4—5—6—0

2. 电阻法

电阻法属停电操作，要严格遵守停电、验电、防突然送电等操作规程。测量检查时，首先切断电源，然后将万用表转换开关置于适当倍率电阻档（以能清楚显示电阻值为宜）。

（1）电阻分阶测量法　如图 1-52 所示，若按下按钮 SB2 时，接触器 KM 线圈不得电，则说明控制电路有故障。测量时，首先切断电源，然后一人按住按钮 SB2，另一人用万用表依次测量 0—1、0—2、0—3、0—4、0—5、6—0 各两点之间的电阻值，根据测量结果可找出故障点，见表 1-5。

电阻分阶测量法的命名与电压分阶测量法的命名相同。为了能快速查到故障点，电阻分阶测量法也可演变为电阻长分阶测量法，方法同电压长分阶测量法一样，如图 1-53、表 1-6 所示。

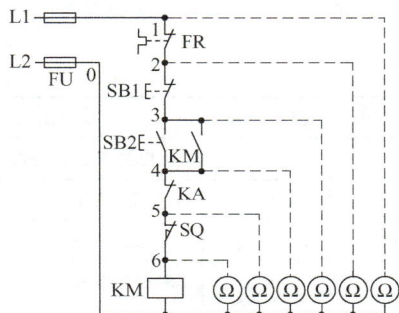

图 1-52　电阻分阶测量法

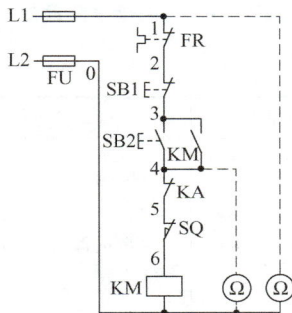

图 1-53　电阻长分阶测量法

表 1-5　电阻分阶测量法

故障现象	测试状态	0—1	0—2	0—3	0—4	0—5	0—6	故障点
按下按钮 SB2 时,接触器 KM 线圈不得电	切断电源,按下按钮 SB2 不放	∞	R	R	R	R	R	FR 接触不良或动作
		∞	∞	R	R	R	R	SB1 接触不良
		∞	∞	∞	R	R	R	SB2 接触不良
		∞	∞	∞	∞	R	R	KA 接触不良
		∞	∞	∞	∞	∞	R	SQ 接触不良
		∞	∞	∞	∞	∞	∞	KM 线圈断路

注：表中 R 为 KM 线圈电阻。

表 1-6　电阻长分阶测量法

故障现象	测试状态	0—1	0—4	故障范围
按下按钮 SB2 时,接触器 KM 线圈不得电	切断电源,按下按钮 SB2 不放	∞	∞	0—6—5—4
		∞	R	1—2—3—4

注：表中 R 为 KM 线圈电阻。

（2）电阻分段测量法　如图 1-54 所示，若按下按钮 SB2 时，接触器 KM 线圈不得电，则说明控制电路有故障。检查时，首先切断电源，然后一人按住按钮 SB2，另一人用万用表依次测量 1—2、2—3、3—4、4—5、5—6、6—0 两点之间电阻，如果两点间电阻值很大，即说明该两点间接触不良或导线断线，见表 1-7。

电阻分段测量法也可演变为电阻长分段测量法，有利于提高测量速度。如图 1-55、表 1-8 所示。

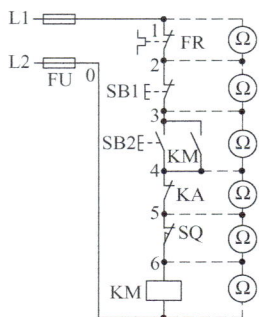

图 1-54 电阻分段测量法

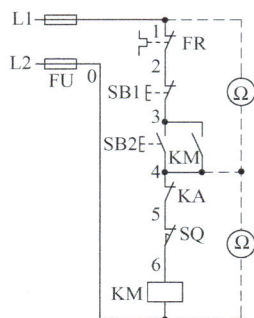

图 1-55 电阻长分段测量法

表 1-7 电阻分段测量法

故障现象	测试状态	测试点	正常阻值	测量阻值	故障点
按下 SB2 时，接触器 KM 线圈不得电	切断电源，按下按钮 SB2 不放	1—2	0	∞	FR 接触不良或动作
		2—3	0	∞	SB1 接触不良
		3—4	0	∞	SB2 接触不良
		4—5	0	∞	KA 接触不良
		5—6	0	∞	SQ 接触不良
		6—0	R	∞	KM 线圈断路

注：表中 R 为 KM 线圈电阻。

表 1-8 电阻长分段测量法

故障现象	测试状态	测试点	正常阻值	测量阻值	故障范围
按下 SB2 时，KM 不吸合	切断电源，按下 SB2 不放	1—4	0	∞	1—2—3—4
		4—0	R	∞	4—5—6—0

注：表中 R 为 KM 线圈电阻。

电阻测量法较电压测量法安全，适合初学者应用，但也有缺点，即易造成判断错误，为此测量时应注意以下几点：

1）所测电路若与其他电路并联，必须将该电路与其他电路分开，否则会造成判断失误。

2）用万用表测量熔断器触点、接触器触点、继电器触点、连接导线的电阻值为零，测量电动机、电磁线圈、变压器绕组指示其直流电阻值。

3）测量高电阻元件时，要将万用表的电阻档转换到适当档位。

此外还有短接法、低压验电笔法在实际机床维修中也经常使用，在这里不再赘述。

实训项目 1-1 认识常用低压电器

一、项目任务

1）根据低压电器的实物，熟悉常用低压电器的功能、结构，理解参数的含义。

2）掌握安装和使用要领，进行分析拆装并仔细观察其结构和动作过程。

3）写出各主要零部件的名称，测量触点电阻、通断情况和质量判断。

二、实训设备

各种常用低压电器每组一套、电工工具一套、MF47 万用表一块。

三、项目实施及指导

1. 熟悉常用低压保护电器

1）教师以图片和实物的形式介绍熔断器、断路器、热继电器的作用、分类、结构、电气符号、安装与使用及选用原则。

学生分组观察熔断器、断路器、热继电器，掌握其分类、结构，理解其安装与使用、选用原则。

2）将一只 RL1 型熔断器拆卸，认真观察其结构，观察完毕后按拆卸的逆顺序安装熔断器。

3）认识 DZ47 系列低压断路器的面板，熟悉参数及各种标识含义。

4）认识 JRS2 系列热继电器的面板，熟悉各种标识含义。

5）用万用表检测熔断器触点接触情况，学会更换熔体或熔丝；用万用表检测低压断路器、热继电器各触点在开关闭合或断开时的连接或断开情况。

2. 熟练认知各低压电器

1）教师引导学生仔细观察所提供的各种形式刀开关、主令电器、交流接触器、时间继电器、速度继电器、控制变压器等电器，思考其结构特点及所标注的铭牌参数的含义，总结其使用方法，给予安装与使用及选用方面的指导。

学生活动以小组为单位，仔细观察各种形式刀开关、主令电器、交流接触器、时间继电器、速度继电器、控制变压器等电器，思考其结构特点及所标注的铭牌参数的含义，总结其使用方法，掌握其安装、使用及选用方法。

2）检测各种刀开关、主令电器、交流接触器、时间继电器、速度继电器等电器的触点位置及好坏。检测接触器、继电器线圈是否完好。

线圈的检查方法

① 将万用表拨至电阻 R×100Ω 档（应首先进行欧姆调零）。

② 用表笔搭接接触器或继电器线圈接线柱，测量电磁线圈电阻。若为零，说明短路；若为无穷大，说明开路；若测量电阻值为几百欧左右，为正常。

常开或常闭触点位置及好坏的检查方法

① 将万用表拨至电阻 R×100Ω 档（应首先进行欧姆调零）。

② 用表笔接触任意两触点：若万用表指针摆动至读数为零，则说明该对触点是常闭触点对；若指针不动，则说明该对触点可能是常开触点对，需按动机械按键进一步确定。若按下机械按键表针不动，说明这对触点不是常开触点对；若按下机械按键，表针指向零，说明这对触点是常开触点对。

3. 拆装、检修交流接触器

（1）交流接触器的拆卸

1）卸下灭弧罩紧固螺钉，取下灭弧罩。

2）拉紧主触点定位弹簧夹，取下主触点及主触点压力弹簧片。拆卸主触点时必须将主触点侧转45°后取下。

3）松开辅助常开静触点的线桩螺钉，取下常开静触点。

4）松开接触器底部的盖板螺钉，取下盖板。在松开盖板螺钉时，要用手按住螺钉并慢慢放松。

5）取下铁心缓冲绝缘纸片及铁心。

6）取下铁心支架及缓冲弹簧。

7）拔出线圈接线端的弹簧夹片，取下线圈。

8）取下反作用弹簧。

9）取下衔铁支架。

接触器
拆装

10）从支架上取下衔铁定位销，然后取下衔铁及缓冲绝缘纸片。

（2）交流接触器的检修

1）检查灭弧罩有无破裂或烧损，清除灭弧罩内的金属飞溅物和颗粒。

2）检查触点的磨损程度，磨损严重时应更换触点。若不需更换，则清除触点表面上烧毛的颗粒。

3）清除铁心端面的油垢，检查铁心有无变形及端面接触是否平整。

4）检查触点压力弹簧及反作用弹簧是否变形或弹力不足，如有需要则更换弹簧。

5）检查电磁线圈是否有短路、断路及发热变色现象。

6）交流接触器触点压力的调整。触点压力的测量与调整一般用纸条凭经验判断：将一张厚约0.1mm、比触点稍宽的纸条夹在触点间，使触点处于闭合位置，用手拉动纸条，若触点压力合适，稍用力纸条即可拉出。

（3）交流接触器的装配　按拆卸的逆顺序进行装配。

实训项目1-2　三相异步电动机单向连续控制
电路板前线槽配线的安装与检修

一、项目任务

对三相异步电动机单向连续控制电路进行板前线槽配线，并对常见故障进行排故练习。

二、实训设备

（1）工具　电工工具包、5050型兆欧表、T301-A型钳形电流表、MF47型万用表。

（2）器材　断路器、熔断器、三相异步电动机、按钮开关、交流接触器、热继电器、绝缘胶带等。

三、项目实施及指导

1. 电路安装

（1）元件安装

1）识读图1-30所示电路图，明确电路所用元器件及其作用，熟悉电路工作过程。

2）检查安装三相异步电动机单向连续控制电路所需元器件及导线型号、规格、数量、质量，并列表记录。

3）在配电板上，按工艺要求布置器件，如图1-56a布置图所示，在控制板上安装电器元件，并配上醒目的文字符号。

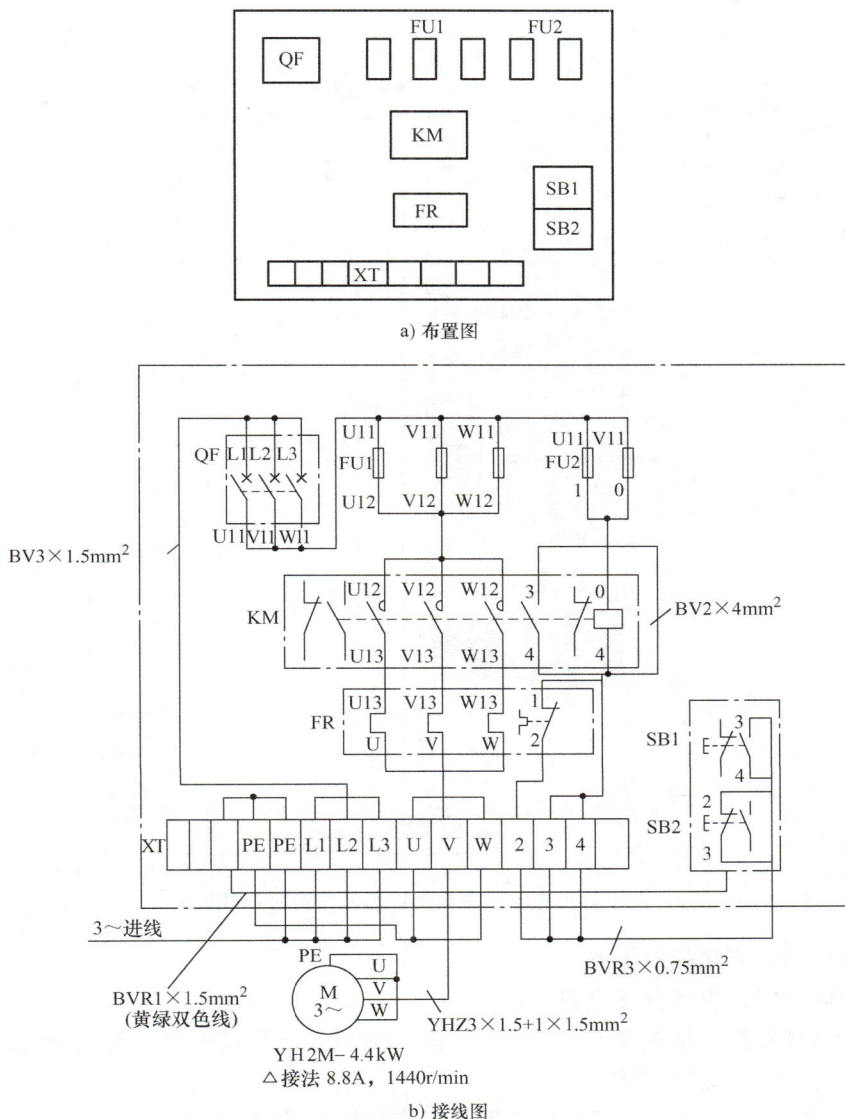

a）布置图

b）接线图

图1-56　元件布置图和接线图

元件安装工艺要求：

1）断路器、熔断器的受电端子应安装到控制板的外侧，并确保熔断器的受电端为底座的中心端。

2）各元件的安装位置应整齐、匀称，间距合理，便于元件更换。

3）紧固各元件时用力要均匀，紧固程度适当。在紧固熔断器、接触器等易碎元件时，应该用手按住一边轻轻摇动，一边用螺钉旋具轮换旋紧对角线上的螺钉，直到手摇不动后，再适当加固旋紧些即可。

（2）接线　按图 1-56b 所示接线图的走线方法，以及本章第六节线槽布线工艺要求进行线槽布线，如图 1-57 所示。

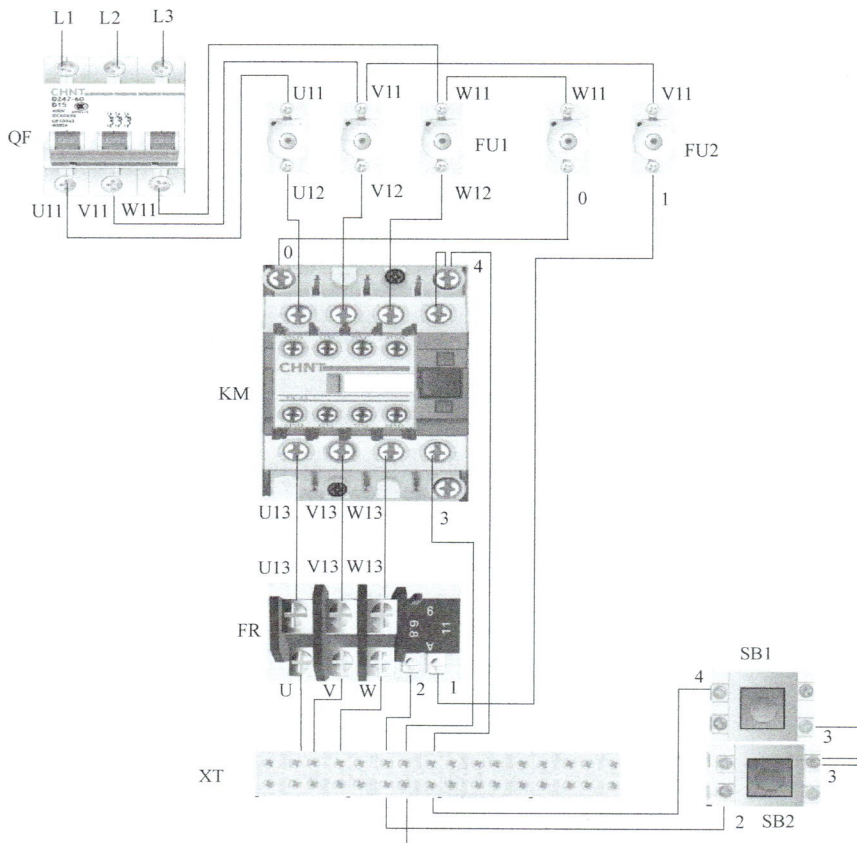

图 1-57　三相异步电动机单向连续控制电路布线效果图

1）先接主电路，再接控制电路。

2）先接串联电路，再接分支电路。

3）所有元器件布局、接线要安全、方便，同一类型接线尽量用同一颜色导线。走线要横平竖直、整齐合理，接点不得松动。

（3）检查布线　根据图 1-57 所示电路图检查控制板布线的正确性。

（4）安装电动机　按照安装规范要求安装电动机。

（5）连接　先连接电动机和按钮金属外壳的保护接地线，然后连接电源、电动机等控制板外部的导线。

（6）自检

1）按电路图或接线图从电源端开始，逐段核对接线及接线端子处线号是否正确，有无漏接、错接之处。检查导线接点是否符合要求，压接是否牢固。同时注意接点接触应良好，以避免带负载运转时产生闪弧现象。

2）用万用表检查电路的通断情况。检查时，应选用倍率适当的电阻档，并进行校零，以防发生短路故障。对控制电路的检查（断开主电路），可将表笔分别搭在 U11、V11 线端上，读数应为"∞"。按下 SB2 时，读数应为接触器线圈的直流电阻值。然后断开控制电路，再检查主电路有无开路或短路现象，此时，可用手动来代替接触器通电进行检查。

3）用兆欧表检查电路的绝缘电阻的阻值应不小于 1MΩ。

（7）**交验** 安装完毕，请指导教师检验。

（8）**通电试车** 试车方法及要求：

1）为保证人身安全，在通电试车时，要认真执行安全操作规程的有关规定，一人监护，一人操作。试车前，应检查与通电试车有关的电气设备是否有不安全的因素存在，若查出应立即整改，然后方能试车。

2）通电试车前，必须征得指导教师的同意，并由指导教师接通三相电源 L1、L2、L3，同时在现场监护。学生合上电源开关 QF 后，用测电笔检查熔断器出线端，氖管亮说明电源接通。按下 SB，观察接触器情况是否正常，是否符合电路功能要求，电器元件的动作是否灵活，有无卡阻及噪声过大等现象，电动机运行情况是否正常等。但不得对电路接线是否正确进行带电检查。观察过程中，若发现有异常现象，应立即停车。当电动机运转平稳后，用钳形电流表测量三相电流是否平衡。

3）试车成功率以通电后第一次按下按钮时计算。

4）出现故障后，学生应独立进行检修。若需带电检查时，教师必须在现场监护。检修完毕后，如需要再试车，教师也应该在现场监护，并做好时间记录。

5）通电试车完毕，停转，切断电源。先拆除三相电源线，再拆除电动机线。

（9）**注意事项**

1）接触器 KM 的自锁触点应并接在起动按钮 SB1 两端，停止按钮 SB2 应串接在控制电路中；热继电器 FR 的热元件应串接在主电路中，它的常闭触点应串接在控制电路中。

2）电源进线应接在螺旋式熔断器的下接线座上，出线则应接在上接线座上。

3）按钮内接线时，用力不可过猛，以防螺钉打滑。

4）电动机及按钮的金属外壳必须可靠接地。接至电动机的导线，必须穿在导线通道内加以保护，或采用坚韧的四芯橡胶线或塑料护套线进行临时通电校验。

5）热继电器的整定电流应按电动机的额定电流自行调整。绝对不允许弯折双金属片。

6）热继电器因电动机过载动作后，若需再次起动电动机，必须待热元件冷却并且热继电器复位后才可进行。

7）编码套管套装要正确。

起动电动机时，在按下起动按钮的同时，手还必须按在停止按钮上，以保证万一出现故障时，可立即按下停止按钮停车，防止事故的扩大。

2. 电路检修

常见故障分析检修见表 1-9。电路检修步骤如下：

1）故障设置。在控制电路或主电路中人为设置电气自然故障两处。

2）教师示范。教师进行示范检修时，可把下述检修步骤及要求贯穿其中，直至故障排除。

① 用试验法来观察故障现象。主要观察电动机的运转情况、接触器的动作情况和电路的工作情况等，如发现有异常情况，应马上断电检查。

② 用逻辑分析法缩小故障范围，并在电路图上用虚线标出故障部位的最小范围。

③ 用测量法正确、迅速地找出故障点。

④ 根据故障点的不同情况，采取正确的修复方法，迅速排除故障。

⑤ 排除故障后通电试车。

3）学生检修。教师示范检修后，再由教师重新设置两个故障点，让学生进行检修。在学生检修的过程中，教师可进行启发性的示范指导。

4）注意事项。检修训练时应注意以下几点：

① 要认真听取和仔细观察指导教师在示范过程中的讲解和检修操作。

② 要熟练掌握电路中各个环节的作用。

③ 在排除故障过程中，故障分析的思路和方法要正确。

④ 工具和仪表使用要正确。

⑤ 带电检修故障时，必须有指导教师在现场监护，并要确保用电安全。

⑥ 检修必须在定额时间内完成。

表 1-9　常见故障分析检修

故障现象	原因分析	图形	检查方法
按下按钮 SB1 后，接触器 KM 不吸合	1）主电路可能故障点：断路器、接触器、热继电器接线端接触不良故障、电源连接导线故障 2）控制电路可能故障点：熔断器 FU2 熔断、热继电器 FR 触点 1—2 接触不良或动作后没复位；接触器线圈 4—0 断线、线路断路		可用万用表测量电压或用验电笔测试，检查断路故障点
接触器 KM 不自锁	1）接触器辅助常开触点 3—4 接触不良 2）自锁回路断线		用电阻检查法检查
按下停止按钮 SB2，接触器不释放	可能故障点： 1）停止按钮 SB2 触点焊住或卡住 2）接触器 KM 已断电，但可动部分被卡住 3）接触器铁心接触面上有油污，上下粘住 4）接触器主触点熔焊		用电阻检查法检查各元件的触点电阻情况
控制电路正常，电动机不能起动并有"嗡嗡"声	可能故障点： 1）主电路熔断器 FU1 一相断熔体 2）接触器主触点接触不良，使电动机单相运行 3）轴承损坏、转子扫膛		用钳形电流表测量三相电流

四、评分标准

实训项目 1-2 的评分标准见表 1-10。

表 1-10　评分标准表

序号	项目	配分	评分标准		得分
1	选用工具仪表与器材	5分	1)工具、仪表少选或错选 2)电器元件选错型号和规格	每个扣1分 每处扣1分	
2	安装前检查	5分	电器元件漏检或错检	每处扣1分	
3	安装布线	40	1)电动机安装不符合要求 2)电器布置不合理 3)元件安装不牢固 4)元件安装不整齐、不匀称 5)损坏元件 6)不按电路图接线 7)布线不符合要求 8)接点松动、露铜过长、反圈 9)损伤导线绝缘层和线芯 10)漏装或错套编码套管 11)漏装接地线	扣10分 扣5分 每个扣1分 每只扣1分 每只扣5分 扣15分 每处扣3分 每处扣1分 每处扣1分 每处扣1分 每处扣10分	
4	故障分析	10	1)故障分析,故障排除思路不正确 2)标错电路故障范围	每处扣5~10分 每处扣5分	
5	排除故障	20	1)停电不验电 2)仪表工具使用不当 3)排除故障顺序不对 4)不能查出故障点 5)查出故障点但不能排除 6)产生新的故障 7)烧坏电动机 8)损坏电器元件,或排除故障方法不正确	每个扣5分 每个扣5分 每个扣5分 每个扣10分 每个扣5分 ①能排除扣5分, ②不能排除扣10分 扣20分 每次扣5~20分	
6	通电试车	20	1)热继电器未整定,或整定错误 2)熔体规格选用不当 3)第1次试车不成功 4)第2次试车不成功 5)第3次试车不成功	扣10分 扣5分 扣10分 扣15分 扣20分	
7	安全文明操作		每违规操作 发生严重安全事故	一次扣2分 扣50分	
8	时间		定额时间3h,训练不允许超时 修复故障允许超时	每超时1min扣5分	
9	备注		除定额时间外,各项扣分值不超过配分值		
10	合计	100分	总评得分	实习时间	工位号

实训项目 1-3　三相异步电动机"正转-停止-反转"控制电路板前线槽配线的安装与检修

一、项目任务

对三相异步电动机"正转-停止-反转"控制电路采用板前线槽配线进行安装并对故障电路进行检修。

二、实训设备

（1）**工具**　电工工具包 、5050 型兆欧表、T301-A 型钳形电流表、MF47 型万用表。

（2）**器材**　断路器、熔断器、三相异步电动机、按钮开关、交流接触器、热继电器、绝缘胶带等。

三、项目实施及指导

1. 电路安装

（1）**元件安装**　按照实训项目 1-2 所要求的元件安装要求安装元件。

1）识读图 1-35 "正转-停止-反转" 控制电路图，明确电路所用的器件及作用，熟悉电路的工作过程。

2）检查安装三相异步电动机的接触器联锁正反转控制电路所需的元器件及导线型号、规格、数量、质量，并将检查情况列表记录。

3）在事先准备好的配电板上，按工艺要求如图 1-58 所示布置元器件。

（2）**线槽布线**　参照本章第六节的线槽布线工艺要求，按照图 1-59 接线图布线。

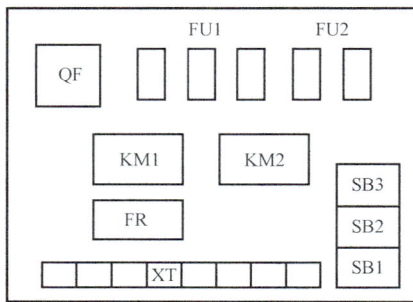

图 1-58 "正转-停止-反转"
控制电路元件布置图

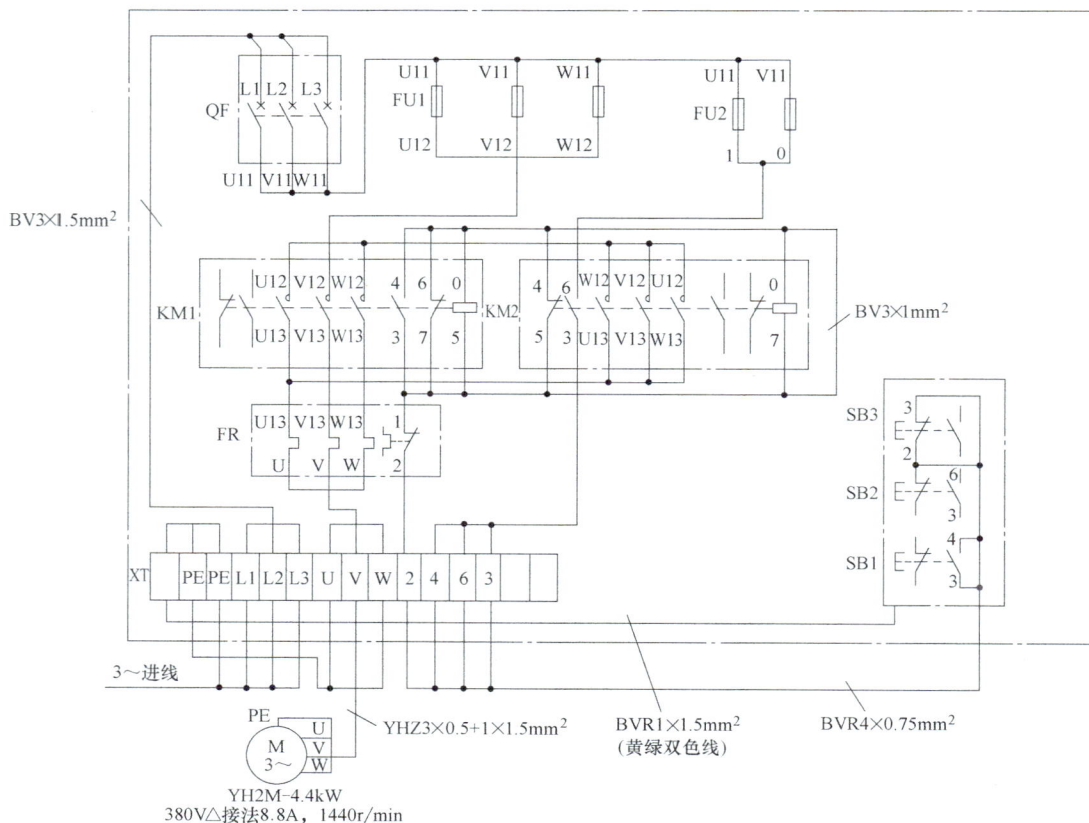

图 1-59 "正转-停止-反转" 控制电路接线图

1）先接主电路，再接控制电路。

2）先接串联电路，再接分支电路。

接线完成后的效果图如图 1-60 所示。

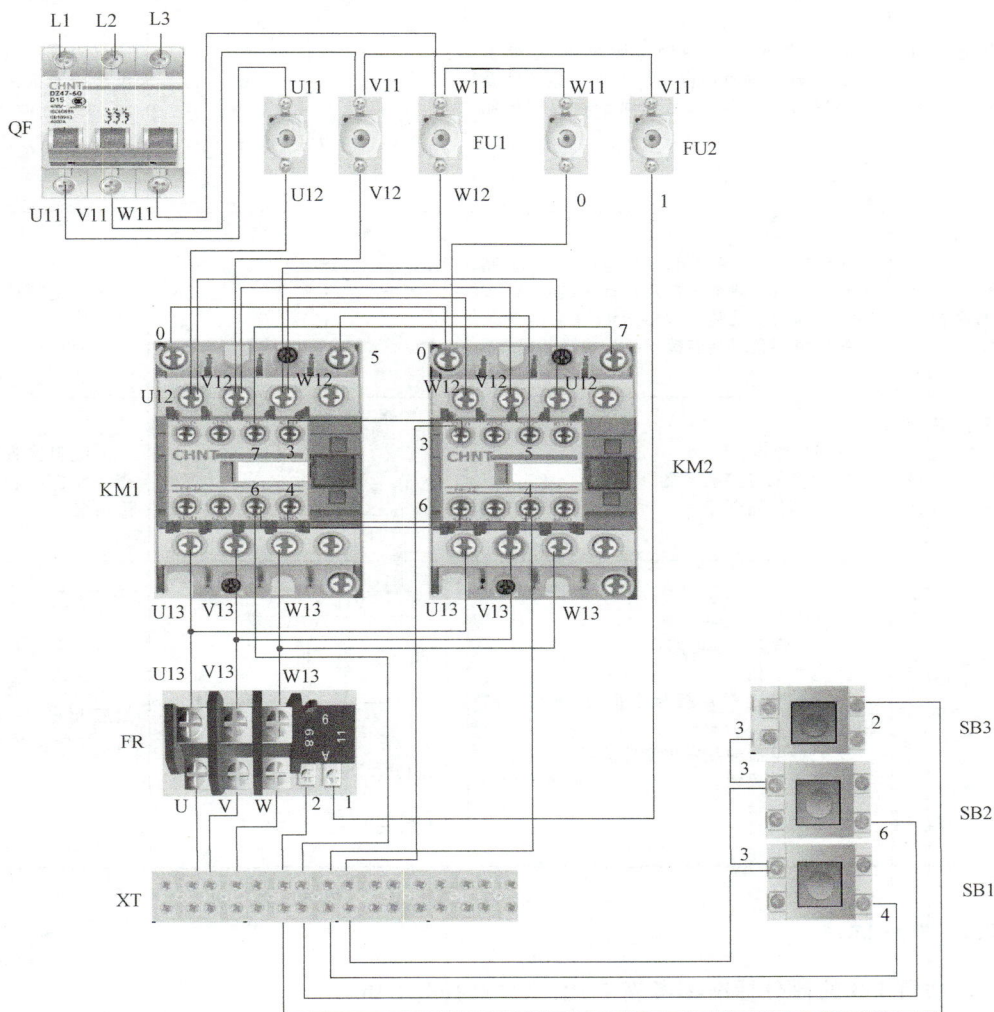

图 1-60　三相异步电动机"正转-停止-反转"控制电路布线效果图

（3）**检查**　按照实训项目 1-2 的检查方法进行检查。先进行直观检查。经直观检查确认无误后，在不通电的情况下，用万用表检测电路有无断路、短路故障。

（4）**检查无误后，按照实训项目 1-2 的方法通电试车。**

注意：1）进入按钮盒的导线必须从接线端子引出。

2）布置器件时，应考虑器件的位置要与主电路有一定对应，相同电器尽量摆放在一起，达到布局合理，间距合适，接线方便的效果。

3）安装完成后，先进行电路自检，自检完成请教师检查无误后方能进行通电试车。

2. 故障检修

常见故障分析检修见表 1-11。电路检修步骤参见实训项目 1-2 故障检修步骤。

表 1-11 常见故障分析检修

故障现象	原因分析	图形	检查方法
正转控制正常,反转时接触器不吸合,电动机不起动	正转控制正常,说明电源电路、熔断器FU1 和 FU2、热继电器 FR、停止按钮 SB3 及电动机 M 均正常,其故障可能在反转控制电路		可用万用表测量反转控制电路的电阻,检查断路故障点
正转控制正常,反转断相	正转正常,反转断相,说明电源电路、控制电路、熔断器、热继电器及电动机均正常,故障可能原因是反转接触器 KM2 主触点的某一相接触不良或其连接导线松脱或断路		用验电笔检查断路故障点
按下正转起动按钮时,电动机正转,松开该按钮后电动机停转	可能故障点: 1. 自锁触点接触不良 2. 自锁回路断路		用电阻检查法检查各元件的触点电阻情况
按下起动按钮,接触器动作,但电动机不能起动并有"嗡嗡"声	可能故障点在主电路: 1. 电源缺相 2. 接触器主触点接触不良,使电动机缺相运行 3. 热继电器触点发生断路故障 4. 电动机故障		用钳形电流表测量三相电流,并运用验电笔测试

四、评分标准

实训项目 1-3 的评分标准参考表 1-10,定额时间为 4h。

实训项目 1-4 三相异步电动机丫-△减压起动控制电路板前线槽配线的安装与检修

一、项目任务

对三相异步电动机丫-△减压起动控制电路采用板前线槽配线进行安装及对故障线路进行检修。

二、实训设备

(1) 工具 电工工具包、5050 型兆欧表、T301-A 型钳形电流表、MF47 型万用表。

（2）**器材**　断路器、熔断器、三相异步电动机、按钮开关、交流接触器、热继电器、绝缘胶带等。

三、项目实施及指导

1. 电路安装

（1）**元件安装**　按照实训项目1-2所要求的元件安装要求安装元件。

1）识读电路图，明确电路所用的器件及作用，熟悉电路的工作过程。

2）检查安装三相异步电动机丫-△减压起动控制电路所需的元器件及导线型号、规格、数量、质量，并将检查情况列表记录。

3）在事先准备好的配电板上，按工艺要求布置元器件如图1-61所示。

（2）**线槽布线**　参照本章第六节的线槽布线工艺要求，按照图1-62布线效果图布线。

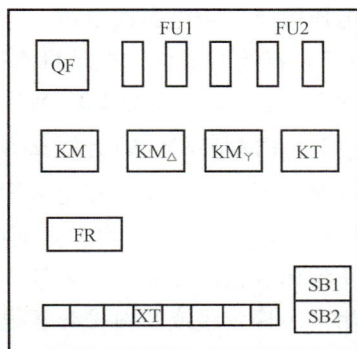

图 1-61　元件安装图

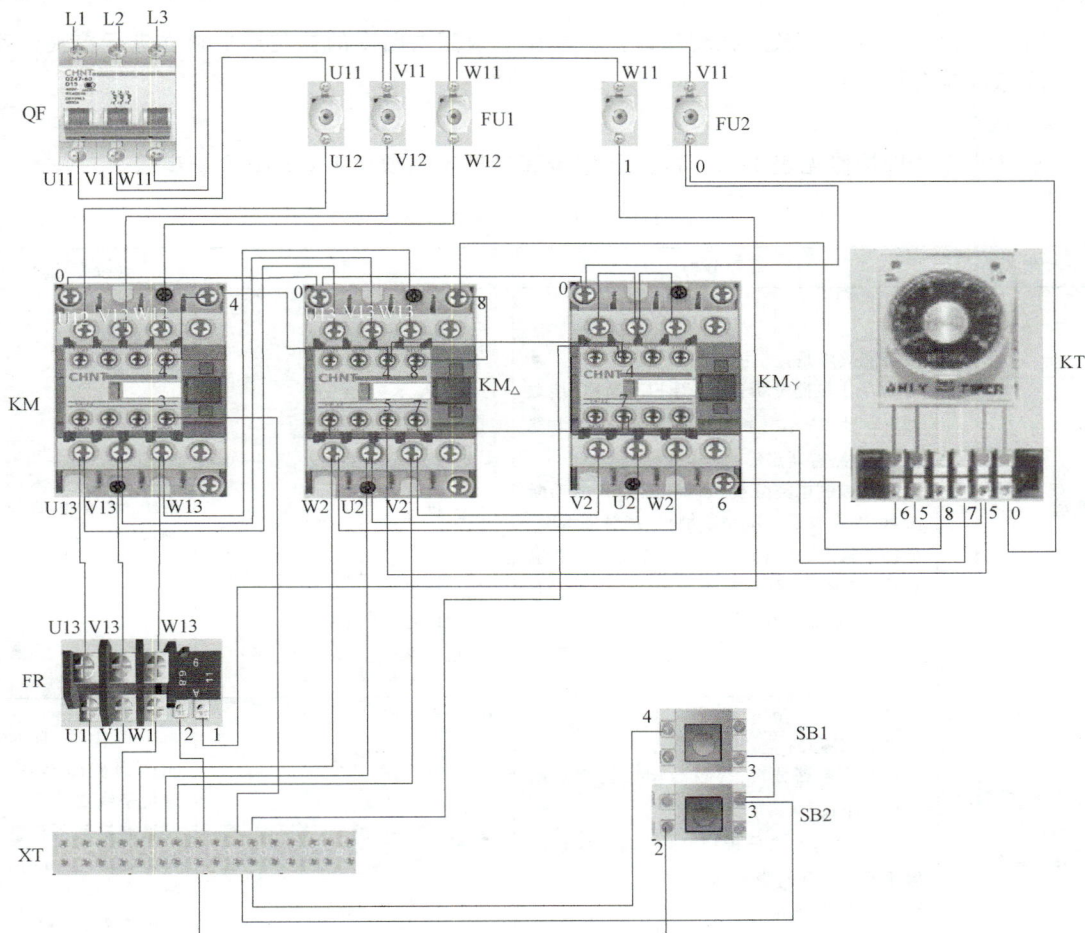

图 1-62　布线效果图

　（3）**检查**　按照实训项目1-2的检查方法进行检查。先进行直观检查。经直观检查确认无误后，在不通电的情况下，用万用表检测电路有无断路、短路故障。

　（4）**通电试车**　检查无误后，按照实训项目1-2的方法通电试车。

　安装布线注意事项如下：

　1）用丫-△减压起动控制的电动机，必须有6个出线端子，且定子绕组在△接法时的额定电压等于三相电源线电压。

　2）接线时要保证电动机△接法的正确性，即接触器KM△主触点闭合时，应保证定子绕组的U1与W2、V1与U2、W1与V2相连接。

　3）接触器KM丫的进线必须从三相定子绕组的末端引入，若误将其首端引入，则在KM丫吸合时，会产生三相电源短路事故。

　4）控制板外部配线，必须按要求一律装在导线通道内，使导线有适当的机械保护，以防止液体、铁屑和灰尘的入侵。在训练时可适当降低要求，但必须以能确保安全为条件，如采用多芯橡胶线或塑料护套软线。

　5）通电校验前要再检查一下熔体规格及时间继电器、热继电器的各整定值是否符合要求。

　通电校验必须有指导教师在现场监护，学生应根据电路图的控制要求独立进行校验，若出现故障也应自行排除。

　2. 故障检修

　常见故障分析检修见表1-12。电路检修步骤参见实训项目1-2故障检修步骤。

表1-12　常见故障分析检修

故障现象	原因分析	图形	检查方法
电动机不能起动	可能故障是： 1）从主电路分析：熔断器FU1断路、接触器KM及KM丫主触点接触不良、热继电器FR主通路有断点等 2）从控制电路分析：热继电器FR的动断触点、停止按钮SB2动断触点、接触器KM△的动断触点、时间继电器KT的延时断开触点等接触不良或断路；也可能是接触器KM或KM丫的线圈损坏等	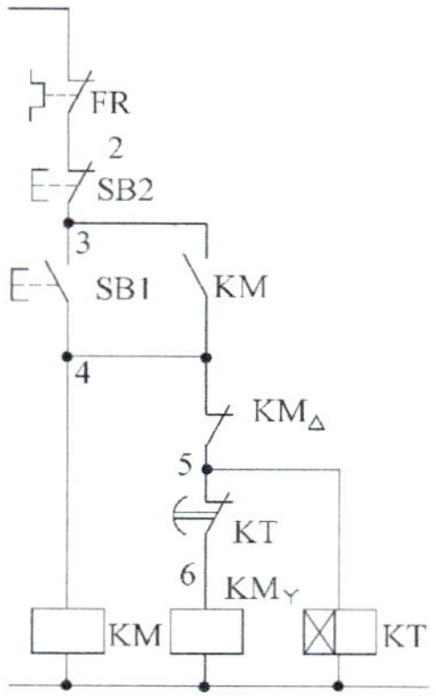	断开电源，可用万用表测量相关的电阻，检查断路故障点
电动机能丫起动，但不能转换为△运行	可能故障是： 1）从主电路分析：接触器KM△主触点闭合接触不良 2）从控制电路分析：KM丫的动断触点接触不良，或时间继电器不工作，或接触器KM△线圈损坏等	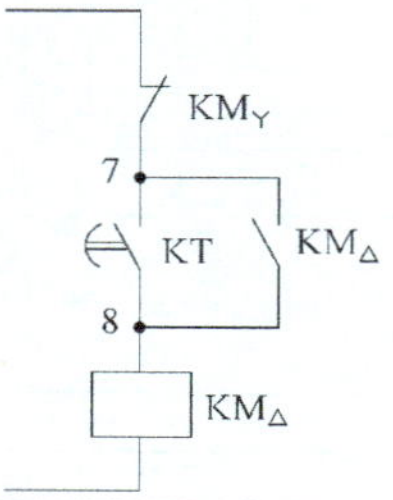	带电检查，通过相应器件的动作，分析是线路或器件及触点接触不良的具体原因。另外，也可通过断电测电阻检查断路问题

四、评分标准

实训项目 1-4 的评分标准参见表 1-10，定额时间 4h。

本 章 小 结

本章是机床电气控制的基础部分，也是需要重点掌握的。主要介绍了常用低压电器、继电器-接触器控制电路的基本环节、控制电路的故障检查与维修方法。在本章后面提供了 4 个实训项目，供同学们进行技能训练。

低压电器部分主要介绍了常用开关电器、主令电器、接触器及继电器的用途、结构、工作原理与图形及文字符号。电器元件的技术参数是使用的主要依据，需要时可查阅有关手册及标准。

机床电气控制的基本环节是本章的重要内容。重点介绍了构成机床电气控制的常用环节。如：电动机的起动控制电路、电动机正反转控制电路、电动机制动控制电路及电动机控制的保护环节。我们必须熟练掌握用查线阅读法分析基本控制电路的工作原理，为机床电路的原理分析和各种故障检修打下坚实的基础。

本章主要技能要求有两项；第一项必备技能是常用控制电路的安装、配线和调试；另一项是对于基本控制电路的故障检修，为第二章的机床维修打下基础。初学者要注意把握本部分内容的知识脉络，注意理论知识与技能训练的有机结合，重视理论，强化技能。

本章介绍了机床电气原理图的规定画法和国家标准，这是正确绘制电气原理图的要求，同时也是快速读懂电气原理图及进行正确故障分析的前提。

思 考 与 练 习

1-1　熔体的额定电流根据不同负载应如何选择？

1-2　交流接触器的作用是什么？它的基本结构有哪些？

1-3　时间继电器的作用是什么？它的基本结构有哪些，分为哪几类？

1-4　热继电器的作用是什么？应该如何选用热继电器？

1-5　电气原理图中的 QS、FU、KM、KA、KS、KT、SB、QF 都是哪些电器元件的符号？

1-6　什么叫自锁，什么叫互锁？试举例说明各自的作用。

1-7　熔断器应该如何选用？

1-8　机床控制电路中一般应设哪些保护？各自的作用是什么？短路保护和过载保护的区别是什么？零电压保护的目的是什么？

1-9　试分析电动机单向接触器自锁控制电路的原理。

1-10　试分析电动机正反转按钮、接触器双重联锁控制电路的原理。

1-11　试分析电动机时间继电器控制丫-△减压起动控制电路的原理。

1-12　双速电动机在两种速度时其绕组是如何连接的？

1-13　试分析双速电动机控制电路的原理。

1-14　板前线槽配线安装工艺有哪些？

1-15　故障检修的一般方法是什么？

1-16　用电阻法测量故障时应注意什么？

1-17　用电压法测量故障时应注意什么？

典型机床控制电路分析与检修

机床设备在工厂的生产加工中应用是非常广泛的。学会阅读、分析机床控制电路图的方法、步骤，加深对典型控制电路环节的理解和应用，是做好维修保养工作的前提。本章通过对 CA6140 型卧式车床、Z3040 型摇臂钻床等具有代表性的常用机床的控制电路及其安装、调试与维修进行分析，提高学生在实际工作中综合分析和解决问题的能力。

第一节　机床电气设备分析与维修的一般要求和方法

机床的控制电路是由各种主令电器、接触器、继电器、保护装置和电动机等，按照一定的控制要求用导线连接而成的。机床电气控制，不仅要求能够实现起动、正反转、制动和调速等基本要求，而且要满足生产工艺的各项要求，保证机床各运动的相互协调和准确，并具有各种保护装置，工作可靠，实现自动控制。

一、机床控制电路分析的内容

控制电路是电气控制系统的核心，通过对电路技术资料的分析可以掌握机床控制电路的工作原理、技术指标、使用方法、维护要求等。分析的具体内容和要求如下。

1. 设备说明书

设备说明书由机械（包括液压部分）与电气两部分组成。在分析时首先要阅读这两部分说明书，了解以下内容：

1）设备的构造，主要技术指标，机械、液压和气动部分的工作原理。

2）电气传动方式，电动机、执行电器的数目、规格型号、安装位置、用途及控制要求。

3）设备的使用方法，各操作手柄、开关、旋钮、指示装置的布置以及在控制电路中的作用。

4）清楚了解与机械、液压部分直接关联的电器（行程开关、电磁阀、电磁离合器、传感器等）的位置、工作状态，与机械、液压部分的关系，在控制中的作用。

2. 电气原理图

这是控制电路分析的核心内容。在分析电气原理图时，还要阅读其他相关技术资料，例如只有通过阅读说明书才能了解各种电动机及执行元件的控制方式、位置及作用，各种与机械有关的行程开关和主令电器的状态等。

在原理图分析中还可以通过所选用的电器元件的技术参数，分析出控制电路的主要参数和技术指标，估算出各部分的电流、电压值，以便在调试及检修设备中合理地选用仪表。

3. 电气设备安装接线图

阅读分析安装接线图，可以了解系统的组成分布状况，各部分的连接方式，主要电器元件的布置和安装要求，导线和穿线管的规格型号等。这是安装设备不可缺少的资料。阅读分析安装接线图要和阅读分析说明书、电气原理图结合起来。

4. 电器元件布置图与接线图

阅读电器元件布置图可以与电气原理图对照，对于机床维修时快速找到相关的点、线以及故障区域是不可或缺的。

二、电气原理图阅读和分析的步骤

在详细阅读设备说明书，了解电气控制系统的总体结构、电动机和电器元件的分布状况及控制要求等内容后，便可以阅读分析电气原理图了。

1. 分析主电路

从主电路入手，根据每台电动机和执行电器的控制要求去分析它们的控制内容。控制内容包括起动、转向、调速和制动等。

2. 分析控制电路

根据主电路中各种电动机和执行电器的控制要求，逐一找出控制电路中的控制环节，利用前面学过的典型控制环节的知识，按功能不同将控制电路"化整为零"来分析。

3. 分析辅助电路

辅助电路包括电源指示、各执行元件的工作状态显示、参数测定、照明和故障报警等部分，它们大多由控制电路中的元器件来控制，因此在分析辅助电路时，要结合控制电路进行分析。

4. 分析联锁及保护环节

机床对于安全性及可靠性有很高的要求，为实现这些要求，除了合理地选择拖动和控制方案外，在控制电路中还设置了一系列电气保护和必要的电气联锁。

5. 总体检查

经过"化整为零",逐步分析了每一局部电路的工作原理以及各部分之间的控制关系后,还必须用"集零为整"的方法,检查整个控制电路,以免遗漏,特别要从整体角度去进一步检查和理解各控制环节之间的联系。

三、机床电气设备维修的一般要求

机床电气设备在运行过程中,由于各种原因会产生各种故障,致使机床不能正常工作,影响生产,严重时还会造成人身、设备事故。因此,机床电气设备发生故障后,维修人员能够及时、熟练、准确、迅速、安全地查出故障,并加以排除,尽早恢复机床正常运行,是非常重要的。同时,日常的维护和保养能有效地降低故障发生率。

对机床电气设备维修的一般要求是:

1)针对不同机床采取正确的维修步骤和方法。

2)维修过程中不得损坏电器元件。

3)不得擅自改动电路。

4)不得随意更换电器元件,不得随意更改电器元件型号。

5)损坏的电器元件及装置应尽量修复使用,但达不到其固有性能的,必须更换。

6)维修后,电气设备的各种保护性能必须满足使用要求。

7)通电试车能满足电路的各种功能,各控制环节的动作程序符合要求。

8)修理后的电气装置必须满足其质量要求。

① 外观整洁,无破损和炭化现象。

② 灭弧罩完整、清洁、安装牢固。

③ 操作、复位机构都必须灵活可靠。

④ 压力弹簧和反作用力弹簧应具有足够的弹力;各种衔铁运动灵活,无卡阻现象。

⑤ 所有的触点均应完整、光洁、接触良好。

⑥ 整定数值大小应符合电路使用要求。

⑦ 指示装置能正常发出信号。

四、机床电气设备维修的一般步骤

1. 检修前的故障调查

机床电气设备发生故障后,不要盲目进行检修。检修前,应向操作者询问、了解故障发生前电路和设备的运行状况及故障发生后的症状,如:故障是经常发生还是偶尔发生;是否有异常响声、冒烟、火花、异常振动等征兆;故障发生前是否有不当操作情况,如施加过大负载,频繁起动、停止、制动等;有无在以前的检修或技术革新中改动电路等。查看故障发生前是否有明显的外观征兆,如各种信号,有指示装置的熔断器,保护电器脱扣动作,接线脱落,触点烧蚀或熔焊,线圈过热等。

2. 试车观察故障现象

为了使检修工作更具针对性,通过试车观察故障现象,划定故障范围。试车前提是不扩大故障范围,不损伤电气设备和机械设备。试车时需要注意观察以下内容:

1)电动机是否运转,转动时声音是否正常。

2）控制电动机的接触器、继电器等电器是否按工作原理正常工作，电磁线圈吸合声音是否正常。

3）与故障范围相关的电路、控制环节都要试车，如多台电动机的顺序控制、单台电动机的多种工作方式及相关程序控制等。

4）以上试车用到看和听，试车停止切断电源后，还可通过触摸检查电动机、变压器、电磁线圈等电器，看是否超过允许温升，还可通过嗅，看是否有异常气味产生。

5）试车前，为避免机床运动部件发生误动作或碰撞等意外情况，可将运动部件与电动机分离；或将电动机与电路分离，然后再试车，这也是判断是电气故障还是机械故障的有效方法之一。

不同的故障类型，检测及排除的方法和过程、检测时使用的仪表会不尽相同，因此，在检测和排除故障前先要确定故障类型。具体的确定方法可参考图2-1所示确定机床故障类型的流程图。

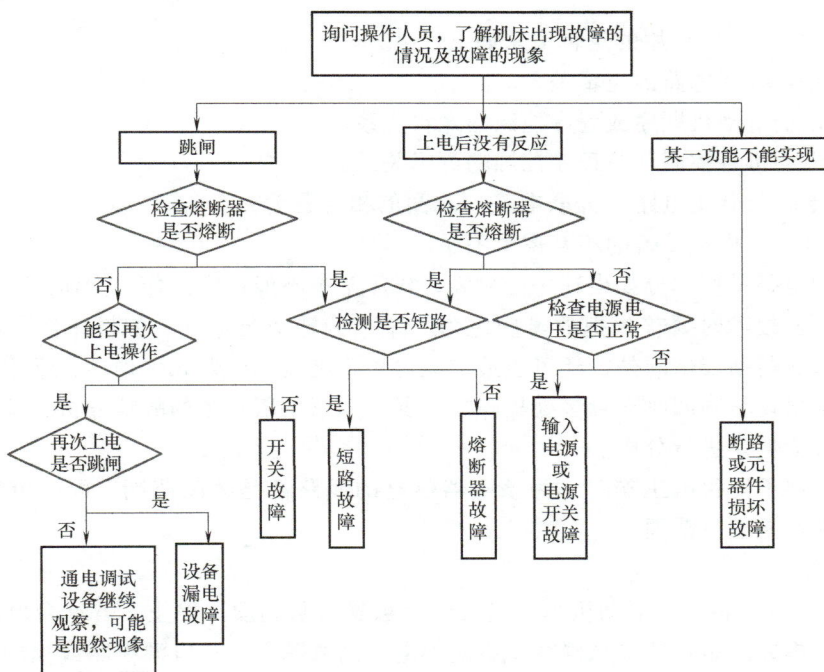

图 2-1　确定机床故障类型的流程图

3. 用逻辑分析法确定故障范围，用排除法缩小故障范围

（1）逻辑分析法　逻辑分析法是根据控制电路的工作原理，电器元件之间的动作顺序以及各控制环节之间的控制关系，结合试车确认的故障现象做具体的分析，同时运用排除法迅速缩小故障范围，从而判断最小故障范围。检修简单的控制电路时，对每个电器元件，每根导线逐一进行检查，一般能很快找到故障点。但对复杂的电路而言，往往有上百个元件，成千条连线，若采取逐一检查的方法，不仅需消耗大量的时间，而且也容易漏查。在这种情况下，就要根据电路图，采用逻辑分析法，对故障现象做具体分析，划出可疑范围，提高维修的针对性，就可以收到准而快的效果。分析电路时，通常先从主电路入手，了解机床各运

动部件和机构采用了几台电动机拖动，与每台电动机相关的电器元件有哪些，采用了何种控制，找到相应的控制电路。在此基础上，综合故障现象和电路工作原理，进行认真分析排查，即可迅速判定故障发生的可能范围。

当故障的可疑范围较大时，不必按部就班地逐级进行检查，这时可在故障范围内的中间环节进行检查，来判断故障究竟发生在哪一部分，从而缩小故障范围，提高检修速度。

（2）控制电路的控制关系　控制电路可以大致分为电源电路部分、主电路部分、控制电路部分及照明和信号电路部分。继电器-接触器控制系统的控制关系如图2-2所示。

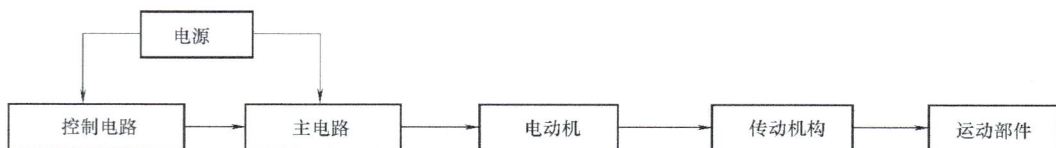

图2-2　继电器-接触器控制系统的控制关系

检修工作中，经常运用的逻辑关系如下：

① 主电路与控制电路的逻辑关系。

② 两台以上电动机顺序或程序控制的逻辑关系。

③ 单台电动机各控制环节程序控制的逻辑关系。

④ 公共电路与分支电路（并联电路）之间的相互逻辑关系。

⑤ 电气设备与机械设备的相互逻辑关系。

机床控制电路常用部分如出现一处故障，机床基本不能正常工作，操作工人要找维修工检修，所以分析故障时要首先把故障确定为一个，特殊情况除外。如机床控制电路发生短路，短路除造成熔断器熔断外，还可能造成流过短路电流的电器元件损坏；学生在训练、考试过程中也会出现教师同时设置多处故障的情况。本书中所介绍的故障分析、检查方法基本是按一个故障为例来进行分析。

当一个电器不能得电工作时，为该电器供电的线路都是故障范围，即电流所流过的线路、电器元件都是故障范围。

（3）举例

例2-1　一台三相异步电动机用一只交流接触器控制起动、停止，若这台电动机不能起动，故障的分析方法是：若接触器线圈不能得电，则故障必定在电源电路或控制电路，而非主电路；若接触器线圈能正常得电，则故障必定在主电路，而非控制电路。上述判断正是利用了电动机主电路与控制电路的逻辑关系，即先有控制电路工作，才有主电路工作，才有电动机起动。

例2-2　如图1-35"正转-停止-反转控制电路"所示，该电路为三相异步电动机接触器联锁正反转控制电路。现以该电路为例，说明如何运用逻辑分析法缩小故障范围。

故障一：电动机M正反转都不工作，且试车时，观察到接触器KM1、KM2都不得电。在确定电源正常的前提下，用例2-1的逻辑分析方法判断故障在控制电路；一个故障能造成接触器KM1、KM2线圈都不得电，逻辑分析该故障必在接触器KM1、KM2线圈的公共线路上，即U11-1-2-3，V11-0线路。若试车时接触器KM1、KM2线圈都得电，则故障在主电路公共部分，即U11-U12、V11-V12、W11-W12、U13-U-M、V13-V-M、W13-W-M。

故障二：电动机 M 正转工作正常，反转不工作，且试车时，观察到接触器 KM2 线圈不得电。逻辑分析：正转工作正常，说明接触器 KM1、KM2 线圈公共线路无故障，导致接触器 KM2 线圈不吸合的故障必在 3-6-7-0 线路上。若试车时，观察到接触器 KM2 线圈得电，则故障在主电路，因正转能正常工作，排除主电路公共部分，故障只在接触器 KM2 主触点上。正转故障的分析方法与反转相同。

4. 用测量法确定故障点

利用试车法、逻辑分析法确定故障范围以后，我们会发现不同机床、不同故障的故障范围有大有小。对故障范围较大的故障，要采用测量法进一步缩小故障范围，最终确定故障点加以排除。测量法常用的测试工具和仪表有测电笔、万用表、钳形电流表、兆欧表等，通过对电路进行带电或断电的有关参数如电压、电阻、电流等的测量来判断电器元件、设备以及线路的好坏及通断情况。

在用测量法检查故障时，要严格遵守停电作业、带电作业的安全操作规程，保证人身安全、设备安全，保证各种测量工具和仪表完好，使用方法正确，还要注意防止感应电、回路电及其他并联支路的影响，以免产生误判。有关机床电路故障的检测方法，在第一章第六节有详细讲解。

5. 区分电气故障还是机械故障

每台机床都是一个电力拖动系统，机床操作工发现机床不工作，或不正常工作时，都会找维修电工进行维修，所以在检修电气故障的同时，应能够区分故障属电气部分还是机械或液压部分，或与机械维修工配合完成。

以上所述是检查分析电气设备故障的一般顺序和各种方法，检修时应根据故障的性质，电路的具体情况灵活运用。电压法是最直观准确的方法，但对初学者而言，电阻法是最安全的方法；短接法适合软故障（时有时无）。熟练的维修工可以各种方法交替使用，以迅速有效地找出故障点。

6. 故障点的修复及注意事项

1）找出故障点后，一定要针对不同故障情况和部位采取正确的修复方法，不要轻易采用更换电器元件和补线等方法，更不允许轻易改动电路或更换不同规格的电器元件，以防产生人为故障。

2）在修复故障点后，还要进一步分析查明产生故障的根本原因，使修复的故障不再发生。

3）在故障点修理工作中，一般要求尽量复原。但是，有时为了尽快恢复生产，会根据实际情况采取一些适当的应急措施，但绝不可草率行事，事后要复原。

4）较复杂的电气故障修复后，需通电试车时，应和操作者配合，避免产生新的故障。

5）每次检修后，应及时总结，做好记录，对常出现故障的电路、元件、器件等要认真分析，总结原因，提出改进意见，进行技术革新，降低故障发生率，提高生产率。

以上所讲的机床故障检修的步骤和方法称为排故五步法，如图 2-3 所示。

排故五步法的流程可以进一步简化成图 2-4 的排故流程。图中的故障现象分表面现象和进一步现象，例如车床主轴不起动这样一个故障，表面现象即为按下起动按钮后机床主轴不旋转，进一步现象则是指控制主轴电动机的接触器动作情况。

检修前的故障调查	→	发生故障后，切忌盲目动手检修，检修前应通过问、看、听、摸、闻来了解故障前后的操作情况和故障发生后出现的异常情况，根据故障现象判断出故障发生的部位
确定故障范围	→	对于简单的电路，可采取对每个电器元件、每根导线逐一检查的方法找到故障点;对于复杂的线路，应根据电气设备的工作原理和故障现象，采用逻辑分析法结合外观检查法、通电试验法等来确定故障可能发生的范围
查找故障点	→	选择合适的检修方法查找故障点。常用方法有直观法、电压测量法、电阻测量法、短接法等。查找故障必须在确定的故障范围内，顺着检修思路逐点检查，直到找出故障点
排除故障	→	对于确定的故障和故障部位采取正确的方法修复。若更换新元件，要注意使用相同规格、型号的元件，并进行性能检测，在故障排除中避免损坏周围元件与导线，防止故障扩大
通电试车	→	故障修复后，应重新通电试车，检查生产机械的各项操作是否符合技术要求

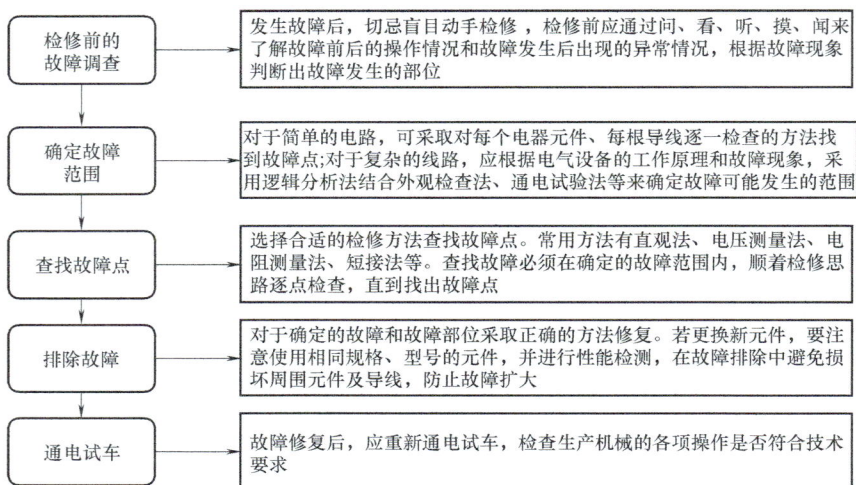

图 2-3　排故五步法

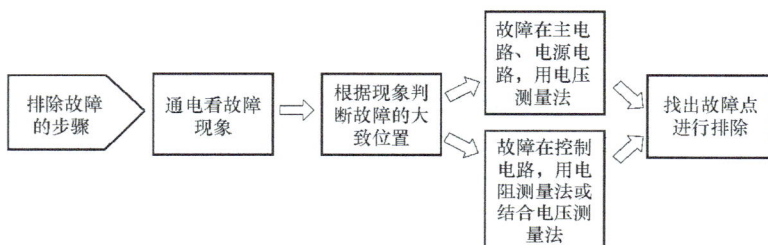

图 2-4　简化的排故流程

第二节　CA6140 型卧式车床控制电路分析

车床是一种应用广泛的金属切削机床，主要用来车削外圆、内圆、端面、螺纹和成形表面，也可用钻头、铰刀等进行加工。下面以 CA6140 型车床为例进行介绍。

该车床型号含义

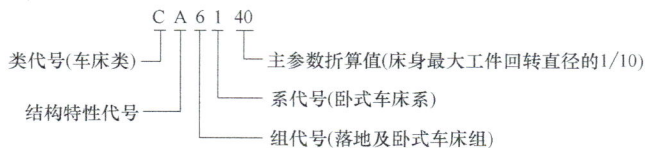

C A 6 1 40

类代号(车床类)

结构特性代号

系代号(卧式车床系)

组代号(落地及卧式车床组)

主参数折算值(床身最大工件回转直径的1/10)

一、主要结构和运动形式

CA6140 型车床是我国自行设计制造的卧式车床，其外形如图 2-5 所示。它主要由主轴箱、进给箱、溜板箱、刀架、丝杠、光杠、床身、尾座等部分组成。

车床的主运动为工件的旋转运动，它是由主轴通过卡盘或顶尖带动工件旋转，承受车削加工时的主要切削功率。车床的进给运动是溜板带动刀架的纵向或横向直线运动，其中纵向运动是指相对操作者向左或向右的运动，横向运动是指相对于操作者向前或向后的运动。溜板箱把丝杠或光杠的转动传递给刀架部分，变换溜板箱外的手柄位置，经刀架部分使车刀做纵向或横向进给。车床的辅助运动有刀架的快速移动，尾座的移动以及工件的夹紧与放松等。

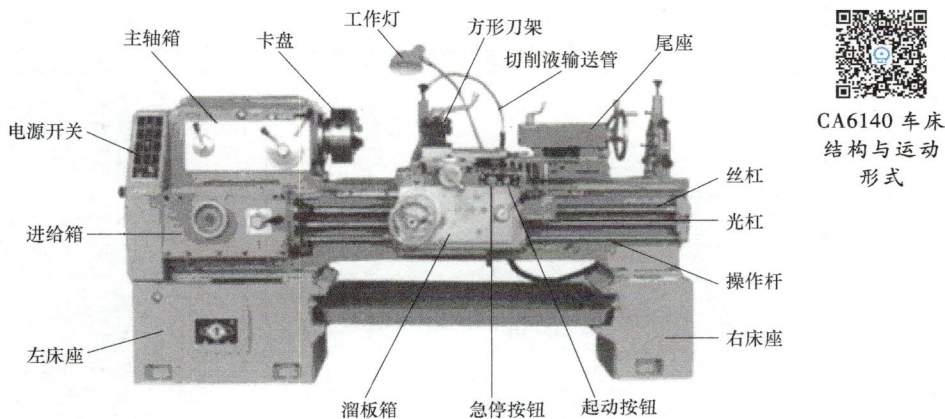

图 2-5　CA6140 型车床外形图

二、电力拖动的特点及控制要求

1）主拖动电动机一般选用三相笼型异步电动机，为满足调速要求，采用机械变速。

2）为车削螺纹，主轴要求正、反转。由主拖动电动机正、反转或采用机械方法来实现。

3）采用齿轮箱进行机械有级调速。主轴电动机采用直接起动，为实现快速停车，一般采用机械制动。

4）车削加工时，由于刀具与工件温度高，所以需要冷却。为此，设有切削液泵电动机且要求切削液泵电动机应在主轴电动机起动后方可选择起动与否；当主轴电动机停止时，切削液泵电动机应立即停止。

5）为实现溜板箱的快速移动，由单独的快速移动电动机拖动，采用点动控制。

6）刀架移动和主轴转动有固定的比例关系，以便满足对螺纹的加工需要。

7）电路应具有必要的保护环节和安全可靠的照明和信号指示。

三、CA6140 型卧式车床的电气操作

车床电气操作见表 2-1。

表 2-1　车床的电气操作

序号	步骤	机床控制内容	机床操作按钮或手柄
1	接通车床电源	将电源总开关置于 ON 位置	

（续）

序号	步骤	机床控制内容	机床操作按钮或手柄
2	打开电源开关锁	用钥匙将电源开关锁置于"I"位置	
3	主轴电动机起停控制	主轴的起、停控制	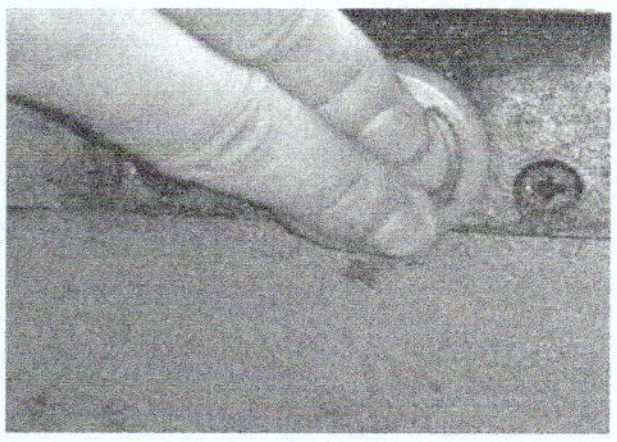
		主轴方向控制	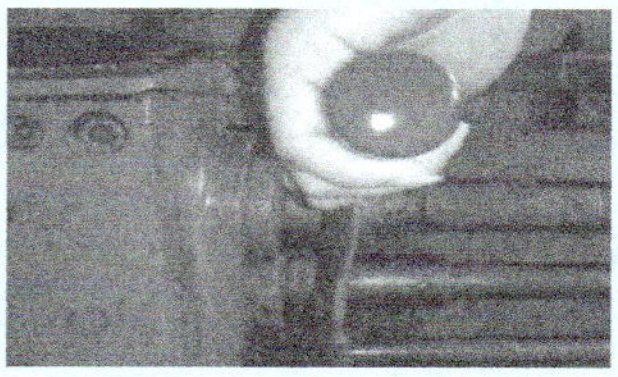
4	切削液泵电动机起停控制	将切削液泵开关旋置"I"位置,切削液泵电动机起动	
5	快速移动电动机起停控制	溜板箱在所选方向下快速移动	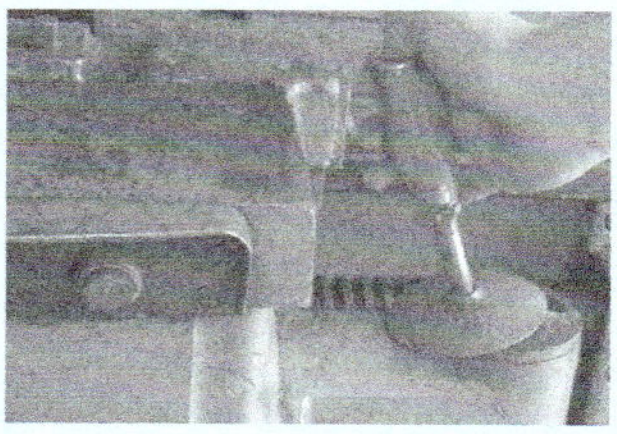

CA6140 型卧式车床电气控制线路分析

四、CA6140 型卧式车床控制电路分析

图 2-6 所示为 CA6140 型卧式车床电路图。

1. 主电路分析

主电路中共有 3 台电动机。M1 为主轴电动机，带动主轴旋转和刀架的进给

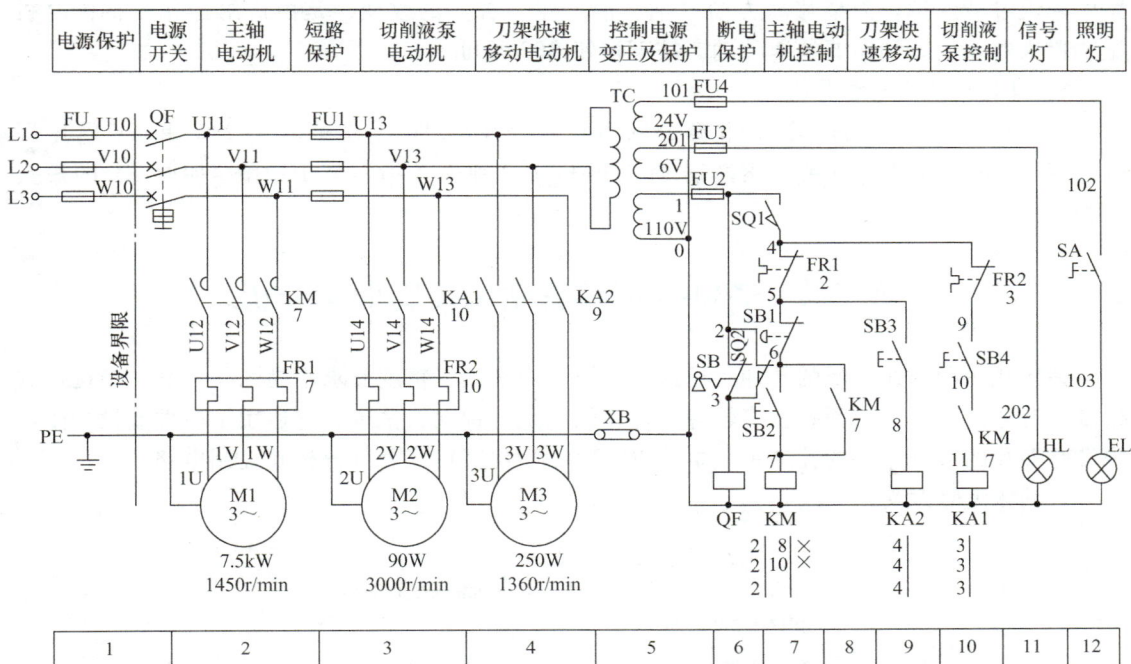

图 2-6　CA6140 型卧式车床电路图

运动；M2 为切削液泵电动机，输送切削液；M3 为刀架快速移动电动机。

将钥匙开关 SB 向右转动，再扳断路器 QF 将三相电源引入。主轴电动机 M1 由接触器 KM 控制，熔断器 FU 实现短路保护，热继电器 FR1 实现过载保护。切削液泵电动机 M2 由中间继电器 KA1 控制，热继电器 FR2 实现过载保护。刀架快速移动电动机 M3 由中间继电器 KA2 控制，熔断器 FU1 实现对电动机 M2、M3 和控制变压器 TC 的短路保护。

2. 控制电路分析

控制电路的电源由控制变压器 TC 的二次侧输出 110V 电压提供。在正常工作时，位置开关 SQ1 的常开触点处于闭合状态。但当床头传动带罩被打开后，SQ1 常开触点断开，将控制电路切断，保证人身安全。在正常工作时，钥匙开关 SB 和位置开关 SQ2 是断开的，保证断路器 QF 能合闸。但当电器柜门被打开时，位置开关 SQ2 闭合使断路器 QF 线圈获电，则自动切断电路，以确保人身安全。

（1）主轴电动机 M1 的控制

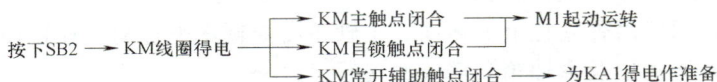

按下SB2 → KM线圈得电 →
- KM主触点闭合 → M1起动运转
- KM自锁触点闭合
- KM常开辅助触点闭合 → 为KA1得电作准备

停车时，按下停止按钮 SB1 即可。主轴的正、反转是采用多片摩擦离合器实现的。

（2）切削液泵电动机 M2 的控制　　由电路图可见，主轴电动机 M1 与切削液泵电动机 M2 两台电动机之间实现顺序控制。只有当电动机 M1 起动运转后，合上旋钮开关 SB4，中间继电器 KA1 线圈才会获电，其主触点闭合使电动机 M2 释放切削液。

（3）刀架快速移动电动机 M3 的控制　　刀架快速移动的电路为点动控制，因此在主电

路中未设过载保护。刀架移动方向（前、后、左、右）的改变，是由进给操作手柄配合机械装置来实现的。如需要快速移动，按下按钮 SB3 即可。

3. 照明、信号电路分析

照明灯 EL 和指示灯 HL 的电源分别由控制变压器 TC 二次侧输出 24V 和 6V 电压提供。开关 SA 为照明灯开关。熔断器 FU3 和 FU4 分别作为指示灯 HL 和照明灯 EL 的短路保护。

第三节　Z3040 型摇臂钻床控制电路分析

钻床是一种用途广泛的孔加工机床，主要是用来加工精度要求不高的孔。它的结构形式很多，有立式、卧式、深孔及多轴等。摇臂钻床是一种立式钻床，它适用于单件或批量生产中带有多孔的大型零件的孔加工。本节以 Z3040 型摇臂钻床为例分析其控制电路。

该钻床型号意义：

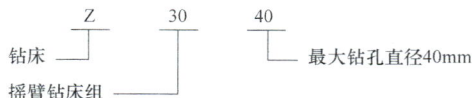

```
              Z      30      40
钻床                          └── 最大钻孔直径40mm
摇臂钻床组 ──────────
```

一、主要结构和运动形式

Z3040 型摇臂钻床主要由底座、外立柱、内立柱、主轴箱、摇臂、工作台等部分组成，其外形如图 2-7 所示。底座上固定着内立柱，空心的外立柱套在内立柱外面，外立柱可绕着内立柱回转一周。摇臂一端的套筒部分与外立柱滑动配合，借助于丝杠，摇臂可沿外立柱上下移动，但不能做相对转动。主轴箱里包括主轴旋转和进给运动的全部机构，它被安装在摇臂的水平导轨上，通过手轮使其沿着水平导轨做径向移动。当进行加工时，利用夹紧机构将外立柱紧固在内立柱上，摇臂紧固在外立柱上，主轴箱紧固在摇臂导轨上，从而保证主轴固定不动，刀具不振动。摇臂钻床的主运动是主轴带动钻头的旋转运动；进给运动是钻头的上下

图 2-7　摇臂钻床实物结构外形图

运动；辅助运动是摇臂沿外立柱上下移动、主轴箱沿摇臂水平移动、摇臂连同外立柱一起相对于内立柱的回转运动以及主轴箱和摇臂的夹紧、放松。

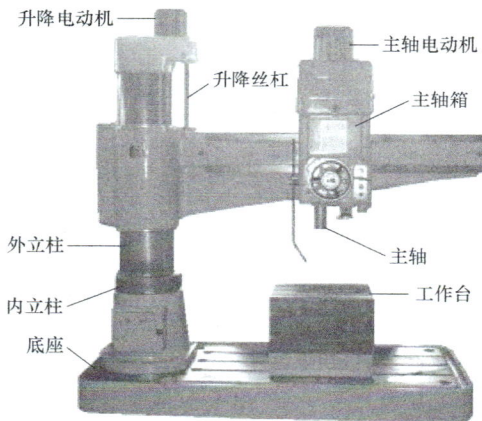

二、电力拖动的特点及控制要求

1）摇臂钻床由 4 台电动机进行拖动。主轴电动机带动钻头旋转；摇臂升降电动机带动摇臂进行升降；液压泵电动机拖动液压泵供出压力油，使液压系统的夹紧机构实现夹紧与放松；切削液泵电动机驱动切削液泵供给机床切削液。

2）主轴的旋转运动和纵向进给运动及其变速机构均在主轴箱内，由一台主轴电动机拖

动。在进行孔加工时，通过机械摩擦片式离合器实现正、反转及调速的控制。

3）内外立柱、主轴箱与摇臂的夹紧与放松是由一台电动机通过正、反转拖动液压泵送出不同流向的压力油，推动活塞、带动菱形块动作来实现，因此要求液压泵电动机能正、反向旋转，采用点动控制。

4）摇臂的升降由一台交流异步电动机拖动，装于主轴顶部，通过正、反转来实现摇臂的上升和下降。摇臂一次升/降过程必须经过摇臂放松→升/降→摇臂夹紧3个步骤。

三、Z3040 型摇臂钻床的主要操纵部件

Z3040 型摇臂钻床的主要操纵部件见表 2-2。

表 2-2　Z3040 型摇臂钻床的主要操纵部件

序号	名称	图片	功能
1	电源总开关		接通或断开机床电源
2	立柱（主轴箱）的夹紧、放松转换开关		选择立柱夹紧、放松和主轴箱夹紧、放松
3	主轴电动机起动、停止按钮		该按钮为自动复位按钮，分别用于主轴的起、停
4	主轴进给手柄		扳动该手柄控制主轴进给
5	主轴箱手动移动手轮		转动该操作手柄，可以实现主轴箱在摇臂上的横向移动

（续）

序号	名称	图片	功能
6	主轴正反转控制手柄		扳动该手柄,切换主轴的正反转
7	摇臂上升与下降按钮	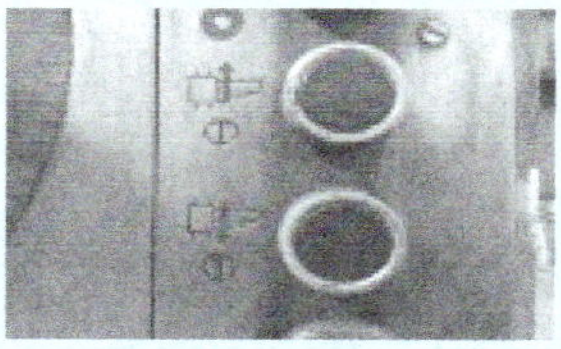	该按钮为自动复位按钮,控制摇臂在外立柱上升和下降
8	摇臂及主轴箱的夹紧与放松按钮		该按钮为自动复位按钮,控制摇臂及主轴箱的夹紧与放松
9	切削液泵开关		起动或停止切削液泵电动机
9	电磁阀		二位六通阀,实现摇臂夹紧/松开或立柱和主轴箱夹紧/松开
10	急停按钮		按下后,按钮锁住,主轴电动机停止转动,此时不能起动主轴,只有该按钮右旋复位后,才能再次起动主轴

四、Z3040 型摇臂钻床控制电路分析

Z3040 型摇臂钻床电路图如图 2-8 所示。

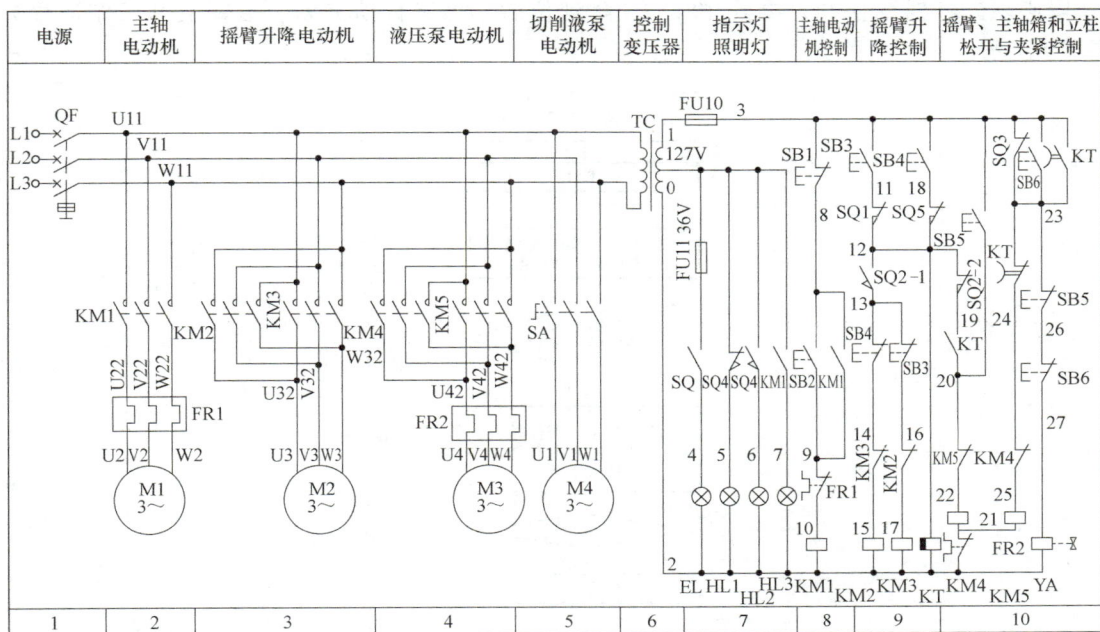

图 2-8　Z3040 型摇臂钻床的电路图

1. 主电路分析

1）电源电压 380V，由断路器 QF 引入。

2）主轴电动机 M1 由接触器 KM1 控制，只要求单向旋转。如果做铰孔加工，主轴要求正、反转，由机械方法实现。热继电器 FR1 做过载保护，短路保护由 QF 电磁脱扣装置实现。

3）摇臂升降电动机 M2 由接触器 KM2（上升）、KM3（下降）实现正、反转控制，该电动机属于短时工作，不设过载保护。

4）液压泵电动机 M3 由接触器 KM4（松）、KM5（紧）完成正、反转（夹/松）控制，热继电器 FR2 用作过载保护。该电动机的主要作用是供给夹紧装置压力油，实现摇臂和立柱的夹紧和松开。

5）切削液泵电动机 M4 功率较小，由组合开关 SA 单向手动控制。

2. 控制电路分析

控制电路考虑安全可靠和满足照明指示灯的要求，采用控制变压器 TC 降压供电，其一次侧为 AC380V，二次侧为 127V、36V。其中 127V 电压供给控制电路，36V 电压用作局部照明电源和信号指示电源。

（1）主轴电动机 M1 的控制　由按钮 SB1、SB2 与接触器 KM1 构成主轴电动机的单方向起动-停止控制电路。M1 起动后，指示灯 HL3 亮，表示主轴电动机在旋转。

（2）摇臂升降电动机 M2 的控制　摇臂升降电路由摇臂上升按钮 SB3、下降按钮 SB4 及正、反转接触器 KM2、KM3 组成具有双重互锁的电动机正、反转点动控制电路。摇臂的升降控制须与夹紧机构液压系统密切配合。由正、反转接触器 KM5、KM4 控制双向液压泵电动机 M3 的正、反转，送出压力油，经二位六通阀送至摇臂夹紧机构实现夹紧与松开。摇臂升/降必须先将摇臂松开，再升/降，升/降到位后，摇臂自动夹紧。摇臂上升工作流程如图 2-9 所示。

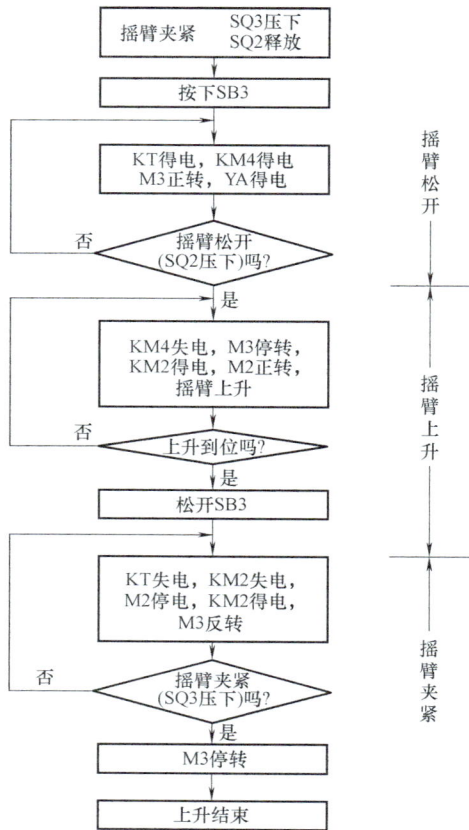

图 2-9　摇臂上升工作流程

摇臂上升时电流所流过的路径如下：

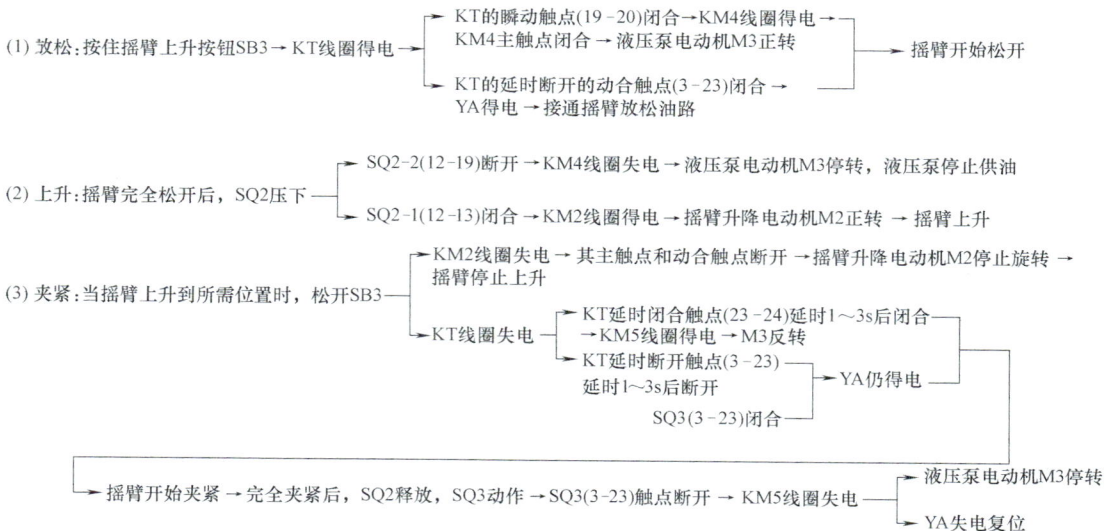

(1) 放松：按住摇臂上升按钮SB3 → KT线圈得电 →
→ KT的瞬动触点(19-20)闭合 → KM4线圈得电 → KM4主触点闭合 → 液压泵电动机M3正转 → 摇臂开始松开
→ KT的延时断开的动合触点(3-23)闭合 → YA得电 → 接通摇臂放松油路

(2) 上升：摇臂完全松开后，SQ2压下
→ SQ2-2(12-19)断开 → KM4线圈失电 → 液压泵电动机M3停转，液压泵停止供油
→ SQ2-1(12-13)闭合 → KM2线圈得电 → 摇臂升降电动机M2正转 → 摇臂上升

(3) 夹紧：当摇臂上升到所需位置时，松开SB3
→ KM2线圈失电 → 其主触点和动合触点断开 → 摇臂升降电动机M2停止旋转 → 摇臂停止上升
→ KT线圈失电
→ KT延时闭合触点(23-24)延时1～3s后闭合 → KM5线圈得电 → M3反转
→ KT延时断开触点(3-23)延时1～3s后断开 → YA仍得电
→ SQ3(3-23)闭合
→ 摇臂开始夹紧 → 完全夹紧后，SQ2释放，SQ3动作 → SQ3(3-23)触点断开 → KM5线圈失电 → 液压泵电动机M3停转 → YA失电复位

摇臂的上升限位和下降限位分别通过行程开关 SQ1 和 SQ5 实现。摇臂下降过程分析与上升过程类似，读者可自行分析。

3. 主轴箱和立柱的放松和夹紧控制

主轴箱和立柱的夹紧与松开是同时进行控制的，由于 SB5 和 SB6 的常闭触点串联在电磁阀 YA 线圈回路中，所以 YA 始终不会得电，保证压力油进入主轴箱和立柱的夹紧装置中。

（1）立柱、主轴箱松开　当需要主轴箱和立柱松开时，按下按钮 SB5→接触器 KM4 得电吸合→液压泵电动机 M3 拖动液压泵正向旋转→提供正向压力油，进入主轴箱和立柱松开油腔→推动夹紧机构实现主轴箱和立柱松开。在松开时复位位置开关 SQ4，使放松信号灯 HL1 亮。

（2）立柱、主轴箱夹紧　到达需要的位置后，按下 SB6→接触器 KM5 得电吸合→液压泵电动机 M3 拖动液压泵反向旋转→提供反向压力油，进入主轴箱和立柱夹紧油腔→推动夹紧机构实现主轴箱和立柱夹紧。同时位置开关 SQ4 受压，使夹紧信号灯 HL2 亮。

4. 保护环节、照明及切削液泵的控制

（1）保护环节　低压断路器 QF 对主电路进行短路保护；热继电器 FR1 对主轴电动机 M1 实现过载保护；热继电器 FR2 对液压泵电动机 M3 进行过载保护；摇臂升降限位保护由 SQ1 和 SQ5 实现。

（2）照明电路　照明开关 SQ 控制照明灯 EL。

（3）切削液泵电动机控制　由于切削液泵电动机容量较小，因此由转换开关 SA 直接控制。

（4）信号指示电路　HL1、HL2、HL3 分别由 SQ4 和 KM1 实现了信号指示控制。

实训项目 2-1　CA6140 型卧式车床控制电路的故障分析及检修

一、项目任务

1）对 CA6140 型卧式车床常见控制电路故障正确分析。

2）对 CA6140 型卧式车床各种控制电路故障能正确排除。

二、实训设备

（1）工具　常用电工工具。

（2）仪表　MF47 型万用表、5050 型兆欧表、T301-A 型钳形电流表。

（3）车间现场　CA6140 型车床或教学用 CA6140 电气柜。

三、相关知识讲解

CA6140 型卧式车床常见控制电路故障分析与检修方法如下。

（1）合不上电源开关 QF

1）分析、判断故障可能出现的位置范围。由图 2-6 CA6140 型卧式车床电路图可知，对电源开关 QF 的控制和保护在 6 区。电源开关 QF 采用钥匙开关 SB 做开锁断电保护，采用位

置开关 SQ2 做开门（电气柜门）断电保护。QF 送电，必须在用钥匙将电源开关锁置于"I"位置以及电气柜门关闭，分别使 2 号点和 3 号点间的 SB 和 SQ2 断开 QF 才可以合闸。

2）检测和确定故障点的具体位置。

① 先检查钥匙开关 SB 的位置是否正确（用钥匙将电源开关锁置于"I"位置，触点应断开），再检查位置开关 SQ2 常闭触点是否因电气柜门没关紧、打开或其他原因造成触点闭合（正常工作时是断开的）。

② 如果钥匙开关 SB 的位置以及电气柜门关紧，位置开关 SQ2 位置也没问题，则在断电情况下，用万用表电阻档分别检查（2-3）之间的 SB 或 SQ2，看是否因元件本身故障不能断开。

（2）全无故障

1）试车。所谓全无故障，即试车时，信号灯、照明灯、机床电动机都不工作，且控制电动机的接触器、继电器等均无动作和响声。

2）分析、判断故障可能出现的位置范围。全无故障通常发生在电源电路。读图发现，信号灯、照明灯、电动机控制电路的电源均由变压器 TC 提供。经逻辑分析，故障范围划在变压器 TC 以及为 TC 供电的 U11-FU1-U13-TC、V11-FU1-V13-TC。值得注意的是变压器 TC 二次侧 3 个绕组公共连接点 0 号线断线或接触不良时，也会造成全无故障。

3）检测和确定故障点的具体位置。

① 电压法。由电源侧向变压器 TC 方向测量，根据测量结果找出故障点，见表 2-3。

② 电阻法。由变压器 TC 向电源方向测量，根据测量结果找出故障点，见表 2-4。该方法利用 TC 一次侧回路测量，可称电阻双分阶测量法。

表 2-3　电压法

故障现象	测试状态	U11-V11	U13-V13	故障点
全无现象	接通电源	0	0	机床无电源
		380V	0	FU1 断路
		380V	380V	TC 断路或 0 号线断线

表 2-4　电阻法

故障现象	测试状态	U13-V13	U11-V11	故障点
全无现象	切断电源	∞	∞	TC 断路
		R	∞	FU1 熔断或接触不良
		R	R	0 号线断线

注：R 为 TC 绕组电阻。

修复措施：若熔断器 FU1 熔断，要查明原因，如为短路，要排除短路点后，方可重新更换熔丝，通电试车。若变压器绕组断路，要检查变压器配置熔断器熔体是否符合要求，方可更换变压器试车。

（3）主轴电动机 M1 不能起动

1）通电试车。主轴电动机 M1 不能起动原因较多，试车时首先观察接触器 KM 线圈是否得电，若不得电，要试试刀架快速电动机，并观察中间继电器 KA2 线圈是否得电。若接触器 KM 线圈得电,要观察电动机 M1 是否转动,是否有"嗡嗡"声,如有则为缺相故障。

2)分析、判断故障可能出现的位置范围。

① 若接触器 KM 线圈不得电,故障在控制电路。如试刀架快速电动机时,中间继电器 KA2 线圈也不能得电,逻辑分析故障范围在接触器 KM、中间继电器 KA2 线圈公共线路上,即 0-TC-1-FU2-2-SQ1-4;如中间继电器 KA2 线圈得电,故障范围在 5-SB1-6-SB2-7-KM 线圈-0 线路上。

② 若接触器 KM 线圈正常得电,电动机 M1 不起动,则故障在电动机 M1 主电路上。

3)检测和确定故障点的具体位置。

① 控制电路故障检查用电压法或电阻法皆可。值得注意的是,控制电路由变压器 TC110V 绕组提供电源,该绕组与接触器线圈电路串联,用电阻法测量时,要在确认变压器 TC 绕组无故障后,将其当作二次侧回路断开,将 FU2 拧下即可;或不断开,利用其构成回路来测量,测量方法见表 2-5。该方法合理利用 TC 绕组 110V 电压所构成二次侧回路。若测量中发现位置开关 SQ1 断路,要检查床头传动带罩是否关紧。

表 2-5 利用二次侧回路测量法

故障现象	测试状态	7—5	7—4	7—2	7—1	7—0	故障点
KM、KA2 均不能得电,照明灯亮	切断电源,不按 SB2	∞	R	R	R	R	FR1 动作或接触不良
		∞	∞	R	R	R	SQ1 接触不良
		∞	∞	∞	R	R	FU2 熔断或接触不良
		∞	∞	∞	∞	R	TC 线圈断路
		∞	∞	∞	∞	∞	KM 线圈断路

注:R 为 KM 线圈、TC 绕组串联后的直流电阻。

② 主电路故障检查。主电路故障多为电动机缺相故障。电动机缺相时,不允许长时间通电。故主电路故障检查不宜采用电压法,只有接触器 KM 主触点以上电路在接触器 KM 主触点不闭合时,可采用电压法测量。若必须用电压法测量,可将电动机 M1 与主电路分开,再接通电源,使接触器 KM 主触点闭合后进行测量,但拆、接工作比较繁琐,不宜采用。

测量缺相故障,用电阻法也很简单,测量时,利用电动机绕组构成的回路进行测量,方法是切断电源后,用万用表测量 U12-V12、U12-W12、V12-W12 之间的电阻。如 3 次测量电阻值相等,且较小(电动机绕组直流电阻较小),判断 U12、V12、W12 至电动机 3 段电路无故障;若某一相与其他两相电阻无穷大,则该相断路。可用此法继续按图向下测量,找到故障点,或用电阻分段测量法测量断路相,找到故障点。接触器 KM 主触点上端电路用电阻分段法测量即可。

若上述两次检查没发现故障点,则故障在 KM 主触点上。

注意使用电阻法测量时如果压下接触器触点测量,变压器绕组会与电动机绕组构成回路,影响测量结果。

如维修者能灵活使用各种测量方法,接触器 KM 主触点上方电路可用电压法,接触器 KM 主触点下端电路采用电阻法。若都没找到故障,故障点必定在 KM 主触点上。

(4)主轴电动机 M1 起动后不能自锁 故障现象是按下按钮 SB2 时,主轴电动机 M1 能起动运行，但松开按钮 SB2 后，主轴电动机 M1 也随之停止。造成这种故障的原因是接触器 KM 的自锁常开触点（8 区）接触不良或连接导线松脱，用万用表电阻档检查触点及两根连接线就可以查到故障点。特别功能的故障一定在特别电路上，这是毫无疑问的。

（5）主轴电动机 M1 不能停车

1）分析、判断故障可能出现的位置范围。

① 接触器 KM 的主触点熔焊或接触器铁心表面粘牢污垢。

② 停止按钮 SB1 击穿或电路中 5、6 两点连接导线短路。

2）检测和确定故障点的具体位置。

若断开 QF，接触器 KM 释放，则说明故障为 SB1 击穿或导线短接；若接触器过一段时间释放，则故障为铁心表面粘牢污垢；若断开 QF，接触器 KM 不释放，则故障为主触点熔焊，打开接触器灭弧罩，可直接观察到该故障。根据具体故障情况采取相应措施。

（6）刀架快速移动电动机不能起动

故障分析方法、检查方法与主轴电动机 M1 基本相同。若中间继电器 KA2 线圈不得电，故障多发生在按钮 SB3 上。按钮 SB3 安装在十字手柄上，经常活动，造成 FU2 熔断的短路点也常发生在按钮 SB3 上。试车时，注意将十字手柄扳到中间位置后再试，否则不易分清故障为电气部分故障还是机械部分故障。

（7）切削液泵电动机不能起动

故障分析方法与电动机 M1 的故障分析方法基本相同。如发生热继电器 FR2 热元件因切削液泵电动机接线盒进水发生短路而烧断，要考虑 FU1 是否超过额定值。

新安装切削液泵，如转动但不上水，多为电动机电源相序不对，不能离心上水。

四、项目实施及指导

1. 检修步骤及工艺要求

1）在教师指导下对车床进行操作，了解车床的各种工作状态及操作方法。

2）在教师的指导下，参照 CA6140 型车床接线图（图 2-10）和 CA6140 机箱内配电盘主电路（图 2-11），熟悉车床电器元件的分布位置和走线情况。结合机械、电气等方面知

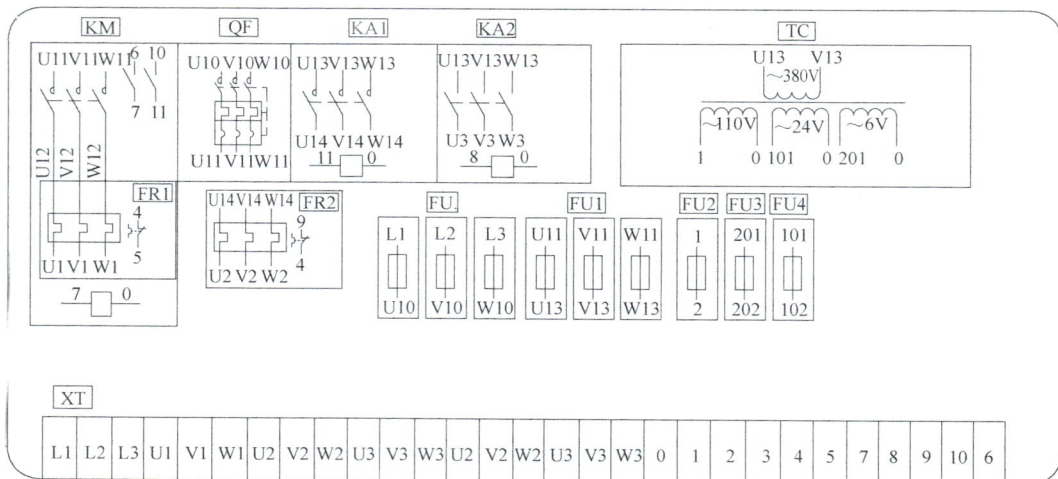

图 2-10　CA6140 型车床接线图

识，弄清 CA6140 型车床电气控制的特殊环节。

3）在机床电路上查找某一故障范围内线路走线情况。

4）在 CA6140 型车床上人为设置自然故障点。

5）教师示范检修。检修时参照如下步骤：

① 通电试车过程中，引导学生观察故障现象。

② 根据故障现象，依据电路图用逻辑分析法确定故障范围。

图 2-11　CA6140 型卧式车床机箱内配电盘主电路

③ 采用正确的检查方法查找故障点。

④ 用正确的方法排除故障。

⑤ 通电试车，恢复机床正常工作。

6）教师设置故障点，由学生检修。设置故障点时，注意以下几点：

① 人为设置的故障要符合自然故障。

② 切忌设置更改电路的人为非自然故障。

③ 先设置一个故障，由学生检修，然后随学生能力逐渐提高再增加故障。

④ 设置一处以上故障点，故障现象尽可能不要相互掩盖，在同一电路上不设置重复故障（不符合自然故障逻辑）。

⑤ 设置的故障必须与学生应该具有的修复能力相适应。随着学生检修水平的逐步提高，再相应提高故障难度。

⑥ 应尽量设置不容易造成人身和设备事故的故障。

⑦ 学生检修时，教师要密切注意学生的检修动态。随时做好采取应急措施的准备。

2. 注意事项

1）熟悉 CA6140 型卧式车床控制电路的基本环节及控制要求，认真观摩教师示范检修。

2）检修所用工具、仪表应符合使用要求。

3）排除故障时，必须修复故障点，但不得采用元件代换法。

4）检修时，严禁扩大故障范围或产生新的故障。

5）带电检修时，必须有指导教师监护，以确保安全。

五、评分标准

实训项目 2-1 的评分标准见表 2-6。

表 2-6　评分标准

项目内容	配分	评分标准		扣分
故障分析	30	1）不进行调查研究	扣 5 分	
		2）标不出故障范围或标错故障范围，每个故障点	扣 15 分	
		3）不能标出最小故障范围，每个故障点	扣 10 分	

（续）

项目内容	配分	评分标准		扣分
排除故障	70	1）停电不验电	扣 5 分	
		2）仪器仪表使用不正确,每次	扣 5 分	
		3）排除故障的方法不正确	扣 10 分	
		4）损坏电器元件,每个	扣 40 分	
		5）不能排除故障点,每个	扣 35 分	
		6）扩大故障范围,每个	扣 40 分	
安全文明生产		违反安全文明生产规程	扣 10~70 分	
定额时间 30min		不许超时检查,修复故障过程中允许超时每超时 5min	扣 5 分	
备注		除定额时间外,各项内容的最高扣分不得超过配分数	成绩	
开始时间		结束时间	实际时间	

实训项目 2-2　Z3040 型摇臂钻床控制电路的故障分析及检修

一、项目任务

1）对 Z3040 型摇臂钻床常见控制电路故障正确分析。

2）对 Z3040 型摇臂钻床各种控制电路故障正确排除。

二、实训设备

（1）工具　常用电工工具。

（2）仪表　MF47 型万用表、5050 型兆欧表、T301-A 型钳形电流表。

（3）车间现场　Z3040 型摇臂钻床或教学用 Z3040 电气柜。

三、相关知识讲解

Z3040 型摇臂钻床的电路图如图 2-8 所示。常见故障分析与检修方法如下。

1. 主轴电动机 M1 缺相运行

（1）观察故障现象　合上电源开关 QF，按下主轴起动按钮 SB2，接触器 KM1 得电吸合，但主轴电动机 M1 发出"嗡嗡"声不能起动，这时要迅速按下停止按钮 SB1，防止电动机因长时间缺相运行而烧毁。闭合组合开关 SA，切削液泵电动机 M4 能正常起动。

（2）判断故障范围　因为接触器 KM1 能得电吸合，而且切削液泵电动机 M4 也能正常工作，所以排除电源，排除控制电路，故障应位于主轴电动机 M1 的主电路中。

（3）查找故障点　用电压测量法检修，万用表置交流电压 500V 档，检修步骤如图 2-12 所示。当然也可以在接触器以下至电动机电路用电阻法，接触器至电源电路用电压法，这种方法不用起动电动机。

2. 主轴电动机无法起动

（1）观察故障现象　合上电源开关 QF，按下主轴起动按钮 SB2 无动作。

（2）判断故障范围　因为接触器 KM1 不能得电吸合，所以故障应位于电源电路或主轴电动机控制电路中。

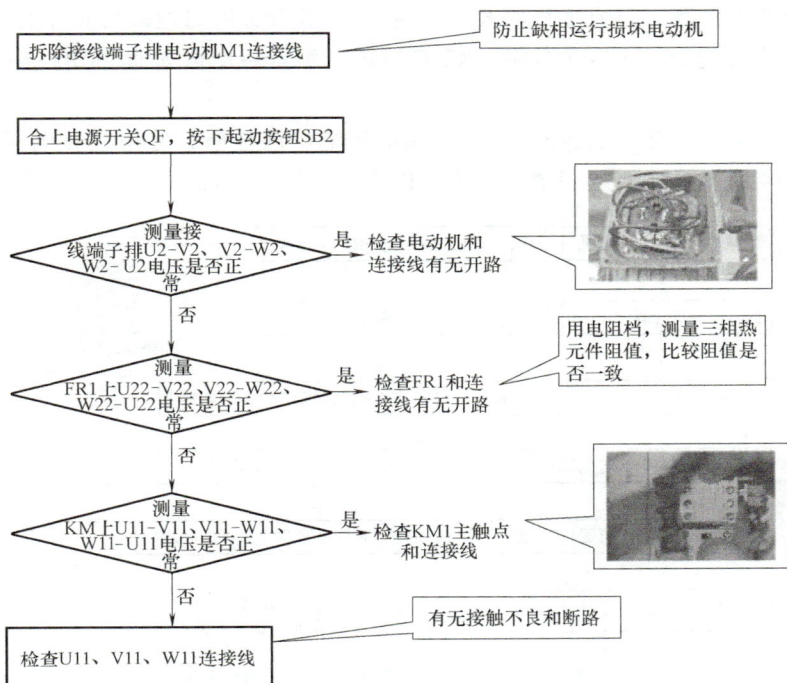

图 2-12 主轴电动机 M1 缺相运行检修步骤

（3）查找故障点 合上电源开关 QF，用电压测量法检修，万用表置电压 250V 档，检修步骤如图 2-13 所示。在测控制电路时也可以停电，用电阻法。

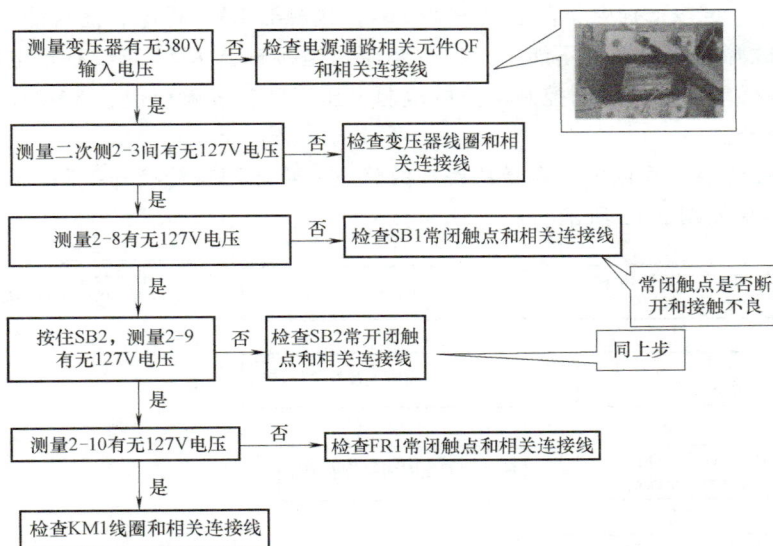

图 2-13 主轴电动机无法起动故障检测步骤

3. 主轴箱和立柱不能夹紧

（1）观察故障现象 合上电源开关 QF，按下按钮 SB6，接触器 KM5 不得电吸合，液压泵电动机 M3 无动作。

（2）**判断故障范围** 因为接触器 KM5 不能得电吸合，所以故障应位于控制电路中接触器 KM5 线圈的电流通路（3-SQ3 常闭→KT 延时闭合触点→KM4 辅助常闭→KM5 线圈→FR2 常闭-2）中。

（3）**查找故障点** 合上电源开关 QF，用电压测量法检修，万用表置电压 250V 档，检修步骤如图 2-14 所示。在测控制电路时也可以停电，用电阻法。

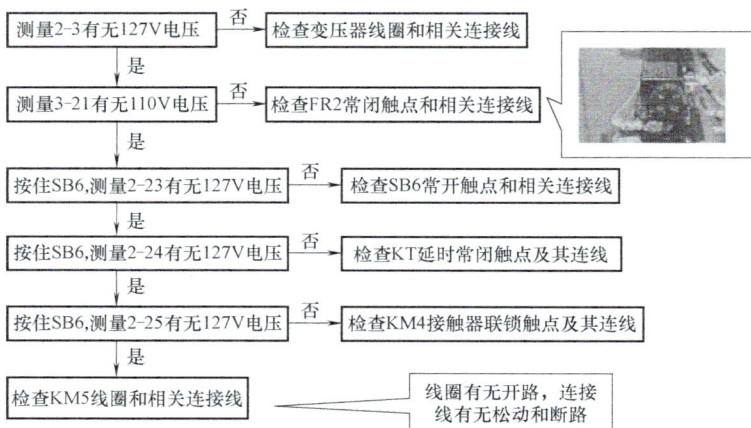

图 2-14 主轴箱和立柱不能夹紧检修步骤

4. 摇臂不能上升

（1）**观察故障现象** 合上电源开关 QF，然后按下摇臂上升起动按钮 SB3，观察到时间继电器 KT 得电动作，接触器 KM4 先得电吸合然后又失电复位，而 KM2 一直不能得电吸合，摇臂也不能上升；再按下摇臂下降起动按钮 SB4，接触器 KM3 得电，摇臂能下降。

（2）**判断故障范围** 摇臂不能上升的主要原因是接触器 KM2 都没有得电吸合，由于时间继电器 KT 能得电动作，说明控制电路的电源电压正常，故障应位于 KM2 线圈所在的（7-8-9-22）支路部分。

（3）**查找故障点** 采用电压测量法查找故障点。将万用表转换开关调至电阻档 R×10 或 R×100，检修步骤如图 2-15 所示。

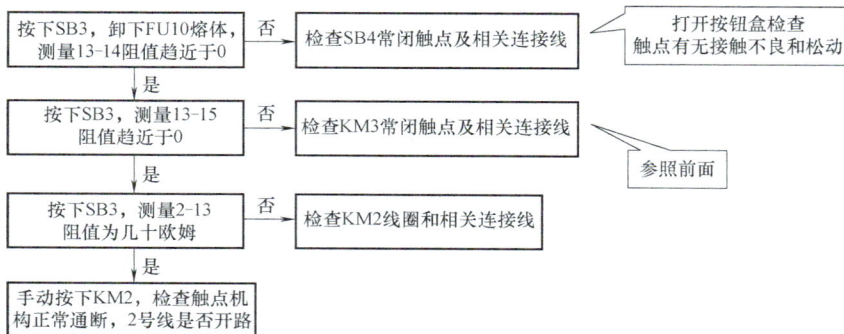

图 2-15 摇臂不能上升检修步骤

5. 摇臂升降后不能夹紧

（1）**观察故障现象** 当摇臂升降到预定位置时，手松开摇臂升降起动按钮，观察到摇臂升降电动机 M2 停转，时间继电器 KT 失电，但接触器 KM5 没有吸合，液压泵电动机 M3 没有起动运行，摇臂不能夹紧。

(2) 判断故障范围　当摇臂升降到所需位置后，手松开摇臂升降起动按钮，夹紧过程应自动完成。通过观察故障现象得知，导致摇臂不能夹紧的原因是 KM5 不能得电吸合，所以故障应位于 KM5 线圈回路中（3-23-24-25-21-2）。

(3) 查找故障点　采用电压法查找故障点的检查步骤如图 2-16 所示，将万用表转换开关调至交流 250V 档。也可以断电用电阻法检测。

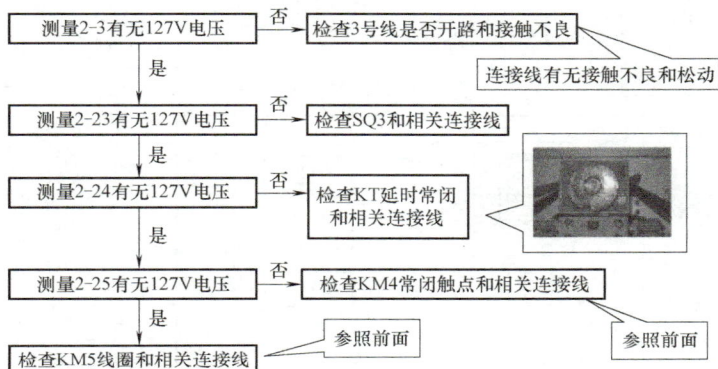

图 2-16　摇臂升降后不能夹紧的检查步骤

四、项目实施及指导

1. 检修步骤及工艺要求

1）在教师指导下对钻床进行操作，了解钻床的各种工作状态及操作方法。

2）在教师的指导下，参照电器元件位置和互连图如图 2-17 所示，熟悉钻床电器元件的分布位置和走线情况；结合电气、机械、液压几个方面的相关知识，搞清升降、夹紧控制的特殊环节。

3）在 Z3040 型摇臂钻床电路上查找某一故障范围内电路走线情况。

4）在机床上人为设置自然故障点。

5）教师示范检修。检修时参照以下步骤：

① 通电试车过程中，引导学生观察故障现象。

② 根据故障现象，依据电路图用逻辑分析法确定故障范围。

③ 采用正确的检查方法查找故障点。

④ 用正确的方法排除故障。

⑤ 通电试车，恢复机床正常工作。

6）教师设置故障点，由学生检修。设置故障点时，注意以下几点：

① 人为设置的故障要符合自然故障。

② 切忌设置更改电路的人为非自然故障。

③ 先设置一个故障，由学生检修，然后随学生能力逐渐提高再增加故障。

④ 设置一处以上故障点，故障现象尽可能不要相互掩盖，在同一电路上不设置重复故障（不符合自然故障逻辑）。

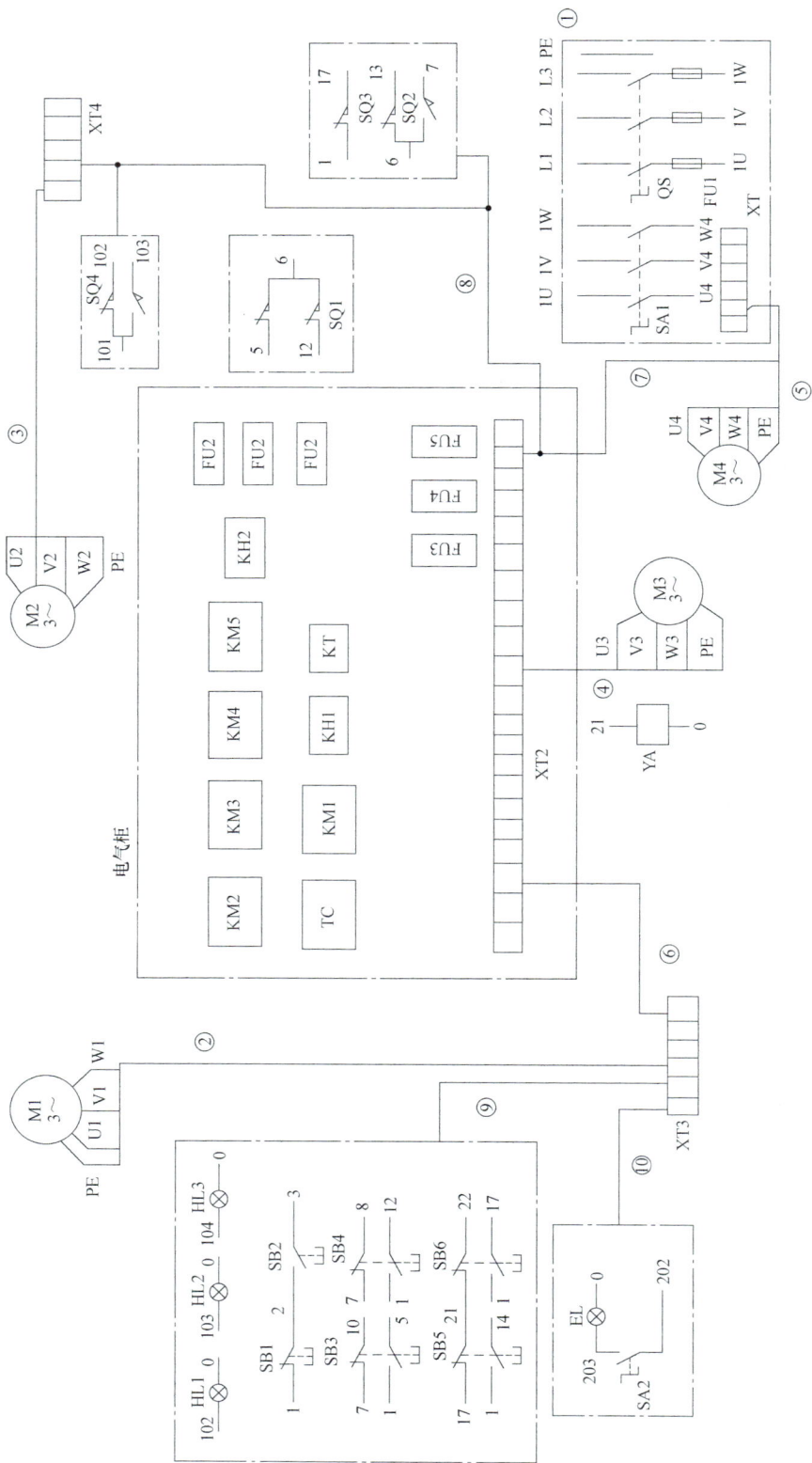

图 2-17　Z3040 型摇臂钻床电器元件位置和互连图

⑤ 设置的故障必须与学生应该具有的修复能力相适应。随着学生检修水平的逐步提高，再相应提高故障难度。

⑥ 应尽量设置不容易造成人身和设备事故的故障。

⑦ 学生检修时，教师要密切注意学生的检修动态。随时做好采取应急措施的准备。

2. 注意事项

1）熟悉 Z3040 型摇臂钻床控制电路的基本环节及控制要求，认真观摩教师示范检修。

2）检查所用工具、仪表应符合使用要求。

3）不能随意改变升降电动机原来的电源相序。

4）排除故障时，必须修复故障点，但不得采用元件代换法。

5）检修时，严禁扩大故障范围或产生新的故障。

6）带电检修时，必须有指导教师监护，以确保安全。

五、评分标准

实训项目 2-2 的评分标准见表 2-6。

本 章 小 结

本章重点介绍了 CA6140 型卧式车床、Z3040 型摇臂钻床的控制电路原理及维修。

对于机床电路的阅读分析方法介绍了查线分析法，对主电路→控制电路→辅助电路→联锁、保护环节→特殊控制环节进行逐步分析，最后总体检查。

对于机床控制电路的检修讲解了机床维修的一般思路：结合工业机械电气设备维修的一般要求和方法，检修前先进行故障调查，用逻辑分析法确定并缩小故障范围，对故障范围进行外观检查，用试验法进一步缩小故障范围，用测量法确定故障点等。灵活运用以上方法，遇到问题及时解决，就可以更好地完成维护保养工作。

机床控制电路故障检查与维修是学习本章的主要目的。同学们首先要学会方法，其次是习惯利用方法、实践方法，通过大量的实践，形成快速排故的思路，并在实践中不断总结提高，做好维修工作。

思考与练习

2-1　在 CA6140 型车床中，若主轴电动机 M1 只能点动，则可能的故障是什么？在此情况下，切削液泵能否正常工作？

2-2　CA6140 型车床的主轴是如何实现正、反转控制的？

2-3　CA6140 型车床的主轴电动机因过载而自动停车后，操作者立即按起动按钮，但电动机不能起动，试分析可能的原因。

2-4　Z3040 型摇臂钻床的电力拖动特点及控制要求是什么？

2-5　若 Z3040 型摇臂钻床上升后不能夹紧，则可能的故障是什么？

第三章

可编程控制器（PLC）应用基础

【知识目标】

1. 了解可编程控制器（PLC）的产生、发展及定义。
2. 掌握 PLC 软元件的功能和使用。
3. 掌握 PLC 控制系统的基本控制原理。
4. 掌握基本指令的使用。

【能力目标】

1. 能熟练使用编程软件。
2. 能合理分配 I/O 地址，绘制 PLC 控制接线图。
3. 能根据控制要求应用基本指令实现 PLC 控制系统的编程。
4. 能正确连接 PLC 系统的电气回路。
5. 能根据控制要求实现 PLC 控制系统调试。

作为通用工业控制计算机，可编程控制器（PLC）从无到有，实现了工业控制领域的飞跃；其功能从弱到强，实现了逻辑控制到数字控制的进步；其应用领域从小到大，实现了从单体设备简单控制到运动控制、过程控制及集散控制等各种任务的跨越。今天的可编程控制器正在成为工业控制领域的主流控制设备，在世界工业控制中发挥着越来越大的作用。

第一节　可编程控制器（PLC）概述

可编程控制器（Programmable Logic Controller）简称 PLC，是以微处理器为核心，综合计算机技术、自动化技术和通信技术发展起来的一种新型工业自动控制装置。目前，PLC 已广泛应用于各种生产机械和生产过程的自动控制中，成为一种最重要、最普及、应用场合最多的工业控制装置，被公认为现代工业自动化的三大支柱（PLC、机器人、CAD/CAM）之一，其应用的深度和广度成为衡量一个国家工业自动化程度高低的标志。

国际电工委员会（IEC）在 1987 年 2 月颁布的可编程控制器标准草案（第三稿）中对可编程控制器作了如下定义：可编程控制器是一种数字运算操作的电子系统，专为在工业环境下应用而设计。它采用可编程序的存储器，用来在其内部存储执行逻辑运算、顺序控制、定时、计数和算术运算等操作的指令，并通过数字式和模拟式的输入和输出，控制各种类型的机械或生产过程。由以上定义可知：可编程控制器是一种数字运算的电子装置，是直接应用于工业环境、用程序来改变控制功能、易于与工业控制系统连成一体的工业计算机。

一、PLC 的产生

20 世纪 60 年代计算机技术就已开始应用于工业控制了，但由于计算机技术本身复杂、编程难度高、难以适应恶劣的工业环境以及价格昂贵等原因，未能在工业控制中广泛应用。当时的工业控制，主要还是继电器-接触器控制系统占主导地位。

当时美国最大的汽车制造商通用汽车公司（GM）为适应汽车型号的不断更新，试图寻找一种新型的工业控制器，以尽可能减少重新设计和更换继电器控制系统的硬件及接线，减少设计时间，降低成本，因而设想把计算机的完备功能、灵活及通用等优点和继电器控制系统的简单易懂、操作方便、价格便宜等优点结合起来，制成一种适用于工业环境的通用控制装置，并把计算机的编程方法和程序输入方式加以简化，用面向控制过程、面向对象的自然语言进行编程。

后来，美国数字设备公司（DEC）根据美国通用汽车公司的要求，研制成功了世界上第一台可编程控制器，并在通用汽车公司的自动装配线上试用，取得很好的效果。从此这项技术迅速发展起来。早期的可编程控制器仅有逻辑运算、定时、计数等顺序控制功能，只是用来取代传统的继电器控制，通常称为可编程逻辑控制器（Programmable Logic Controller）。

20 世纪 80 年代以后，随着大规模、超大规模集成电路等微电子技术的迅速发展，16 位和 32 位微处理器应用于 PLC 中，使 PLC 得到迅速发展。PLC 不仅控制功能增强，同时可靠性提高，功耗、体积减小，成本降低，编程和故障检测更加灵活方便，而且具有通信和联网、数据处理和图像显示等功能，使 PLC 真正成为具有逻辑控制、过程控制、运动控制、数据处理、联网通信等功能的名副其实的多功能控制器。

二、PLC 的特点和应用

1. PLC 的特点

PLC 技术之所以高速发展，除了工业自动化的客观需要外，主要是因为它具有许多独特的优点。它较好地解决了工业控制领域普遍关心的可靠、安全、灵活、方便、经济等问题。PLC 主要有以下特点：

（1）可靠性高、抗干扰能力强　可靠性高、抗干扰能力强是 PLC 最重要的特点之一。PLC 的平均无故障时间可达几十万个小时，之所以有这么高的可靠性，是由于它采用了一系列的硬件和软件的抗干扰措施。

在硬件方面，隔离是抗干扰的主要手段之一。在 CPU 与 I/O 模块之间采用光电隔离措施，有效地抑制了外部干扰源对 PLC 的影响，同时还可以防止外部高电压进入 CPU。滤波是抗干扰的又一主要措施，可有效消除或抑制高频干扰。此外对 CPU 等重要部件采用良好的导电、导磁材料进行屏蔽，以减少空间电磁干扰；对有些模块设置了联锁保护、自诊断电路等。

在软件方面，PLC 采用扫描工作方式，减少了由于外界环境干扰引起故障；在 PLC 系统程序中设有故障检测和自诊断程序，能对系统硬件电路等故障实现检测和判断；当因外界干扰引起故障时，能立即将当前重要信息加以封存，禁止任何不稳定的读写操作，当外界环境正常后，便可恢复到故障发生前的状态，继续原来的工作。

（2）**编程简单、使用方便**　目前，大多数 PLC 仍采用继电控制形式的梯形图的方式编程，既继承了传统控制电路的清晰直观，又考虑到大多数工厂企业电气技术人员的读图习惯及编程水平，所以非常容易被接受和掌握。梯形图语言的编程元件的符号和表达方式与继电器控制电路原理图相当接近。通过阅读 PLC 的用户手册或短期培训，电气技术人员和技术工人很快就能学会用梯形图编制控制程序。PLC 同时还提供了功能图、语句表等编程语言。PLC 在执行梯形图程序时，用解释程序将它翻译成汇编语言然后执行，与直接执行汇编语言编写的用户程序相比，执行梯形图程序的时间要长一些，但对于大多数机电控制设备来说，这种时间延迟是微不足道的，完全可以满足控制要求。

（3）**功能完善、适应性强**　现代 PLC 不仅具有逻辑运算、定时、计数、顺序控制等功能，而且还具有 A-D 和 D-A 转换、数值运算、数据处理、PID 控制、通信联网等许多功能。同时，由于 PLC 产品的系列化、模块化，有品种齐全的各种硬件装置供用户选用，可以组成满足各种要求的控制系统。

（4）**使用简单，调试维修方便**　由于 PLC 用软件代替了传统电气控制系统的硬件，控制柜的设计、安装接线的工作量大为减少。PLC 的用户程序大部分可在实验室进行模拟调试，缩短了应用设计和调试周期。在维修方面，由于 PLC 的故障率低，维修工作量小；而且 PLC 具有很强的自诊断功能，如果出现故障，可根据 PLC 上指示或编程器上提供的故障信息，迅速查明原因，维修方便。

（5）**体积小，能耗低**　PLC 是将微电子技术应用于工业设备的产品，其结构紧凑、坚固，体积小，重量轻，功耗低。由于 PLC 的强抗干扰能力，易于装入设备内部，是实现机电一体化的理想控制设备。以三菱公司的 F1-40M 型 PLC 为例，其外形尺寸仅为 305×110×110mm，重量 2.3kg，功耗小于 25W；而且具有很好的抗振和适应环境温、湿度变化的能力。

2. PLC 的应用

经过 40 多年的发展，PLC 已广泛应用于冶金、石油、化工、建材、机械制造、电力、汽车、轻工、环保及文化娱乐等各行各业，随着 PLC 性能价格比的不断提高，其应用领域不断扩大。目前 PLC 的应用大致可归纳为以下几个方面。

（1）**开关量逻辑控制**　这是 PLC 最基本、最广泛的应用领域。利用 PLC 最基本的逻辑运算、定时、计数等功能实现逻辑控制，可以取代传统的继电器控制，用于单机控制、多机群控制、生产自动线控制等，例如机床、注塑机、印刷机械、装配生产线及电梯的控制等。

（2）**运动控制**　PLC 可用于直线运动或圆周运动的控制。早期直接用开关量 I/O 模块连接位置传感器和执行机械，现在一般使用专用的运动模块。目前，制造商已提供了拖动步进电动机或伺服电动机的单轴或多轴位置控制模块，即把描述目标位置的数据送给模块，模块移动一轴或多轴到目标位置。当每个轴运动时，位置控制模块保持适当的速度和加速度，确保运动平滑。运动的程序可用 PLC 的语言完成，通过编程器输入。

（3）过程控制　PLC 可实现模拟量控制，具有 PID 控制功能的 PLC 可构成闭环控制，用于过程控制。这一功能已广泛用于钢铁冶金、精细化工、锅炉控制、热处理等场合。

（4）数据处理　现代 PLC 都具有数学运算（包括逻辑运算、函数运算、矩阵运算）、数据传送、转换、排序和查表等功能，可进行数据的采集、分析和处理，同时可通过通信接口将这些数据传送给其他智能装置。

（5）通信联网　PLC 的通信包括主机与远程 I/O 之间的通信、多台 PLC 之间的通信、PLC 和其他智能控制设备（如计算机、变频器）之间的通信。PLC 与其他智能控制设备一起，可以组成"集中管理、分散控制"的分布式控制系统，满足工厂自动化（FA）系统发展的需要。

三、PLC 的分类

PLC 产品种类繁多，其规格和性能也各不相同。可根据 PLC 结构形式的不同、功能的差异和 I/O 点数的多少等进行分类。

（1）按结构形式分类　根据 PLC 的结构形式，可将 PLC 分为整体式、模块式和叠装式 3 类。

1）整体式 PLC。整体式 PLC 是将电源、CPU、存储器、I/O 接口等部件都集中装在一个机箱内，具有结构紧凑、体积小、价格低的特点，适用于嵌入控制设备的内部，常用于单机控制。整体式结构 PLC 实物如图 3-1 所示。小型 PLC 一般采用这种整体式结构。整体式 PLC 由不同 I/O 点数的基本单元（又称主机）和扩展单元组成。

基本单元内有 CPU、I/O 接口、与 I/O 扩展单元相连的扩展口，以及与编程器或 EPROM 写入器相连的接口等。扩展单元内只有 I/O 和电源等，没有 CPU。基本单元和扩展单元之间一般用扁平电缆连接。整体式 PLC 一般还可配备特殊功能单元，如模拟量单元、位置控制单元等，使其功能得以扩展。

2）模块式 PLC。模块式 PLC 是将 PLC 各组成部分，分别做成若干个单独的模块，如 CPU 模块、I/O 模块、电源模块（有的含在 CPU 模块中）以及各种功能模块。模块式结构的 PLC 实物如图 3-2 所示。模块式 PLC 由框架或基板和各种模块组成。模块装在框架或基板的插座上。这种模块式 PLC 的特点是配置灵活，可根据需要选配不同规模的系统，而且装配方便，便于扩展和维修。大、中型 PLC 一般采用模块式结构。

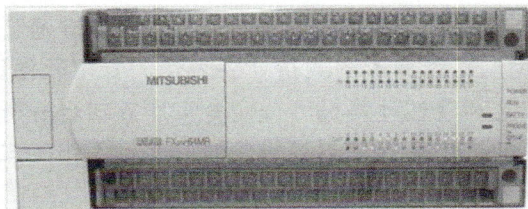

图 3-1　整体式结构 PLC 实物

图 3-2　模块式结构 PLC 实物

3）叠装式 PLC。叠装式结构就是将整体式和模块式的特点结合起来。叠装式 PLC 的 CPU、电源、I/O 接口等也是各自独立的模块，但它们之间是靠电缆进行连接，并且各模块可以一层层地叠装。这样，不但系统可以灵活配置，还可做得体积小巧。

整体式 PLC 一般用于规模较小，I/O 点数固定，以后也少有扩展的场合；模块式 PLC 一般用于规模较大，I/O 点数较多，I/O 点数比较灵活的场合；叠装式 PLC 具有前两者的优点。从近年来的市场情况看，整体式及模块式有结合为叠装式的趋势。

（2）按功能分类　根据 PLC 所具有的功能不同，可将 PLC 分为低档、中档、高档 3 类。

1）低档 PLC。低档 PLC 具有逻辑运算、定时、计数、移位以及自诊断、监控等基本功能，还可有少量模拟量输入/输出、算术运算、数据传送和比较、通信等功能，主要用于逻辑控制、顺序控制或少量模拟量控制的单机控制系统。

2）中档 PLC。除具有低档 PLC 的功能外，中档 PLC 还具有较强的模拟量输入/输出、算术运算、数据传送和比较、数制转换、远程 I/O、子程序、通信联网等功能，有些还可增设中断控制、PID 控制等功能，适用于复杂控制系统。

3）高档 PLC。除具有中档机的功能外，高档 PLC 还增加了带符号算术运算、矩阵运算、位逻辑运算、平方根运算及其他特殊功能函数的运算、制表及表格传送功能等。高档 PLC 具有更强的通信联网功能，可用于大规模过程控制或构成分布式网络控制系统，实现工厂自动化。

（3）按 I/O 点数分类　根据 PLC 的 I/O 点数的多少，可将 PLC 分为小型、中型和大型 3 类。

1）小型 PLC。I/O 点数为 256 点以下的为小型 PLC；其中 I/O 点数小于 64 点的为超小型或微型 PLC。

2）中型 PLC。I/O 点数为 256 点以上、2048 点以下的为中型 PLC。

3）大型 PLC。I/O 点数为 2048 以上的为大型 PLC；其中 I/O 点数超过 8192 点的为超大型 PLC。

在实际中，一般 PLC 功能的强弱与其 I/O 点数的多少是相互关联的，即 PLC 的功能越强，其可配置的 I/O 点数越多。因此，通常我们所说的小型、中型、大型 PLC，除指其 I/O 点数不同外，同时也表示其对应功能为低档、中档、高档。

第二节　可编程控制器（PLC）的结构及工作原理

和普通计算机一样，PLC 由硬件及软件构成。硬件方面，PLC 和普通计算机的主要差别在于 PLC 的输入/输出接口是为方便与工业控制系统接口专门设计的。软件方面和普通计算机的主要差别为 PLC 的应用软件是由使用者编制，用梯形图或指令表表达的专用软件。PLC 工作时采用应用软件的逐行扫描执行方式，这和普通计算机等待命令工作方式也有所不同。从时序上来说，PLC 指令的串行工作方式和继电器-接触器逻辑判断的并行工作方式也是不同的。

一、PLC 的硬件结构

世界各国生产的 PLC 外观各异，但作为工业控制计算机，其硬件系统都大体相同，主要由中央处理器（CPU）、存储器、输入/输出单元、电源、编程设备、通信接口等部分组成。CPU 是 PLC 的核心，输入/输出单元是连接现场输入/输出设备与 CPU 之间的接口电路，通信接口用于与编程器、上位计算机等外设连接。PLC 硬件实物与结构框图如图 3-3 所示。

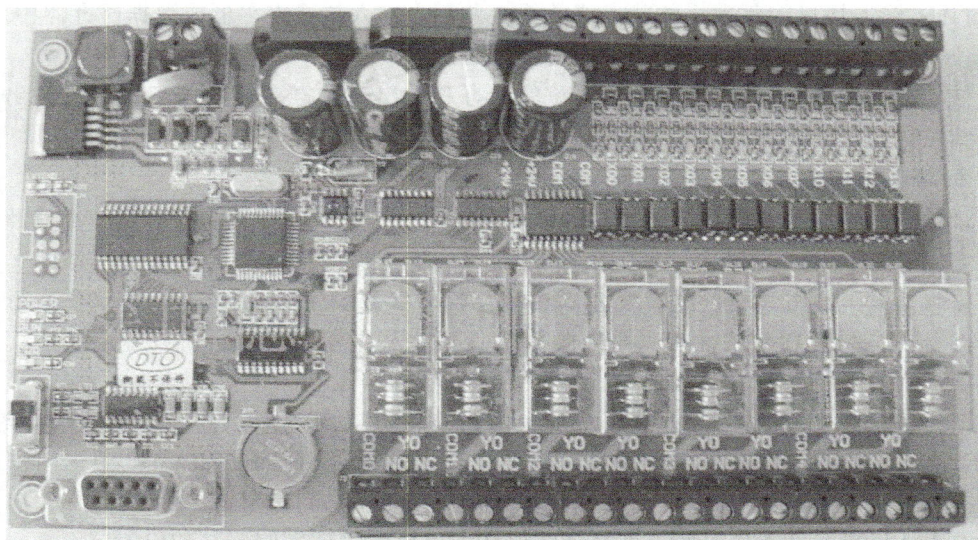

a) PLC硬件实物

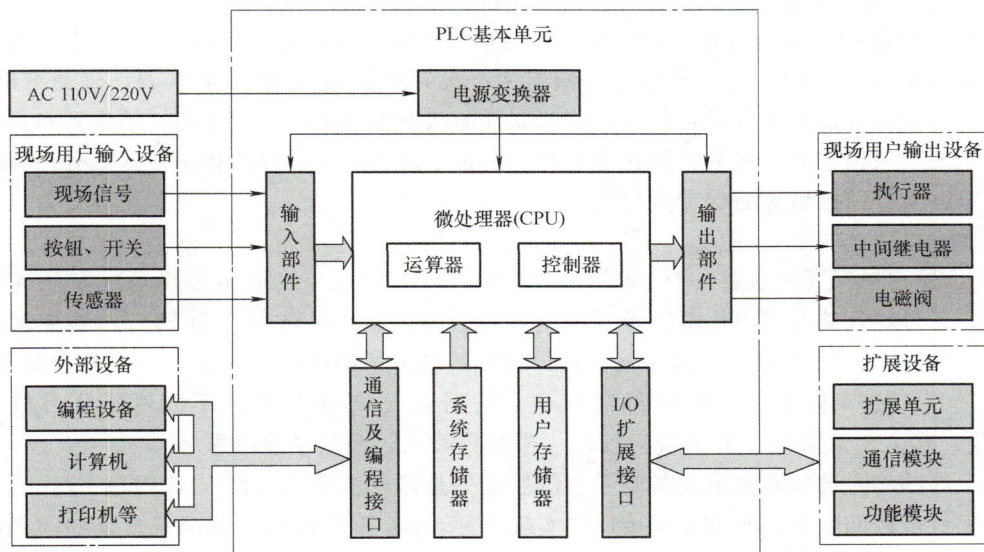

b) 结构框图

图 3-3 PLC 硬件实物与结构框图

1. 中央处理器（CPU）

中央处理器（CPU）是 PLC 的核心，它在系统程序的控制下，完成逻辑运算、数学运算、协调系统内部各部分工作等任务。PLC 中所配置的 CPU 随机型不同而不同，常用的有通用微处理器（如 80286、80386 等）、单片微处理器（如 8031、8096 等）和位片式微处理器（如 AMD29W 等）。在 PLC 中 CPU 按系统程序赋予的功能，指挥 PLC 有条不紊地进行工作，归纳起来主要有以下几个方面：

1）接收从编程器输入的用户程序和数据。

2）诊断电源、PLC 内部电路的工作故障和编程中的语法错误等。

3）通过输入接口接收现场的状态或数据，并存入输入映像寄存器或数据寄存器中。

4）从存储器逐条读取用户程序，经过解释后执行。

5）根据执行的结果，更新有关标志位的状态和输出映像寄存器的内容，通过输出单元实现输出控制。有些 PLC 还具有制表打印或数据通信等功能。

2. 存储器

存储器是存放程序和数据的地方。PLC 的存储器分为系统程序存储器和用户存储器。

系统程序是由 PLC 的制造厂家编写的，和 PLC 的硬件组成有关，完成系统诊断、命令解释、功能子程序调用管理、逻辑运算、通信及各种参数设定等功能，提供 PLC 运行的平台。系统程序关系到 PLC 的性能，而且在 PLC 使用过程中不会变动，所以是由制造厂家直接固化在只读存储器 ROM、PROM 中，用户不能访问和修改。

用户程序是随 PLC 的控制对象而定的，由用户根据对象生产工艺的控制要求而编制。为了便于读出、检查和修改，用户程序一般存于随机存储器（CMOS RAM）中，用锂电池作为后备电源，以保证掉电时不会丢失信息。为了防止干扰对 RAM 中程序的破坏，当用户程序经过运行正常，不需要改变，可将其固化在光可擦写只读存储器（EPROM）。现在有许多 PLC 直接采用电可擦写只读存储器（EEPROM）作为用户存储器。

工作数据是 PLC 运行过程中经常变化、经常存取的一些数据。存放在 RAM 中，以适应随机存取的要求。在 PLC 的工作数据存储器中，设有存放输入/输出继电器、辅助继电器、定时器、计数器等逻辑器件的存储区，这些器件的状态都是由用户程序的初始设置和运行情况而确定的。根据需要，部分数据在掉电时用后备电池维持其现有的状态，这部分在掉电时可保存数据的存储区域称为保持数据区。

3. 输入/输出单元

输入/输出单元通常也称 I/O 单元或 I/O 模块，是 PLC 与工业生产现场之间的连接部件。PLC 通过输入接口可以检测被控对象的各种数据，以这些数据作为 PLC 对被控制对象进行控制的依据；同时 PLC 又通过输出接口将处理结果送给被控制对象，以实现控制目的。PLC 通过 I/O 接口连接现场输入/输出设备。根据输入/输出信号的不同可以分为数字量（开关量）输入、数字量（开关量）输出、模拟量输入、模拟量输出等。

由于外部输入设备和输出设备所需的信号电平是多种多样的，而 PLC 内部 CPU 的处理的信息只能是标准电平，所以 I/O 接口要实现这种转换。I/O 接口一般都具有良好的光电隔离和滤波功能，以提高 PLC 的抗干扰能力。

（1）开关量输入接口电路　接到 PLC 输入接口的输入器件往往是各种开关（光电开关、压力开关、行程开关等）、按钮、传感器触点等。各种 PLC 的输入接口电路大多相同，常用的开关量输入接口按其使用的电源不同又分为直流输入接口、交流输入接口，其基本原理电路如图 3-4、图 3-5 所示。对于直流输入，又分为源型输入和漏型输入：直流电流从 PLC 公共端 COM 流入，从输入端 X 流出，称为漏型输入；源型输入电路的电流是从 PLC 输入点 X 流入，从公共端 COM 流出。三菱 FX2N 系列 PLC 只有漏型输入，FX3U 系列既有源型输入，又有漏型输入。

a) 直流输入接口的输入器件

b) 直流输入分型

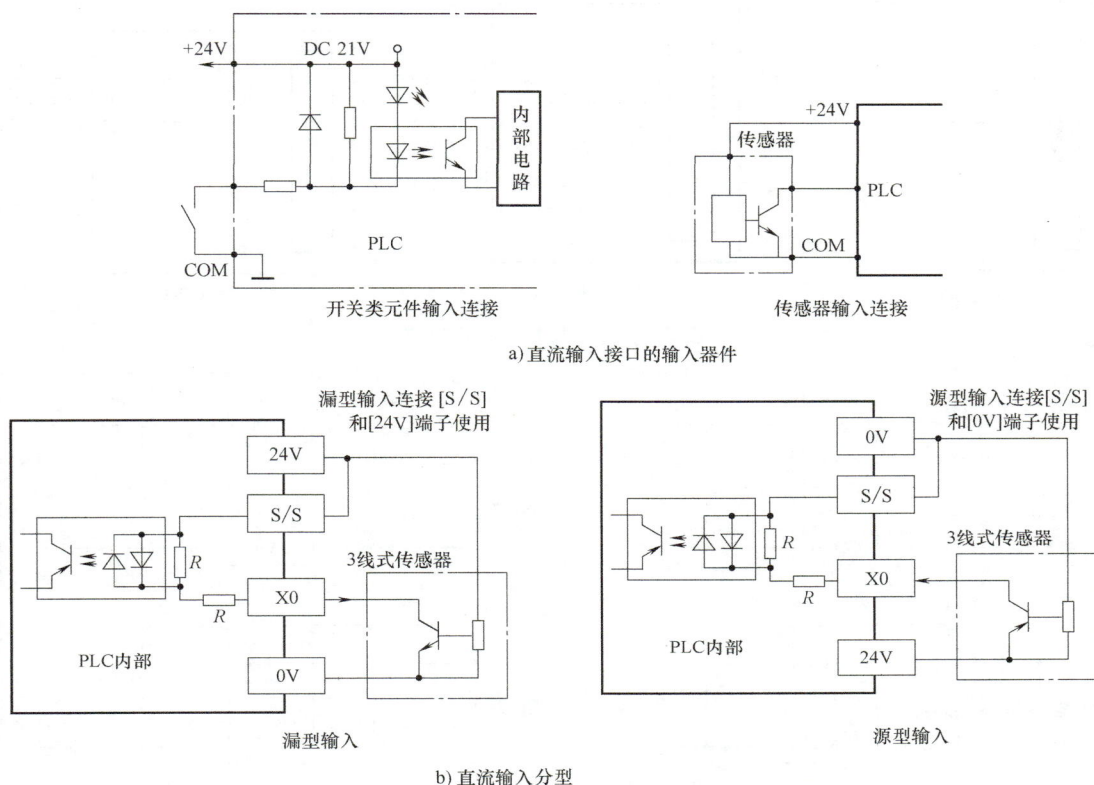

图 3-4　直流输入接口电路

（2）开关量输出接口电路　PLC 的输出接口往往与被控对象相连接。被控对象有电磁阀、指示灯、接触器、继电器等。常用的开关量输出接口电路按输出开关器件不同有 3 种类型：继电器输出、晶体管输出和晶闸管输出，其基本原理电路如图 3-6 所示。继电器输出接口可驱动交流或直流负载，但其响应时间长，动作频率低；晶体管输出和晶闸管输出接口的响应速度快，动作频率高，但前者只能用于驱动直流负载，后者只能用于驱动交流负载。

图 3-5　交流输入接口电路

三菱 FX 系列晶体管输出型 PLC 有源型输出和漏型输出 2 种类型，三菱 FX2N 系列只有漏型输出端子，FX3U 系列既有源型又有漏型输出。图 3-7 所示为 FX3U 晶体管输出电路图。漏型输出（-公共端）是电流从输出端 Y 流入（NPN 是输出低电平的），其接线如图 3-7a 所示，漏型输出型号后面带 ES，例如 FX3U-32MT/ES。源型输出（+公共端）是电流从输出端 Y 流出（PNP 是输出高电平的），其接线图如图 3-7b 所示，源型输出型号后面带 ESS，例如 FX3U-32MT/ESS。

4. 电源

PLC 配有开关电源，以供内部电路使用。与普通电源相比，PLC 电源的稳定性好、抗干扰能力强，对电网提供的电源稳定度要求不高，一般允许电源电压在其额定值±15% 的范

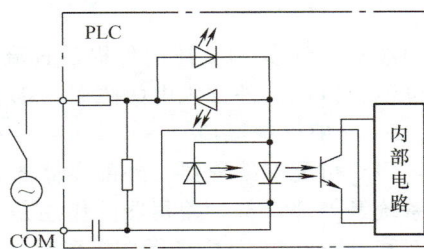

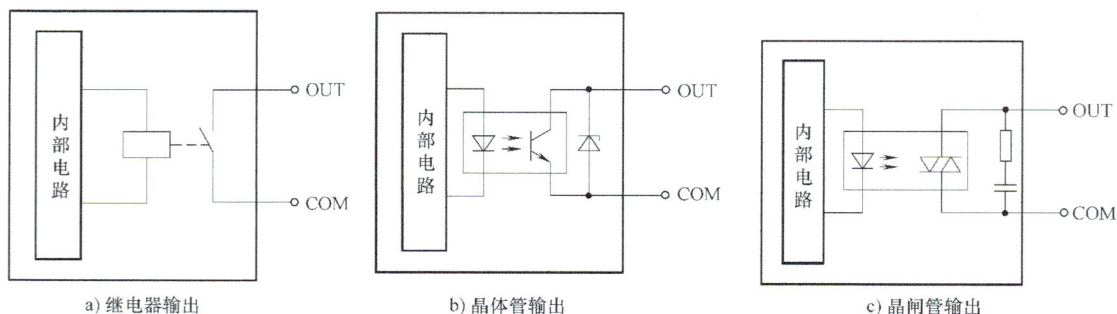

a) 继电器输出　　　　　　　　b) 晶体管输出　　　　　　　　c) 晶闸管输出

图 3-6　开关量输出接口电路

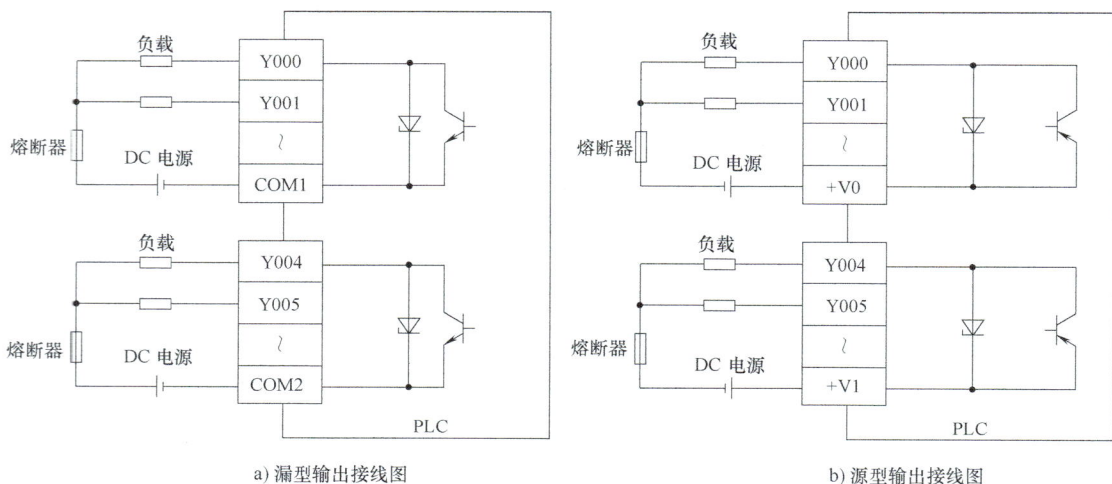

a) 漏型输出接线图　　　　　　　　　　b) 源型输出接线图

图 3-7　FX3U 系列晶体管输出型接线图

围内波动。许多 PLC 还向外提供直流 24V 稳压电源，用于对外部传感器供电，并备有备用锂电池，以确保外部供电故障时内部重要数据不至于丢失。

5. 外部设备接口

PLC 可配有编程器、外部存储器、打印机、EPROM 写入器、高分辨率屏幕彩色图形监控系统等外部设备。编程器的作用是编辑、调试、输入用户程序，也可在线监控 PLC 内部状态和参数，与 PLC 进行人机对话，是开发、应用、维护 PLC 不可缺少的工具。触摸屏和文本显示器不仅用于显示系统信息，还可操作控制单元，可以在执行程序的过程中修改某个量的数值，也可以直接设置输入/输出量，以便立即启动或停止一台外部设备的运行。打印机可以把过程参数和运行结果以文字形式输出。外设接口可以把上述外部设备与 CPU 连接，以完成相应操作。除此之外 PLC 还设置了存储接口和通信接口，存储接口是为了扩展存储区而设置，通信接口用于计算机与 PLC、PLC 与 PLC 之间建立通信网络。

6. I/O 扩展接口

I/O 扩展接口用于扩展输入/输出单元，它使 PLC 的控制规模配置更加灵活。可以配置开关量 I/O 单元，也可以配置模拟量和高速计数模块等。

二、PLC 的编程语言

PLC 是一种工业控制计算机，不光有硬件，软件也必不可少。PLC 的软件由系统程序和用户程序组成。系统程序由 PLC 制造厂商设计编写，并存入 PLC 的系统存储器中，用户不能直接读写与更改。系统程序一般包括系统诊断程序、输入处理程序、编译程序、信息传送程序、监控程序等。PLC 的用户程序是用户利用 PLC 的编程语言，根据控制要求编制的程序。

编程语言是 PLC 程序设计的工具，PLC 的主要编程语言采用比计算机语言相对简单、易懂、形象的专用语言。国际电工委员会（IEC）的 PLC 编程语言标准中有 5 种编程语言：梯形图（Ladder Diagram）、指令表（Instruction List）、顺序功能图（Sequential Function Chart）、功能块图（Function Block Diagram）、结构化文本（Structured Text）。

1. 梯形图

梯形图语言是应用最广泛的一种编程语言，是 PLC 的第一编程语言，是在传统继电器-接触器控制系统中常用的接触器、继电器等图形表达符号的基础上演变而来的一种图形语言。它与电气控制电路图相似，能直观地表达被控对象的控制逻辑顺序和流程，很容易被电气工程人员和维护人员掌握，特别适用于开关逻辑控制。

图 3-8 所示是传统的电气控制电路图和 PLC 梯形图。从图中可看出，两种图所表达的基本思想是一致的，但其本质却不相同。传统继电器-接触器控制系统控制电路图，其电路是由物理元器件按钮、继电器、导线及电源构成的硬接线电路；PLC 梯形图程序，其"电路"使用的是 PLC 内部软元件，如输入继电器、输出继电器、定时/计数器等，程序修改灵活方便，是硬接线电路无法比拟的。

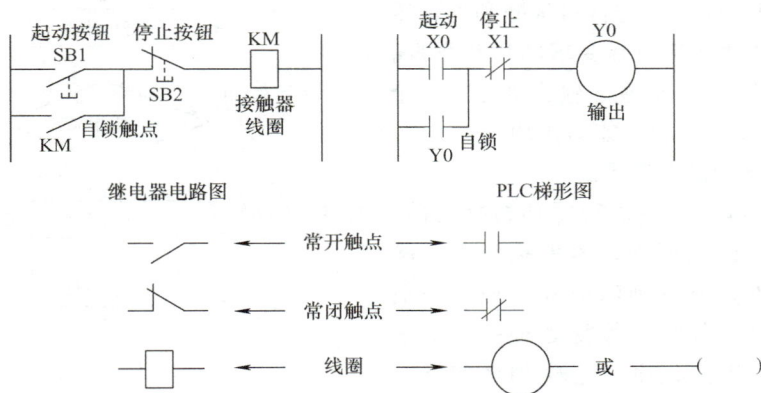

图 3-8 继电器电路图与 PLC 梯形图的比较

2. 指令表

这种编程语言类似于计算机的汇编语言，它是用指令助记符来编程的。在 PLC 应用中，经常采用简易编程器，而这种编程器中没有 CRT 屏幕显示，或没有较大的液晶屏幕显示，因此就用一系列 PLC 操作命令组成的指令表将梯形图描述出来，再通过简易编程器输入到 PLC 中。虽然各个

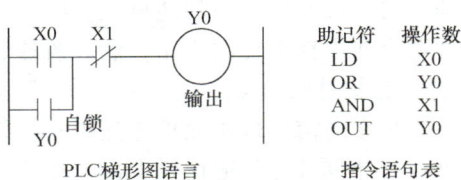

图 3-9 梯形图与指令表的对照

PLC 生产厂家的指令表形式不尽相同，但基本功能相差无几。图 3-9 所示是与梯形图对应的（FX 系列 PLC）指令表程序。

可以看出，指令是指令表程序的基本单元，每条指令语句包括指令部分和数据部分。指令部分是指定逻辑功能，数据部分要指定功能存储器的地址号或设定数值。

3. 顺序功能图

顺序功能图（SFC）用来描述开关量控制系统的功能，是一种用于编制顺序控制程序的图形语言。它将一个完整的控制过程分为若干阶段，各阶段具有不同的动作，阶段间有一定的转换条件，转换条件满足就实现阶段转移，即上一阶段动作结束，下一阶段动作开始。顺序功能图提供了一种组织程序的图形方法，根据它可以方便地画出顺控梯形图。我们将在第四章详细介绍。

三、PLC 的工作原理

PLC 的工作原理可以简单地表述为：在系统程序的管理下，通过运行应用程序完成用户任务。计算机与 PLC 的工作方式有所不同，计算机一般采用等待命令的工作方式，而 PLC 在确定了工作任务，装入了专用程序后，成为一种专用机。它采用循环扫描工作方式，系统工作任务管理及应用程序执行都是循环扫描方式完成的。

PLC 有两种基本的工作状态，即停止（STOP）状态和运行（RUN）状态。当处于停止状态时，PLC 只进行自诊断和通信服务等内容，一般用于程序的编制与修改；当处于运行状态时，PLC 除了要进行自诊断和通信服务之外，还要执行反映控制要求的用户程序，即执行输入处理、程序处理、输出处理。一个循环周期可分为 5 个阶段，如图 3-10 所示。

1. 内部处理与自诊断阶段

PLC 接通电源后，在进行循环扫描之前，首先要确定自身的完好性，若发现故障，除了故障灯亮之外，还可判断故障性质：一般性故障，只报警不停机，等待处理；严重故障，则停止运行用户程序，此时 PLC 切断一切输出联系。

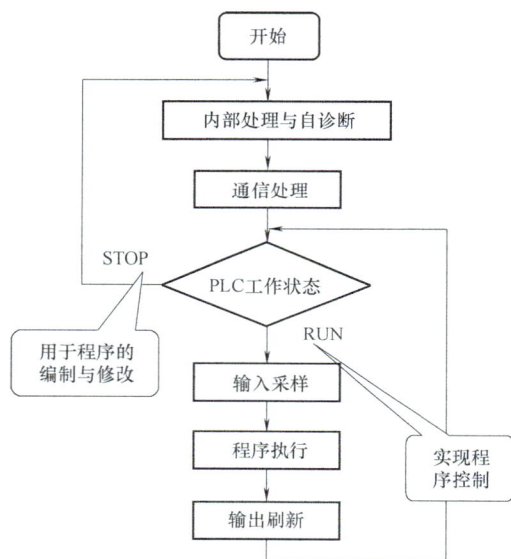

图 3-10　PLC 的循环周期

确定内部硬件正常后，进行清零或复位处理：清除各元件状态的随机性；检查 I/O 连接是否正确；启动监控定时器，执行一段涉及各种指令和内存单元的程序，然后监控定时器复位，允许扫描用户程序。

2. 通信处理阶段

PLC 在通信处理阶段检查是否有与编程器和计算机的通信请求，若有则进行相应处理。如果有与计算机等的通信要求，也在这段时间完成数据的接收和发送任务。

PLC 处于停止状态时，只执行以上的操作。PLC 处于运行状态时，还要完成下面 3 个阶段的操作，即输入采样阶段、程序执行阶段、输出刷新阶段，如图 3-11 所示。

3. 输入采样阶段

在输入采样阶段，PLC 以扫描工作方式按顺序对所有输入端的输入状态进行采样，并

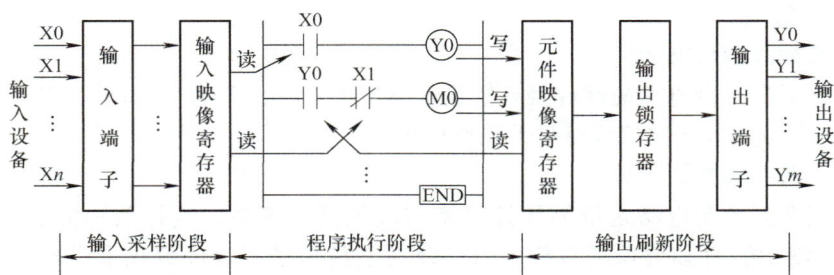

图 3-11　PLC 执行程序过程示意图

存入输入映像寄存器中，此时输入映像寄存器被刷新。接着进入程序执行阶段，在程序执行阶段或其他阶段，即使输入状态发生变化，输入映像寄存器的内容也不会改变，输入状态的变化只有在下一个扫描周期的输入采样阶段才能被采样。

4. 程序执行阶段

在程序执行阶段，PLC 对程序按顺序进行扫描执行。若程序用梯形图来表示，则总是按先上后下，从左到右的顺序进行。当遇到程序跳转指令时，则根据跳转条件是否满足来决定程序是否跳转。当指令中涉及输入/输出状态时，PLC 从输入映像寄存器和元件映像寄存器中读出，根据用户程序进行运算，运算的结果再存入元件映像寄存器中。对于元件映像寄存器来说，其内容会随程序执行的过程而变化。

5. 输出刷新阶段

当所有程序执行完毕后，进入输出刷新阶段。在这一阶段里，PLC 将元件映像寄存器中与输出有关的状态（输出继电器状态）转存到输出锁存器中，并通过输出电路驱动外部负载，然后进入下一个周期的循环扫描。

从以上分析我们可以看出 PLC 的控制实质：用 PLC 实施控制，其实质是按一定算法进行输入/输出的变换，并将这个变换予以物理实现。入/出变换、物理实现是 PLC 实施控制的两个基本点。入/出变换实际上就是信息处理，PLC 应用微处理技术，并使其专业化应用于工业现场。物理实现即 PLC 要考虑实际的控制要求，要求 PLC 的输入应当排除干扰信号，输出应放大到工业控制的水平，能为实际控制系统方便使用，这就要求 PLC 的 I/O 电路专门设计。

四、PLC 控制与继电器-接触器控制的比较

1. 在组成器件方面

继电器-接触器控制电路是由各种真正的硬件组成，硬件的触点易磨损；PLC 梯形图则由许多所谓软继电器组成。这些软继电器实质上是存储器中的一个存储单元，可以置"0"或置"1"，软继电器则无磨损现象。

2. 在工作方式方面

继电器-接触器控制电路工作时，电路中硬件继电器、接触器都处于受控状态，凡符合条件吸合的硬件继电器、接触器都处于吸合状态，受各种制约条件不应吸合的都同时处于断开状态，属于"并行"的工作方式；PLC 梯形图中各软继电器都处于周期循环扫描工作状态，受同一条件制约的各个软继电器的线圈工作和它触点的动作并不同时发生，属于"串

行"的工作方式。

3. 在元件触点数量方面

继电器-接触器控制电路的硬件触点数量是有限的，一般只有 4~8 对；PLC 梯形图中软继电器的触点数量无限，在编程时可无限次使用。

4. 控制电路实施方式方面

继电器-接触器控制电路是依靠硬接线来实施控制功能的，其控制功能通常是不变的，当需要改变控制功能时必须重新接线；PLC 控制电路是采用软件编程来实现控制，可做在线修改，控制功能可根据实际要求灵活实施。

第三节　三菱 FX 系列 PLC 的系统配置和编程元件

一、FX 系列 PLC 型号的含义

三菱 FX 系列的 PLC 基本单元和扩展单元型号命名由字母和数字组成，其命名的基本格式如下

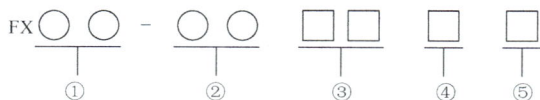

FX○○ - ○○ □□ □ □
① ② ③ ④ ⑤

① 系列序号 0、2、0N、0S、2C、2N、2NC、1N、1S、3U，即 FX0、FX2、FX0N、FX0S、FX2C、FX2N、FX2NC、FX1N、FX1S 和 FX3U。

② 输入/输出的总点数。

③ 单元类型：M 为基本单元；E 为输入/输出混合扩展单元及扩展模块；EX 为输入专用扩展模块；EY 为输出专用扩展模块。

④ 输出形式：R 为继电器输出；T 为晶体管输出；S 为晶闸管输出。

⑤ 特殊品种的区别：

D 为 DC（直流）电源，DC 输入；A1 为 AC（交流）电源，AC 输入（AC100~120V）或 AC 输入模块；H 为大电流输出扩展模块；V 为立式端子排的扩展模式；C 为接插口输入/输出方式；F 为输入滤波器 1ms 的扩展模块；L 为 TTL 输入型模块；S 为独立端子（无公共端）扩展模块；无记号为 AC 电源，DC 输入，横式端子排，标准输出（继电器输出 2A/点、晶体管输出 0.5A/点或晶闸管输出 0.3A/点）。

二、PLC 基本单元的端子功能

以 FX2N 为例，PLC 基本单元如图 3-12 所示。

1）外接电源端子：AC 电源型为［L］、［N］端子，通过这部分端子外接 PLC 的外部电源（AC 220V）。

2）输入公共端子 COM：在外接传感器、按钮、行程开关等外部信号元件时必须接的一个公共端子。

3）直流+24V 输出电源端子：PLC 自身为外部设备提供的直流 24V 电源，多用于三端传感器。

4）输入端子（X）：X 端子为输入（IN）继电器的接线端子，是将外部信号引入 PLC 的必经通道。

5）输入指示灯：PLC 有正常输入时，对应输入点的指示灯亮。

6）"·"端子：带有"·"符号的端子表示该端子未被使用，不具功能。

7）输出公共端子 COM：此端子为 PLC 输出公共端子，在 PLC 连接交流接触器线圈、电磁阀线圈、指示灯等负载时必须连接的一个端子。

8）输出端子（Y）：Y 端子为 PLC 的输出（OUT）继电器的接线端子，是将 PLC 指令执行结果传递到负载侧的必经通道。

9）输出指示灯：当某个输出继电器被驱动后，则对应的 Y 指示灯就会点亮。

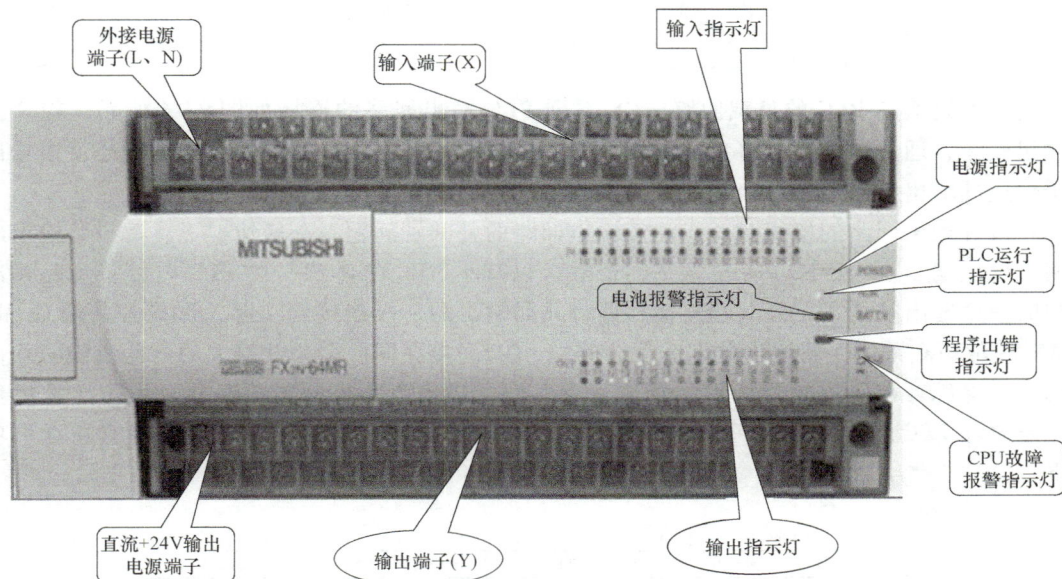

图 3-12　FX2N 系列 PLC 基本单元

三、FX2N 系列 PLC 的外部接线

1. PLC 与输入设备的连接

FX2N 系列 PLC 输入回路的连接，对一般型号在输入端和 COM 端间外接干接点（一种无源信号接点，只有断开和闭合状态，没有极性之分）即可，如图 3-13 所示。输入回路的连接是 COM（公共）端通过具体的输入设备（如按钮、行程开关、继电器触点、传感器等），连接到对应的输入点 X 上，通过输入点将外部信号传送到 PLC 内部。当某个输入设备的状态发生变化时，对应输入点 X 的状态就随之变化，这样 PLC 可随时检测到这些外部信号的变化。

热继电器的常闭触点可以作为输入信号进行过载保护，也可以在输出侧进行保护。对于停止按钮、热继电器保护触点等的输入，如果输入信号由常开触点提供，梯形图中的触点类型与继电器电路的触点类型完全一致。如果接入 PLC 的是输入信号的常闭触点，这时在梯形图中所用的触点的类型与 PLC 外接常开触点时刚好相反，与继电器电路图中的习惯也是相反的，建议尽可能采用常开触点作为 PLC 的输入信号。对于热继电器，为提高保护的快速性可以采用常闭触点输入。

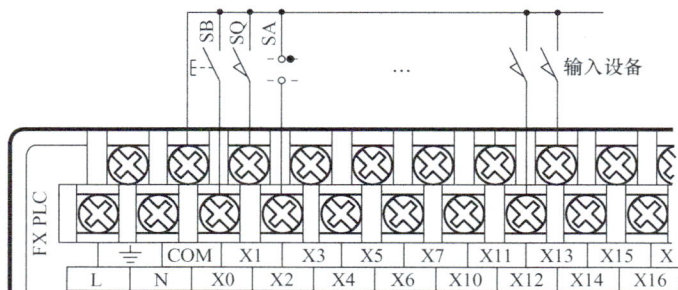

图 3-13　FX 系列 PLC 与输入设备的连接

2. PLC 与输出设备的一般连接方法

输出回路就是 PLC 的负载回路，FX 系列 PLC 输出回路的连接如图 3-14 所示。PLC 提供输出端子，通过输出端子将负载和负载电源连接成一个回路，这样，负载的状态就由输出端子对应的输出继电器进行控制，输出继电器的常开触点闭合，负载即可得电。

在设计输出回路的接线时，应注意输出回路的公共端问题。一般情况下，每一路输出应有两个输出端子。为了减少输出端子的个数，以减小 PLC 的体积，在 PLC 内部将每路输出其中的一个输出端子采用公共端连接，即将几路输出的一端连接到一起，形成公共端 COM，FX2N 系列 PLC 采用 4 路输出共用一个公共端 COM。接在同一个公共端上的各路负载必须使用同一个电源，在使用时要特别注意这一点。PLC 输出电路无内置熔断器，为防止发生负载短路烧坏 PLC 基本配线，每组输出要设置 2A 熔断器。PLC 与输出设备连接的注意事项如下：

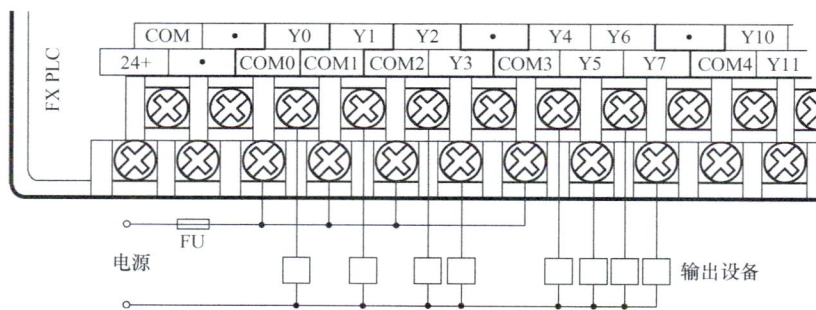

图 3-14　FX 系列 PLC 输出回路的连接

1）除了 PLC 输入和输出共用同一电源外，输入公共端与输出公共端一般不能接在一起。

2）PLC 的晶体管和晶闸管型输出都有较大的漏电流，尤其是晶闸管输出，将可能会出现输出设备的误动作，所以要在负载两端并联一个旁路电阻。

3）多种负载和多种电源的共存的处理。同一台 PLC 控制的负载和负载类别、等级可能不同，在连接负载时（I/O 点分配），应尽量让电源不同的负载使用不同的 COM 输出点，其 COM 端也不能连在一起。如果负载使用相同电压类型和等级，则将 COM1、COM2、COM3、COM4 用导线短接起来就可以了。

四、FX2N 系列 PLC 的编程元件

PLC 在软件设计中需要各种逻辑元件和运算元件，称为编程元件，又称软元件。PLC 内部有许多具有不同功能的软元件，实际上这些可编程的软元件是由不同电子电路和存储器组成的。例如，输入继电器（X）是由输入电路和输入映像寄存器组成的；输出继电器（Y）是由输出电路和输出映像寄存器组成的；定时器（T）、计数器（C）、辅助继电器（M）、状态继电器（S）、数据寄存器（D）、变址寄存器（V/Z）等都是由存储器组成的。一般地可认为编程元件和继电器、接触器的元件类似。作为计算机的存储单元，从实质上来说某个元件被选中，只是代表这个元件的存储单元置 1，失去选中条件只是这个存储单元置 0。由于元件只不过是存储单元，可以无限次地访问，PLC 的编程元件可以有无数多个常开、常闭触点。作为计算机的存储单元，PLC 的编程元件可以组合使用。

1. 输入继电器 X（X0 ~ X267）

在 PLC 内部，与输入端子相连的输入继电器是光电隔离的电子继电器，采用八进制编号，有无数个常开和常闭触点。输入继电器不能用程序驱动，其符号和使用如图 3-15 所示。

2. 输出继电器 Y（Y0 ~ Y267）

输出继电器也采用八进制编号，有无数个常开和常闭触点，其线圈由程序驱动，其符号和使用如图 3-15 所示。在 PLC 内部，输出继电器的触点与输出端子相连，向外部负载输出信号，每一个输出继电器的常开和常闭触点，编程时可多次重复使用。

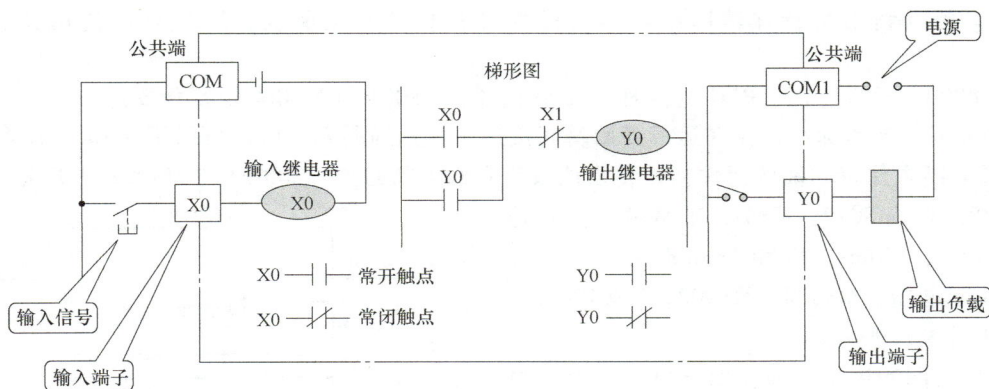

图 3-15　输入/输出继电器的等效电路

3. 辅助继电器 M

PLC 内部有许多辅助继电器，其作用相当于继电器控制系统中的中间继电器，它的接点不能直接驱动外部负载。这些元件往往用作状态暂存、移位等运算，另外，辅助继电器还具有一些特殊功能。辅助继电器采用符号 M 与十进制数共同组成编号。FX2N 系列 PLC 中有 3 种特性不同的辅助继电器，分别是通用辅助继电器（M0 ~ M499）、断电保持辅助继电器（M500 ~ M3071）和特殊功能辅助继电器（M8000 ~ M8255）。

（1）通用辅助继电器（M0 ~ M499）　FX2N 系列共有 500 点通用辅助继电器。通用辅助继电器在 PLC 运行时，如果电源突然断电，则全部线圈均 OFF。当电源再次接通时，除了因外部输入信号而变为 ON 的以外，其余的仍将保持 OFF 状态，它们没有断电保持功能。通

用辅助继电器常在逻辑运算中作为辅助运算、状态暂存、移位等功能使用。根据需要，可通过程序设定，将 M0～M499 转变为断电保持辅助继电器。

（2）**断电保持辅助继电器**（M500～M3071）　FX2N 系列有 M500～M3071 共 2572 个断电保持辅助继电器。它与普通辅助继电器不同的是具有断电保持功能，即能记忆电源中断瞬时的状态，并在重新通电后保持断电前的状态，其原因是电源中断时采用 PLC 锂电池保持其映像寄存器中的内容。其中 M500～M1023 可由软件将其设定为通用辅助继电器。如图 3-16 所示，若辅助继电器 M600 及 M601 的状态决定电动机的转向，且 M600 及 M601 为具有断电保持的通用型辅助继电器，当机构断电又来电时，电动机可仍按断电前的转向运行，直至碰到限位开关才发生转向的变化。

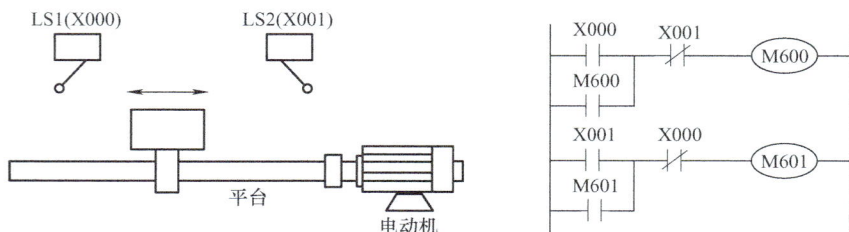

图 3-16　断电保持型辅助继电器的应用

（3）**特殊功能辅助继电器**（M8000～M8255）　特殊辅助继电器共 256 点，各具特定的功能，一般分为触点利用型和线圈利用型两类。

1）触点利用型特殊辅助继电器。其线圈由 PLC 自动驱动，用户只可使用其触点。例如：

M8000：运行监视，PLC 运行时 M8000 接通，M8001 与 M8000 逻辑相反。

M8002：初始脉冲，仅在运行开始瞬间接通一个扫描周期，因此可以用 M8002 的常开触点使具有断电保持功能的元件初始化复位或给它们置初始值。M8003 与 M8002 逻辑相反。

M8011、M8012、M8013 和 M8014 分别是产生 10ms、100ms、1s 和 1min 时钟脉冲的特殊辅助继电器。M8000、M8002、M8012 的波形图如图 3-17 所示。

2）线圈利用型特殊辅助继电器。由用户程序驱动其线圈，使 PLC 执行特定的操作，用户并不使用它们的触点，例如：

M8030 为锂电池电压指示特殊辅助继电器，当锂电池电压下降到某一值时，M8030 动作，指示灯亮，提醒 PLC 维修人员及时更换锂电池。

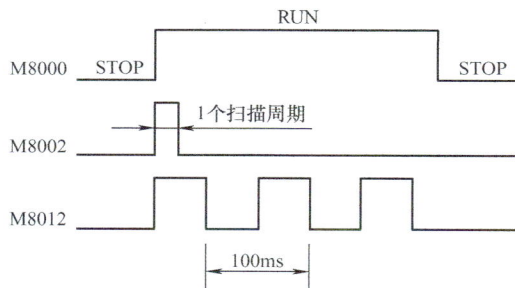

图 3-17　M8000、M8002、M8012 波形图

M8033 为 PLC 停止时输出保持特殊辅助继电器。

M8034 为禁止输出特殊辅助继电器。

M8039 为定时扫描特殊辅助继电器。

需要说明的是未定义的特殊辅助继电器不可在用户程序中使用。

4. 状态继电器 S（S0～S999）

状态继电器是构成状态转移图的重要软元件，它与后述的步进顺控指令配合使用。状态继电器的符号为 S，其地址按十进制编号。FX2N 系列有 S0～S999 共 1000 点。状态继电器包括以下 5 种类型。

1）初始状态继电器 S0～S9 共 10 点。

2）回零状态继电器 S10～S19 共 10 点。

3）通用状态继电器 S20～S499 共 480 点。

4）保持状态继电器 S500～S899 共 400 点。

5）报警用状态继电器 S900～S999 共 100 点，这 100 个状态继电器可用作外部故障诊断输出。

5. 定时器 T（T0～T255）

定时器实际是内部脉冲计数器，可对内部 1ms、10ms 和 100ms 时钟脉冲进行加计数，当达到用户设定值时，触点动作。定时器可以用用户程序存储器内的常数 K 或 H 作为设定值，也可以用数据寄存器 D 的内容作为设定值。

（1）通用定时器（T0～T245）　当驱动定时器的条件满足时，定时器开始定时，时间到达设定值后，定时器动作；当驱动定时器的条件不满足时，定时器复位。若定时器定时未到达设定值，驱动定时器的条件由满足变为不满足时定时器也复位，且当条件再次满足后定时器再次从 0 开始定时。

100ms 定时器 T0～T199 共 200 点，设定范围为 0.1～3276.7s。

10ms 定时器 T200～T245 共 46 点，设定范围为 0.01～327.67s。

其工作原理如图 3-18 所示。

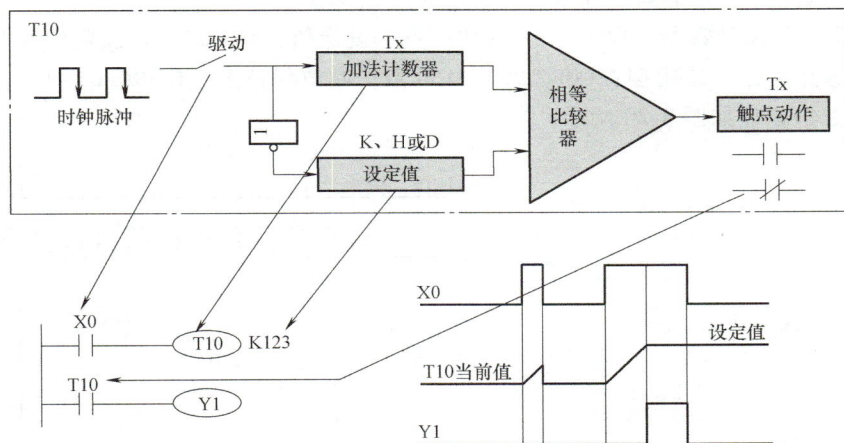

图 3-18　通用定时器工作原理

（2）积算定时器（T246～T255）　当驱动定时器的条件满足时，定时器开始计时，时间到达设定值时，定时器动作；当驱动定时器的条件不满足时，定时器不复位，若要定时器复位必须采用指令复位。若定时器定时未达到设定值驱动条件由满足到不满足，定时器的当前值保持，在驱动条件再次满足时，定时器从刚才保持的当前值开始计时，其工作原理如图 3-19 所示。积算型定时器有下面两种：

1ms 定时器 T246～T249 共 4 点，设定范围为 0.001～32.767s。

100ms 定时器 T250～T255 共 6 点，设定范围为 0.1～3276.7s。

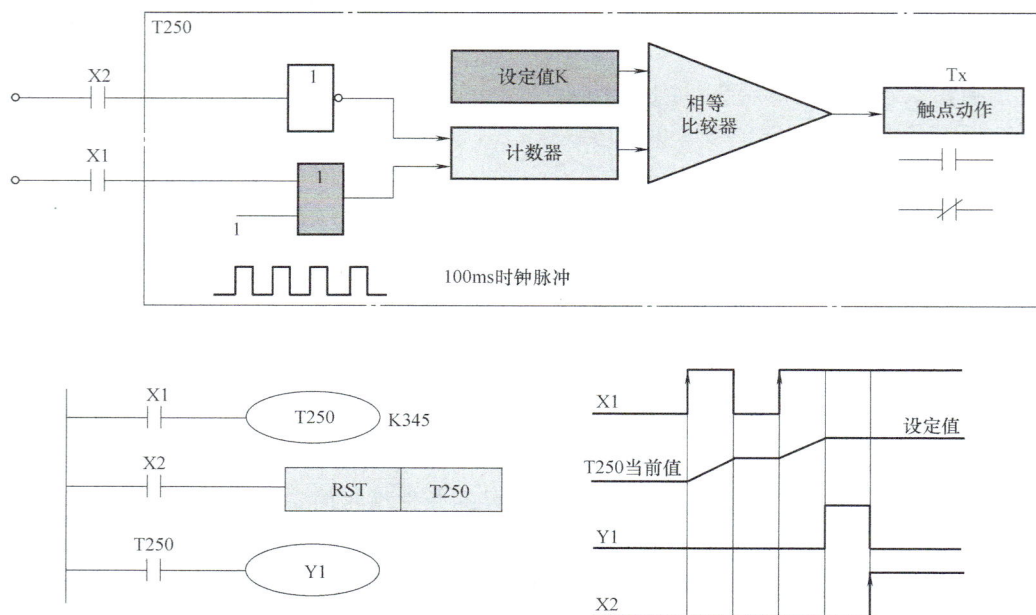

图 3-19　积算定时器工作原理

6. 计数器 C（C0～C255）

FX2N 系列提供了 256 点计数器，根据计数方式、工作特点可以分为内部信号计数器（简称内部计数器）和外部高速计数器（简称高速计数器）。

1）16 位通用加计数器，C0～C199 共 200 点，设定值：1～32767。设定值与当前值相同时，其输出触点动作。通用型：C0～C99 共 100 点，断电保持型：C100～C199 共 100 点，16位加计数器工作原理如图 3-20 所示。

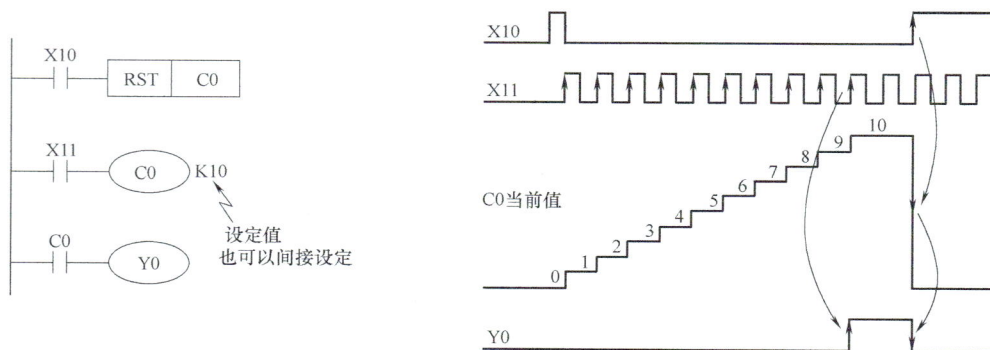

图 3-20　16 位加计数器工作过程示意图

2）32 位通用加/减计数器，C200～C234 共 35 点，设定值：−2147483648 ～ +2147483647。通用计数器：C200～C219 共 20 点，保持计数器：C220～C234 共 15 点。

计数方向由特殊辅助继电器 M8200～M8234 设定，加减计数方式设定：对于 C×××，当M8×××接通（置 1）时，为减计数器，断开（置 0）时，为加计数器。

计数值设定：直接用常数 K 或间接用数据寄存器 D 的内容作为计数值。间接设定时，要用元件号紧连在一起的两个数据寄存器，其工作原理如图 3-21 所示。

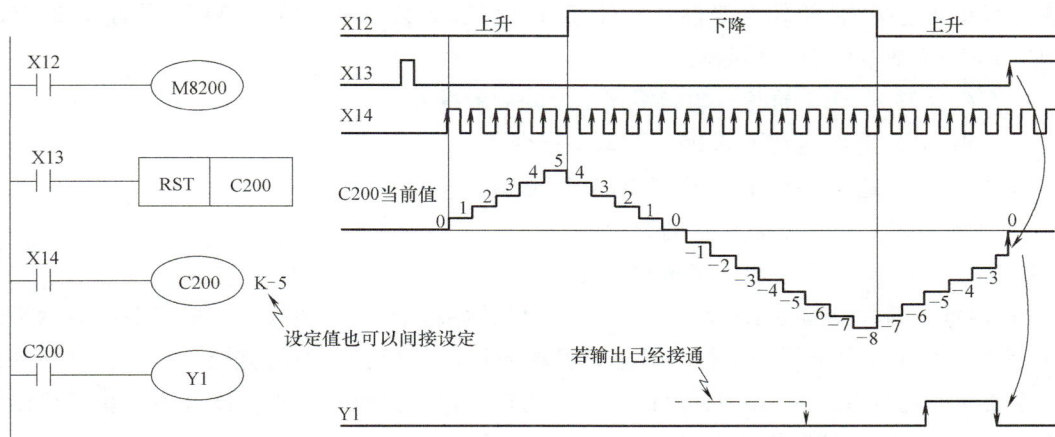

图 3-21　32 位加/减计数器工作过程示意图

3）高速计数器 C235~C255 共 21 点，共享 PLC 上 6 个高速计数器输入（X0~X5）。高速计数器按中断原则运行，这里不再详述。

7. 数据寄存器 D（D0~D8255）

PLC 在进行输入/输出处理、模拟量控制、位置控制时，需要许多数据寄存器存储数据和参数。数据寄存器为 16 位，最高位为符号位。可用两个数据寄存器来存储 32 位数据，最高位仍为符号位。数据寄存器有以下几种类型：

1）通用数据寄存器（D0~D199）。

2）断电保持数据寄存器（D200~D7999）。

3）特殊数据寄存器（D8000~D8255）。

8. 变址寄存器（V0~V7，Z0~Z7）

变址寄存器 V、Z 和通用数据寄存器一样，是进行数值数据读、写的 16 位数据寄存器。主要用于运算操作数地址的修改。进行 32 位数据运算时，将 V0~V7，Z0~Z7 对号结合使用，如指定 Z0 为低位，则 V0 为高位，组合成为：（V0，Z0）。

9. 指针（P/I）

用作跳转、中断等程序的入口地址，与跳转、子程序、中断程序等指令一起应用。地址号采用十进制数分配。指针（P/I）包括分支和子程序用的指针（P）以及中断用的指针（I）。在梯形图中，指针放在左侧母线的左边。

10. 常数（K/H）

K 是表示十进制整数的符号，主要用来指定定时器或计数器的设定值及应用功能指令操作数中的数值；H 是表示十六进制数，主要用来表示应用功能指令的操作数值。例如 20 用十进制表示为 K20，用十六进制则表示为 H14。

五、FX3U 系列与 FX2N 系列的比较

FX3U 系列 PLC 是三菱公司 2005 年推出的第三代小型 PLC，是目前三菱公司小型 PLC 中性能最高、速度最快、定位控制和通信网络控制功能最强、I/O 点数最多的产品，可完全

兼容 FX1N/FX2N 的全部功能。FX3U 的 I/O 的连接也可以采用漏型和源型 2 种方式（FX2N 只能采用漏型连接），使外电路设计和外接有源传感器类型（NPN、PNP）更为灵活方便。FX3U 与 FX2N 基本性能对照见表 3-1。

1. FX3U 系列 PLC 的基本功能得到了大幅度的提升

1）CPU 处理速度达到了 $0.065\mu s$/基本指令。

2）内置了高达 64 千步的大容量 RAM 存储器。

3）大幅度增加了内部软元件的数量。

2. FX3U 系列 PLC 中集成了多种功能

1）内置了高性能的显示模块，在上面可以显示英、日、汉和数字，最多能够显示半角 16 个字符（全角 8 个字符）×4 行。通过该模块还可以进行软元件的监控、测试，时钟的设定，存储器卡盒与内置 RAM 间程序的传送、比较等多项操作。此外，该显示模块还可以从本体上拉出并安装到控制柜的面板上。

2）内置了 3 轴独立最高 100kHz 的定位功能并增加了新的定位指令：带 DOG 搜索的原点回归（DSZR）和中断单速定位（DVIT），从而使得定位控制功能更为强大。

3）内置 6 点同时 100kHz 的高速计数功能。

4）内置了 CC-Link/LT 主站功能。

表 3-1　FX3U 与 FX2N 基本性能对照表

项目		FX2N	FX3U
最大 I/O 点数		256	348
指令条数	基本指令	29	
	步进指令	2	
	功能指令	132	209
指令速度	基本指令	$0.08\mu s$/条	$0.065\mu s$/条
	功能指令	$1.52\sim$数百 μs/条	$0.642\sim$数百 μs/条
程序容量		内置 8 千步 EEPROM	内置 64 千步 EEPROM
辅助继电器	通用辅助继电器	500 点 M0～M499	
	锁存辅助继电器	2572 点，M500～M3071	7180 点，M500～M7679
	特殊辅助继电器	256 点，M8000～M8255	512 点，M8000～M8511
状态继电器	初始状态继电器	10 点，S0～S9	
	通用状态继电器	490 点，S10～S499	
	锁存状态继电器	400 点，S500～S899	3496 点，S500～S899，S1000～S4095
	报警状态继电器	100 点，S900～S999	
定时器	100ms 非积算定时器	200 点，T0～T199	
	10ms 非积算定时器	46 点，T200～T245	
	1ms 非积算定时器	无	256 点，T256～T512
	100ms 积算定时器	6 点，T250～T255	
	1ms 积算定时器	4 点，T246～T249	

（续）

项目		FX2N	FX3U
计数器	16 位通用加计数器	100 点，C0～C99	
	16 位锁存加计数器	100 点，C100～C199	
	32 位通用加减计数器	20 点，C200～C219	
	32 位锁存加减计数器	15 点，C220～C234	
数据寄存器	通用数据寄存器	16 位 200 点，D0～D199	
	锁存数据寄存器	16 位 312 点，D200～D511	
	文件寄存器	7000 点，D1000～D7999	
	特殊寄存器	16 位 256 点，D8000～D8255	16 位 512 点，D8000～D8511
	变址寄存器	16 位 16 点，V0～V7 和 Z0～Z7	

第四节　三菱 FX 系列 PLC 的基本指令及其应用

基本指令是基于继电器、定时器、计数器类软元件，主要用于逻辑处理的指令。用基本指令可以编制出开关量控制系统的用户程序，是 PLC 程序中应用最频繁的指令，熟练应用基本指令是 PLC 编程的基础。FX 系列 PLC 共有 29 条基本指令。

一、FX 系列 PLC 的基本指令

1. 逻辑取及线圈驱动指令 LD、LDI、OUT

（1）指令说明

1）LD（load）"取"指令：用于常开触点与左母线连接的指令。操作元件可以是 X、Y、M、T、C 和 S。

2）LDI（load inverse）"取反"指令：用于常闭触点与左母线连接的指令。操作元件可以是 X、Y、M、T、C 和 S。

3）OUT（out）"线圈驱动"指令：用于驱动线圈的输出指令。操作元件可以是 Y、M、T、C 和 S，不能用于输入继电器。

4）LD 和 LDI 指令还可以与 ANB、ORB 指令配合，用于电路块的起点。

5）OUT 指令可以连续使用若干次，相当于线圈的并联。OUT 指令的操作元件是定时器 T 和计数器 C 时，必须设置常数 K，如图 3-22 所示。

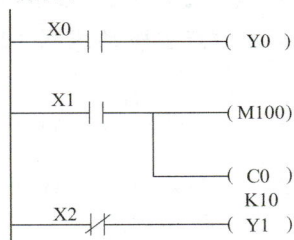

梯形图:

指令表:

```
0 LD   X0      ← 与母线相连
1 OUT  Y0      ← 驱动指令
2 LD   X1
3 OUT  M100
4 OUT  C0      ← 驱动计数器
  K10          ← 设定常数
7 LDI  X2
8 OUT  Y1
```

图 3-22　逻辑取、取反及线圈驱动指令的应用

（2）**指令应用**　逻辑取、取反及线圈驱动指令的应用如图 3-22 所示。

2. 触点串联、并联指令 AND、ANI、OR、ORI

（1）**指令说明**

1）AND（and）"与"指令：用于单个常开触点与左边电路的串联连接。

2）ANI（and inverse）"与非"指令：用于单个常闭触点与左边电路的串联连接。

AND 和 ANI 都是一个程序步的指令，后面必须有被操作的元件名称及元件号，操作元件可以是 X、Y、M、T 和 C。在使用该指令时，串联触点的个数没有限制，但是受到图形编辑器和打印机的功能限制。

值得注意的是，如果是 2 个或 2 个以上触点并联连接的电路再串联连接时，需要用到后述的 ANB 指令。

3）OR（or）"或"指令：用于单个常开触点与前面电路的并联连接。

4）ORI（or inverse）"或非"指令：用于单个常闭触点与前面电路的并联连接。

OR 和 ORI 都是一个程序步的指令，后面必须有被操作的元件名称及元件号，操作元件可以是 X、Y、M、T 和 C。

OR 和 ORI 指令是从该指令的当前步开始，对前面的 LD、LDI 指令进行并联连接：左端接到该指令所在电路块的起始点（LD、LDI 点）上，右端与前一条指令对应的触点的右端相连。OR 和 ORI 并联连接的次数无限制，但是因为图形编辑器和打印机的功能限制，建议并联的次数不超过 24 次。值得注意的是，如果是 2 个或 2 个以上触点串联连接的电路再并联连接时，需要用到后述的 ORB 指令。

（2）**指令应用**　单个触点的串联和并联指令的应用如图 3-23 所示。

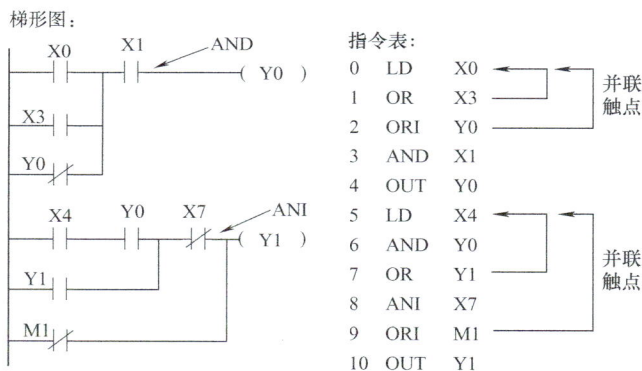

图 3-23　单个触点的串联和并联指令的应用

（3）**连续输出**　OUT 指令使用后，再通过触点对其他线圈使用 OUT 指令的方式称为纵接输出或连续输出。如图 3-24a 所示，Y0 输出后通过 X4 的触点去驱动线圈 Y1。这种连续

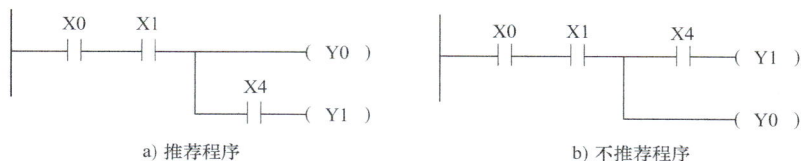

a）推荐程序　　　　　　　　　b）不推荐程序

图 3-24　连续输出电路、多重输出电路

输出只要顺序不错，可以重复多次使用。但是如果驱动顺序换成如图 3-24b 的形式，则属于多重输出结构，必须使用堆栈指令（MPS、MRD、MPP），使用堆栈指令则使程序步数增多，因此不推荐使用多重输出结构。

3. 电路块连接指令 ANB、ORB

2 个或 2 个以上的触点组成的电路称为"电路块"。

（1）指令说明

1）ANB（and block）"与块"指令：电路块串联连接指令。由 2 个或 2 个以上触点并联的电路称为并联电路块，ANB 指令将并联电路块与前面的电路串联。在使用 ANB 指令之前应该先完成并联电路块的内部连接，并联电路块中各支路的起始触点使用 LD 或 LDI 指令。

2）ORB（or block）"或块"指令：电路块并联连接指令。由 2 个或 2 个以上触点串联连接的电路称为串联电路，ORB 指令用于将串联电路块进行并联连接。串联电路块的起始触点要使用 LD 或 LDI 指令，完成了电路块的内部连接后，使用 ORB 指令将前面已经连接好的电路块并联起来。

3）ANB、ORB 指令可以重复使用多次，但是连续使用 ORB 时，应限制在 8 次以下。

（2）指令应用　ANB、ORB 指令的应用如图 3-31 所示。

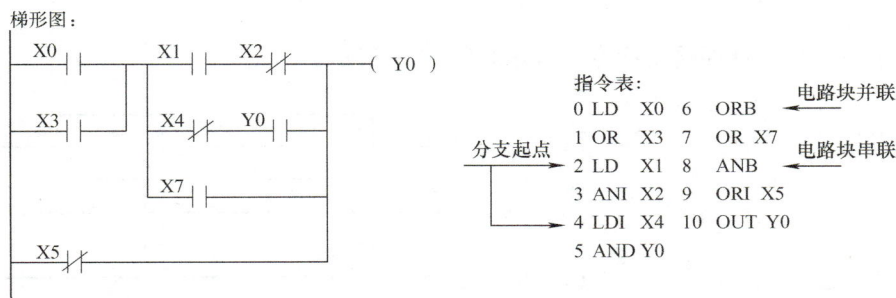

图 3-25　电路块连接指令的应用

4. 置位与复位指令 SET、RST

（1）指令说明

1）SET（set）"置位"指令：用于驱动线圈，使元件保持的指令，操作元件为 Y、M、S。如图 3-26 所示，当 X0 常开触点接通时，Y0 变为 ON 并保持该状态，即使 X0 常开触点断开，Y0 也仍然保持 ON 的状态。

2）RST（reset）"复位"指令：用于线圈的复位，使元件保持复位的指令，操作元件是 Y、M、S、T、C、D、V 和 Z。如图 3-26 所示，当 X1 常开触点接通时，Y0 变为 OFF 并保持该状态，即使 X1 常开触点再次断开，Y0 也仍然保持 OFF 状态。

3）对于同一编程元件可以重复多次使用 SET、RST 指令，顺序可以任意，但是对于外部输出，只有最后执行的一条指令才有效。

4）RST 指令可以对定时器、计数器、数据寄存器、变址寄存器的内容清零。如果不希望计数器和累积型定时器具有断电保持功能，可以在用户程序开始运行时用初始化脉冲 M8002 将其复位。

（2）指令应用 置位与复位指令的应用如图3-26所示。

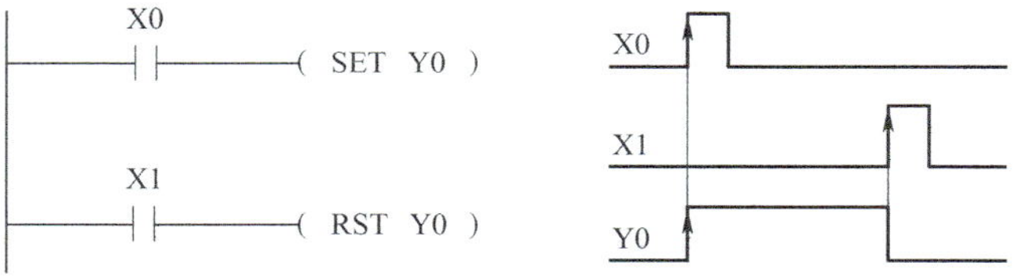

图3-26 置位与复位指令的应用

5. 脉冲输出指令 PLS、PLF

（1）指令说明

1）PLS："上升沿微分输出"指令，当输入条件从断变为通时，PLS指令使其操作数的线圈接通一个扫描周期。使用PLS指令后，元件Y、M（不包括特殊辅助继电器）仅在驱动输入由OFF转为ON时的一个扫描周期内动作。如图3-27c所示，M0仅在X0常开触点由断开变为接通的一个扫描周期内为ON。

2）PLF："下降沿微分输出"指令，当输入条件从通变为断时，PLF指令使其操作数的线圈接通一个扫描周期。使用PLF指令后，元件Y、M仅在驱动输入由ON转为OFF的一个扫描周期内动作。如图3-27c所示，M1仅在X1常开触点由接通变为断开的一个扫描周期内为ON。

（2）指令应用 脉冲输出指令的应用如图3-27所示。

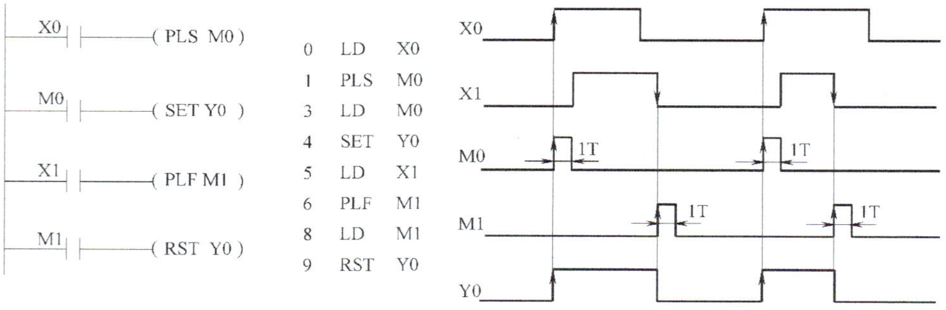

a) 梯形图　　　　　b) 指令表　　　　　　c) 时序图

图3-27 脉冲输出指令的应用

6. 边沿检测触点指令 LDP、LDF、ANDP、ANDF、ORP、ORF

边沿检测触点指令也称为脉冲式触点指令，见表3-2。

表3-2 边沿检测触点指令

符号	名称	功能	梯形图表示	操作元件
LDP	取脉冲上升沿	脉冲上升沿逻辑运算开始	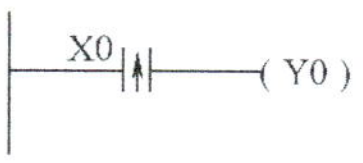	X、Y、M、S、T、C
LDF	取脉冲下降沿	脉冲下降沿逻辑运算开始		X、Y、M、S、T、C

（续）

符号	名称	功能	梯形图表示	操作元件
ANDP	与脉冲上升沿	脉冲上升沿串联连接	X0　X1↑ ─（Y0）	X、Y、M、S、T、C
ANDF	与脉冲下降沿	脉冲下降沿串联连接	X0　X1↓ ─（Y0）	X、Y、M、S、T、C
ORP	或脉冲上升沿	脉冲上升沿并联连接	X0 ─（Y0）　X1↑	X、Y、M、S、T、C
ORF	或脉冲下降沿	脉冲下降沿并联连接	X0 ─（Y0）　X1↓	X、Y、M、S、T、C

（1）指令说明

1）LDP、ANDP 和 ORP 是用作上升沿检测的触点指令，它们仅在指定位元件的上升沿（由 OFF 变为 ON）时接通一个扫描周期。

2）LDF、ANDF 和 ORF 是用作下降沿检测的触点指令，仅在指定位元件的下降沿（由 ON 变为 OFF）时接通一个扫描周期。

（2）指令应用　边沿检测触点指令的应用如图 3-28 所示。

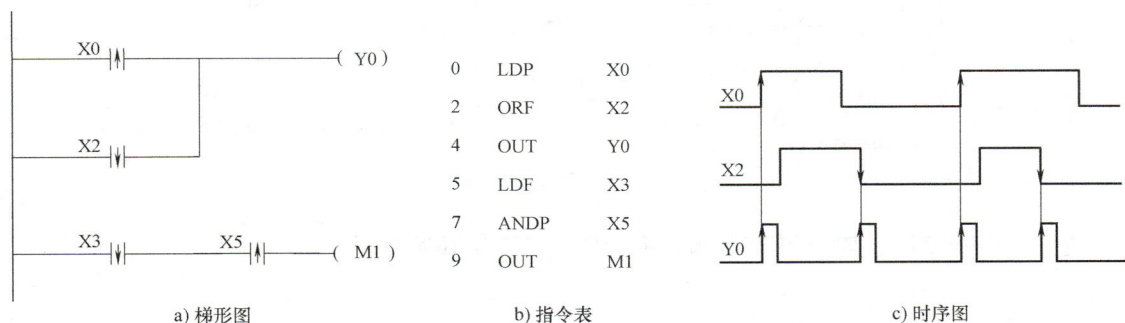

0	LDP	X0
2	ORF	X2
4	OUT	Y0
5	LDF	X3
7	ANDP	X5
9	OUT	M1

a) 梯形图　　　　　b) 指令表　　　　　c) 时序图

图 3-28　边沿检测触点指令的应用

7. 多重输出电路指令 MPS、MRD、MPP

设计程序时，通常有某一触点或某一触点组的状态需多次使用的情况，在 PLC 中专门设置了 3 条完成此类任务的指令，即栈操作指令，它是把运算结果暂时存入栈存储器中，用户可以随时调用，这样可以使用户程序编写简单，功能更强。

MPS："进栈"指令，用于将前面触点或触点组的运算结果存入第一个栈存储器。执行一次 MPS 指令，各栈存储器中的内容依次下移一层，最后一个存储器中的内容丢弃。

MRD："读栈"指令，用于将第一个栈存储器中的数据读出。这时，各栈存储器中的内容保持不变。

MPP："出栈"指令，用于将第一个栈存储器中的数据弹出。这时，各栈存储器中的内容依次上移一层。

(1) 指令说明 FX 系列 PLC 有 11 个存储中间运算结果的存储区域被称为栈存储器，如图 3-29 所示。栈采用先进后出的数据存取方式。使用一次进栈指令 MPS 时，就将该时刻的运算结果压入栈的第一层存储空间，再次使用进栈 MPS 指令时，又将该时刻的运算结果压入栈的第一层存储空间，而将栈中此前压入的数据依次向下一层推移。

1）MPS 指令可以将多重输出电路的公共触点或电路块先存储起来。

2）使用出栈指令 MPP 时，各层的数据依次向上移动一次，将最上端的数据读出后，数据就从栈中消失。多重电路的最后一个支路前使用 MPP 出栈指令。

3）MRD 是读出最上层所存储的最新数据的专用指令。读出时栈内数据不发生移动，仍然保持在栈内且位置不变。多重电路的中间支路前使用 MRD 读栈指令。

4）MPS 和 MPP 指令必须成对使用，而且连续嵌套使用次数应少于 11 次。

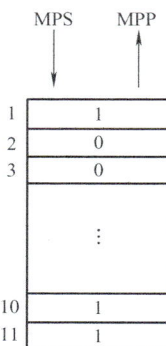

图 3-29 栈存储器

(2) 指令应用

1）一层栈电路。如图 3-30 所示，堆栈只使用了一层存储空间。

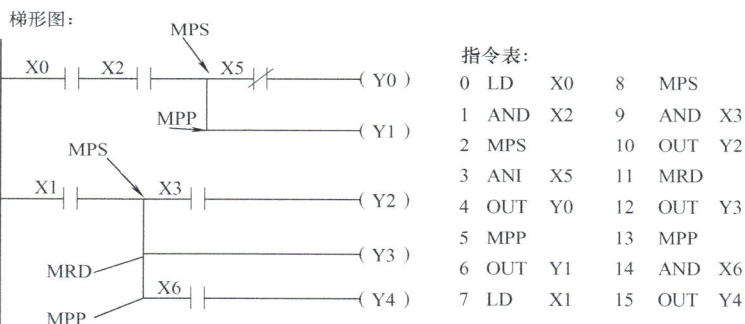

图 3-30 一层栈电路

2）二层栈电路。如图 3-31 所示，堆栈使用了两层存储空间。

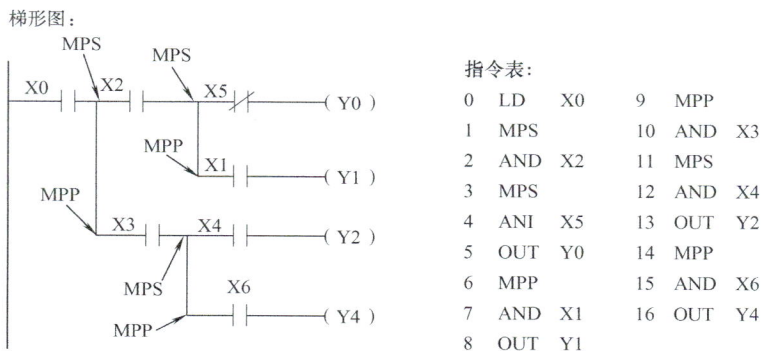

图 3-31 二层栈电路

8. 主控触点指令 MC、MCR

在编程时，经常会遇到多个线圈同时受一个或一组触点控制的情况。如果在每个线圈的控制电路中都串入同样的触点，程序显得很繁琐，主控触点指令可以解决这一问题。使用主控指令的触点称为主控触点，它在梯形图中与其他触点垂直，它是与母线相连的常开触点，是控制一组电路的总开关。

（1）指令说明

1）MC（master control）："主控"指令，用于公共触点的串联连接。操作数 N（0~7）为嵌套层数。在 MC 指令内再次使用 MC 指令时，嵌套层数 N 的编号依次增大，最多可以编写 8 层（N7）。

2）MCR（master control reset）："主控复位"指令，是主控指令的结束。如果主控指令有嵌套，在主控复位时应从大的嵌套层开始解除，嵌套层数 N 的编号依次减小。

3）与主控触点相连的触点必须使用 LD 或 LDI 指令，即执行 MC 指令后，母线移动到主控触点的后面，MCR 使母线回到原来的位置。MC 和 MCR 必须成对使用。

4）如图 3-32 所示，当 X0 常开触点接通时，执行 MC 和 MCR 之间的指令；当 X0 常开触点断开时，不执行 MC 和 MCR 之间的指令，此时非累积定时器和用 OUT 指令驱动的元件均复位，累积定时器、计数器、用置位/复位指令驱动的软元件保持其当时的状态。

梯形图:

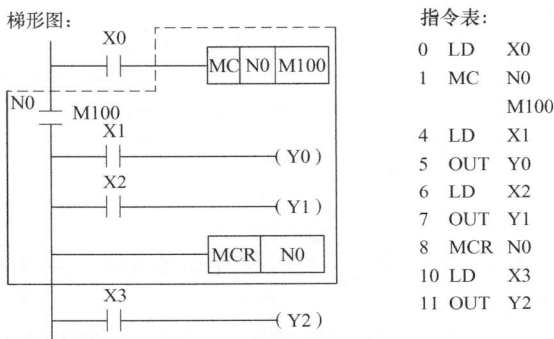

指令表:

```
0   LD    X0
1   MC    N0
          M100
4   LD    X1
5   OUT   Y0
6   LD    X2
7   OUT   Y1
8   MCR   N0
10  LD    X3
11  OUT   Y2
```

图 3-32　一级主控触点指令的应用

（2）指令应用　图 3-32 所示为一级主控触点指令的应用。

9. 取反指令、空操作指令和结束指令 INV、NOP、END

（1）指令说明

1）INV（inverse）："取反"指令，将执行该指令之前的运算结果取反：如果运算结果为 0 则将它变为 1，如果运算结果为 1 则将它变为 0。

2）NOP（non processing）："空操作"指令，使该步做空操作。在程序中很少使用 NOP 指令，执行完清除用户存储器的操作后，用户存储器的内容全部变为 NOP 指令。

3）END（end）："结束"指令，表示程序结束。若程序不写 END 指令，将从用户程序存储器的第一步执行到最后一步。将 END 指令放在程序结束处，只执行第一步至 END 之间的程序，PLC 当执行到 END 指令时就进行输出处理，可以缩短扫描周期。在程序调试过程中，按段插入 END 指令，可以顺序扩大对各程序段动作的检查，在确认处于前面电路块的动作正确无误后，依次删除 END 指令。在执行 END 指令时也刷新监视时钟。

（2）指令应用　INV 指令的应用如图 3-33 所示。图中，如果 X0 常开触点接通，则 Y0 为 OFF；反之，则 Y0 为 ON。

二、梯形图的画法规则及技巧

梯形图作为 PLC 程序设计的一种最常用的编程语言，广泛应用于工程现场的系统设计。

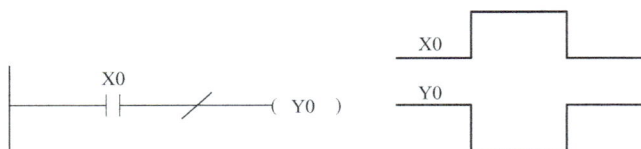

图 3-33　INV 指令的应用

为了更好地使用梯形图语言，在程序的设计过程中应该遵循一些基本规则。

1. 设计规则

（1）**线圈的布置**　梯形图程序设计过程中应该遵守梯形图语言规范，线圈应该放在逻辑行的最右边。梯形图中每一逻辑行从左到右排列，以触点与左母线连接开始，以线圈、功能指令与右母线连接结束，右母线可以省略，如图 3-34 所示。

图 3-34　梯形图设计规则（一）

（2）**触点的布置**　梯形图的触点应该画在水平线上，不能画在垂直分支上，如图 3-35 所示。

（3）**不采用双线圈输出**　在同一个梯形图中，如果同一元件的线圈使用两次或多次称为双线圈输出，这时前面的输出无效，只有最后一次才有效，因此程序中一般不出现双线圈输出，如图 3-36 所示。

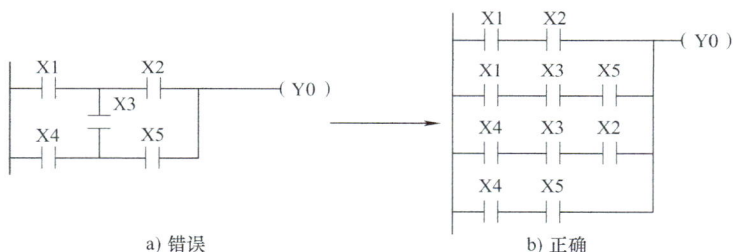

图 3-35　梯形图设计规则（二）

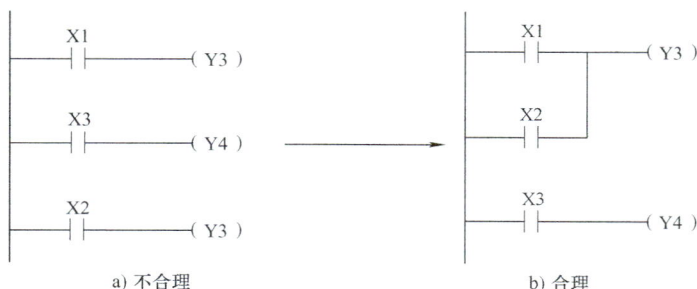

图 3-36　梯形图设计规则（三）

（4）线圈只能并联不可串联　在梯形图中若要表示几个线圈同时得电的情况，应该将线圈并联而不能串联，如图 3-37 所示。

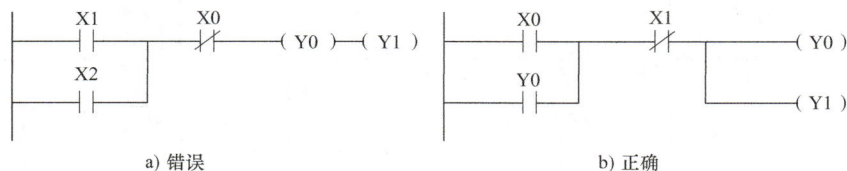

图 3-37　梯形图设计规则（四）

2. 梯形图设计技巧

为了更好地使用梯形图，在程序的设计过程中除了遵循一些基本规则外，还应该掌握一些设计技巧，以减少程序的长度，节省内存和提高运行效率。

（1）"上面多、下面少"　串联电路并联时，应将串联触点多的电路放在梯形图的最上面，这样可以减少梯形图程序的长度，使程序更简洁，如图 3-38 所示。

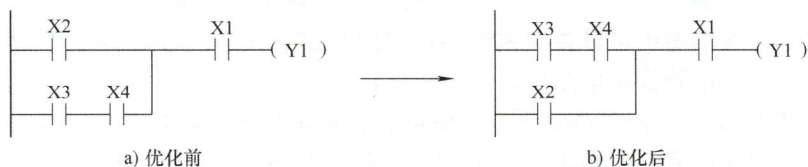

图 3-38　梯形图设计技巧（一）

（2）"左边多、右边少"　并联电路串联时，应该将并联触点多的电路放在最左边，这样可以使得编制的程序简洁，指令语句减少，如图 3-39 所示。

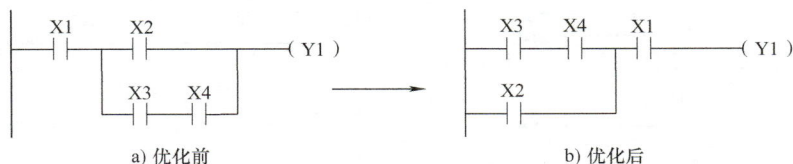

图 3-39　梯形图设计技巧（二）

（3）避免出现多重输出电路　尽量调整为连续输出电路，避免使用 MPS、MPP 指令，如图 3-40 所示。

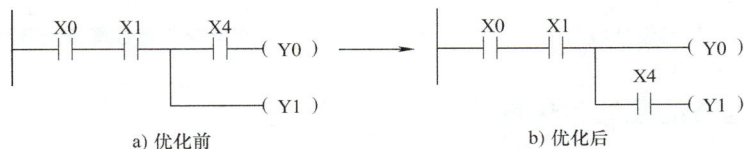

图 3-40　梯形图设计技巧（三）

（4）尽量减少 PLC 的输入和输出点数　PLC 的价格与 I/O 点数有关，每一个输入信号和输出信号分别要占用一个输入点和一个输出点，因此减少输入信号和输出信号的点数是降低硬件费用的主要措施。如图 3-41a 所示，如果输出元件 HL1 和 HL2 的输出规律完全一样，则可以将 HL1 和 HL2 并联后接入一个输出点，这样梯形图也可以简化，如图 3-41b 所示。

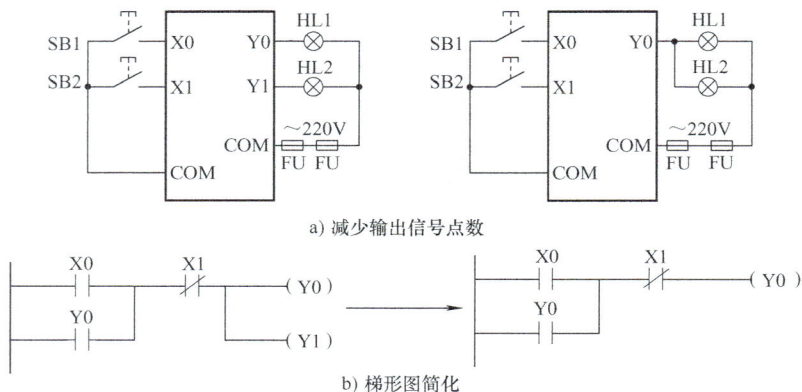

a) 减少输出信号点数

b) 梯形图简化

图 3-41　梯形图设计技巧（四）

（5）合理设置中间单元　在梯形图中，若多个线圈都受某些触点串并联电路的控制，为了简化电路，在梯形图中可设置用该电路控制的辅助继电器，如图 3-42 中的 M0，辅助继电器的作用类似于继电器控制电路中的中间继电器。

（6）时间继电器瞬时触点的处理　在继电器控制电路中，时间继电器除了有延时动作的触点外，还有在线圈通电或断电时立即动作的瞬时触点。在 PLC 设计时，定时器没有可供使用的瞬时触点，如果需要可以在梯形图中对应的定时器线圈的两端并联辅助继电器，此辅助继电器的触点功能类似于定时器的瞬时动作触点，如图 3-43 所示。

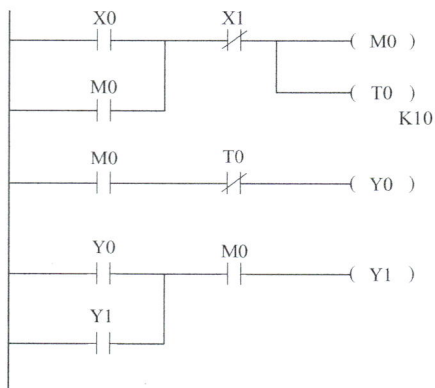

图 3-42　梯形图设计技巧（五）

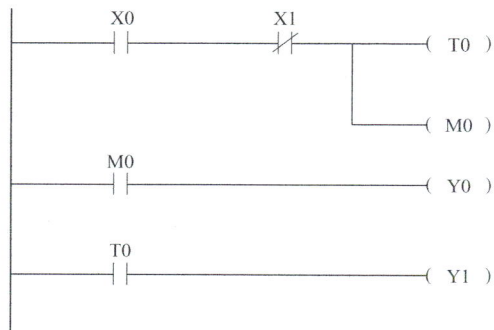

图 3-43　梯形图设计技巧（六）

三、基本电路的控制程序设计

梯形图程序设计是 PLC 应用中的关键环节，为了方便初学者顺利掌握 PLC 程序设计的方法和技巧，这里介绍一些基本电路的程序设计。

1. 起-保-停电路

实现 Y10 的起动、保持和停止的 4 种梯形图如图 3-44 所示。这些梯形图均能实现起动、保持和停止的功能。X0 为起动信号，X1 为停止信号。图 3-44a、c 是利用 Y10 常开触点实现自锁保持，而图 3-44b、d 是利用 SET、RST 指令实现自锁保持。图 3-44a、b 为停止优先程序，图 3-44c、d 起动优先程序。

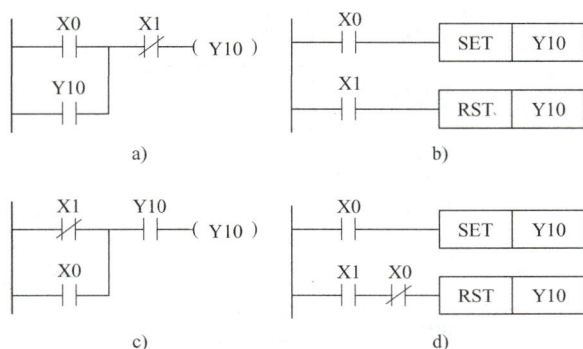

图 3-44　起-保-停梯形图程序

2. 多地控制电路

图 3-45 所示是两个地方控制一个继电器线圈的程序。X0 和 X1 是一个地方的起动和停止控制按钮，X2 和 X3 是另一个地方的起动和停止控制按钮。

3. 顺序起动控制电路

如图 3-46 所示，Y0 的常开触点串在 Y1 的控制回路中，Y1 的接通是以 Y0 的接通为条件。这样，只有 Y0 接通才允许 Y1 接通。Y0 关断后 Y1 也被关断停止，而且 Y0 接通条件下，Y1 可以自行接通和停止。X0、X2 为起动按钮，X1、X3 为停止按钮。

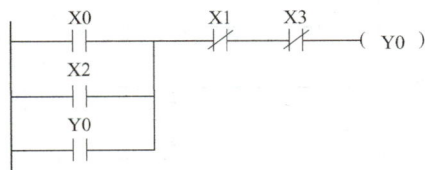

图 3-45　两地控制程序

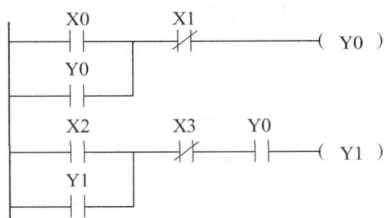

图 3-46　顺序起动程序

4. 集中与分散控制电路

在多台单机组成的自动线上，有在总操作台上的集中控制和在单机操作台上分散控制的联锁。集中与分散控制的梯形图如图 3-47 所示。X2 为选择开关，以其触点为集中控制与分散控制的联锁触点。当 X2 为 ON 时，为单机分散起动控制；当 X2 为 OFF 时，为集中总起动控制。在两种情况下，单机和总操作台都可以发出停止命令。

5. 自动与手动控制电路

在自动与半自动工作设备中，有自动控制与手动控制的联锁，如图 3-48 所示。输入信号 X1 是选择开关，以其触点为联锁触点。当 X1 为 ON 时，执行主控指令，系统运行自动控制程序，自动控制有效，同时系统执行功能指令 CJ P63，直接跳过手动控制程序，手动调整控制无效。当 X1 为 OFF 时，主控指令不执行，自动控制无效，跳转指令也不执行，手动控制有效。

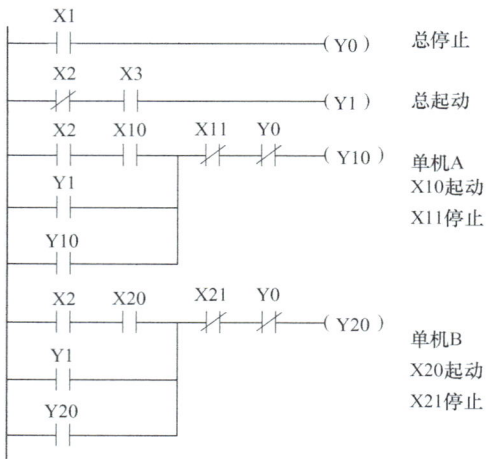

图 3-47　集中与分散控制程序

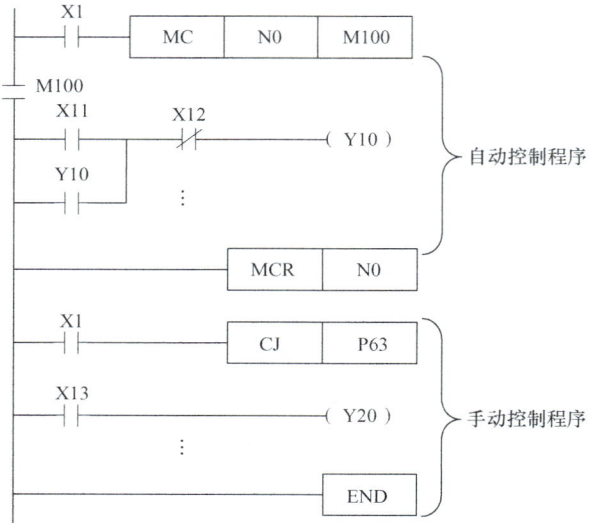

图 3-48　手动与自动控制程序

6. 定时电路

（1）延合、延分电路

1）通电延时闭合电路。当按下起动按钮时，X0 为 ON，延时 2s 后 Y0 得电接通；当按下停止按钮时，X2 为 OFF，Y0 失电断开。这种电路属于通电延时闭合电路，如图 3-49 所示。

2）断电延时分断电路。当按下起动按钮时，X0 为 ON，Y0 得电接通并保持；当松开起动按钮时，X0 为 OFF，延时 10s 后 Y0 失电断开。这种电路属于断电延时分断电路，如图 3-50 所示。

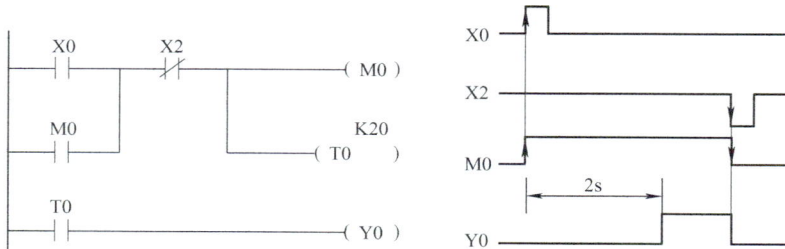

图 3-49　通电延时闭合电路

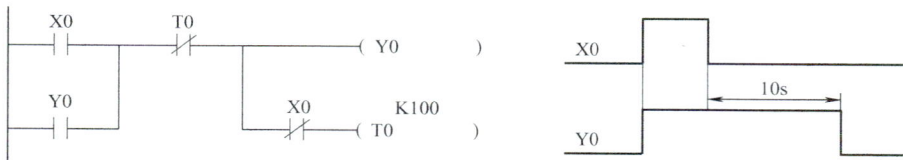

图 3-50　断电延时分开电路

（2）定时范围扩展电路

FX 系列 PLC 定时器的最长定时时间为 3276.7s，如果需要更长的时间，可以采用以下两种方法。

1）多个定时器组合电路。图 3-51 所示为 6000s 的延时程序。当 X0 接通时，T0 线圈得电并且延时 3000s，延时时间到，T0 常开触点闭合，使 T1 线圈得电并且延时 3000s，延时时间到，Y0 线圈得电接通。因此，从 X0 接通到 Y0 得电共延时 6000s。

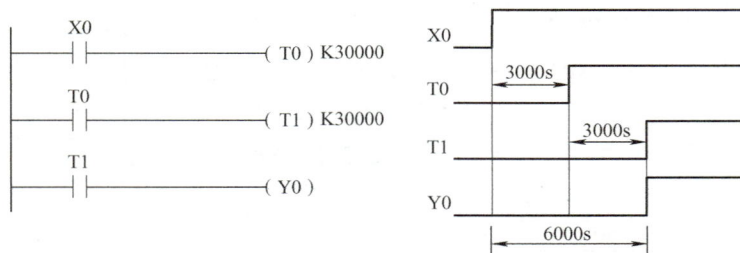

图 3-51　多个定时器组合电路

2）定时器和计数器组合电路。图 3-52 所示为定时器和计数器的组合电路。当 X0 断开时，T0 和 C0 复位；当 X0 接通时 T0 开始定时，100s 以后 T0 定时时间到，T0 常闭触点断开使其复位，同时常开触点闭合计数器 C0 计数为 1；T0 复位后当前值变为 0，同时其常闭触点接通、常开触点断开，T0 线圈又一次得电，开始计时。如此周而复始地工作，计数器不断计数直到计满 200 次，200 次后 Y0 线圈得电接通。从 X0 接通到 Y0 得电共延时 20000s。

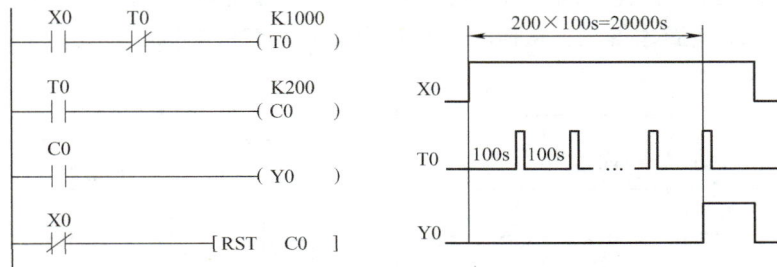

图 3-52　定时器与计数器组合电路

7. 闪烁电路

闪烁电路实际上是一种具有正反馈的振荡电路，它可以产生特定的通断时序脉冲，经常应用在脉冲信号源或闪光报警电路中。

（1）定时器闪烁电路　如图 3-53 所示，方法一是通过两个定时器 T0 和 T1 分别进行定时。设开始时 T0 和 T1 均为 OFF，当 X0 为 ON 时 T0 线圈通电开始定时，0.5s 后 T0 的常开触点接通，使得 Y0 得电接通，同时 T1 线圈通电开始定时，T1 线圈通电 0.5s 后，其常闭触点断开，使得 T0 线圈断电，T0 常开触点断开，使 Y0 线圈失电，同时 T1 线圈失电。T1 线圈失电后 T1 常闭触点接通，T0 又开始定时，Y0 线圈也随之进行周期性通电和断电，直到 X0 变为 OFF。

方法二是两个定时器 T0 和 T1 累积定时。Y0 通电和断电的时间分别等于 T1 和 T0 的设定值，通过改变定时器的设定值可以调整输出脉冲的宽度。

（2）M8013 闪烁电路　闪烁电路也可以由特殊辅助继电器 M8013 来实现。M8013 可实现周期为 1s 的时钟脉冲，如图 3-54 所示，Y0 输出的脉冲宽度为 0.5s，同样 M8014 可以实现周期为 1min 的闪烁电路。

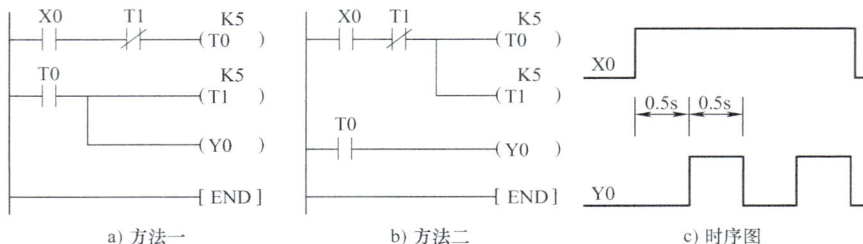

图 3-53　定时器闪烁电路

图 3-54　M8013 闪烁电路

（3）二分频电路　若输入一个频率为 f 的方波，则在输出端得到一个频率为输入频率 1/2 的方波，其梯形图如图 3-55 所示。由于 PLC 程序是按顺序执行的，当 X0 的上升沿到来的时候，第 1 个扫描周期 M0 映像寄存器为 ON（只接通 1 个扫描周期），此时 M1 线圈由于 Y0 常开触点断开而无法得电，Y0 线圈则由于 M0 常开触点接通而得电。下一个扫描周期，M0 映像寄存器为 OFF，即使 Y0 常开触点接通，但此时 M0 常开触点（第 2 个逻辑行）已经断开，所以 M1 线圈仍然无法得电，Y0 线圈则由于自锁触点而一直得电，直到下一个 X0 的上升沿到来时，M1 线圈才得电，从而将 Y0 线圈断电，实现二分频。

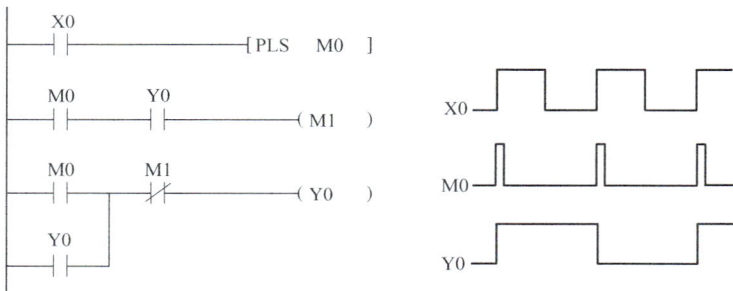

图 3-55　二分频电路

第五节　基本指令的直接设计法

程序的编制过程是将控制系统工作条件及工作目的之间的关系指令化的过程。一般应用基本指令进行程序设计可分为经验设计法、继电器电路转换法、逻辑设计法等，这里主要介绍前两种方法。

一、经验设计法

经验设计方法也称为试凑法，需要设计者了解大量的典型电路，在掌握这些典型电路的基础上，充分理解实际的控制问题，将实际控制问题分解成典型控制电路，然后用典型电路或修改的典型电路拼凑梯形图。这种方法具有很大的试探性和随意性，最终的结果也不是唯一的，设计所用的时间、设计的质量与设计者的经验有直接的关系，一般用于较简单的或与某些典型系统类似的控制系统设计。

1. 经验设计法步骤

1）按所给的控制要求，将机械的运动分解成各自独立的简单运动，分别设计这些简单运动的基本控制程序。

2）根据制约关系，选择自锁、联锁触点，设计自锁、联锁程序。

3）根据运动状态选择控制原则，设计主令元件、检测元件和继电器等。

4）设置必要的保护，修改、完善程序。

2. 起-保-停控制梯形图设计

例 3-1 工作台控制。

用 PLC 控制工作台的自动往返运行，工作台前进、后退由电动机通过丝杠拖动，如图 3-56 所示。

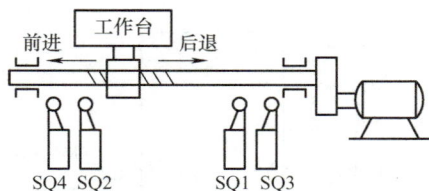

图 3-56 工作台控制

（1）控制要求

1）自动循环工作。

2）点动控制（供调试用）。

3）单循环运行。

（2）设计过程

1）首先分析控制要求。

① 工作台的前进与后退通过电动机的正反转来控制，所以完成这一动作可以采用电动机正反转控制的基本程序。

② 工作台的工作方式有点动和自动连续运行两种，可以采用程序实现两种工作方式的转换，也可以采用选择开关 SA1 来转换：设选择开关 SA1 闭合时，工作台采用点动方式；SA1 断开时，工作台采用自动连续运行方式。工作台有单循环和多次循环两种工作状态，可以采用选择开关 SA2 来转换：设 SA2 闭合时，工作台为单循环工作状态；SA2 断开时，工作台为多次循环工作状态。循环次数由计数器控制。

2）I/O 点分配。I/O 点分配见表 3-3。

表 3-3 I/O 点分配

输入		输出	
SA1（自动/点动）	X0	正转接触器 KM1	Y1
SA2（多循环/单循环）	X10	反转接触器 KM2	Y2
正转起动按钮 SB1	X1		
反转起动按钮 SB2	X2		
停止按钮 SB3	X3		
后退换向 SQ1	X11		
前进换向 SQ2	X12		
后退限位 SQ3	X13		
前进限位 SQ4	X14		

3）PLC 的输入/输出接线图。PLC 起-保-停电路的典型应用是三相异步电动机正反转控

制电路，其中 KM1 和 KM2 分别是控制正转运行和反转运行的交流接触器。这两个接触器是不能同时闭合的，在外部接线的时候两个接触器线圈回路也要实现互锁，称为硬件互锁，如图 3-57 所示。

4）程序设计。

① 设计基本控制程序。用起-保-停电路设计基本程序，针对接触器 KM1（Y1）的起动条件 X1，停止条件 X3；接触器 KM2（Y2）的起动条件 X2，停止条件 X3，各自设计起-保-停程序。因为正反转的接触器 KM1、KM2 不能同时闭合，因此在进行 PLC 控制的设计时为安全起见，需要在程序中将这两个输出实现互锁，称为软件互锁。如图 3-58 所示。

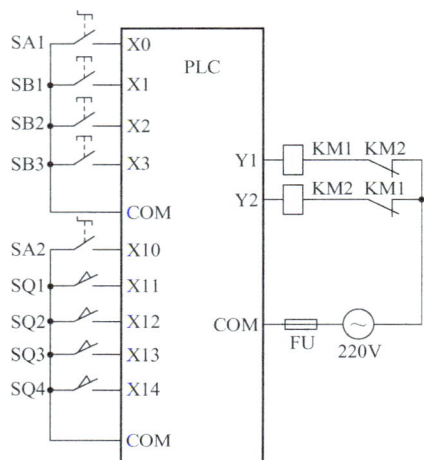

图 3-57 PLC 输入/输出接线图

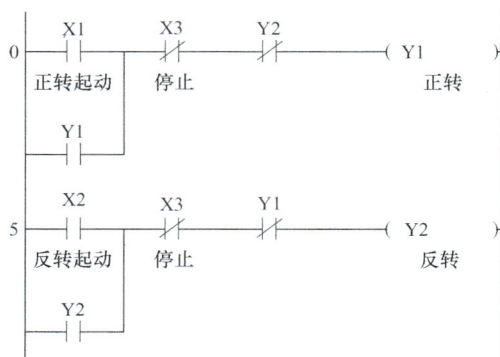

图 3-58 基本程序

② 设计自动往返控制程序。小车碰到 SQ1 后停止后退，起动前进；碰到 SQ2 时，停止前进，开始后退。程序如图 3-59 所示。

③ 设计点动控制程序。将点动/自动切换控制开关切换到点动位置时 X0 常闭断开，X0 常闭与正、反转的自锁串联，切断自锁，实现点动，如图 3-60 所示。

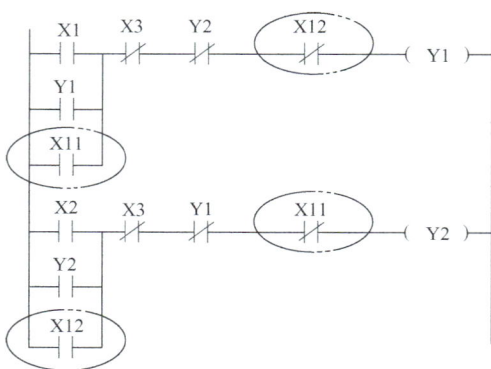

图 3-59 自动往返程序实现

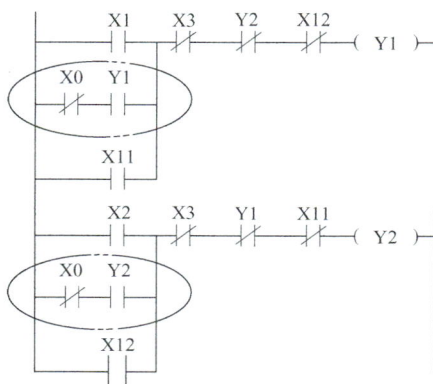

图 3-60 点动程序实现

④ 设计单循环控制程序。将单循环/多循环开关切换到单循环时，由于 X10 常闭与 X11 常开串联，在完成一个周期进入下一周期前虽然 X11 会闭合，但是这时 X11 所在支路被

X10 断开，因此只能完成单循环，程序如图 3-61 所示。

⑤ 设计保护环节。最后电路再添加上终端保护。按照编程规则调整梯形图结构后就比较完善了，如图 3-62 所示。

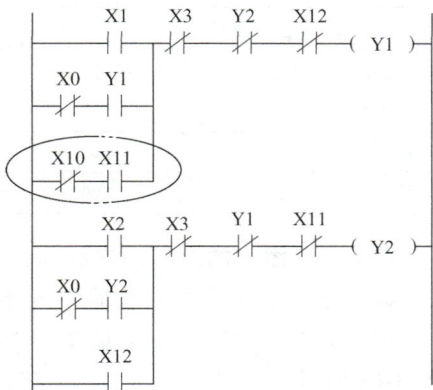

图 3-61　单循环程序的实现

图 3-62　添加保护环节后的梯形图

3. 时序逻辑控制梯形图设计

例 3-2　PLC 控制彩灯闪烁。

（1）**控制要求**　PLC 控制彩灯闪烁系统示意图和时序图如图 3-63 所示；其控制要求如下：

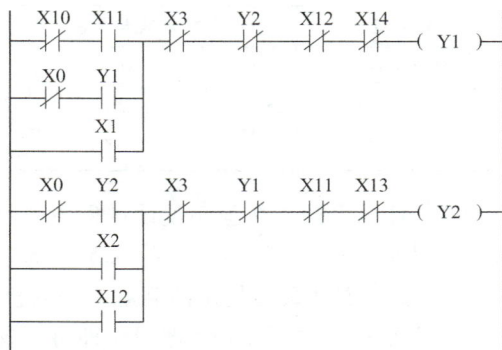

a) 彩灯闪烁示意图

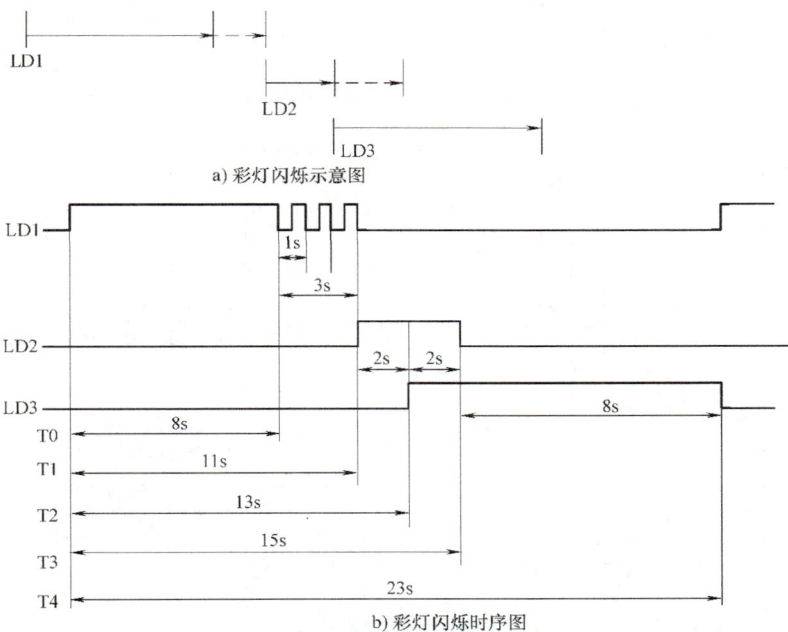

b) 彩灯闪烁时序图

图 3-63　PLC 控制彩灯闪烁系统

1）彩灯电路受起动开关 SQ7 控制，当 SQ7 接通时，彩灯系统 LD1～LD3 开始顺序工作。当 SQ7 断开时，彩灯全熄灭。

2）彩灯工作循环：LD1 彩灯亮，延时 8s 后，闪烁 3 次（每 1 周期为亮 1s 熄 1s）；LD2 彩灯亮，延时 2s 后，LD3 彩灯亮；LD2 彩灯继续亮，延时 2s 后熄灭；LD3 彩灯延时 10s 后，进入再循环。

（2）I/O 分配　设定 I/O 分配表见表 3-4。

表 3-4　PLC 控制彩灯闪烁 I/O 分配表

输入		输出	
输入设备	输入地址	输出设备	输出地址
起动开关 SQ7	X000	彩灯 LD1	Y000
		彩灯 LD2	Y001
		彩灯 LD3	Y002

（3）程序设计　在程序设计过程中先用定时器 T0~T4 把上图中的时间顺序程序设计出来。用 T10 和 T11 设计通、断各 0.5s、周期为 1s 的闪烁电路，如果采用计数器进行计数 3 次，还需要考虑计数器复位的问题，为此换一角度采用时间控制，每次闪烁周期 1s，3 次就是 3s，即在 T0 动作后 3s 启动 LD2 即可。梯形图如图 3-64 所示。

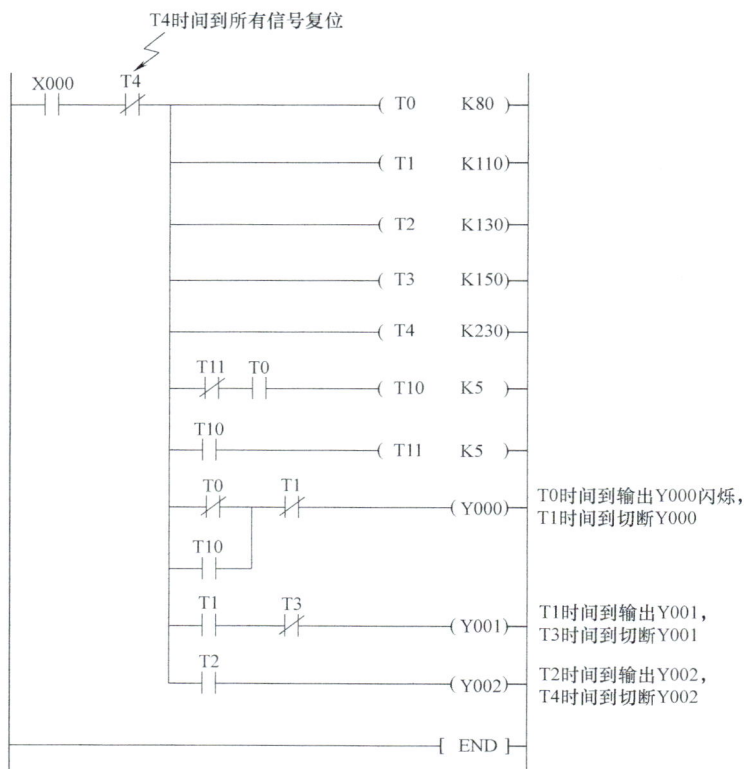

图 3-64　彩灯闪烁梯形图

4. 顺序控制梯形图设计

例 3-3　PLC 控制钻孔动力头。

（1）控制要求　某一机械加工自动线有一个钻孔动力头，该动力头的加工过程如图 3-65 所示；其控制要求如下：

1）动力头在原位，并加一起动信号，接通电磁阀 YV1，动力头快进。

2）动力头碰到限位开关 SQ1 后，接通电磁阀 YV1、YV2，动力头由快进转入工进，同时动力头电动机起动（由 KM1 控制）。

3）动力头碰到限位开关 SQ2 后，开始延时 3s。

4）延时时间到，接通电磁阀 YV3，动力头快退。

5）动力头回到原点停止。

（2）I/O 分配　确定输入/输出分配表见表 3-5。

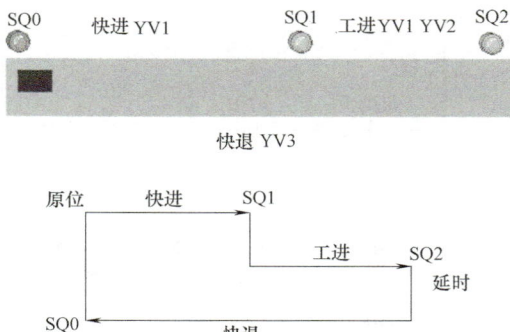

图 3-65　钻孔动力头加工过程示意图

表 3-5　PLC 控制动力头 I/O 分配表

输入		输出	
输入设备	输入地址	输出设备	输出地址
起动按钮 SB1	X000	电磁阀 YV1	Y000
限位开关 SQ0	X001	电磁阀 YV2	Y001
限位开关 SQ1	X002	电磁阀 YV3	Y002
限位开关 SQ2	X003	接触器 KM1	Y003

（3）程序设计　根据控制工艺，可将整个工作过程分为原点、快进、工进、停留 3s、返回 5 个阶段，每个阶段用不同的辅助继电器表示其工作阶段，如图 3-66 所示。

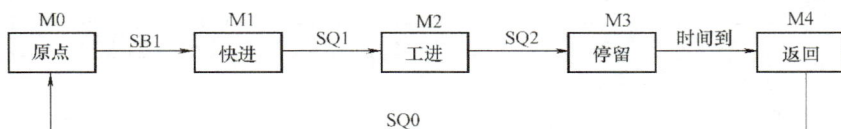

图 3-66　工作顺序关系

按照顺序控制的结构形式，通常 M_i 表示当前阶段，M_{i-1} 表示前一阶段，M_{i+1} 表示后一阶段，此时梯形图通常采用顺序控制结构，如图 3-67 所示。

此后只需按照工艺判断某个输出在哪几个 M 阶段接通，然后将这几个 M 的常开触点并联即可。例如，Y000 在 M_{i-1} 和 M_{i+2} 阶段接通，此时对应的梯形图如图 3-68 所示。

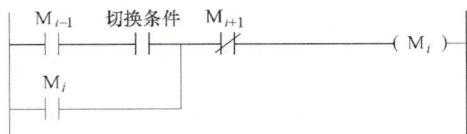

图 3-67　顺序控制结构的梯形图

图 3-68　Y000 对应的梯形图

按照图 3-66 工作顺序关系所示的阶段，根据控制工艺，PLC 控制钻孔动力头的控制程序如图 3-69 所示，读者可以自行分析。

二、继电器电路转换法

用 PLC 改造继电器控制系统时，因为原有的继电器控制系统经过长期使用和考验，已被

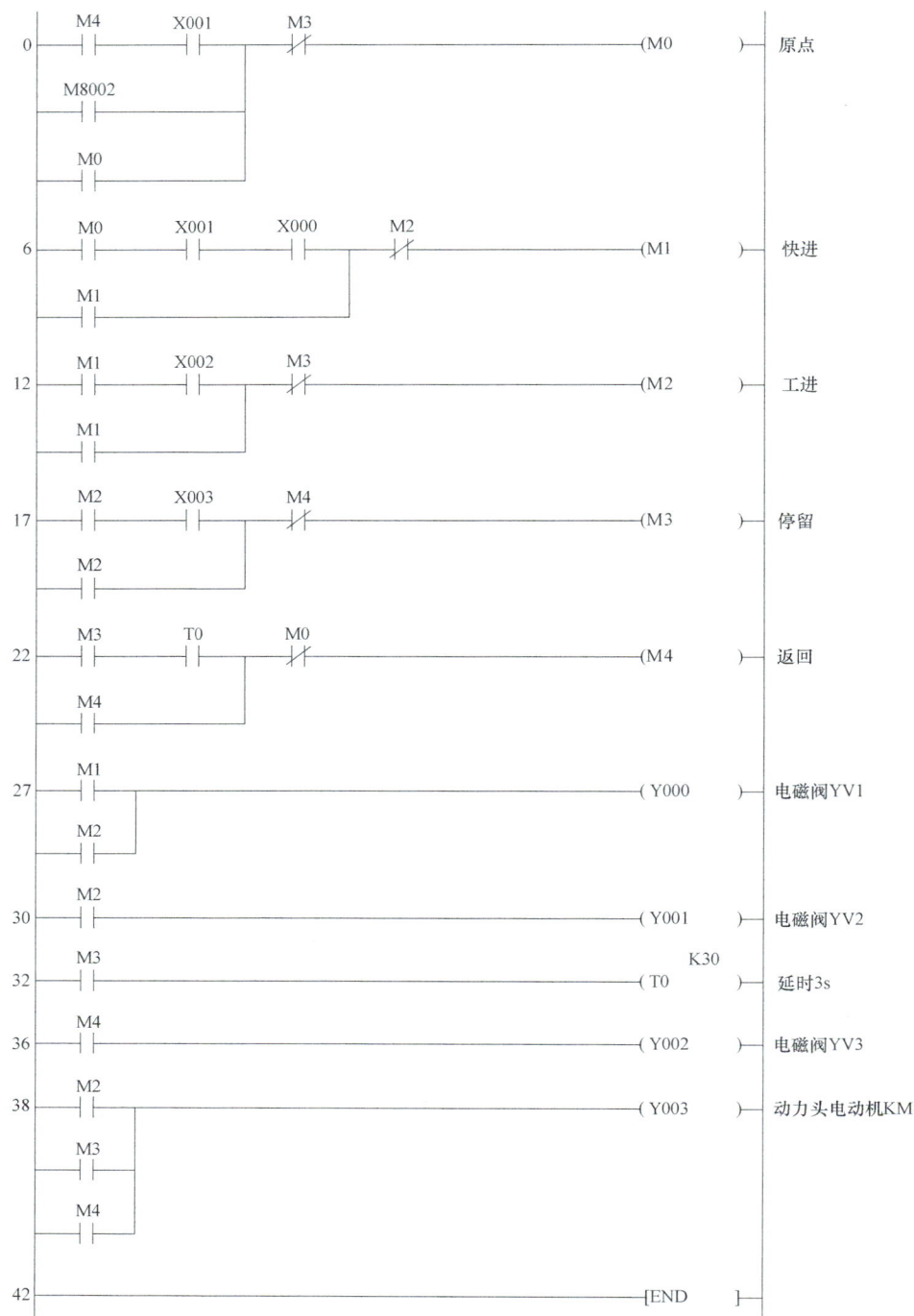

图 3-69　PLC 控制钻孔动力头的控制程序

证明能够完成系统要求的控制功能，而且继电器电路图与梯形图在表示方法和分析方法上有很多相似之处，因此可以将继电器电路图转换为具有相同功能的 PLC 外部接线图和梯形图。这种设计方法一般不需要改造控制面板及其元器件，因此可以减少硬件改造的费用和工作量。

1. 继电器电路转换法设计控制程序的步骤

1）根据控制电路，定义 PLC 的输入点和输出点（I/O 点分配）。

2）直接将控制电路转译为梯形图草图。

3）根据梯形图编程原则修改草图：输出线圈右边的触点左移；垂直母线的触点移入其下各分支或使用主控指令；与线圈并联的触点变换转移到线圈前。

4）优化、完善梯形图。

2. 继电器电路转换法应用

（1）自耦变压器减压起动控制 如图 3-70 所示，要求用 PLC 实现此减压起动。

（2）设计过程

1）输入点和输出点分配见表 3-6。

表 3-6　I/O 分配表

输入		输出	
起动　X1		KM1	Y1
停止　X3		KM2	Y2
		KM3	Y3

2）PLC 的输入/输出接线图　如图 3-71 所示。

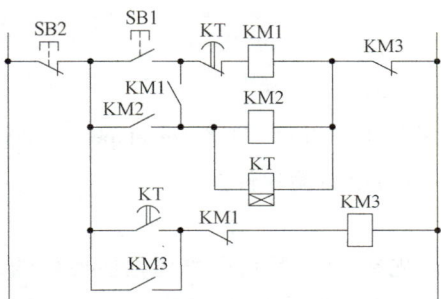

图 3-70　自耦变压器减压起动控制电路

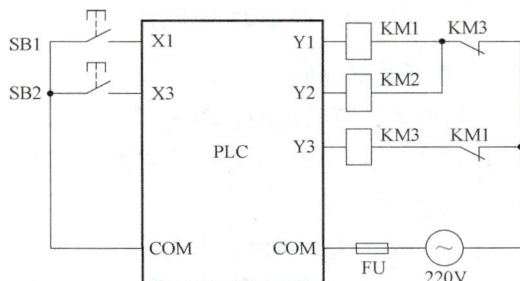

图 3-71　PLC 的输入/输出接线图

3）直接将控制电路转译为梯形图草图，如图 3-72 所示。

4）根据梯形图编程原则修改、完善后的梯形图如图 3-73 所示。

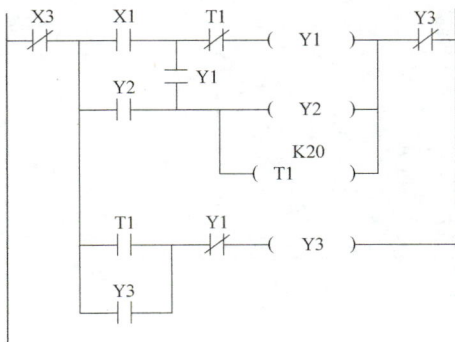

图 3-72　直接转译后的梯形图草图

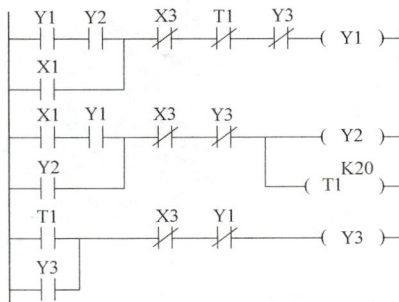

图 3-73　修改、完善后的梯形图

第六节 编程软件 GX-Developer 的使用

一、基本概况

各 PLC 生产厂家都为自己的 PLC 产品量身设计了计算机辅助编程支持软件，GX Developer 软件是日本三菱公司为其生产的 FX 系列 PLC 设计的编程支持软件，可在 Windows 等系统上操作。当个人计算机（PC）安装了 PLC 编程软件后，即可把 PC 当作 PLC 的编程器，用来编辑、修改、调试用户程序，进行 PC 和 PLC 之间的程序传送，监视 PLC 的运行状态。

在软件中，可通过线路符号，助记符来创建顺控指令程序，建立注释数据及设置寄存器数据，并可将其存储为文件，或用打印机打印。在 PLC 与 PC 之间必须有接口单元及线缆。

（1）接口单元

FX-232AWC 型 RS-232C/RS-422 转换器（便携式）。

FX-232AW 型 RS-232C/RS-422 转换器（内置式）。

（2）线缆

FX-422CAB 型 RS-422 线缆（用于 FX1、FX2、FX2N、FX3U 等型 PLC）0.3m。

FX-422CAB-150 型 RS-422 线缆（用于 FX1、FX2、FX2N、FX3U 等型 PLC）1.5m。

二、GX Developer 的使用

1. 启动编程软件

接通个人计算机电源，单击"开始"进入"程序"中，选择"GX Developer"，即可启动编程软件，进入操作界面。或者双击桌面图标，也可以启动软件。

2. 建立新工程

打开工程，选中新建，出现如图 3-74 所示画面。先在 PLC 系列中选出你所使用的 PLC 的 CPU 系列，如选用的是 FX 系列，就选 FXCPU。PLC 类型是指选机器的型号，如选用 FX2N 系列，就选中 FX2N(C)。单击确定后出现如图 3-75 所示页面。

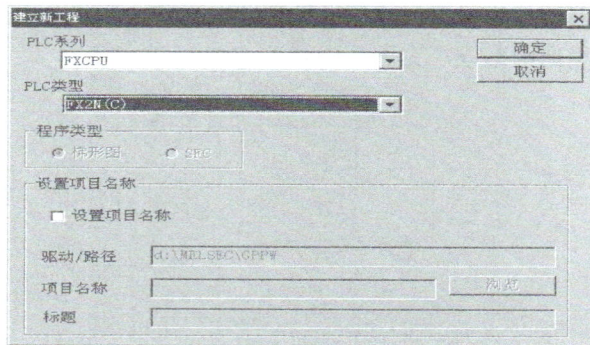

图 3-74 新建工程

3. 操作界面介绍

图 3-75 所示为 GX Developer 编程软件的操作界面，该操作界面大致由下拉菜单、工具

条、操作编辑区、工程参数列表、状态栏等部分组成。这里需要特别注意的是在 FX-GP/WIN-C 编程软件里称编辑的程序为文件，而在 GX Developer 编程软件中称为工程。图 3-75 中引出线所示的名称及其说明见表 3-7。

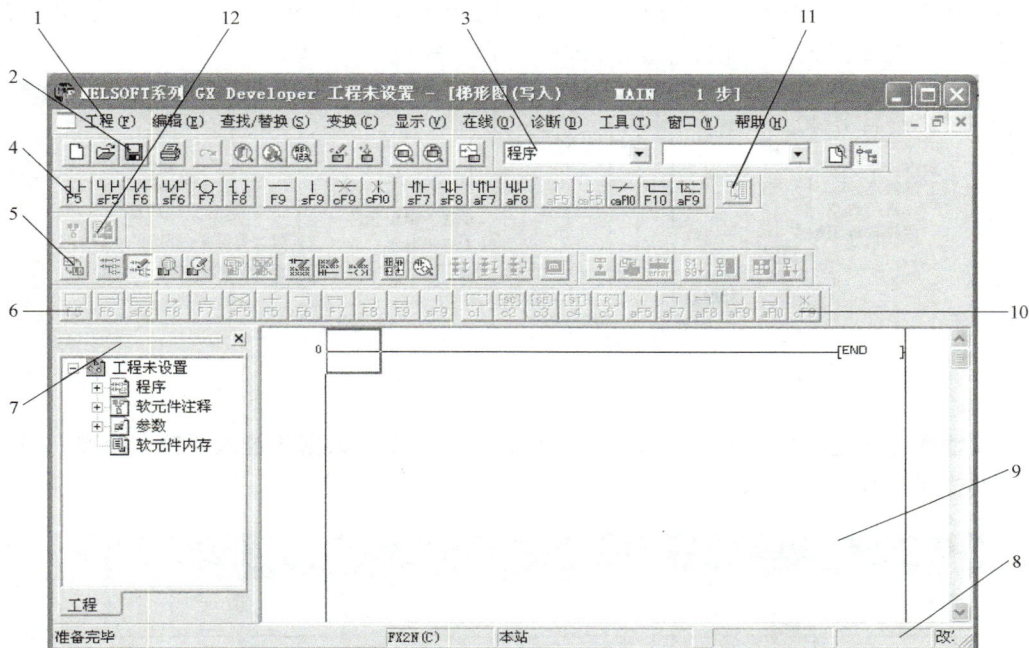

图 3-75　GX Developer 编程软件操作界面图

表 3-7　操作界面说明

序号	名称	说明
1	下拉菜单	包含工程、编辑、查找/替换、交换、显示、在线、诊断、工具、窗口、帮助，共 10 个菜单
2	标准工具条	由工程菜单、编辑菜单、查找/替换菜单、在线菜单、工具菜单中常用的功能组成
3	数据切换工具条	可在程序菜单、参数、注释、编程元件内存这 4 个项目中切换
4	梯形图标记工具条	包含梯形图编辑所需要使用的常开触点、常闭触点、应用指令等内容
5	程序工具条	可进行梯形图模式、指令表模式的转换；进行读出模式、写入模式、监视模式、监视写入模式的转换
6	SFC 工具条	可对 SFC 程序进行块变换、块信息设置、排序、块监视操作
7	工程参数列表	显示程序、编程元件注释、参数、编程元件内存等内容，可实现这些项目的数据的设定
8	状态栏	提示当前的操作，显示 PLC 类型以及当前操作状态等
9	操作编辑区	完成程序的编辑、修改、监控等操作的区域
10	SFC 符号工具条	包含 SFC 程序编辑所需要使用的步、块启动步、选择合并、平行等功能键
11	编程元件内存工具条	进行编程元件的内存的设置
12	注释工具条	可进行注释范围设置或对公共/各程序的注释进行设置

4. 梯形图的编写

在程序的操作编辑区中可看到，最左边是根母线，蓝色框表示现在可写入区域，上方有菜单，只要任意单击其中的元件，就可得到所要的线圈、触点等。

如要在某处输入 X000，只要把蓝色光标移动到所需要写的地方，然后在菜单上选中 ┤├ 触点，出现如图 3-76 画面，再输入 X000，即可完成写入 X000。

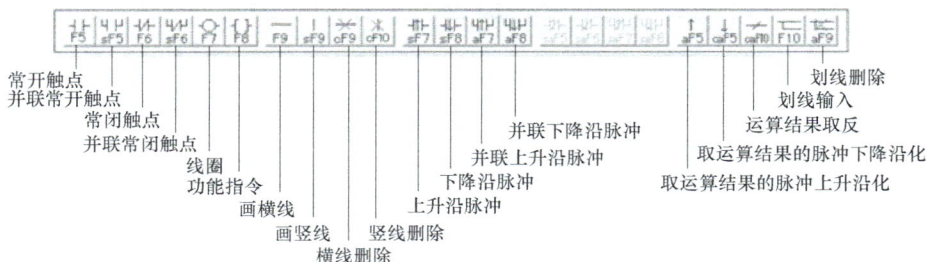

常开触点
并联常开触点
常闭触点
并联常闭触点
线圈
功能指令
画横线
画竖线
横线删除
竖线删除
上升沿脉冲
下降沿脉冲
并联上升沿脉冲
并联下降沿脉冲
取运算结果的脉冲上升沿化
取运算结果的脉冲下降沿化
运算结果取反
划线输入
划线删除

图 3-76　输入触点的输入

如要输入一个定时器，先选中线圈，再输入一些数据。数据的输入要符合标准，图 3-77 显示了其操作过程。

a) 触点的输入

b) 线圈的输入

图 3-77　定时器的输入

对于计数器，因为它有时要用到两个输入端，所以在操作上既要输入线圈部分，又要输入复位部分，其操作过程如图 3-78、图 3-79 所示。

图 3-78　计数器线圈部分的输入

图 3-79　计数器复位部分的输入

注意，在图 3-79 中的箭头所示部分，计数器复位指令选中的是应用指令，而不是线圈。

如果需要画梯形图中的其他一些线、输出触点、定时器、计时器、辅助继电器等，在菜单上都能方便地找到，再输入元件编号即可。如果把光标指向菜单上的某处，在屏幕的左下角就会显示其功能，或者打开菜单上的"帮助"，就可找到一些快捷键列表、特殊继电器/寄存器等的信息。

5. 程序转换

在梯形图编制了一段程序后，梯形图程序变成灰色。单击变换菜单选择变换或工具栏上的程序变换/编译按钮，如图 3-80 所示，将梯形图转换成指令语句表。变换成功后的梯形图不再有灰色阴影。当编写完梯形图，最后写上 END 语句后，必须进行程序转换。

在程序的转换过程中，如果程序有错，它会显示，也可通过菜单"工具"，查询程序的正确性。

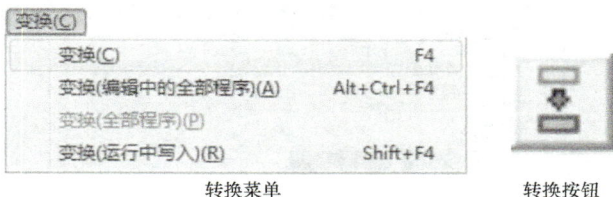

转换菜单　　　　　　　　　　　　转换按钮

图 3-80　程序转换

6. 程序传送

只有当梯形图转换完毕后，才能进行程序的传送。传送前，必须将 FX2N 与计算机的编程电缆上的开关打开，再打开"在线"菜单，进行传送设置，如图 3-81 所示。

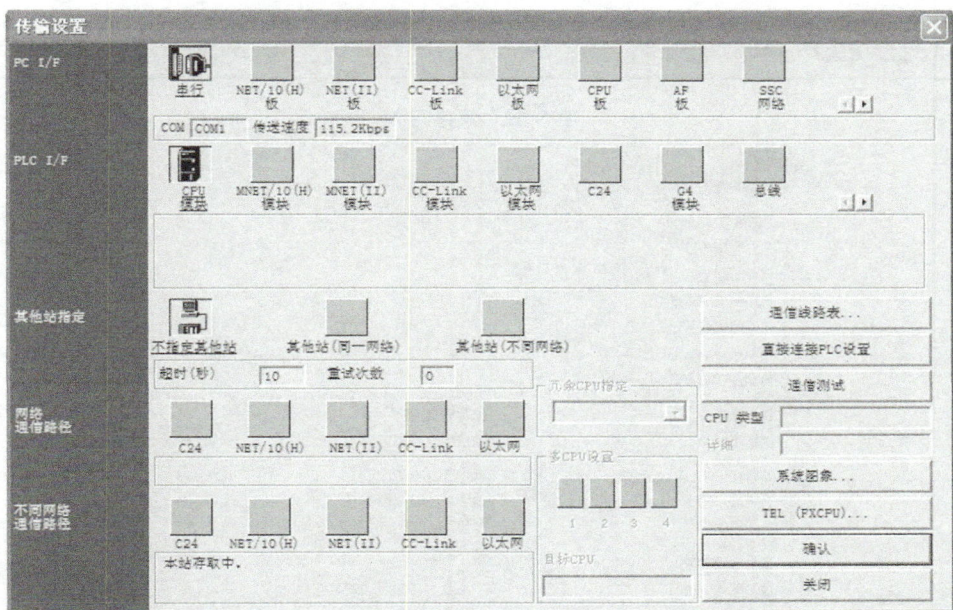

图 3-81　传送设置

首先必须确定 PLC 与计算机的连接是通过 COM1 口还是 COM2 口，要进行设置选择。写完梯形图后，在菜单上选择"在线"，选中"写入 PLC（W）"，就出现如图 3-82 所示页面。

从图 3-82 可看出，在执行读取及写入前必须先选中"MAIN""PLC 参数"，否则不能执行对程序的读取、写入。选中后单击"开始执行"即可。

7. 监视功能

程序写入完毕，可配合 PLC 输入/输出端子的连接进行控制系统的调试。调试过程中，用户可通过软件进行各软元件的监控。GX Developer 能将正在运行的 PLC 的数据，通过与计算机相连的通信电缆送至计算机屏幕显示，以监视 PLC 的运行状态，如图 3-83 所示。

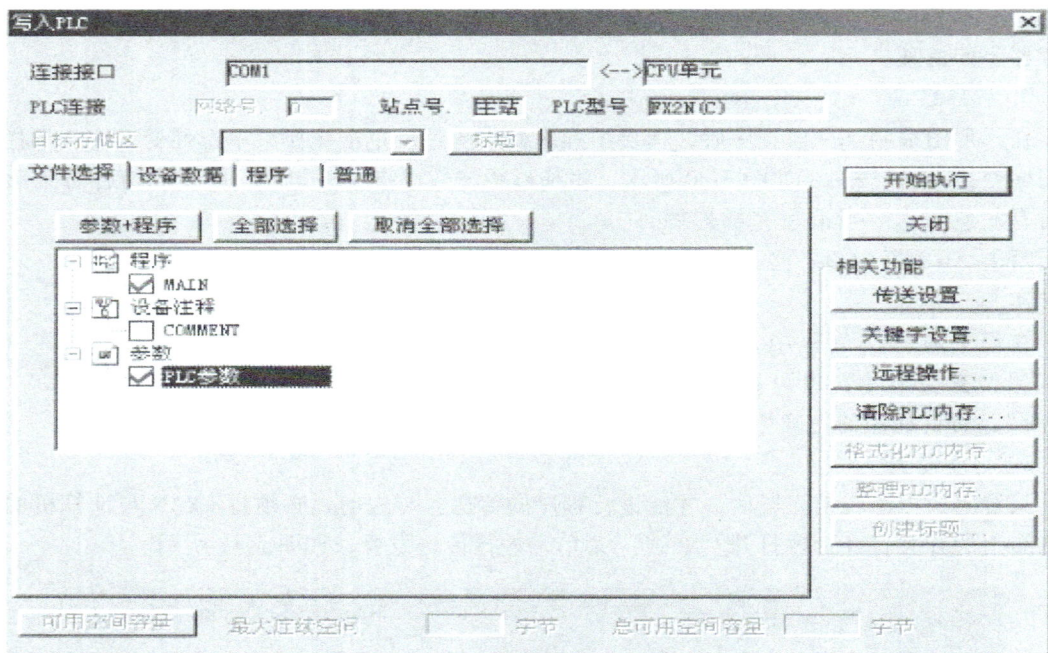

图 3-82　程序写入

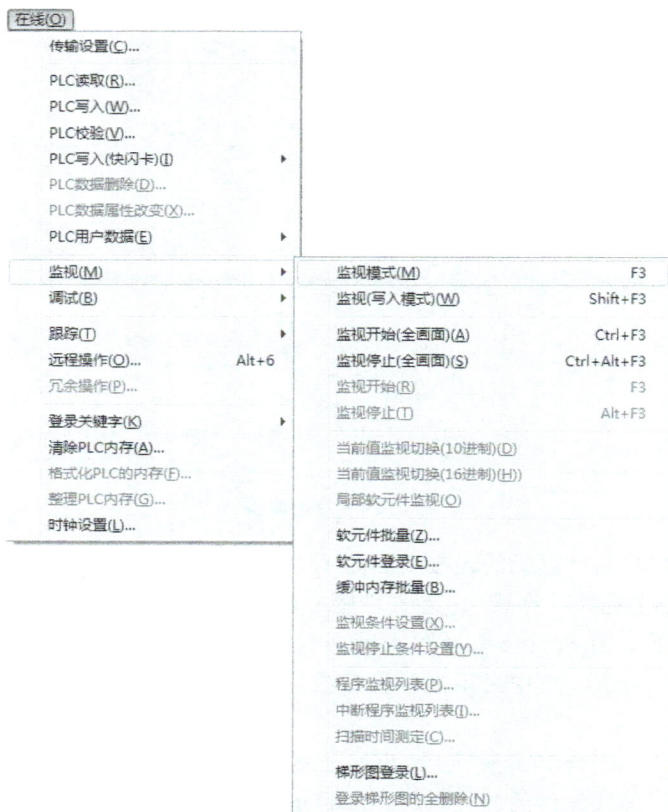

图 3-83　运行监控

8. 调试

程序下载到 PLC 后即可进行调试工作。先进行模拟调试，即 PLC 的输出端先不接输出电器，按控制要求在各输入端输入信号，观察输出指示灯的状态，若输出不符合要求，则应修改梯形图程序，再下载到 PLC 中调试，直至符合输出要求。模拟调试完成后，就可进行整个系统的现场运行调试。

实训项目 3-1　FX 系列 PLC 的认识

一、项目任务

1）认知三菱 FX3U 型 PLC 的外观、结构、功能，掌握 PLC 与计算机的连接方法。

2）PLC 控制功能的实现。用 PLC 作为控制器，控制一台电动机的起停。要求列出 I/O 分配表，并完成 I/O 接线图。在教师给定程序的情况下完成电动机的控制。

3）根据提供的接线图与程序，教师预先将程序写入到 PLC 内，由学生完成接线。学生根据要求操作，并观察 PLC 的运行情况和计算机监视情况，理解内部软元件的意义和应用情况。

二、实训设备

计算机、FX3U PLC 主机、按钮开关、导线、实训工作台。

三、项目实施及指导

1. FX3U PLC 认知

1）教师参照图 3-84 所示 FX3U 系列 PLC 的外观及结构示意图，给学生讲解 FX3U 系列 PLC 的结构及其功能。

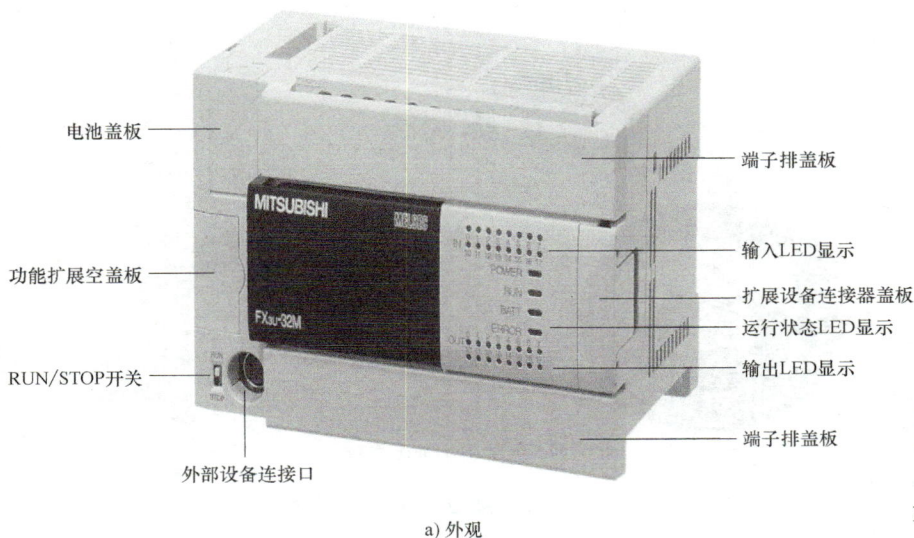

a) 外观

FX3U 系列 PLC 的认识

图 3-84　FX3U 系列 PLC 的外观及结构示意图

上盖板
连接特殊适配器
用的卡扣
电池盖板

功能扩展板部分的
空盖板

RUN/STOP开关

连接外围设备用的连接口

安装DIN导轨用的卡扣

电源端子

保护端子的盖板

输入(X)端子
拆装端子排用螺钉

端子名称
显示输入用的LED
连接扩展设备用的连接器盖板
显示运行状态的LED
显示输出用的LED

拆装端子排用螺钉
输出(Y)端子

b) 结构

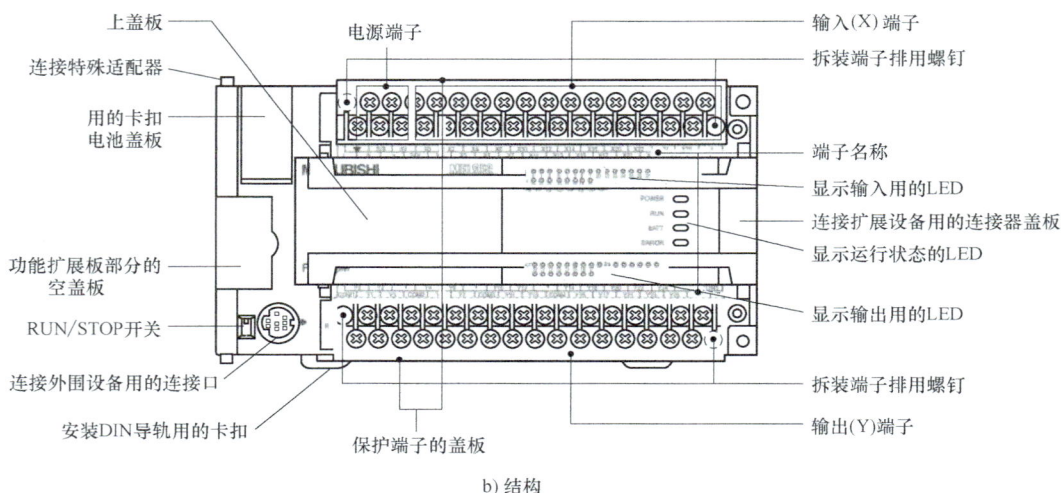

图 3-84　FX3U 系列 PLC 的外观及结构示意图（续）

2）PLC 与计算机的连接。教师以实训台上的 PLC 与计算机连接，参照图 3-85 所示编程电缆与计算机的连接方法，现场演示 PLC 与计算机的连接，讲解注意事项。

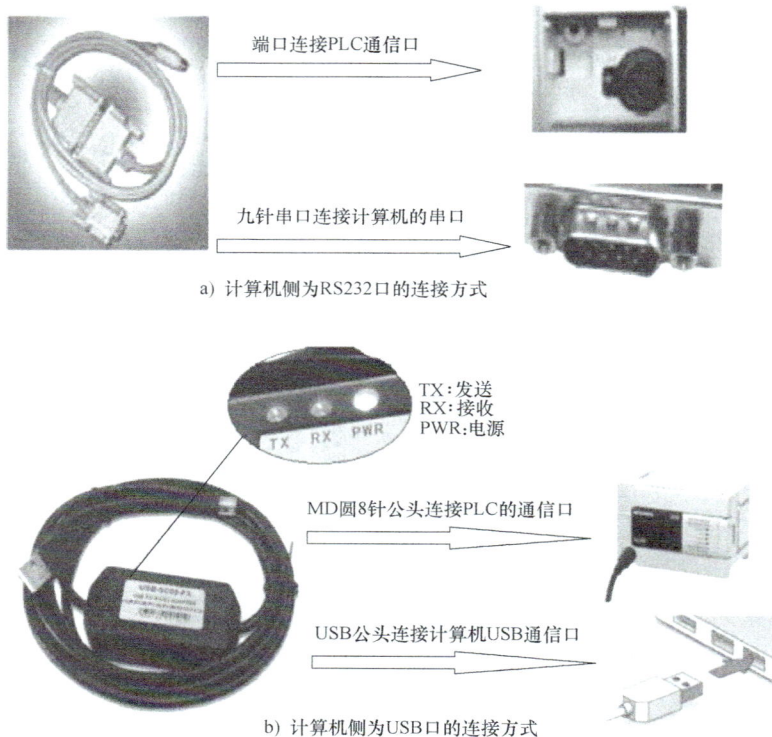

端口连接PLC通信口

九针串口连接计算机的串口

a) 计算机侧为RS232口的连接方式

TX：发送
RX：接收
PWR：电源

TX　RX　PWR

MD圆8针公头连接PLC的通信口

USB公头连接计算机USB通信口

b) 计算机侧为USB口的连接方式

图 3-85　编程电缆与计算机的连接

通信接口用来连接手编器或计算机，通信线一般有手持式编程器通信线和计算机通信线两种。通信线与 PLC 连接时，务必注意通信线接口内的"针"与 PLC 上的接口正确对应后才可将通信线接口用力插入 PLC 的通信接口，避免损坏接口。编程电缆与计算机的连接有两种方式，一种是与计算机侧为 RS232 口的连接方式，如图 3-85a 所示；另一种是计算机侧为 USB 口的连接方式，如图 3-85b 所示。

2. PLC 控制功能的实现

1）教师交代控制任务。参照第一章中讲述的交流电动机接触器自锁电路。

2）按照图 3-86 所示，讲解程序及 PLC 控制过程，并将程序通过计算机输入 PLC。

3）教师对照第一章中讲述的交流电动机接触器自锁电路讲解图 3-87 所示主电路和控制电路，并演示接线。

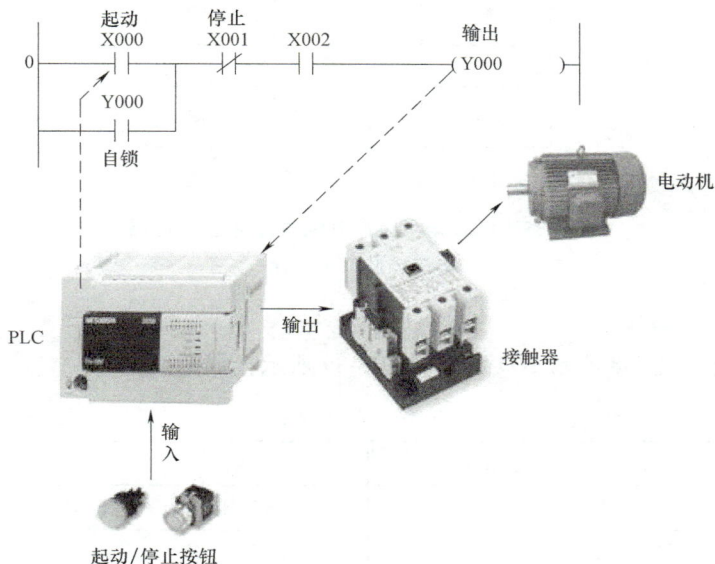

图 3-86　接触器自锁电路的 PLC 程序控制过程

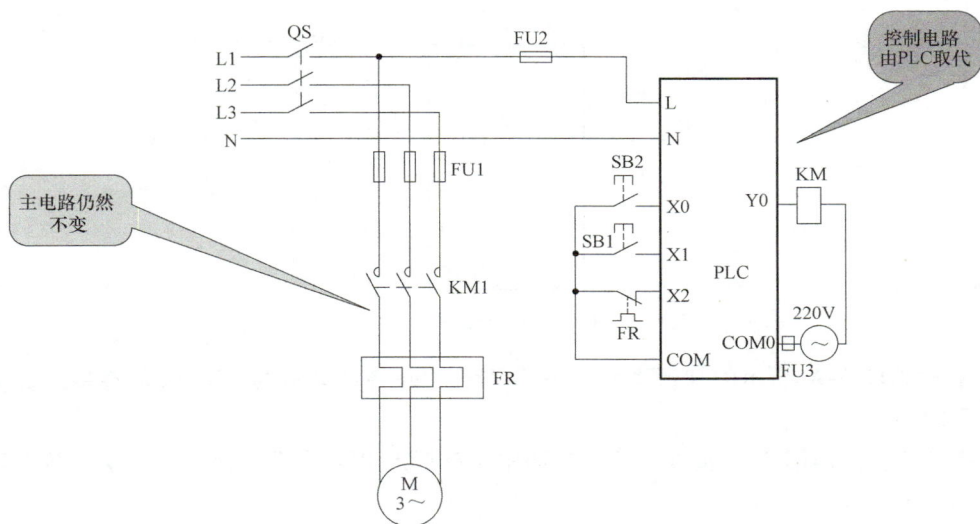

图 3-87　接触器自锁电路 PLC 控制的接线图

4）引导学生结合本实训项目，对比、总结 PLC 控制与继电器-接触器控制系统的异同，如图 3-88 所示。

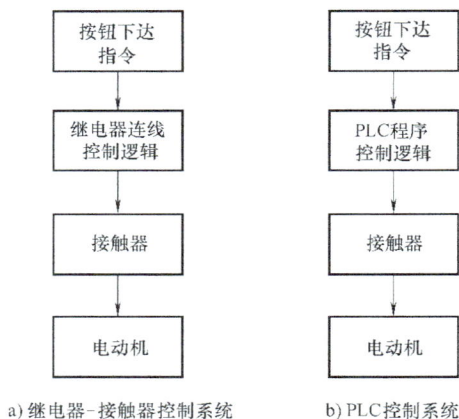

a) 继电器-接触器控制系统　　b) PLC控制系统

图 3-88　PLC 电气控制系统与继电器-接触器
电气控制系统对比

3. 完成 PLC 的接线

1）教师给出按表 3-8 所示 I/O 分配和图 3-89 所示接线图。

表 3-8　I/O 分配

名称	输入点编号	名称	输出点编号
停止按钮 SB1	X0	交流接触器 KM	Y0
起动按钮 SB2	X1	指示灯 1　HL1	Y4
		指示灯 1　HL2	Y5

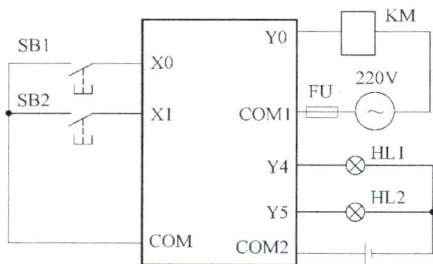

图 3-89　接线图

2）教师将图 3-90 所示的梯形图输入到计算机，并将计算机与 PLC 通信连接好，学生按照以下步骤练习。

① 指导学生按照图 3-89 接线。注意：图中没有标出 PLC 电源的接线，在实训接线时必须接上。

② PLC 通电，并置于非运行（STOP）状态。观察 PLC 面板上的 LED 指示灯和计算机上显示程序中各触点和线圈的状态。

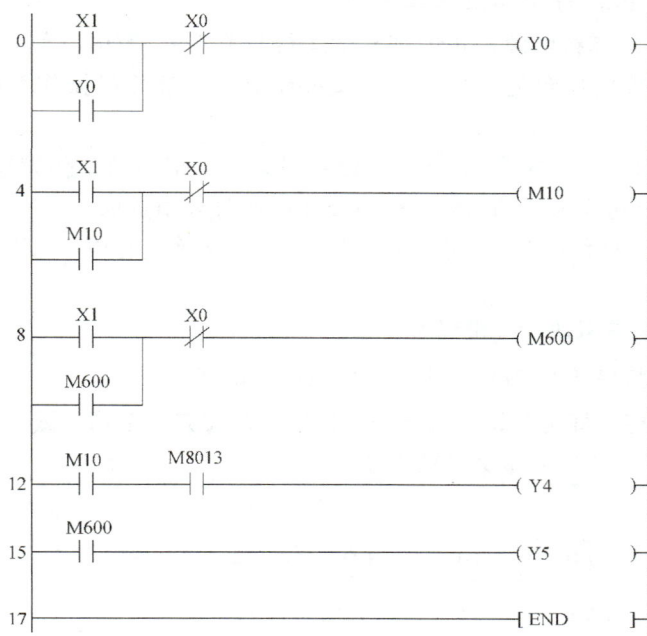

图 3-90　梯形图

③ PLC 置于运行（RUN）状态，按下起动按钮，观察接触器 KM 和指示灯的状态及计算机上显示程序中各触点和线圈的状态。

④ 断开 PLC 电源 5s 后，再通电，观察接触器 KM 和指示灯的状态及计算机上显示程序中各触点和线圈的状态。

实训项目 3-2　GX Developer 编程软件的练习

一、项目任务

1）GX Developer 编程软件（离线）操作练习。
2）GX Developer 编程软件（在线）监控练习。

二、实训设备

计算机、GX Developer 编程软件、三菱 PLC 主机、按钮开关、连接导线等。

GX Works 2
编程软件的
使用

三、项目实施及指导

1. GX Developer 编程软件（离线）操作

（1）准备工作

1）在 PLC 与计算机电源断开的情况下，将 SC-09 通信电缆连接到计算机的 RS232C 串行接口（COM1）和 PLC 的 RS-422 编程接口。

2）接通 PLC 与计算机电源，并将 PLC 的运行开关置于 STOP 一侧。

3）所使用的计算机应预先装好 GX Developer 软件。计算机操作系统为 Windows 操作系统。

（2）设置工作目录、选择 PLC 机型、建立新文件　把当前工作设置到需要的目录中。在选择 PLC 机型时，可在显示的 GX Developer 支持机种表中选取。

对 FX0、FX0S 等机种选 FX0，FX0N、FX1N、FX2N 单独有项。选取后需要输入一个新建文件的文件名。

（3）使用语句表编辑功能编辑程序

1）鼠标单击工具栏的 按钮，进入语句表编辑功能。

2）进入编程功能后即可开始写入指令或地址。每写完一个指令或地址后按回车键，写入区自动移动，程序的步序号也会自动出现。

输入下列指令：

0	LD	X0	10	LD	X4
1	AND	Y1	11	OUT	T1
2	ANI	T0			K5
3	OUT	Y2	12	LD	X7
4	LDI	X2	13	PLS	M0
5	OR	Y1	14	LD	M0
6	AND	X3	15	OUT	C15
7	OUT	Y1	16		K5
8	LD	X4	17	END	
9	OUT	T0			
		K50			

3）在输入操作中试用两种方法：一是直接选数字键，二是助记符字母逐个键入。输入完上述语句后退出编辑区，进行测试，测试完成后存盘。

4）再进入语句表编辑功能，完成对程序的插入、删除、改变指令、地址号等的操作。

编辑修改后一是要校对，二是要及时测试。要注意的是软件仅对语法错误发出警告，而对非语法错误则不会警告。

删除	AND	Y1
	LD	X7
	PLS	M0
在 AND	X3 前插入	
删除	OR	T1

```
LD      M11
AND     S0
ORB
```

5）通过练习加强使用的熟练程度。

用下列程序段进行输入练习

0	LD	X0	10	OUT	Y2
1	AND	X1	11	MRD	
2	MPS		12	AND	X5
3	AND	X2	13	OUT	T3
4	OUT	Y0			D0
5	MPP		14	MPP	
6	OUT	Y1	15	AND	X7
7	LD	X3	16	OUT	Y4
8	MPS		17	END	
9	AND	X4			

（4）使用梯形图编辑功能编辑程序　回到主菜单，建立一个新文件。鼠标单击工具栏的 按钮即进入梯形图编辑功能。进入梯形图编辑功能后即可写入梯形图。

1）写入梯形图。输入（3）—2）中的程序，要求每写入一段完整的梯形图需进行转换再写入下一段梯形图。这样做的目的是使一段完整的梯形图由编程软件自行转换为语句表。在输入完成后，退出编辑，完成测试及存盘。

2）再进入梯形图编辑功能，练习编辑、修改。

① 对以上输入的梯形图完成如下操作。

② 删除第 1 段梯形图。

③ 把第 11 段梯形图插入至原 3 与 4 段之间。

④ 把 X4 改为 X15。

⑤ 修改 T0 的设定值为 10s。

3）综合练习。

① 把图 3-91 所示的梯形图输入。

② 退出梯形图编辑。打开由语句表输入的图 3-91 程序文档，进入梯形图编辑功能，把用输入语句表方法形成的程序转换成梯形图，与图 3-91 比较检查，看是否完全相同。

2. GX Developer 编程软件（在线）监控操作

（1）准备工作

1）在计算机与 PLC 均断电情况下，用 SC-09 电缆或 FX 专用通信接口连接好 PLC 与计算机。

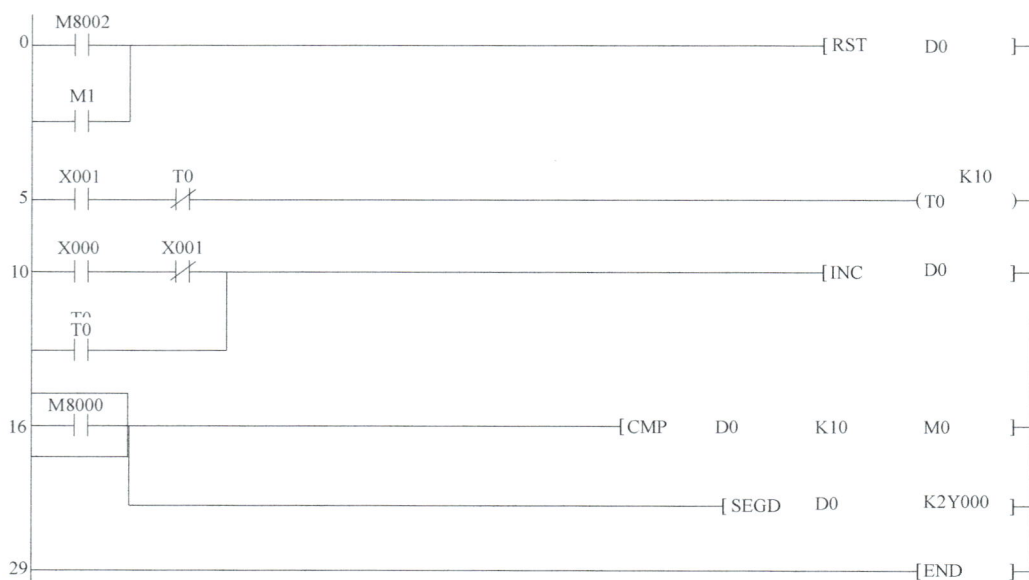

图 3-91　梯形图输入练习（一）

2）PLC 运行开关置"STOP"。

3）开启 PLC 与计算机的电源。

（2）联机参数设置

1）在主菜单下选择 PLC/传送。

2）在子菜单中选择串行口设置。

3）在参数栏中用光标键选择；用回车键修改参数。

说明：在打开一个工作文件后，GX Developer 软件已针对该文件所使用 PLC 类型对参数作了默认预置，所以除串行口 COM1、COM2 的选择外，建议使用默认参数。

（3）程序传送

1）打开任务 1 编写的文件。

2）检查该文件在"INSTR"项下是否为"OK"，如是"TEST"则应退回主编辑功能下进行测试存盘。

3）按"PLC"→"传送"→"写出"顺序进入程序发送功能。选择是否校验后，即开始进行传送。传送完成后要按回车键加以确认，否则传送无效。

4）退回主菜单，重新建立一个新文件并打开该文件。

从 PLC 向 GX Developer 传送程序，按"PLC"→"传送"→"读入"顺序进入程序接收功能，接收并存盘该文件。

5）在编辑功能下比较该程序与原发送程序。

（4）监控功能操作　建立一个新文件，将图 3-92 所示的梯形图程序，用梯形图编辑功能写入程序文件，并传送至 PLC。

```
      X000      X001                                                    (Y000 )
  0 ──┤├──┬──────┤/├──────────────────────────────────────────────────(Y000 )
      Y000 │
  ───┤├────┘
      Y000                                                         K100
  4 ──┤├──────────────────────────────────────────────────────────(T0   )
      T0
  8 ──┤├──────────────────────────────────────────────────────────(Y001 )
      X005
 10 ──┤├──┬──────────────────────────────────[MOVP   K4      Z0  ]
          │
          ├──────────────────────────────────[MOVP   K10     D4  ]
          │
          └──────────────────────────────────[ADDP  D0Z0  K70  D10]
      X002                                                         D10
 28 ──┤├──────────────────────────────────────────────────────────(T2   )
      T2
 32 ──┤├──────────────────────────────────────────────────────────(Y002 )
      X003
 34 ──┤├──────────────────────────────────────────[RST    C0  ]
      X004                                                         D4
 37 ──┤├──────────────────────────────────────────────────────────(C0   )
      C0
 41 ──┤├──────────────────────────────────────────────────────────(Y003 )
```

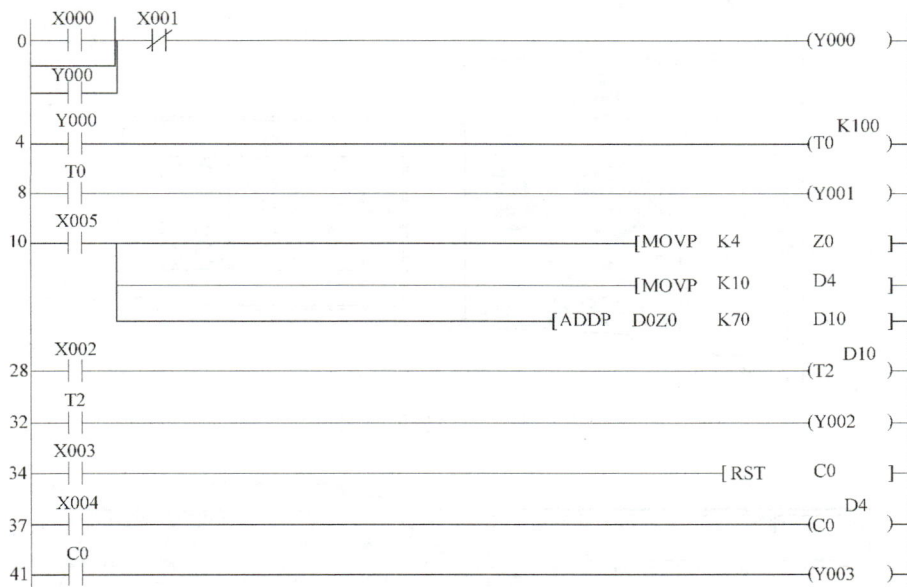

图 3-92 梯形图输入练习（二）

实训项目 3-3 三相异步电动机"正转-反转-停止"PLC 控制电路的设计与安装

一、项目任务

按照规范的要求实现电动机正-反-停主电路和 PLC 控制电路的设计、安装、接线；完成软件设计，系统调试。

二、实训设备

计算机、FX2N-64MR PLC 主机、按钮开关、接触器、电动机、热继电器、连接导线等。

三、相关知识讲解

1. PLC 的安装、接线

1）为了防止温度的上升，不能将 PLC 安装在控制柜底面、顶面上或者将其安装成垂直方向，务必水平地安装在控制板上。在模块本身与其他设备或者建筑物之间应留出 50mm 以上的空间，且应尽量使其远离高压线、高压设备、动力设备，如图 3-93 所示。

2）对于 PLC 的安装，可使用 DIN 导轨或者螺栓直接安装固定。注意安装表面要平整，否则会对电路板造成过度外力，导致故障的发生。采用 DIN 导轨安装时，可先将功能扩展板及特殊适配器连接到基本单元上，然后将全部 DIN 导轨安装用挂钩推出，将 DIN 导轨安装用沟槽的上侧对准并挂到 DIN 导轨上进行安装，再将 PLC 按压在 DIN 导轨上的状态下，将 DIN 导轨安装用挂钩锁住，如图 3-94 所示。也可以直接安装可直接采用 M4 螺栓安装到配电盘面上。

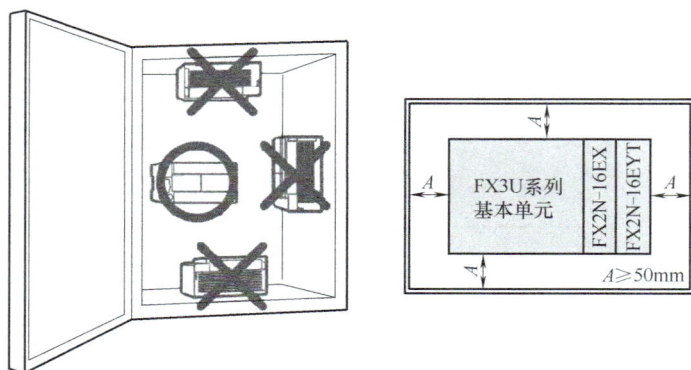

图 3-93　PLC 安装位置

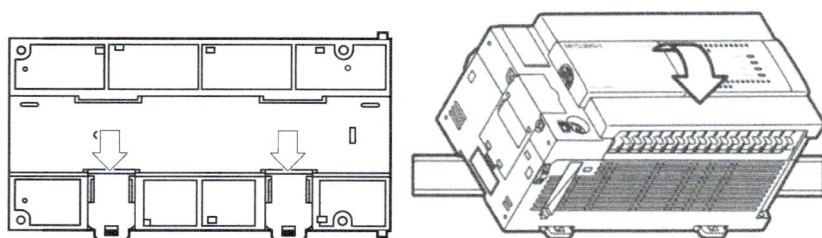

a) 导轨安装

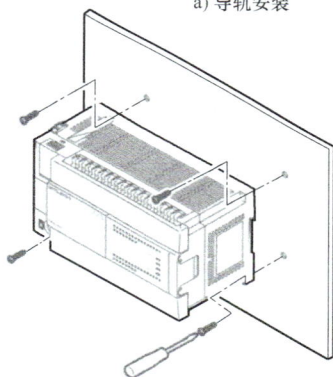

b) M4螺栓安装

图 3-94　PLC 的安装方法

3）接线。在对 PLC 进行外部接线前，必须仔细阅读 PLC 使用说明书中对接线的要求，因为这关系到 PLC 能否正常而可靠地工作、是否会损坏 PLC 或其他电气装置和零件、是否会影响 PLC 的寿命。下面是一些在接线中容易出现的问题：

① 接线是否正确无误。

② 是否有良好的接地。接地应尽量采用专用接地，如果没有专用接地可采用共用接地，接地线应采用 $2mm^2$ 以上，要尽量短，如图 3-95 所示。

③ 供电电压、频率是否与 PLC 所要求的一致。

④ 输入或输出的公共端应当接电源的正极还是负极。

⑤ 传感器的漏电流是否会引起 PLC 状态误动作。

138

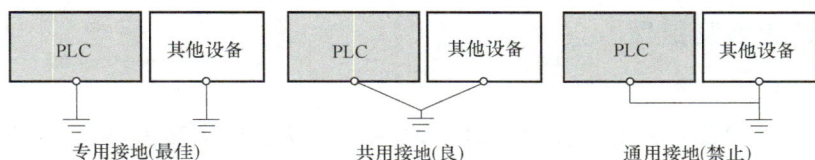

专用接地(最佳)　　　　共用接地(良)　　　　通用接地(禁止)

图 3-95　PLC 接地

⑥ 过载、短路。

⑦ 防止强电场或动力电缆对控制电缆的干扰。

2. 调试要点

系统空载调试时应注意以下问题：

1）使用 I/O 表在输出表中"强制"调试：检查输出表中输出端口为"1"状态时，外部设备是否运行；为"0"状态时，外部设备是否真的停止。也可以交叉地对某些设备做"1"与"0"的"强制"。应考虑供电系统是否能保证准确而安全地起动或者停止。

2）通过人机命令在用户软件监视下，考核外部设备的起动或停止。对于某些关键设备，为了能及时判断它的运行，可以在用户软件中加入一些人机命令联锁，细心地检查它们，检查正确后，再将这些插入的人机命令删除。这种做法同于软件调试设置断点或语言调试的暂停。

3）空载调试全部完成后，要对现场再做一次完整的检查，其主要目的是去掉多余的中间检查用的临时配线、临时布置的信号，让现场处于真正的使用状态。

3. 检修 PLC 控制电路

当 PLC 控制系统出现故障时，不必急于去检查 PLC 的外围电器，而应该重点检查 PLC 的接收信号和发出信号是否正常。正常与否可通过面板上的指示灯体现出来。

在 PLC 面板上，对应于每一信号的输入点或输出点，都设有指示灯来显示每一点的工作状态。当某一点有信号输入或者输出时，对应该点的指示灯便会发亮。维修人员只要根据这些指示灯的工作状况，就能方便地发现故障。

在 PLC 正常运行时，需要记录下列数据：

1）PLC 输出、输入指示灯所对应的外围设备的名称、位置、功能。

2）将被控制设备的工作分成几个工艺阶段，分别记录每个工艺阶段 PLC 输入灯的显示状态。

3）记录符合工艺阶段 PLC 输入、输出指示灯显示状态的变化顺序。

当控制系统出现故障时，首先检查 PLC 输出指示灯的显示状态是否和记录一致。如状态一致，则可能是对应的外围设备或 PLC 内部（输出）继电器发生故障。PLC 内部继电器损坏时，可更换 PLC 输出模板或用编程器将该输出继电器改接在其他空余的继电器上，并改接相应的输出端接线。如不一致，就应按照下列顺序进行判别：

1）检查通电后外围设备预置信号是否和记录相符。大多数 PLC 控制系统故障是由于行程开关错位、检测开关损坏、光控接收器被挡住等，使信号无法正确输入给 PLC。

2）动作状态转换时，指示灯亮灭顺序是否和记录相一致，若不一致，则着重检查与指示灯亮灭对应的外围设备。检查的顺序是：在判断 PLC 主控单元正常后，先查相关的输出，再查该输出应具备的输入条件。

四、项目实施及指导

1. 硬件设计

（1）I/O 点的分配　根据被控对象对 PLC 系统的功能要求和需要进行 I/O 点的分配，见表 3-9。

表 3-9　I/O 点的分配

输入（I）			输出（O）		
元件	功能	信号地址	元件	功能	信号地址
按钮 SB1	电动机正转	X0	接触器 KM1	正转	Y0
按钮 SB2	电动机反转	X1	接触器 KM2	反转	Y1
按钮 SB3	电动机停止	X3			
FR1	过载保护	X2			

（2）PLC（I/O）的接线图　本项目的电动机控制主电路和 PLC 控制的 PLC（I/O）的接线如图 3-96 所示。

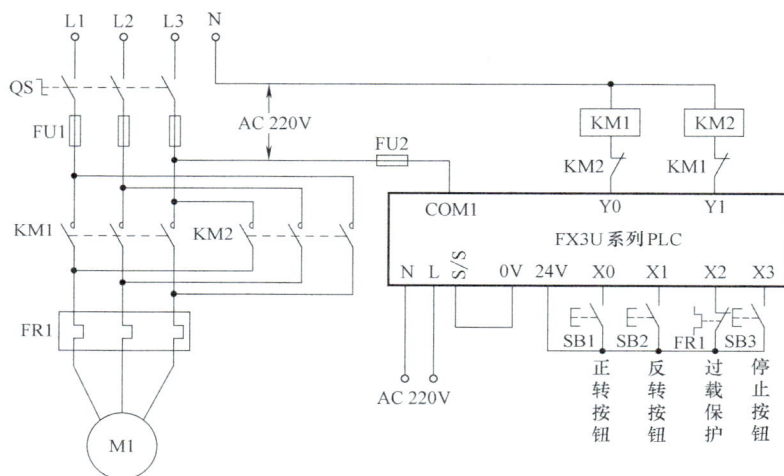

图 3-96　PLC I/O 的接线图

2. 程序设计

1）根据被控对象的工艺条件和控制要求，根据继电器电路转换法，参照图 1-36 "正转-反转-停止" 控制电路，设计程序如图 3-97 所示。

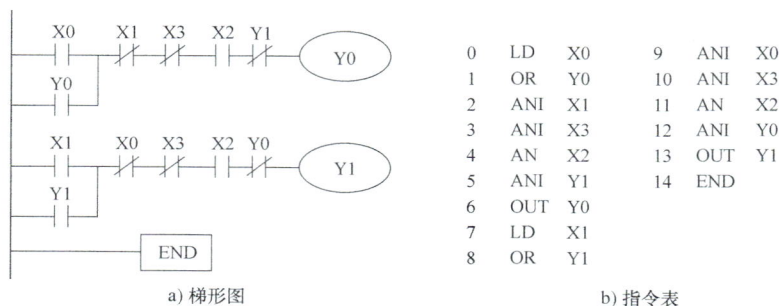

0	LD	X0	9	ANI	X0
1	OR	Y0	10	ANI	X3
2	ANI	X1	11	AN	X2
3	ANI	X3	12	ANI	Y0
4	AN	X2	13	OUT	Y1
5	ANI	Y1	14	END	
6	OUT	Y0			
7	LD	X1			
8	OR	Y1			

a) 梯形图　　　　　　　　　　　　　b) 指令表

图 3-97　PLC 控制的电动机正-反-停梯形图及指令表

2）编写梯形图程序，进行程序的检查和调试及仿真，确认无误，写入 PLC。

3. 运行与调试程序

调试系统，首先按系统接线图连接好系统，然后根据控制要求对系统进行在线调试，直到符合要求。

1）PLC 通电，将 PLC 置于运行（RUN）状态以外的其他状态。观察 PLC 面板上的 LED 指示灯和计算机上显示程序中各触点和线圈的状态。

2）PLC 置于运行 RUN 状态，按下起动按钮，观察接触器 KM 及指示灯状态和计算机上显示程序中各触点和线圈的状态。

3）断开 PLC 的电源 5s 后，再通电（此时 PLC 在运行状态），观察接触器 KM 及指示灯状态以及计算机上显示程序中各触点和线圈的状态。

五、评分标准

实训项目 3-3 的评分标准见表 3-10。

表 3-10　评分标准

序号	项目	配分	评分标准			得分
1	I/O 分配与接线	20 分	1）I/O 地址分配错误或遗漏 2）I/O 接线不正确	每处扣 2 分 每处扣 2 分		
2	程序设计、输入及模拟调试	60 分	1）梯形图表达不正确或画法不规范 2）指令错误 3）编程软件或编程器使用不熟练 4）不会使用按钮开关模拟调试 5）调试时没有严格按照被控设备动作过程进行或达不到设计要求	每处扣 4 分 每条扣 4 分 扣 5 分 扣 5 分 扣 10 分		
3	时间	10 分	未按规定时间完成，扣 2~10 分			
4	安全文明操作	10 分	每违规操作 发生严重安全事故	一次扣 2 分 扣 50 分		
5	实训记录		调试是否成功		接线工艺情况记录	
6	安全情况					
7	合计	100 分	总评得分		实习时间	工位号
8	教师签名					

实训项目 3-4　三相异步电动机丫-△减压起动 PLC 控制电路的设计与安装

一、项目任务

按照规范的要求实现三相异步电动机丫-△减压起动主电路和 PLC 控制电路的设计、安装、接线；完成软件设计，系统调试。

二、实训设备

计算机、FX3U PLC 主机、按钮开关、接触器、电动机、热继电器、连接导线等。

三相异步
电动机丫-△
减压起动
PLC 控制线路
的设计和安装

三、项目实施及指导

1. 硬件设计

(1) I/O 点的分配 根据被控对象对 PLC 系统的功能要求和需要进行 I/O 点的分配，见表 3-11。

表 3-11 I/O 点的分配

输入（I）			输出（O）		
元件	功能	信号地址	元件	功能	信号地址
按钮 SB1	电动机起动	X000	接触器 KM1	公共接触器	Y000
按钮 SB2	电动机停止	X001	接触器 KM2	丫起动	Y001
FR1	过载保护	X002	接触器 KM3	△运行	Y002

(2) PLC（I/O）的接线图 本项目的电动机控制主电路和 PLC 控制的 PLC（I/O）的接线如图 3-98 所示。

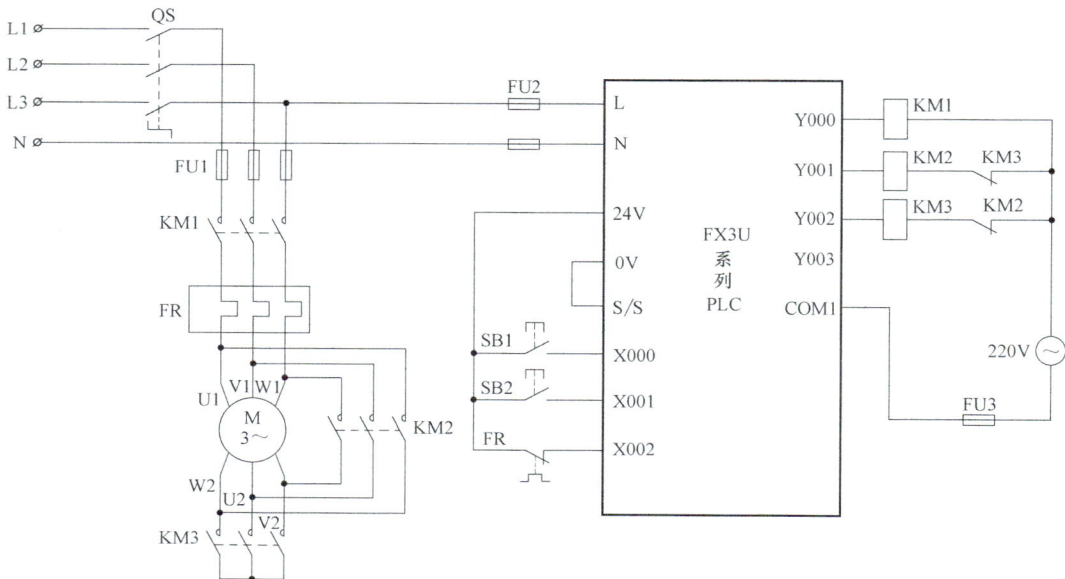

图 3-98 PLC I/O 接线图

2. 程序设计

1）根据被控对象的工艺条件和控制要求，设计梯形图如图 3-99 所示。电动机在由丫起动换接到△运行时，为防止接触器 KM2 和 KM3 同时闭合，造成电源直通短路，在程序里设置了软件互锁，在外部接线上采用了硬件互锁。为保险起见在程序中设置了定时器 T1，使得在 Y001 复位，Y002 动作时有 0.5s 的延时。

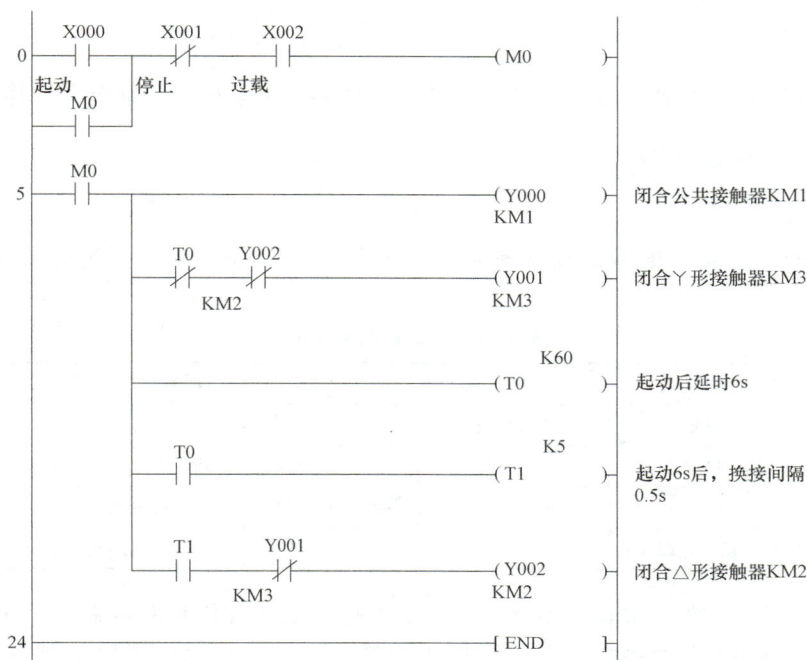

图 3-99　PLC 控制的电动机丫-△减压起动梯形图

2）编写梯形图程序，进行程序的检查和调试及仿真，确认无误，写入 PLC。

3. 运行与调试程序

首先按系统接线图连接好系统，然后根据控制要求对系统进行在线调试，直到符合要求。

1）PLC 通电，但置于非运行（RUN）状态。观察 PLC 面板上的 LED 指示灯和计算机上显示程序中各触点和线圈的状态。

2）PLC 置于运行 RUN 状态，按下起动按钮，观察接触器 KM 及指示灯状态和计算机上显示程序中各触点和线圈的状态。

3）断开 PLC 的电源 5s 后，再通电（PLC 在运行 RUN 状态），观察接触器 KM 及指示灯状态以及计算机上显示程序中各触点和线圈的状态。

三台电动机
顺序起动 PLC
控制线路的
设计和安装

四、评分标准

实训项目 3-4 的评分标准见表 3-10。

实训项目 3-5　3 台电动机顺序起动 PLC 控制电路的设计与安装

一、项目任务

某设备有 3 台电动机，控制要求如下：按下起动按钮，第一台电动机 M1 起动，M1 运行 5s 后，第二台电动机 M2 起动，M2 运行 10s 后，第三台电动机 M3 起动；按下停止按钮，3 台电动机全部停止。

二、实训设备

计算机、FX3U 系列 PLC 主机、按钮开关、接触器、电动机、热继电器、连接导线等。

三、项目实施及指导

1. 硬件设计

（1）I/O 点的分配　根据被控对象对 PLC 系统的功能要求和需要进行 I/O 点的分配，见表 3-12。

表 3-12　I/O 点的分配表

输入（I）			输出（O）		
元件	功能	信号地址	元件	功能	信号地址
按钮 SB1	起动	X0	接触器 KM1	第 1 台电动机	Y0
按钮 SB2	停止	X1	接触器 KM2	第 2 台电动机	Y1
FR1、FR2、FR3	3 台电动机过载保护	X2	接触器 KM3	第 3 台电动机	Y2

（2）PLC（I/O）的接线图　本项目的电动机控制主电路和 PLC 控制的 PLC（I/O）的接线如图 3-100 所示，3 个热继电器串联用 1 个输入点，这种接法可以节省输入点，简化电路。

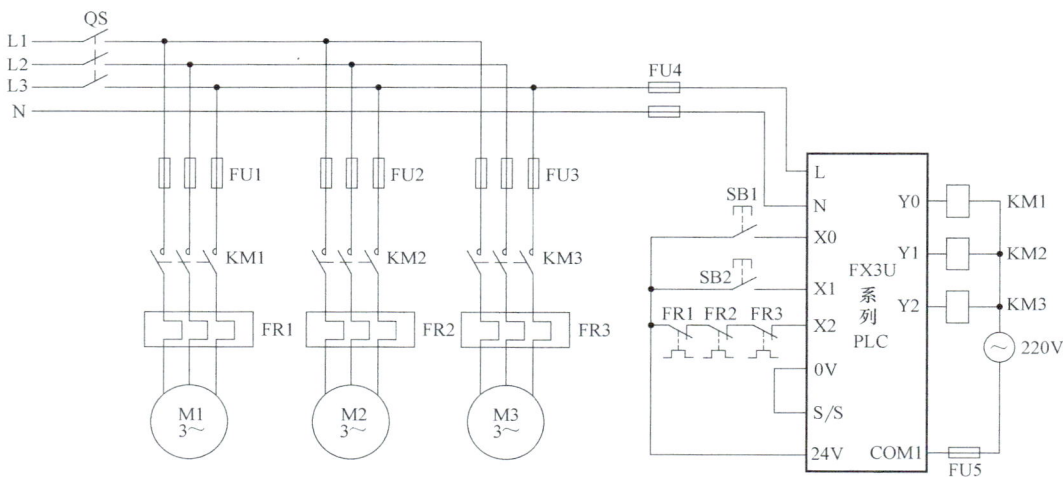

图 3-100　PLC I/O 接线图

2. 程序设计

1）根据被控对象的工艺条件和控制要求，设计梯形图如图 3-101 所示。

2）编写梯形图程序，进行程序的检查和调试及仿真，确认无误，写入 PLC。

3. 运行与调试程序

首先按系统接线图连接好系统，然后根据控制要求对系统进行在线调试，直到符合要求。

1）PLC 通电，但置于非运行（RUN）状态。观察 PLC 面板上的 LED 指示灯和计算机上显示程序中各触点和线圈的状态。

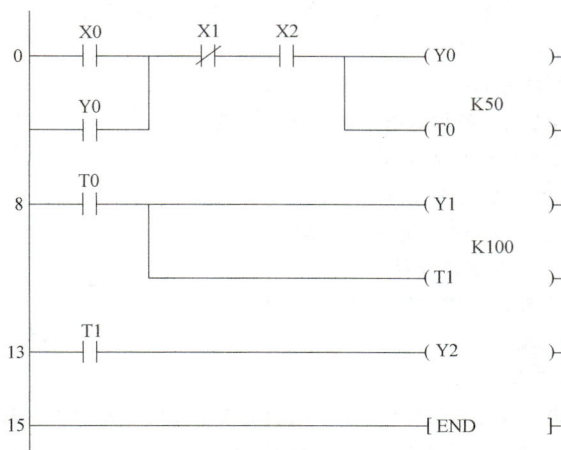

图 3-101　PLC 控制的电动机正反转梯形图

2）PLC 置于运行 RUN 状态，按下起动按钮，观察接触器 KM 及指示灯状态和计算机上显示程序中各触点和线圈的状态。

3）断开 PLC 的电源 5s 后，再通电（PLC 在运行 RUN 状态），观察接触器 KM 及指示灯状态以及计算机上显示程序中各触点和线圈的状态。

四、评分标准

实训项目 3-5 的评分标准见表 3-10。

本 章 小 结

本章主要讲述了可编程控制器（PLC）的一般结构、工作原理，三菱 FX 系列 PLC 的系统配置和编程元件，基本指令及应用，基本指令的直接设计法，GX Developer 软件。在技能训练方面，本章提供了 5 个实训项目供初学者尽快掌握 PLC 的应用，提高 PLC 的初步设计能力。

本章定位于 PLC 学习的一个入门和一个基础。因此学习本章一定要掌握 PLC 的软件和硬件、工作原理。熟练掌握基本指令，反复阅读基本电路的程序，掌握基本的编程步骤和方法。既要与前面学习过的继电器-接触器控制系统联系起来，又要同原先的控制方式相区别。要亲眼看到 PLC 控制过程，体会 PLC 控制的特点和优点，同时自己动手做一个简单的 PLC 控制程序，以此培养学习的兴趣。

本章针对 PLC 初学者程序设计没有思路的问题，讲解了 3 种程序设计的思路方法，期望对初学者的程序设计有所帮助。学习本章一定要结合实际，重视实践，多阅读、多做练习，只有这样才可以初步入门，才可以为后续深入学习 PLC 打下坚实的基础。

思考与练习

3-1　PLC 有哪些特点？

3-2　为了提高 PLC 的抗干扰能力，在 PLC 的硬件上采取了哪些措施？

3-3　说明 PLC 控制与继电器控制的差异。

3-4　构成 PLC 的主要部件有哪些？各部分的主要作用是什么？

3-5　PLC 有哪几种输出方式？各种输出方式有什么特点？

3-6　PLC 的一个工作扫描周期主要包括哪几个阶段？

3-7　说明 PLC 输入/输出的处理规则。

3-8　FX 系列 PLC 的扩展单元与扩展模块有何异同？

3-9　FX 系列 PLC 有哪些内部编程元件？

3-10　非积算定时器与积算定时器有何异同？

3-11　说明 PLC 的编程步骤。

3-12　说明 PLC 的编程规则。

3-13　3 台电动机循环起停运转控制设计。3 台电动机接于 Y1、Y2、Y3，要求它们相隔 5s 起动，各运行 10s 停止并循环。据以上要求，绘出工作时序，并设计程序。

3-14　设计一个声光报警器，并上机调试、运行程序。控制要求为：当输入条件接通时，蜂鸣器鸣叫，报警灯连续闪烁 20 次（每次点亮 1s，熄灭 1s），此后，停止报警。

3-15　编写出用定时器和计数器配合完成 365 天计时任务的 PLC 控制程序，并上机调试、运行。

3-16　某电动葫芦起升机构的动负荷实验的控制要求为：自动运行时，上升 8s，停 7s；再下降 8s，停 7s，反复运行 1h，然后发出声光报警信号，并停止运行。试设计控制程序。

3-17　某地下通风系统有 3 台通风机，要求在以下几种运行状态下应显示不同的信号：2 台及 2 台以上通风机运转时，绿指示灯亮；只有 1 台通风机运转时，黄指示灯闪烁；3 台通风机都停转时，红指示灯亮。

3-18　PLC 控制传送带检测瓶子是否直立的装置如图 3-102 所示。当瓶子从传送带上移过时，它被两个光电管检测确定瓶子是否直立。如果瓶子不是直立的，则被推出杆推到传送带外。若推出了 3 个空瓶，则点亮报警指示灯，提醒操作人员进行检查。

3-19　PLC 控制搬运小车如图 3-103 所示。起动按钮 SB1 用来起动运料小车，停止按钮 SB2 用来立即停止运料小车。工作流程如下。

1）按 SB1 起动按钮，小车在 1 号仓停留（装料）10s 后，第 1 次由 1 号仓送料到 2 号仓碰限位开关 SQ2 后，停留（卸料）5s，然后空车返回到 1 号仓碰限位开关 SQ1 停留（装料）10s。

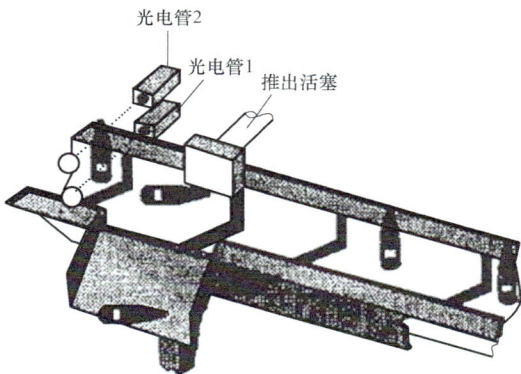

图 3-102　检测瓶子是否直立的装置

2）小车第 2 次由 1 号仓送料到 3 号仓，经过限位开关 SQ2 不停留，继续向前，当到达 3 号仓碰限位开关 SQ3 停留（卸料）8s，然后空车返回到 1 号仓碰限位开关 SQ1 停留（装料）10s。

3）然后再重新工作上述工作过程。

4）按下 SB2，小车在任意状态立即停止工作。

3-20　自动开关门系统如图 3-104 所示。在库门的上方装设一个超声波探测开关，当来人（车）进入超声波发射范围内，开关便检测出超声回波，从而产生输出电信号，由该信号起动接触器 KM1，电动机 M 正转使卷帘上升开门。在库门的下方装设一套光电开关，用以检测是否有物体穿过库门。光电开关由两个部件组成，一个是能连续发光的光源，另一个是能接收光束，并能将之转换成电脉冲的接收器。当行人（车）遮断了光束，光电开关便检测到这一物体，产生电脉冲，当该信号消失后，起动接触器 KM2，使电动机 M 反转，从而使卷帘开始下降关门。用两个行程开关 K1 和 K2 来检测库门的开门上限和关门下限，以停止电动机的转动。

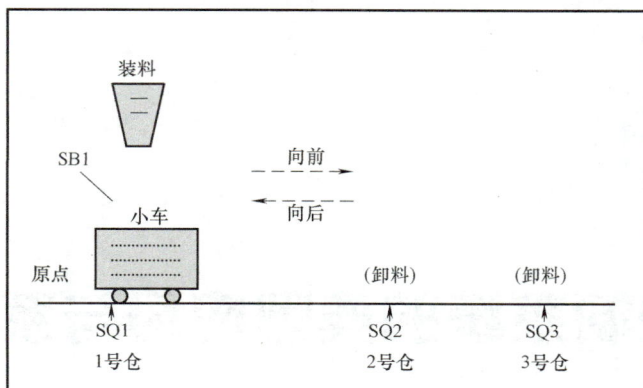

图 3-103　搬运小车控制过程

3-21　PLC 控制传送带装置如图 3-105 所示。其控制流程如下：

1）按起动按钮 S01，电动机 D3 开始运行并保持连续工作，被运送的物品前进。

2）被传感器 3 检测到，起动电动机 D2 运载物品前进。

3）被传感器 2 检测到，起动电动机 D1 运载物品前进；延时 2s，停止电动机 D2。

4）物品被传感器 1 检测到，延时 2s，停止电动机 D1。

5）上述过程不断进行，直到按下停止按钮 S02，电动机 D3 立刻停止。

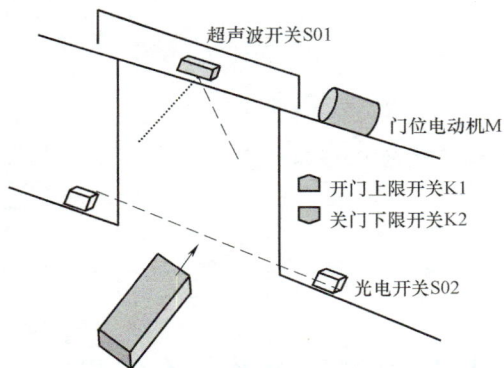

图 3-104　自动开关门系统

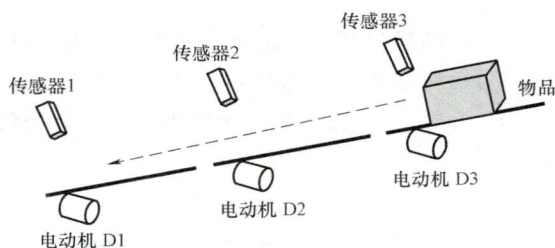

图 3-105　传送带装置

第四章

PLC控制系统的典型应用与系统设计

【知识目标】

1. 掌握 FX 系列 PLC 的步进指令和状态编程方法。
2. 掌握 FX 系列 PLC 的常用功能指令。
3. 了解西门子 S7-1200 系列 PLC。
4. 掌握 PLC 电气控制系统的设计过程。

【能力目标】

1. 能根据控制要求应用步进指令实现 PLC 控制系统的 SFC 编程。
2. 能熟练运用功能指令解决实际工程问题。
3. 能对 PLC 控制系统进行正确维护和调试。

第一节　三菱 FX 系列 PLC 步进顺序控制指令及状态编程

对于较复杂的电气控制系统使用经验设计法编制的程序存在以下问题：①工艺动作表达繁琐；②梯形图涉及的联锁关系较复杂，处理起来较麻烦；③梯形图可读性差，很难从梯形图看出具体控制工艺过程。下面我们来介绍一种新的编程方法。

一、顺序控制系统的状态编程

对于流程作业的自动化控制系统而言，一般都包含若干个状态（也就是工序），当条件满足时，系统能够从一种状态转移到另一种状态。这种按照生产工艺所要求的动作规律，在各个输入信号的作用下，根据内部的状态和时间顺序，使生产过程的各个执行机构自动地、有秩序地进行操作的控制，称为顺序控制。对应的系统则称为顺序控制系统或流程控制系统，采用的编程方法称为状态编程。

PLC 状态编程的思想是将一个复杂的控制过程分解为若干个工作状态，明确各状态的任务、状态转移条件和转移方向，再依据总的控制顺序要求，将这些状态组合形成状态转移图，最后依一定的规则将状态转移图转绘为梯形图程序。

图 4-1 所示为某小车自动往返系统。小车一个工作周期的动作要求如下：

图 4-1　小车自动往返示意图

　　按下起动按钮 SB（X000），小车电动机 M 正转（Y010），小车第 1 次前进，碰到限位开关 SQ1（X001）后小车电动机 M 反转（Y011），小车后退；小车后退碰到限位开关 SQ2（X002）后，小车电动机 M 停转；停 5s 后，第 2 次前进，碰到限位开关 SQ3（X003），再次后退；第 2 次后退碰到限位开关 SQ2（X002）时，小车停止。

　　根据小车运行过程分析，可以画出小车往返运行系统步序图如图 4-2 所示。

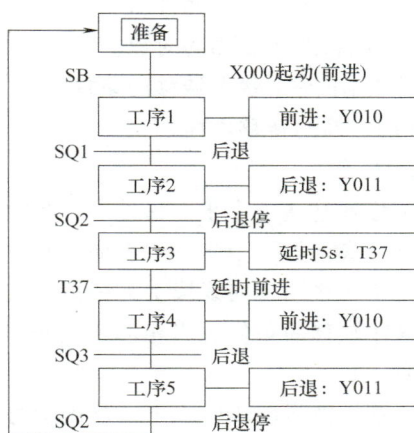

图 4-2　小车往返运行系统步序图

二、顺序功能图

　　针对顺序控制要求，PLC 提供了顺序功能图 SFC（Sequential Function Chart）语言支持。顺序功能图又称为状态转移图，是描述顺序控制系统的控制过程、功能和特性的一种语言，专门用于编制顺序控制程序。它由一系列状态（用 S 表示）组成，系统提供 S0～S999 共 1000 个状态供编程使用。顺序功能图主要由步、动作、有向连线、转移条件组成，如图 4-3 所示。

1. 流程步

　　流程步又称为工作步，它是控制系统中的一个稳定状态。流程步用矩形方框表示，框中用数字表示该步的编号，编号可以是实际的控制步序号，也可以是 PLC 中的工作位编号。对应于系统的初始状态工作步，称为初始步，该步是系统运行的起点，一个系统至少需要有一个初始步。初始步用双线矩形框表示。

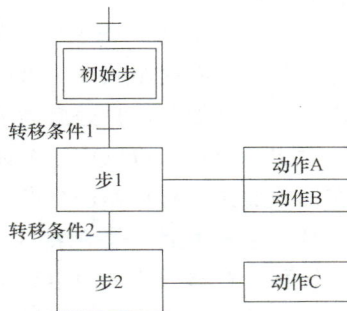

图 4-3　顺序功能图

　　步可根据被控对象工作状态的变化来划分，在任何一步之内，各输出状态不变，但是相邻步之间输出状态是不同的。步的这种划分方法使代表各步的编程元件与 PLC 各输出状态之间有着极为简单的逻辑关系。被控对象工作状态的变化应该是由 PLC 输出状态变化引起的。如图 4-4 所示，某液压滑台的整个工作过程可划分为停止（原位）、快进、工进、快退 4 步。但这 4 步的状态改变都必须是由 PLC 输出状态的变化引起的，否则就不能这样划分，假如从快进转为工进与 PLC 输出无关，那么快进和工进只能算一步。在状态转移图中，一个完整的状态必须包括：

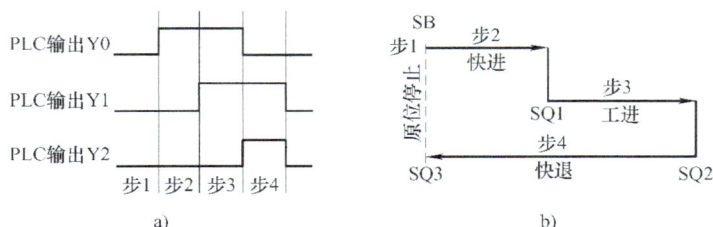

图 4-4　某液压滑台工作过程的步的划分

1）该状态的控制元件。

2）该状态所驱动的对象。

3）向下一个状态转移的条件。

4）明确的转移方向。

2. 转移

转移就是从一个步向另外一个步之间的切换，两个步之间用一个有向线段表示，可以从一个步切换到另一个步，代表向下转移方向的箭头可以忽略。

通常转移用有向线段上的一段横线表示，在横线旁可以用文字、图形符号或逻辑表达式标注描述转移的条件。当相邻步之间的转移条件满足时，就从一个步按照有向线段的方向进行切换。

使系统由当前步转入下一步的信号称为转换条件。转换条件可能是外部输入信号，如按钮、指令开关、限位开关的接通/断开等，也可能是 PLC 内部产生的信号，如定时器、计数器触点的接通/断开等，转换条件也可能是若干个信号的"与""或""非"逻辑组合。顺序控制设计法用转换条件控制代表各步的编程元件，让它们的状态按一定的顺序变化，然后用代表各步的编程元件去控制各输出继电器。要实现状态转移，必须满足 2 个条件：一是转移条件必须成立；二是前一步当前正在进行。二者缺一不可，否则程序的执行在某些情况下就会混乱。

（1）步转移的动作说明　步并不是 PLC 的输出触点的动作，步只是控制系统中的一个稳定的状态。在这个状态，可以有一个或多个 PLC 输出触点的动作，但是也可以没有任何输出动作。例如某步只是启动了定时器或是一个等待过程，所以步和 PLC 的动作是两件事情。对于一个步，可以有一个或几个动作，表示的方法是在步的右侧加一个或几个矩形框，并在框中加文字对动作进行说明。

（2）步转移的一些规则　步和步之间必须有转移隔开，转移和转移之间必须有步隔开。步与转移，转移与步之间由有向线段连接。正常画 SFC 图的方向是从上向下或是从左向右；按照正常顺序画图时，有向线段可以不加箭头，否则必须加箭头。一个 SFC 图中至少有一个初始步。

3. 状态继电器

在状态转移图中，每个状态都分别采用连续的、不同的状态继电器表示。FX2N 系列 PLC 的状态继电器的分类、编号、数量及功能见表 4-1。

表 4-1　FX2N 系列 PLC 的状态继电器

类别	元件编号	点数	用途及特点
初始状态	S0 ~ S9	10	用于状态转移图（SFC）的初始状态
返回原点	S10 ~ S19	10	多运行模式控制当中，用作返回原点的状态
一般状态	S20 ~ S499	480	用作状态转移图（SFC）的中间状态
掉电保持状态	S500 ~ S899	400	具有停电保持功能，用于停电恢复后需继续执行停电前状态的场合
信号报警状态	S900 ~ S999	100	用作报警元件使用

注意：

① 在用状态转移图编写程序时，状态继电器可以按顺序连续使用，但是状态继电器的编号要在指定的类别范围内选用。

② 各状态继电器的触点可自由使用，使用次数无限制。

③ 在不用状态继电器进行状态转移图编程时，状态继电器可作为辅助继电器使用，用法和辅助继电器相同。

4. 状态转移图绘制的一般步骤

1）分析控制要求和工艺流程，确定状态转移图结构。

2）工艺流程分解若干步，每一步表示一个稳定状态。

3）确定步与步之间的转移条件及其关系。

4）确定初始状态（可用输出或状态继电器）。

5）解决循环及正常停车问题。

6）急停信号的处理。

我们可以根据状态转移图的绘制步骤画出上例小车自动往返的状态转移图。

1）将整个过程按任务要求分解，其中的每个工序均对应一个状态，并分配状态元件，见表 4-2。

表 4-2　小车自动往返控制状态分配表

1	初始状态	S0
2	前进	S20
3	后退	S21
4	延时 5s	S22
5	再前进	S23
6	再后退	S24

2）弄清每个状态的功能、作用。

S0　PLC 上电做好工作准备。

S20　前进（输出 Y010，驱动电动机 M 正转）。

S21　后退（输出 Y011，驱动电动机 M 反转）。

S22　延时 5s（定时器 T37，设定为 5s，延时到 T37 动作）。

S23　同 S20。

S24　同 S21。

3）找出每个状态的转移条件，即在什么条件将下个状态"激活"。

S20 转移条件 SB（输入继电器 X000）。

S21 转移条件 SQ1（输入继电器 X001）。

S22 转移条件 SQ2（输入继电器 X002）。

S23 转移条件 T37。

S24 转移条件 SQ3（输入继电器 X003）。

4）画出小车往返运行控制状态转移图如图 4-5 所示。

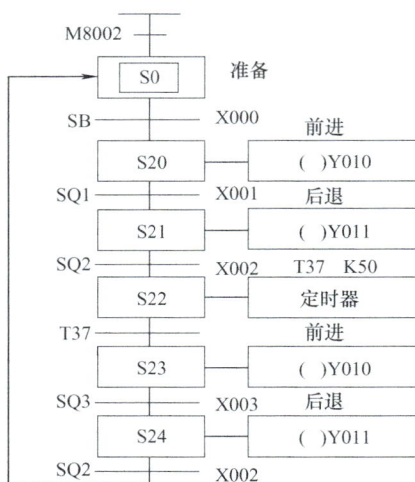

图 4-5 小车往返运行控制状态转移图

三、步进顺序控制的指令及编程方法

1. 步进顺控指令

FX 系列 PLC 仅有两条步进顺控指令，见表 4-3。STL（StepLadder）是步进节点指令，表示步进开始，以使该状态的动作可以被驱动；RET 是步进返回指令，使步进顺控程序执行完毕时，非步进顺控程序的操作在主母线上完成。为防止出现逻辑错误，步进顺控程序的结尾必须使用 RET 步进返回指令。

表 4-3 步进顺控指令功能及梯形图符号表

指令助记符、名称	功能	梯形图符号	程序步
STL 步进节点指令	步进节点驱动	—┤├—⟨ ⟩ S	1
RET 步进返回指令	步进程序结束返回	RET	1

2. 顺序功能图与步进梯形图之间的转换

STL 指令只有与状态继电器 S 配合才具有步进的功能，使用 STL 指令的状态继电器的常开触点称为 STL 触点。使用 STL 和 RET 指令编制步进梯形图的原则为：先进行负载的驱动处理，然后进行状态的转移处理，如图 4-6 所示。从图中可以看出顺序功能图和梯形图之间的对应关系。STL 触点驱动的电路块具有 3 个功能，即对负载的驱动处理、指定转换条件和指定转换目标。

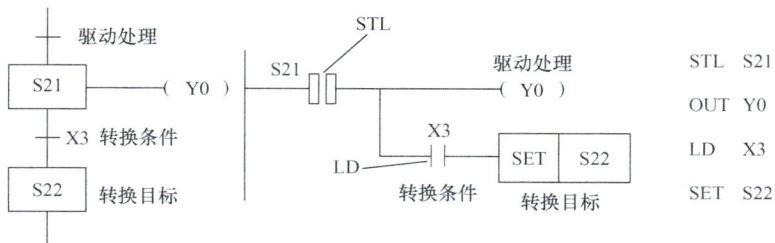

图 4-6 步进梯形图编制

除了并行流程的电路外，STL 触点是与左母线相连的常开触点，当某一步为活动步时，对应的 STL 触点接通，该步的负载被驱动。该步后面的转换条件满足时，转换实现，即后续步对应的状态被 SET 指令或是 OUT 指令置位，后续步变为活动步，同时与原活动步对应的状态被系统程序复位，原活动步对应的 STL 触点断开。

3. 编程的注意事项

1）STL 指令只有与状态继电器 S 配合才具有步进功能。S0～S9 用于初始步，S10～S19 用于自动返回原点。

2）与 STL 触点相连的触点应使用 LD 或 LDI 指令，下一条 STL 指令的出现意味着当前 STL 程序区的结束和新的 STL 程序区的开始，最后一个 STL 程序区结束时一定要用 RET 指令，否则程序出错。

3）初始状态必须预先做好驱动，否则状态流程不能向下进行。

M8000 是运行监视信号，它在 PLC 的运行开关由 STOP→RUN 后一直得电，初始状态 S0 一直处在被"激活"的状态，直到 PLC 停电或是 PLC 运行开关由 RUN→STOP。M8002 是初始脉冲信号，它只在 PLC 运行开关由 STOP→RUN 时产生 1 个扫描周期的脉冲信号，初始状态 S0 只被它"激活"1 次。

4）STL 触点可以直接驱动或通过其他触点驱动 Y，M，S，T，C 等元件的线圈。

5）由于 CPU 只执行活动步对应的程序，在没有并行流程结构时，任何时候只有一个活动步，因此使用 STL 指令时允许双线圈输出，即同一元件的线圈可以分别被几个不同时闭合的 STL 触点驱动。在并行流程结构中，同一元件的线圈不能在同时为活动步的 STL 程序区内出现。需要注意的是，状态软元件 S 在状态转移图中不能重复使用。

6）STL 触点驱动的电路块不能使用 MC、MCR 指令，同样不能使用栈（MPS）指令，但是可以使用 CJ 指令。

7）顺序不连续的状态转移不能使用 SET 指令，应改为 OUT 指令进行状态转移。

8）在活动状态的转移过程中，相邻两个状态的状态继电器会同时 ON 1 个扫描周期，可能会引起瞬时的双线圈问题。因此，要注意两个问题：

① 定时器在下一次运行之前，应将它的线圈断电复位。因此，同一定时器的线圈不可以在相邻的状态使用。

② 为了避免不能同时动作的两个输出同时动作，除了在程序中设置软件互锁以外，还应在 PLC 外部设置硬件互锁电路。

9）需要在停电恢复后继续保持电路的运行状态时，可以使用 S500～S899 停电保持型状态继电器。

例如，图 4-2 所对应的小车的自动往返系统的梯形图及指令表如图 4-7 所示。

四、基本流程的程序设计

顺序功能图的基本结构根据步和步之间转换的不同情况，有以下几种不同的基本结构形式：单流程结构、选择流程结构、并列流程结构、跳步和循环流程结构。在这里我们主要对前 3 种流程结构的程序设计进行讲解。

1. 单流程的程序设计

（1）设计步骤 单流程结构是顺序功能图中最简单的一种形式，其设计步骤如下：

1）根据控制要求，列出 PLC 的 I/O 分配表，画出 I/O 分配图。

2）将整个工作过程按工作步序进行分解，每个工作步对应一个状态，将其分为若干个状态。

梯形图：　　　　　　　　　　　　　　指令表：

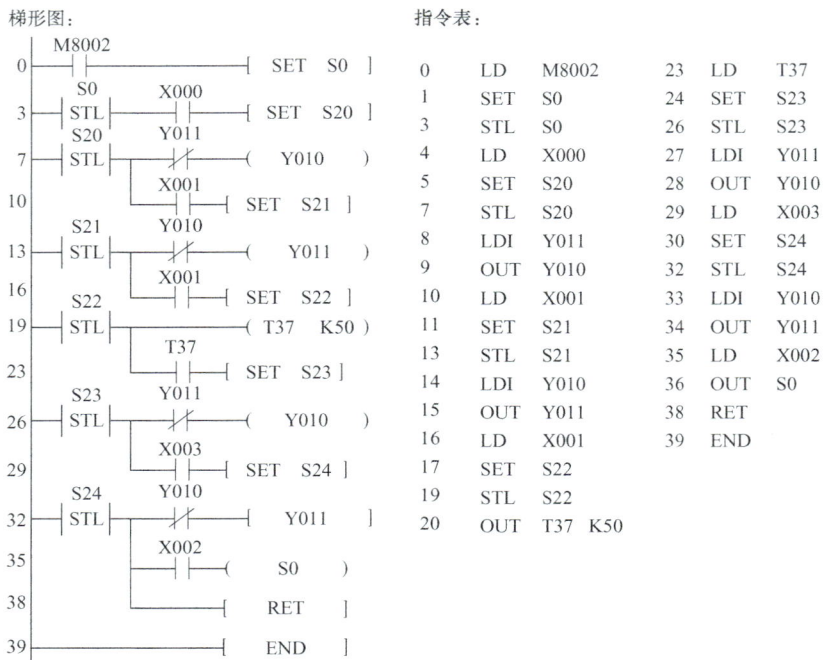

图 4-7　小车自动往返状态梯形图及指令表

3）理解每个状态的功能和作用，设计驱动程序。

4）找出每个状态的转移条件和转移方向。

5）根据上述分析，画出控制系统的状态转移图。

6）根据状态转移图写出指令表。

（2）单流程程序设计举例

例 4-1　用步进顺控指令设计一个三相异步电动机正反转循环的控制系统。控制要求如下：按下起动按钮，电动机正转 3s，暂停 2s，反转 3s，暂停 2s，如此循环 5 个周期，然后自动停止。运行中，可按停止按钮停止，热继电器动作也可以使电动机停止运行。

解：1）I/O 分配。根据控制要求，其 I/O 分配为

X0：SB 停止按钮（常开），　　　　　　Y0：KM1（电动机正转接触器），

X1：SB1 起动按钮（常开），　　　　　　Y1：KM2（电动机反转接触器）。

X2：FR 热继电器（常开），

根据以上分析绘制 PLC 的 I/O 接线图，如图 4-8 所示。

2）顺序功能图程序设计。通过分析控制要求可知，这是一个单流程控制程序。根据工作流程图画出顺序功能图如图 4-9 所示，其梯形图如图 4-10 所示，指令表见表 4-4。

2. 选择流程的程序设计

（1）选择流程的结构形式　由两个或两个以上的分支流程组成的、根据控制要求只能从中选择 1 个分支流程执行的程序称为选择流程程序。图 4-11 所示为两个支路的选择流程程序。

（2）选择流程的编程　选择流程分支的编程与一般状态的编程一样，先进行驱动处理，然后进行转移处理，所有的转移处理按顺序执行，简称"先驱动后转移"。

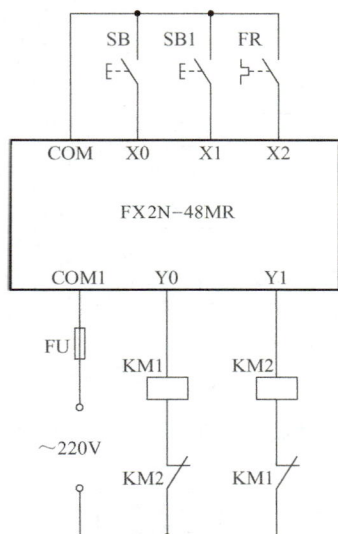

图 4-8　PLC 的 I/O 接线图

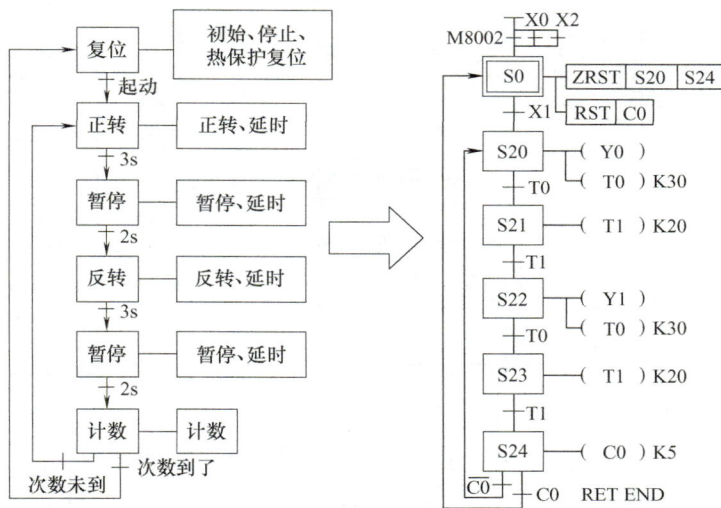

图 4-9　顺序功能图

表 4-4　指令表

LD　M8002	STL　S21	OUT　C0　K5
OR　X0	OUT　T1　K20	LDI　C0
OR　X2	LD　T1	OUT　S20
SET　S0	SET　S22	LD　C0
STL　S0	STL　S22	OUT　S0
ZRST　S20　S24	OUT　Y1	RET
RST　C0	OUT　T0　K30	END
LD　X1	LD　T0	
SET　S20	SET　S23	
STL　S20	STL　S23	
OUT　Y0	OUT　T1　K20	
OUT　T0　K30	LD　T1	
LD　T0	SET　S24	
SET　S21	STL　S24	

　　选择流程合并的编程是先进行汇合前状态的驱动处理，然后按顺序向汇合状态进行转移处理。图 4-11 所示的选择流程可以转换成步进梯形图，如图 4-12 所示，其指令表见表 4-5。

（3）编程举例

例 4-2　用步进顺控指令设计三相异步电动机正反转能耗制动的控制系统。控制要求如下：按下正转按钮 SB1，KM1 接通，电动机正转；按下反转按钮 SB2，KM2 接通，电动机反转；按下停止按钮 SB，KM1 或 KM2 断开，KM3 接通，进行能耗制动 5s。要求有必要的电气互锁，若热继电器 FR1 动作，电动机停车。

155

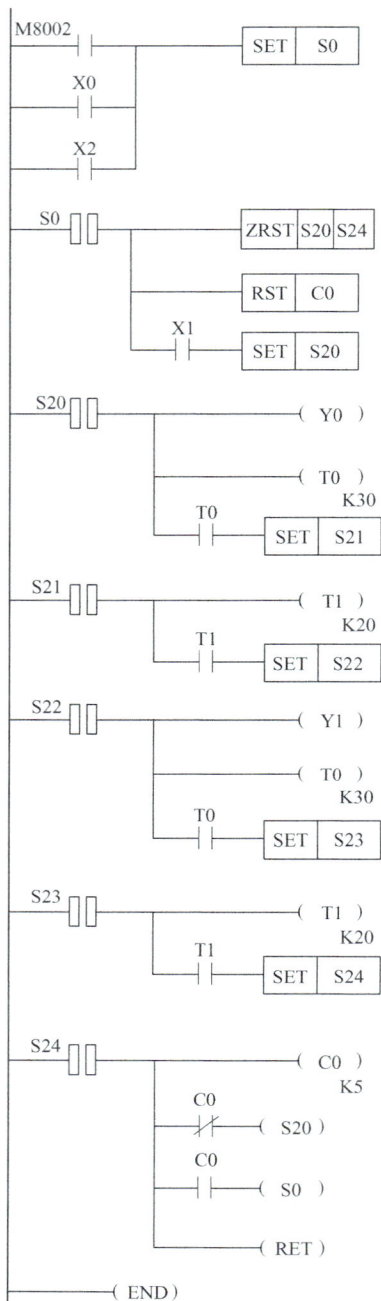

图 4-10 梯形图

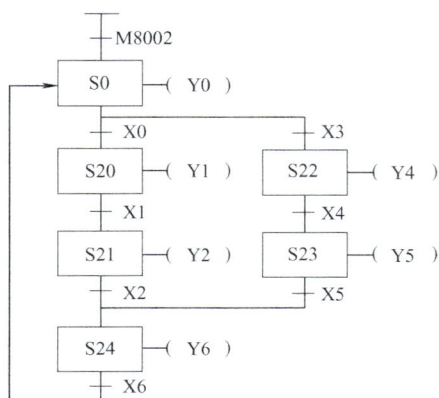

图 4-11 选择流程的结构形式

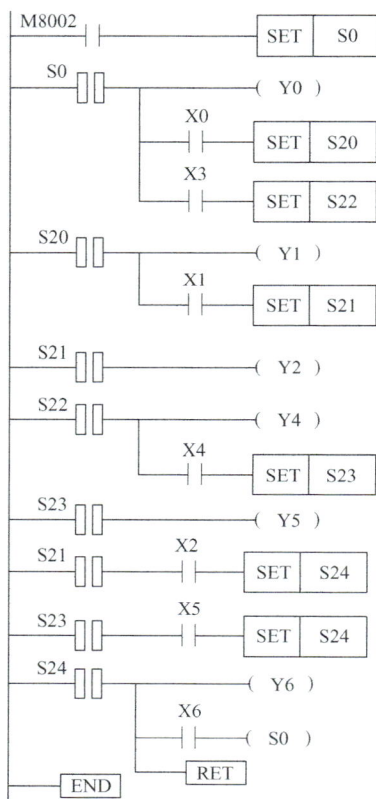

图 4-12 步进梯形图

解：1）I/O 分配。根据控制要求，其 I/O 分配为：

X0：SB，   Y0：KM1，

X1：SB1，   Y1：KM2，

X2：SB2，   Y2：KM3。

X3：FR1（常开），

根据以上分析绘制 PLC 的 I/O 接线图，如图 4-13 所示。

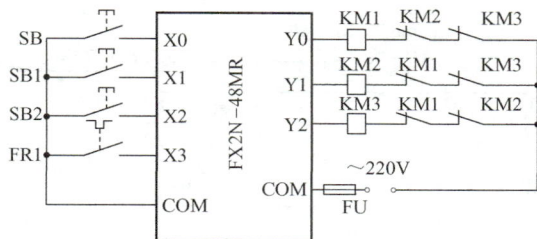

图 4-13　PLC 的 I/O 接线图

2）顺序功能图程序设计。通过分析控制要求可知，这是一个选择流程控制程序，设计顺序功能图如图 4-14 所示。

3）步进梯形图。将上述顺序功能图转换为步进梯形图，如图 4-15 所示。

表 4-5　指令表

LD　M8002	驱动处理	LD　X4	第 2 分支驱动处理
SET　S0		SET　S23	
STL　S0		STL　S23	
OUT　Y0		OUT　Y5	
LD　X0	转移到第 1 分支	STL　S21	第 1 分支转移到汇合点
SET　S20		LD　X2	
LD　X3	转移到第 2 分支	SET　S24	
SET　S22		STL　S23	第 2 分支转移到汇合点
STL　S20	第 1 分支驱动处理	LD　X5	
OUT　Y1		SET　S24	
LD　X1		STL　S24	合并处理
SET　S21		OUT　Y6	
STL　S21		LD　X6	
OUT　Y2		OUT　S0	
STL　S22	第 2 分支驱动处理	RET	
OUT　Y4		END	

3. 并行流程的程序设计

（1）并行流程的程序结构　由两个或两个以上的分支流程组成的、必须同时执行各分支的程序，称为并行流程程序。图 4-16 所示为两个并行分支的并行流程程序。并行流程分支的编程与选择流程分支的编程一样，先进行驱动处理，然后进行转移处理，所有的转移处理按顺序执行。并行流程合并的编程也是先进行汇合状态的驱动处理，然后按顺序向汇合状态进行转移处理。图 4-16 所示的并行流程转换的步进梯形图如图 4-17 所示，指令表程序见表 4-6。

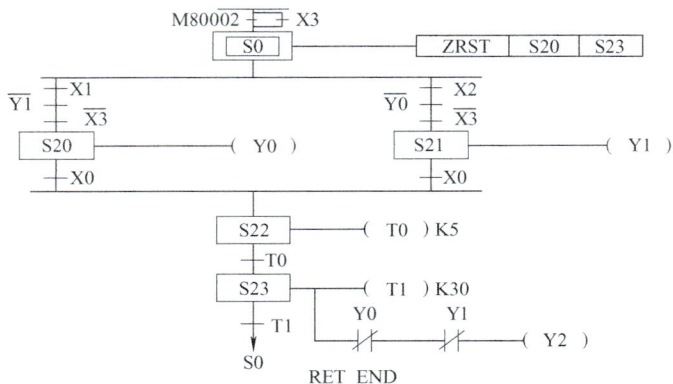

图 4-14 能耗制动顺序功能图

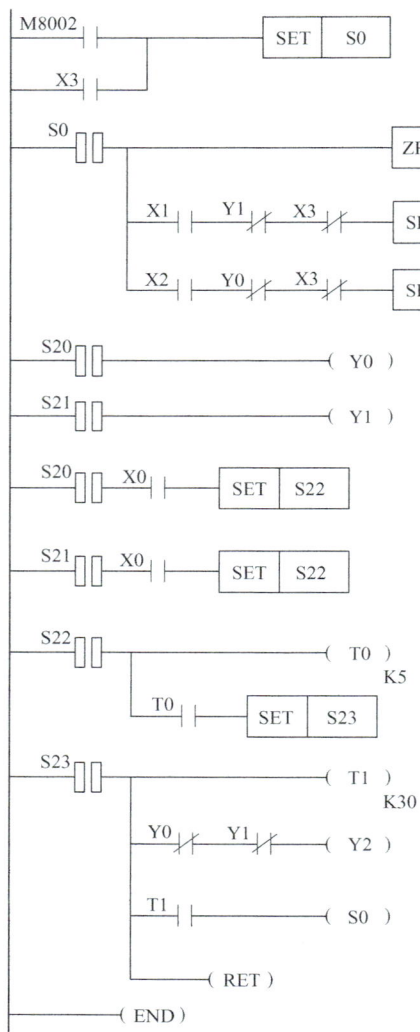

图 4-15 电动机正反转能耗制动的步进梯形图

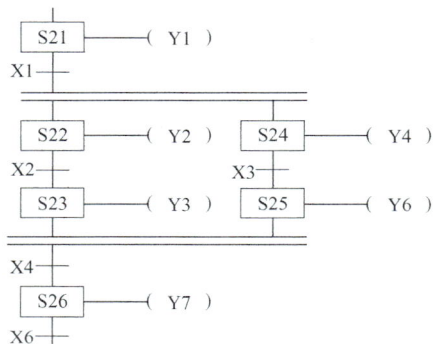

图 4-16 并行流程的结构

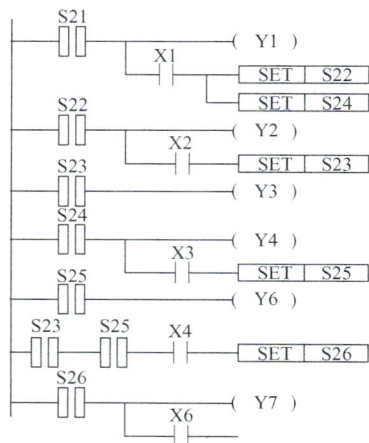

图 4-17 并行流程的步进梯形图

表 4-6 并行流程的指令表

STL S21	驱动处理	LD X3	第2分支驱动处理
OUT Y1		SET S25	
LD X1	转移条件	STL S25	
SET S22	转移到第1分支	OUT Y6	
SET S24	转移到第2分支	STL S23	各分支转移到汇合点
STL S22	第1分支驱动处理	STL S25	
OUT Y2		LD X4	
LD X2		SET S26	
SET S23		STL S26	合并处理
STL S23		OUT Y7	
OUT Y3		LD X6	
STL S24	第2分支驱动处理	……	
OUT Y4			

（2）并行流程程序设计实例

例 4-3 设计一个用 PLC 控制的十字路口交通灯的控制系统，其控制要求如下：自动运行时，按起动按钮，交通灯系统按图 4-18 所示要求开始工作：

交通灯 1 个周期 120s，南北向和东西向灯同时工作。0～50s 南北向绿灯及东西向红灯亮；50～60s 南北向黄灯及东西向红灯亮；60～110s 南北向红灯及东西向绿灯亮；110～120s 南北向红灯，东西向黄灯亮。

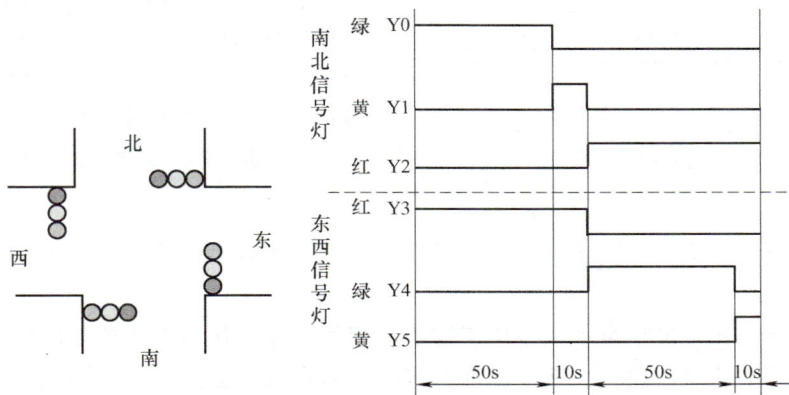

图 4-18 交通灯 1 个周期工作示意图

解：（1）I/O 分配 根据控制要求，其 I/O 分配如下。

X0：起动按钮 SB1；Y0：南北向绿灯；Y1：南北向黄灯；Y2：南北向红灯；Y3：东西向红灯；Y4：东西向绿灯；Y5：东西向黄灯。绘制 PLC 的 I/O 接线图如图 4-19 所示。

（2）顺序功能图程序设计 根据交通灯控制要求，由时序图可知，东西方向和南北方向各信号灯是两个同时进行的独立顺序控制过程，是一个典型的并行流程控制程序。设计顺序功能如图 4-20 所示，转换成步进梯形图如图 4-21 所示。

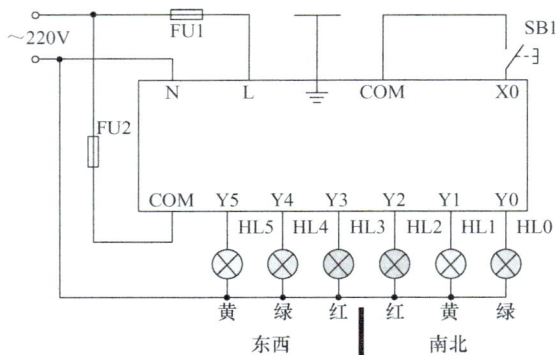

图 4-19 PLC 的 I/O 接线图

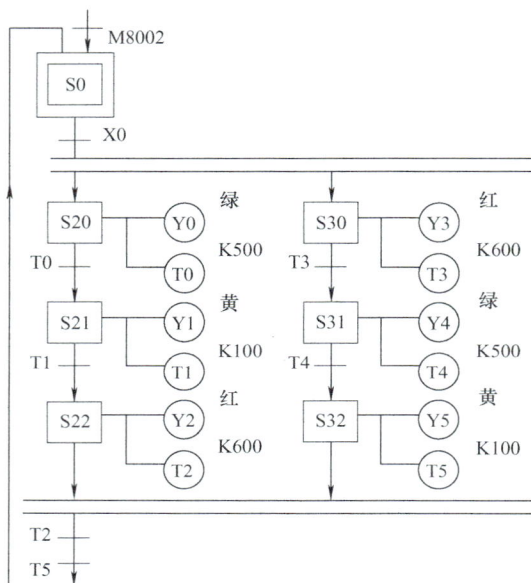

图 4-20 交通灯顺序功能图

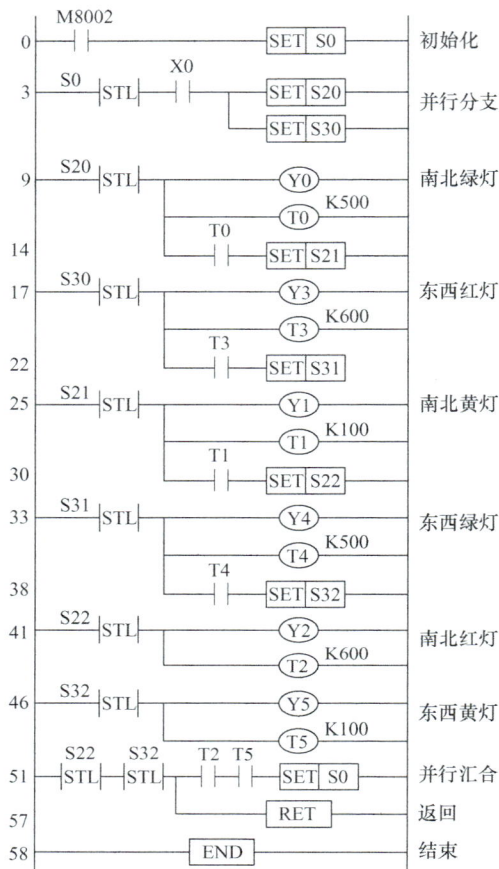

图 4-21 交通灯步进梯形图

第二节 三菱 FX 系列 PLC 常用功能指令的应用

基本逻辑指令和步进指令主要是用于逻辑处理的指令。作为工业控制用的计算机，仅仅进行逻辑处理是不够的，现代工业控制在很多场合需要进行数据处理，因此本节将介绍功能指令，也称为应用指令。功能指令的出现大大拓宽了 PLC 的应用范围，也给用户编制程序带来了极大方便。功能指令主要用于数据的传送、运算、变换及程序控制等功能，分为程序控制、数据处理、特种应用及外部设备等基本类型。

一、功能指令概述

在基本指令中所使用的编程元件是基于继电器、定时器、计数器类软元件，主要用于逻辑处理，这些软元件在 PLC 内部反映的是"位"的变化，主要用于开关量信息的传递、变换及逻辑处理。而 PLC 的功能指令主要处理大量的数据信息，需设置大量的用于存储数值数据的软元件，一定量的软元件组合也可用于数据存储，这些能处理数值数据的软元件称为"字软件"。

1. 数据类软元件的结构形式

常用数据类软元件有数据寄存器 D、变址寄存器（V，Z）、文件寄存器、指针（P/I）。

（1）基本形式　FX2N 系列 PLC 数据类软元件的基本结构为 16 位存储单元，具有符号位和字元件。

（2）双字元件　双字元件的低位元件存储 32 位数据的低位部分，高位元件存储 32 位数据的高位部分。最高位（第 32 位）为符号位。

在指令中使用双字元件时，一般只用其低位地址表示这个元件，其高位同时被指令使用。虽然取奇数或偶数地址作为双字元件的低位是任意的，但为了减少元件安排上的错误，建议用偶数作为双字元件的元件号。

（3）位组合元件　FX2N 系列 PLC 中使用 4 位 BCD 码，产生了位组合元件。位组合元件常用输入继电器 X、输出继电器 Y、辅助继电器 M 及状态继电器 S 组成，元件表达为 KnX、KnY、KnM、KnS 等形式，式中 Kn 指有 n 组这样的数据。例如，KnX000 表示位组合元件是由从 X000 开始的 n 组位元件组合。若 n 为 1，则 K1X0 指由 X000、X001、X002、X003 四位输入继电器的组合；而 n 为 2，则 K2X0 是指 X000～X007 八位输入继电器的二组组合。除此之外，位组合元件还可以变址使用，如 KnXZ、KnYZ、KnMZ、KnSZ 等，这给编程带来很大的灵活性。

2. 功能指令的使用

功能指令不含表达梯形图符号间相互关系的成分，而是直接表达该指令要做什么。现以算术运算指令中的加法指令为例，介绍功能指令的使用要素。

图 4-22 中 X0 常开触点是功能指令的执行条件，其后的方框即为功能框。使用功能指令需注意指令要素，现说明如下：

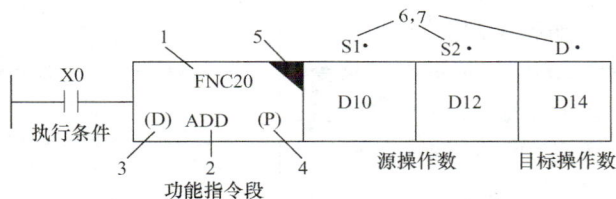

图 4-22　功能指令的格式及要素

（1）功能指令编号　每条功能指令都有一定的编号。

（2）助记符　该指令的英文缩写。

（3）数据长度　功能指令处理的数据长度分为 16 位和 32 位，有（D）表示 32 位，无（D）表示 16 位。

（4）执行形式　指令中标（P）为脉冲执行型，在执行条件满足时仅执行一个扫描周期。无（P）表示为连续执行方式，即在执行条件满足时每个扫描周期都要执行一次。

（5）某些指令在连续方式下应特别注意，加"◥"起警示作用。

（6）操作数　［S］表示源操作数，［D］表示目标操作数，m 和 n 表示其他操作数；某种操作数不止一个时，可用下标数码区别，例如［S1］［S2］。

（7）**变址功能** 操作数旁加"·"即为具有变址功能，例如［S1·］［S2·］。

（8）**程序步数** 一般16位指令占7个程序步，32位指令占13个程序步。

二、比较、传送指令及其应用

1. 比较、传送类指令说明

（1）**比较指令** CMP是两数比较指令，该指令要素见表4-7。源操作数［S1·］和［S2·］都被看作二进制数，其最高位为符号位：如果该位"0"，则表示该数为正；如果该位为"1"，则表示该数为负。目的操作数［D·］由3个位软设备组成，梯形图中标明的是其首地址，另外两个位软设备紧随其后。例如在图4-23中，目的操作［D·］由M0和紧随其后的M1、M2组成，当执行比较操作，即常开触点X000闭合时，每扫描一次该梯形图，就对两个源操作数［S1·］和［S2·］进行比较，结果如下：

当［S1·］>［S2·］时，M0当前值为1；

当［S1·］=［S2·］时，M1当前值为1；

当［S1·］<［S2·］时，M2当前值为1。

表 4-7　CMP指令要素

指令名称	助记符	指令代码位数	操作数范围			程序步
			［S1·］	［S2·］	［D·］	
比较	CMP CMP （P）	FNC10 （16/32）	K、H KnX、KnY、KnM、KnS T、C、D、V、Z		Y、M、S	CMP、CMPP…7步 DCMP、CMPP…13步

执行比较操作后，即使其控制线路断开，其目的操作数的状态仍保持不变，除非用RST指令将其复位。如要清除比较结果，要采用RST或ZRST复位指令，如图4-24所示。

（2）**区间比较指令ZCP** 区间比较指令ZCP的要素见表4-8。指令的编号为FNC11，指令格式是：（D）ZCP（P）［S1·］［S2·］［S·］［D·］。［S1·］和［S2·］为区间起点和终点；［S·］为另一比较软元件；［D·］为标志软元件，指令中给出的标志软元件的首地址。指令执行时源操作数［S·］与［S1·］和［S2·］的内容进行比较，并将比较结果送到目标操作数［D·］中，如图4-25所示。

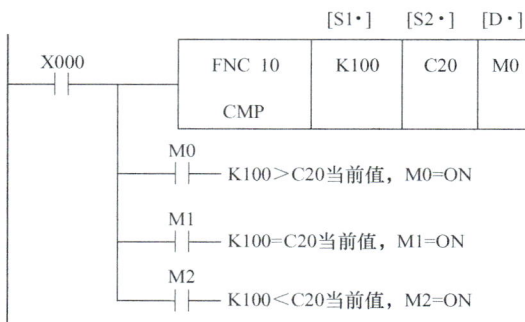

图 4-23　CMP指令使用说明

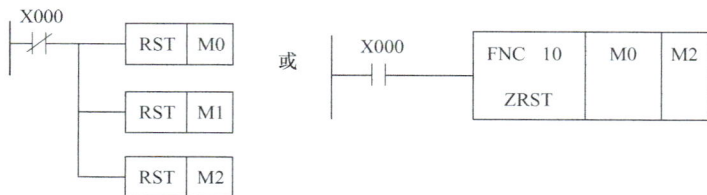

图 4-24　比较结果复位

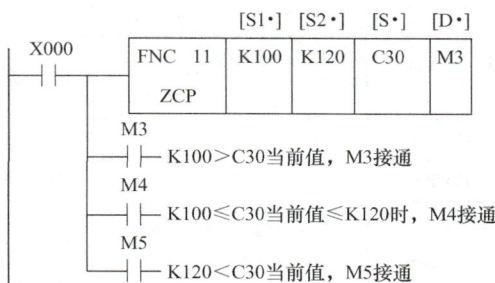

图 4-25　ZCP 指令使用说明

表 4-8　区间比较指令 ZCP 使用要素

指令名称	助记符	指令代码位数	操作数范围				程序步
			[S1·]	[S2·]	[S·]	[D·]	
区间比较	ZCP ZCP (P)	FNC11 (16/32)	K、H KnX、KnY、KnM、KnS T、C、D、V、Z			Y、M、S	ZCP、ZCPP…9 步 DZCP、 DZCPP…17 步

（3）**触点型比较指令**　触点型比较指令是使用触点符号进行数据［S1·］、［S2·］比较的指令，根据比较结果确定触点是否允许能流通过。按照触点在梯形图中的位置分为 LD 型、AND 型、OR 型，指令要素分别见表 4-9~表 4-11，指令应用说明分别如图 4-26~图 4-28 所示。

表 4-9　从母线取用型（LD）触点比较指令要素

FNC No	16 位助记符 （5 步）	32 位助记符 （9 步）	操作数		导通条件	非导通条件
			[S1·]	[S2·]		
224	LD=	(D)LD=	K、H、KnX、KnY、KnM、 KnS、T、C、D、V、Z		[S1·]=[S2·]	[S1·]≠[S2·]
225	LD>	(D)LD>			[S1·]>[S2·]	[S1·]≤[S2·]
226	LD<	(D)LD<			[S1·]<[S2·]	[S1·]≥[S2·]
228	LD<>	(D)LD<>			[S1·]≠[S2·]	[S1·]=[S2·]
229	LD≤	(D)LD≤			[S1·]≤[S2·]	[S1·]>[S2·]
239	LD≥	(D)LD≥			[S1·]≥[S2·]	[S1·]<[S2·]

表 4-10　串联（AND）型触点比较指令要素

FNC No	16 位助记符 （5 步）	32 位助记符 （9 步）	操作数		导通条件	非导通条件
			[S1·]	[S2·]		
232	AND=	(D)AND=	K、H、KnX、KnY、KnM、 KnS、T、C、D、V、Z		[S1·]=[S2·]	[S1·]≠[S2·]
233	AND>	(D)AND>			[S1·]>[S2·]	[S1·]≤[S2·]
234	AND<	(D)AND<			[S1·]<[S2·]	[S1·]≥[S2·]
236	AND<>	(D)AND<>			[S1·]≠[S2·]	[S1·]=[S2·]
237	AND≤	(D)AND≤			[S1·]≤[S2·]	[S1·]>[S2·]
238	AND≥	(D)AND≥			[S1·]≥[S2·]	[S1·]<[S2·]

表 4-11　并联（OR）型触点比较指令要素

FNC No	16 位助记符（5 步）	32 位助记符（9 步）	操作数		导通条件	非导通条件
			[S1·]	[S2·]		
240	OR=	(D)OR=			[S1·]=[S2·]	[S1·]≠[S2·]
241	OR>	(D)OR>			[S1·]>[S2·]	[S1·]≤[S2·]
242	OR<	(D)OR<	K、H、KnX、KnY、KnM、KnS、T、C、D、V、Z		[S1·]<[S2·]	[S1·]≥[S2·]
244	OR<>	(D)OR<>			[S1·]≠[S2·]	[S1·]=[S2·]
245	OR≤	(D)OR≤			[S1·]≤[S2·]	[S1·]>[S2·]
246	OR≥	(D)OR≥			[S1·]≥[S2·]	[S1·]<[S2·]

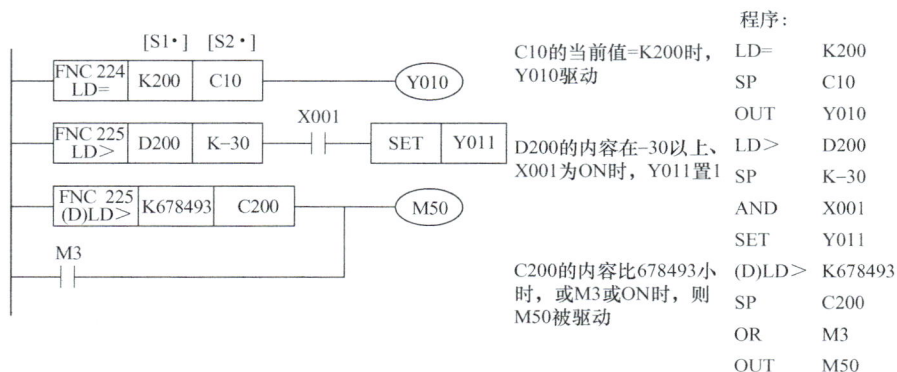

图 4-26　从母线取用（LD）型触点比较指令应用说明

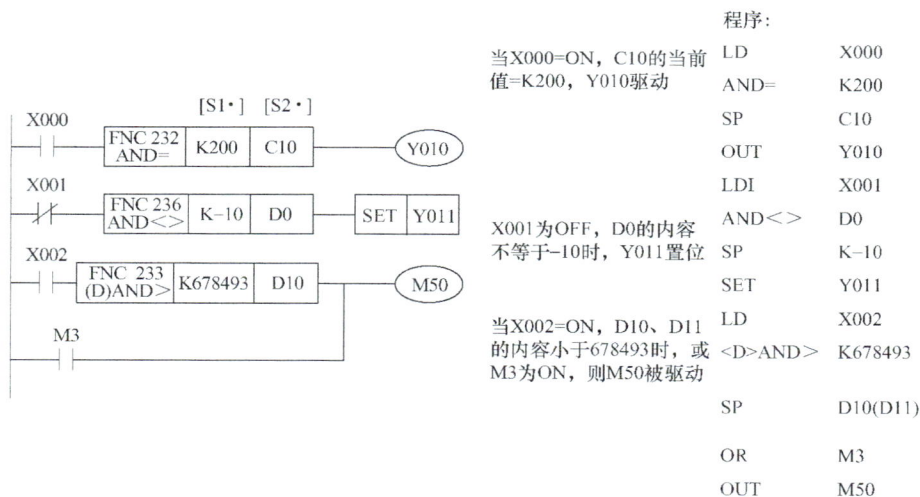

图 4-27　串联（AND）型触点比较指令应用说明

（4）传送类指令　传送指令（D）MOV（P）指令的编号为 FNC12，指令格式是：（D）MOV（P）[S·][D·]，[S·] 为源数据，[D·] 为目标软元件。该指令的功能是将源操作数 [S·] 的内容传送到目标操作数 [D·] 中去。如图 4-29 所示，当 X0 为 ON 时，则将 [S·] 中的数据 K100 传送到目标操作数 [D·] 即 D10 中。在指令执行时，常数 K100 会自动转换成二进制数。当 X0 为 OFF 时，则指令不执行，数据保持不变。

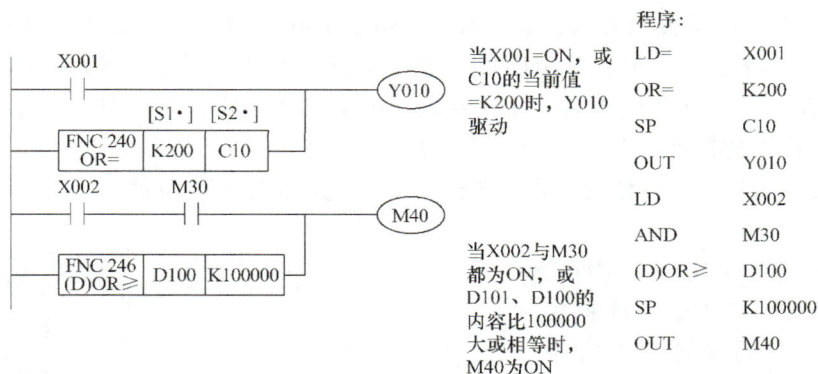

程序：

LD=	X001
OR=	K200
SP	C10
OUT	Y010
LD	X002
AND	M30
(D)OR≥	D100
SP	K100000
OUT	M40

当X001=ON，或C10的当前值=K200时，Y010驱动

当X002与M30都为ON，或D101、D100的内容比100000大或相等时，M40为ON

图 4-28　并联（OR）型触点比较指令应用说明

（5）数据变换指令

1）BCD 变换指令。这种用二进制形式反映十进制进位关系的代码称为 BCD 码，其中最常用的是 8421BCD 码，它是用 4 位二进制数来表示 1 位十进制数。BCD 指令的编号为 FNC18，指令格式是：BCD [S·][D·]，[S·] 为源数据，[D·] 为目标软元件。该指令是将源操作数中的二进制数转换成 BCD 码送到目标操作数中，如图 4-30 所示。注意，如果超出了 BCD 码变换指令能够转换的最大数据范围就会出错。16 位操作时范围为 0～9999；32 位操作时范围为 0～99999999。

2）BIN 变换指令。(D) BIN (P) 指令的编号为 FNC19。指令格式是：(D) BIN (P)[S·][D·]，[S·] 为源数据，[D·] 为目标软元件。该指令是将源元件中的 BCD 数据转换成二进制数据送到目标元件中，如图 4-30 所示。常数 K 不能作为本指令的操作元件，因为在任何处理之前它们都会被转换成二进制数。使用 BCD/BIN 指令时应注意：

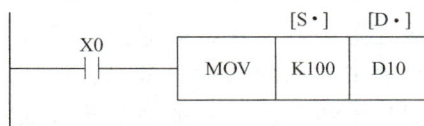

图 4-29　传送指令的使用

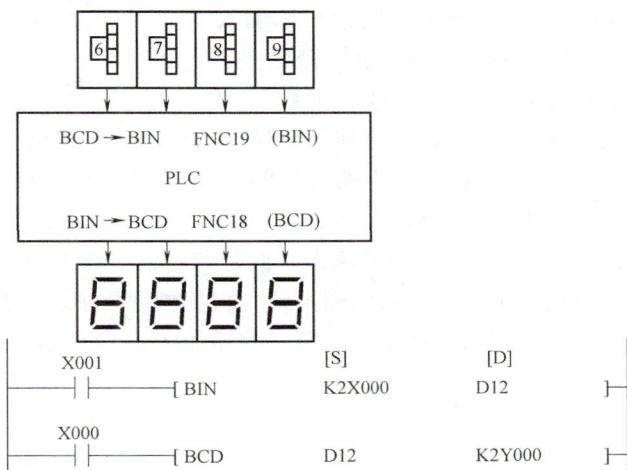

图 4-30　数据变换指令使用示意图

① 源操作数可取 KnK、KnY、KnM、KnS、T、C、D、V 和 Z，目标操作数可取 KnY、KnM、KnS、T、C、D、V 和 Z。

② 16 位运算占 5 个程序步，32 位运算占 9 个程序步。

2. 传送比较类指令的应用实例

例 4-4　电动机的丫/△起动控制。

设置起动按钮为 X000，停止按钮为 X001；电路主（电源）接触器 KM1 接于输出口

Y000，电动机丫接法接触器 KM2 接于输出口 Y001，电动机△接法接触器 KM3 接于输出口 Y002。电动机丫/△起动控制要求：通电时，Y000、Y001 为 ON（传送常数为 1+2=3），电动机丫形起动；当转速上升到一定程度后，断开 Y000、Y001，接通 Y002（传送常数为 4）。然后接通 Y000、Y002（传送常数为 1+4=5），电动机△运行。停止时，应传送常数为 0。另外，起动过程中的每个状态间应有时间间隔。

本例使用向输出端口送数的方式实现控制，梯形图如图 4-31 所示。

例 4-5 密码锁。

密码锁有 3 个置数开关（即 12 个按钮），分别代表 3 个十进制数，如所拨数据与密码锁设定值相等，则 3s 后开锁，20s 后重新上锁。

开锁时，数据只能从 PLCDE 输入端送进去，也就是机器接收机外信号的窗口为输入继电器 X，输入数据是要和 3 位十六进制常数（或十进制常数）比较，而 X 本身为开关量，表示的是二进制数，因此要选用位组合元件 KnX。如果密码是 3 位 16 进制数（或十进制常）则输入元件只需要用 K3X0；如果密码是 4 位十六进制数（或十进制常数）则

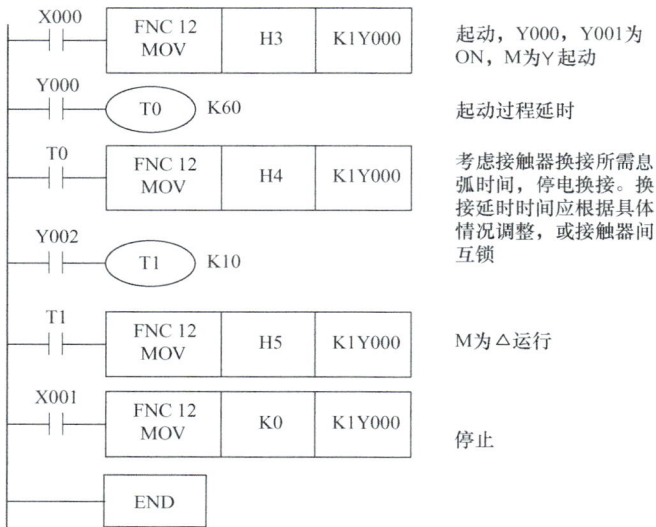

图 4-31 电动机的丫/△起动梯形图及说明

输入元件要用 K4X0，才能保证所有数据输入。本例中密码锁的密码是 3 位十进制数，所以输入元件需用 K3X0，即密码锁的 12 位按钮，分别接入 X013～X000，其中 X003～X000 代表第 1 个十进制数；X007～X004 代表第 2 个十进制数；X013～X010 代表第 3 个十进制数，密码锁的控制信号从 Y000 输出。假定密码锁密码为 H316。

用比较指令实现密码锁系统，根据控制要求，要想开锁必须使输入数据和程序设定密码一致，可以使用比较指令判断。程序如图 4-32 所示。

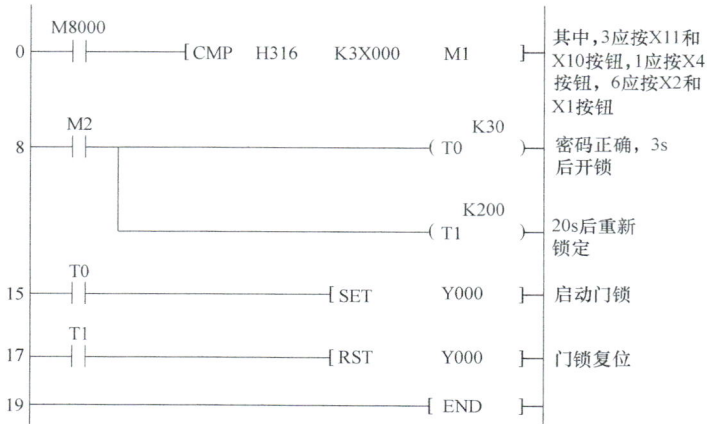

图 4-32 密码锁梯形图及说明

三、算术运算指令及其应用

1. 算术运算指令说明

算术运算指令可完成加、减、乘、除，加1、减1的运算。

（1）加法指令　ADD 加法指令是将指定的源元件中的二进制数相加，结果送到目标元件中去，指令要素见表 4-12。ADD 加法指令有 3 个常用标志。M8020 为零标志，M8021 为借位标志，M8022 为进位标志。加法指令使用说明如图 4-33 所示：当执行条件 X000 由 OFF→ON 时，［D10］+［D12］→［D14］。

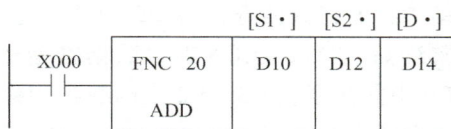

	[S1·]	[S2·]	[D·]
X000 —||—	FNC 20 ADD	D10	D12	D14

图 4-33　加法指令使用说明

表 4-12　加法指令要素

指令名称	助记符	指令代码位数	操作数范围			程序步
			[S1·]	[S2·]	[D·]	
加法	ADD ADD（P）	FNC20 （16/32）	K、H KnX、KnY、KnM、KnS T、C、D、V、Z		KnY、KnM、KnS T、C、D、V、Z	ADD、ADDP…7 步 DADD、DADDP…13 步

（2）减法指令　该指令是将［S1·］指定元件中的内容以二进制形式减去［S2·］指定元件的内容，其结果存入由［D·］指定的元件中，其指令要素见表 4-13。减法指令使用说明如图 4-34 所示：当执行条件 X000 由 OFF→ON 时，［D10］-［D12］→［D14］。

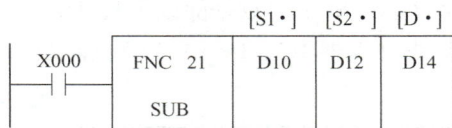

	[S1·]	[S2·]	[D·]
X000 —||—	FNC 21 SUB	D10	D12	D14

图 4-34　减法指令使用说明

表 4-13　减法指令要素

指令名称	助记符	指令代码位数	操作数范围			程序步
			[S1·]	[S2·]	[D·]	
减法	SUB SUB（P）	FNC21 （16/32）	K、H KnX、KnY、KnM、KnS T、C、D、V、Z		KnY、KnM、KnS T、C、D、V、Z	SUB、SUBP…7 步 DSUB、DSUBP…13 步

（3）乘法指令　该指令是将［S1·］指定元件中的内容乘以［S2·］指定元件中的内容，其结果存入由［D·］指定的元件中，数据均为有符号数，其指令要素见表 4-14。

表 4-14　乘法指令要素

指令名称	助记符	指令代码位数	操作数范围			程序步
			[S1·]	[S2·]	[D·]	
乘法	MUL MUL（P）	FNC22 （16/32）	K、H KnX、KnY、KnM、KnS T、C、D、Z		KnY、KnM、KnS T、C、D	MUL、MULP…7 步 DMUL、DMULP…13 步

如图 4-35 所示，当 X0 为 ON 时，将二进制 16 位数 [S1·]、[S2·] 相乘，结果送入 [D·] 中。D 为 32 位，即数据寄存器 D0 中的数据和 D2 中的数据相乘，结果存放在数据寄存器 D5，D4 中（16 位乘法）；当 X1 为 ON 时，数据寄存器 D1、D0 中的数据和 D3、D2 中的数据相乘，结果存放在数据寄存器 D7、D6、D5、D4 中（32 位乘法）。

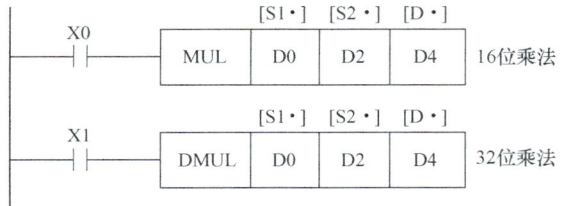

图 4-35　乘法指令的使用

（4）除法指令　除法指令要素见表 4-15。[S1·]、[S2·] 分别为作为被除数和除数的源软元件；[D·] 为存放商和余数的目标软元件。该指令的功能是将 [S1·] 指定为被除数，[S2·] 指定为除数，将除得的结果送到 [D·] 指定的目标元件中，余数送到 [D·] 的下一个元件中。如图 4-36 所示，当 X0 为 ON 时，数据寄存器 D0 中的数据除以 D2 中的数据，商存放在数据寄存器 D4 中，余数存放在数据寄存器 D5 中（16 位除法）；当 X1 为 ON 时，数据寄存器 D1、D0 中的数据除以 D3、D2 中的数据，商存放在数据寄存器 D5、D4 中，余数存放在数据寄存器 D7、D6 中（32 位除法）。

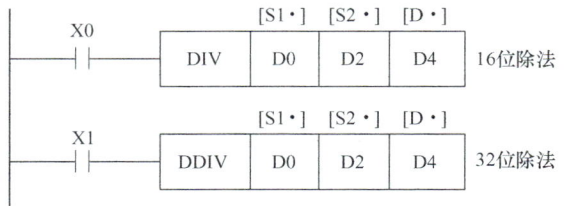

图 4-36　除法指令的使用

表 4-15　除法指令要素

指令名称	助记符	指令代码位数	操作数范围			程序步
			[S1·]	[S2·]	[D·]	
除法	DIV DIV（P）	FNC23 （16/32）	K、H KnX、KnY、KnM、KnS T、C、D、Z		KnY、KnM、KnS T、C、D	DIV、DIVP…7 步 DDIV、DDIVP…13 步

（5）加 1 指令　加 1 指令要素见表 4-16，其指令使用如图 4-37 所示。当 X000 由 OFF→ON 变化时，由 [D·] 指定的元件 D10 中的二进制数加 1。若用连续指令时，每个扫描周期加 1。

表 4-16　加 1 指令要素

指令名称	助记符	指令代码位数	操作数范围	程序步
			[D·]	
加 1	INC INC（P）	FNC24 （16/32）	KnY、KnM、KnS T、C、D、V、Z	INC、INCP…3 步 DINC、DINCP…5 步

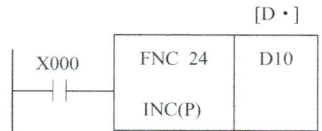

图 4-37　加 1 指令的使用

（6）减 1 指令　减 1 指令要素见表 4-17，其指令使用说明如图 4-38 所示。当 X001 由 OFF→ON 变化时，由 [D·] 指定的元件 D10 中的二进制数减 1。若用连续指令时，每个扫描周期减 1。

2. 算术运算指令应用实例

例 4-6　算术运算式的实现。

表 4-17　减 1 指令要素

指令名称	助记符	指令代码位数	操作数范围 [D·]	程序步
减 1	DEC DEC(P)	FNC25 (16/32)	KnY、KnM、KnS T、C、D、V、Z	DEC、DECP…3 步 DDEC、DDECP…5 步

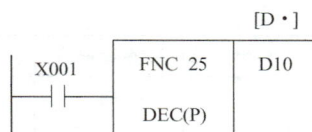

图 4-38　减 1 指令的使用

某控制程序中要进行以下算式的运算：$38X \div 255 + 2$。式中"X"代表输入端口 K2X000 送入的二进制数，运算结果需送输出口 K2Y000；X020 为起停开关。运算式的梯形图如图 4-39 所示。

例 4-7　使用乘除运算实现灯移位点亮控制。

用乘除法指令实现灯组的移位点亮循环。有一组灯共 15 个，接于 Y000～Y014。要求：当 X000 为 ON 时，灯正序每隔 1s 单个移位，并循环；当 X000 为 OFF 时，灯反序每隔 1s 单个移位，至 Y000 为 ON 停止。控制程序的梯形图如图 4-40 所示。

四、程序控制指令及其应用

条件跳转指令、子程序指令、中断指令及程序循环指令，统称为程序控制类指令，见表 4-18。程序控制类指令用于程序执行流程的控制：对一个扫描周期而言，跳转指令可以使程序出现跨越或跳跃以实现程序段的选择；子程序指令可调用某段子程序；循环指令可多次重复执行特定的程序段；中断指令则用于中断信号引起的子程序调用。程序控制类指令可以影响程序执行的流向及内容，对合理安排程序的结构，有效提高程序的功能，实现某些技巧性运算，都有重要的意义。鉴于篇幅这里只介绍条件跳转指令。

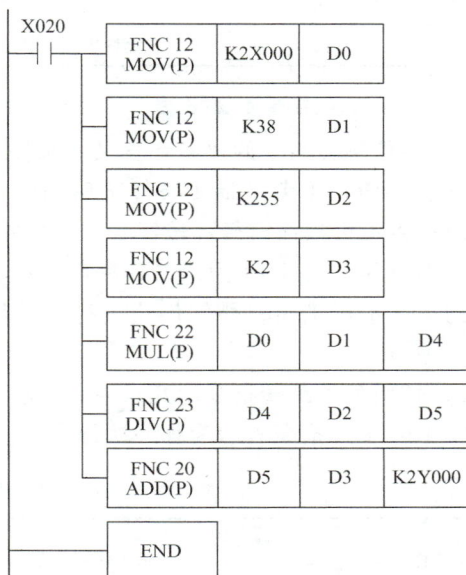

图 4-39　四则运算应用举例梯形图

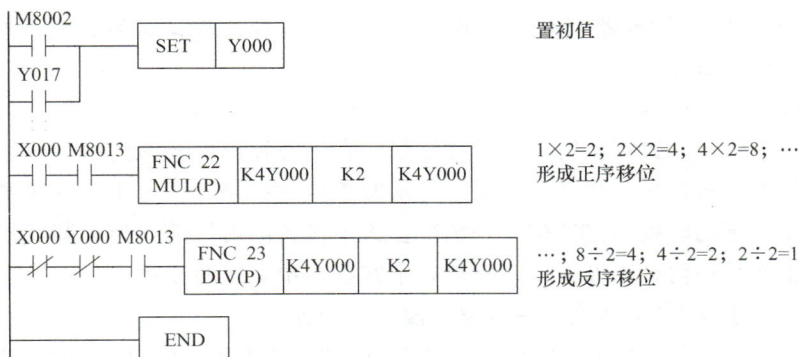

图 4-40　灯组移位控制梯形图

表 4-18 程序控制类指令

FNC NO.	指令助记符	指令名称	FNC NO.	指令助记符	指令名称
00	CJ	条件跳转	05	DI	禁止中断
01	CALL	子程序调用	06	FEND	主程序结束
02	SRET	子程序返回	07	WDT	警戒时钟
03	IRET	中断返回	08	FOR	循环范围开始
04	EI	允许中断	09	NEXT	循环范围结束

1. 条件跳转指令使用说明

1）条件跳转指令的要素和含义。条件跳转指令的要素见表 4-19。在满足跳转条件之后的各个扫描周期中，PLC 将不再扫描执行跳转指令与跳转指针 PI 间的程序，即跳到以指针 PI 为入口的程序段中执行。直到跳转的条件不再满足，跳转停止进行，其使用说明如图 4-41 所示。

2）使用条件跳转指令的几点注意事项。

① CJ（P）指令表示为脉冲执行方式。

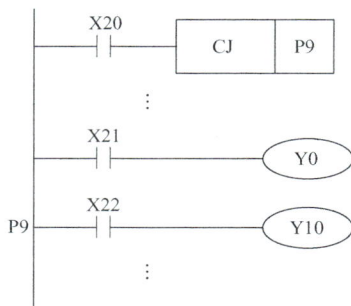

图 4-41 条件跳转指令使用说明

表 4-19 条件跳转指令要素

指令名称	助记符	指令代码位数	操作数 [D·]	程序步
条件跳转	CJ CJ（P）	FNC00 （16）	P0~P63 P63 即 END	CJ 和 CJ（P）~3 步 标号 P~1 步

② 在一个程序中一个标号只能出现一次，否则将出错。

③ 在跳转执行期间，即使被跳过程序的驱动条件改变，其线圈（或结果）仍保持跳转前的状态，因为跳转期间根本没有执行这段程序。

④ 如果在跳转开始时定时器和计数器已在工作，则在跳转执行期间它们将停止工作，到跳转条件不满足后又继续工作。但对于正在工作的定时器 T192~T199 和高速计数器 C235~C255 不管有无跳转，仍连续工作。

⑤ 若累积定时器和计数器的复位（RST）指令在跳转区外，即使它们的线圈被跳转，但对它们的复位仍然有效。

2. 条件跳转指令的应用

条件跳转指令可用来选择执行一定的程序段，在工业控制中经常使用。例如，同一套设备在不同的条件下，有两种工作方式，需运行两套不同的程序时，可使用跳转指令。常见的手动、自动工作状态的转换即是这样一种情况。为了设备的可靠性也为了调试的需要，许多设备要建立自动及手动两种工作方式，这就要求在程序中编排两段程序，一段手动，一段自动。然后建立一个手动/自动转换开关对程序段进行选择。

例 4-8 某设备有手动和自动两种工作方式，由 SB3 选择开关控制，断开时为手动控制，接通时为自动控制。手动操作按 SB2 电动机运行，SB1 为停止；自动操作按 SB2 起动电动机

1min 后自动停止，按 SB1 电动机停止。该工作方式的接线图及梯形图如图 4-42 所示。

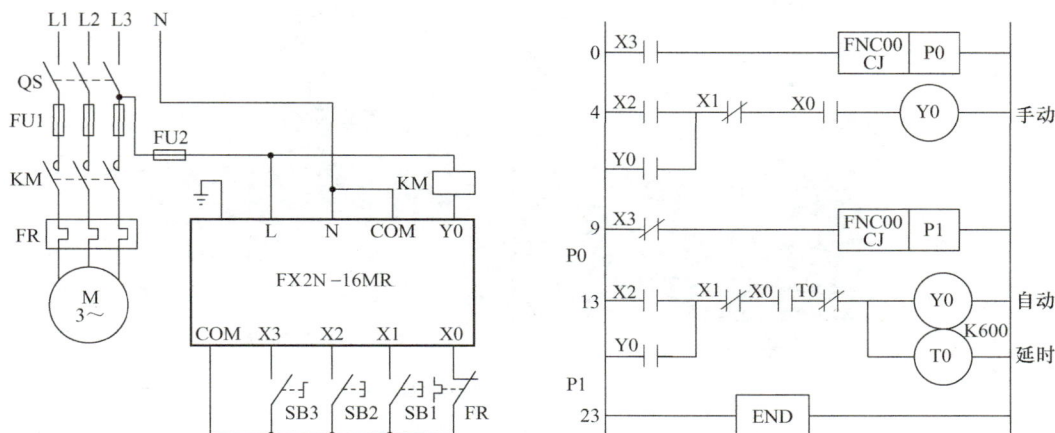

图 4-42　条件跳转指令应用举例

程序执行过程：

手动方式——SB3 断开，X3 常开断开，不执行 CJ P0，顺序执行 4～8 步，因 X3 常闭闭合执行 CJ P1，跳过自动操作至结束。

自动方式——SB3 接通，X3 常开闭合，执行 CJ P0，跳过 4～8 步，因 X3 常闭断开不执行 CJ P1，执行自动操作至结束。

第三节　西门子 S7-1200 型 PLC 简介

一、西门子 S7-1200 PLC 硬件介绍

S7-1200 PLC 是西门子公司推出的一款 PLC，主要面向简单而高精度的自动化任务，定位于低端的离散自动化系统和独立自动化系统使用的小型控制模块。S7-1200 设计紧凑、组态灵活且具有功能强大的指令集，这些特点使它成为控制各种应用的完美解决方案。S7-1200 将微处理器、集成电源、输入电路和输出电路组合到一个设计紧凑的外壳中以形成功能强大的 PLC。CPU 根据用户程序逻辑监视输入并更改输出，用户程序可以包含位逻辑、计数、定时、复杂数学运算以及与其他智能设备的通信。

1. S7-1200 的硬件结构

如图 4-43 所示，S7-1200 由 CPU、信号板、信号模块、通信模块、存储卡、电源模块等部分组成。现场模块选型需根据驱动系统要求配置所需要的 I/O 点数、电源要求、输入/输出方式、模块和特殊模块等。

（1）CPU 模块　CPU 模块如图 4-44 所示。集成的 24V 传感器/负载电源可供传感器和编码器使用，也可以用作输入回路的电源。集成的 2 点模拟量输入（0～10V），输入电阻 100kΩ，10 位分辨率。2 点脉冲列输出（PTO）或脉宽调制（PWM）输出，最高频率为 100kHz。有 16 个参数自整定的 PID 控制器。4 个时间延迟与循环中断，分辨率为 1ms。可以扩展 3 块通信模块和一块信号板，CPU 可以用信号板扩展一路模拟量输出或高速数字量

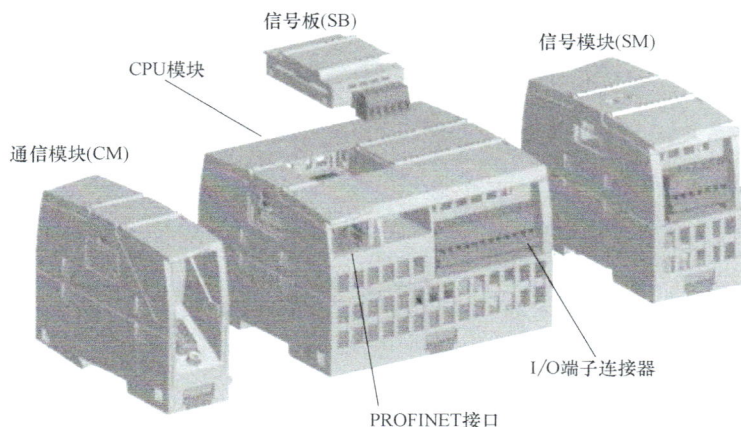

图 4-43　S7-1200 的硬件构成

输入/输出。集成 PROFINET（以太网）接口可以实现 PLC 与工程的通信、PLC 与 HMI（人机界面）的通信以及 PLC 与 PLC 之间的通信。

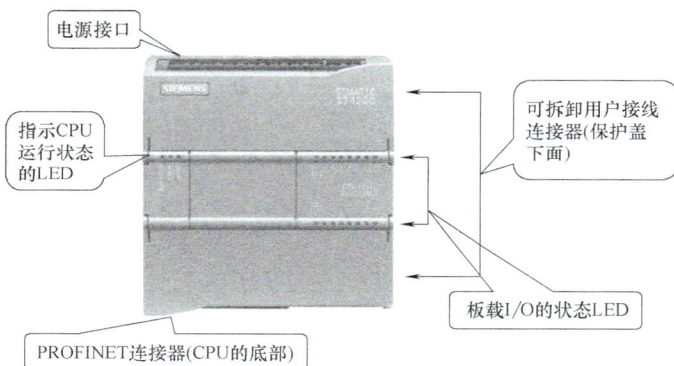

图 4-44　CPU 模块

S7-1200 有 5 种型号的 CPU，分别是 1211C、1212C、1214C、1215C、1217C。CPU 可以扩展 1 块信号板，左侧可以扩展 3 块通信模块。每种 CPU 有 3 种具有不同电源电压和输入、输出电压的版本，见表 4-20。

表 4-20　S7 1200CPU 3 种版本

版本	电源电压	DI 输入电压	DO 输出电压	DO 输出电流
DC/DC/DC	DC 24V	DC 24V	DC 24V	0.5A, MOSFET
DC/DC/Relay	DC 24V	DC 24V	DC 5~30V AC 5~250V	2A, DC 30W/ AC 200W
AC/DC/Relay	AC 85~264V	DC 24V	DC 5~30V AC 5~250V	2A, DC 30W/ AC 200W

CPU 1214C AC/DC/Rly（继电器）型的外部接线如图 4-45 所示。输入回路一般使用 CPU 内置的 DC24V 传感器电源。漏型输入需要去除图中的外接直流电源，将输入回路的 1M

端子与 DC24V 传感器的 M 端子连起来，将内置的 24V 电源的 L+端子接到外接触点的公共端。源型输入时将 DC24V 传感器电源的 L+端子接到 1M 端子。

　　CPU 1214C DC/DC/Rly 的接线图与图 4-45 的区别是电源电压换成了 DC24V；CPU 1214C DC/DC/DC 的接线图的电源电压、输入回路和输出回路电压均为 DC24V，输入回路电压也可以使用内置的 DC24V 电源。

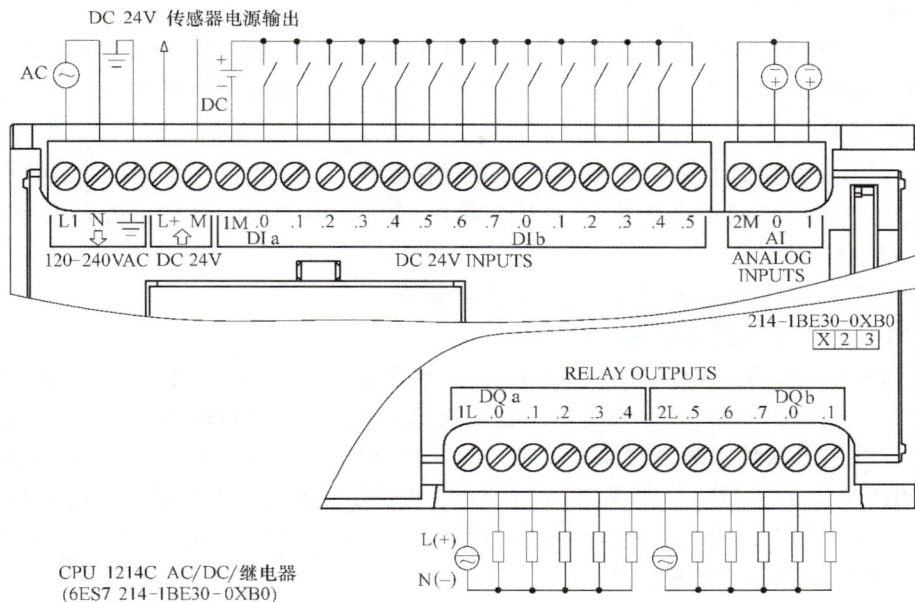

图 4-45　CPU 1214C AC/DC/Rly（继电器）型的外部接线图

　　（2）信号板 SB（Signal Board）　S7-1200 各种 CPU 都可以增加一块信号板 SB，如图 4-43 所示。SB 连接在 CPU 模块的前端，通过信号板可以给 CPU 模块增加 I/O。可以通过向控制器添加数字量或模拟量输入/输出通道来量身订制 CPU 模块，而不必改变其体积。常用信号板有下列几种：SB 1221 数字量输入信号板、SB 1222 数字量输出信号板、SB 1223 数字量输入/输出信号板、SB 1231 热电偶和热电阻模拟量输入信号板、SB 1231 模拟量输入信号板、SB 1232 模拟量输出信号板、CB 1241 RS485 提供 RS485 接口。

　　（3）信号模块 SM（Signal Module）　数字量输入/输出（DI/DO）模块和模拟量输入/输出（AI/AO）模块统称为信号模块（图 4-43）。信号模块连接到 CPU 模块的右侧，以扩展其数字量和模拟量 I/O 的点数。可以选用 8 点、16 点和 32 点的数字量输入/输出模块，来满足不同的控制需要。常用信号模块有下列几种：SM1221 数字量输入模块、SM1222 数字量输出模块、SM1223 数字量输入/直流输出模块、SM1223 数字量输入/交流输出模块、SM1231 模拟量输入模块、SM1232 模拟量输出模块、SM1231 热电偶和热电阻模拟量输入模块、SM1234 模拟量输入/输出模块。

　　（4）通信模块 CM（Communication Module）　实时工业以太网是现场总线发展的趋势，PROFINET 是基于工业以太网的现场总线，是开放式的工业以太网标准，它使工业以太网的应用扩展到了控制网络最底层的现场设备。PROFINET 接口可以与计算机、其他 S7CPU、PROFINET I/O 设备通信。该接口使用具有自动交叉网线功能的 RJ45 连接器，用直通网线或者交叉网线都可以连接 CPU 和其他以太网设备或交换机。

S7-1200CPU 最多可以添加 3 个通信模块，支持 PROFIBUS 主从站通信。有 2 种通信模块：CM1241 RS232 和 CM1241 RS485。各通信模块连接在 CPU 模块的左侧（或连接到另一通信模块的左侧）。RS485 和 RS232 通信模块为点到点的串行通信提供连接。对该通信的组态和编程采用了扩展指令或库功能、USS 驱动协议、Modbus RTU 主站和从站协议，它们都包含在 SIMATIC STEP 7Basic 工程组态系统中。

常用的通信模块如下：CM1241 通信模块、CSM1277 紧凑型交换机模块、CM1243-5 PROFIBUS DP 主站模块、CM1242-5 PROFIBUS DP 从站模块、CP1242-7GPRS 模块、TS 模块。

（5）存储卡

1）程序卡是将存储卡作为 CPU 的外部装载存储器，可以提供一个更大的装载存储区。

2）传送卡可以复制一个程序到一个或多个 CPU 的内部装载存储区而不必使用 STEP 7Basic 编程软件。

3）固件更新卡可以更新 S7-1200 CPU 固件版本。

2. TIA 博途使用入门与硬件组态

（1）TIA 博途简介　　TIA 博途是西门子自动化的全新工程设计软件平台。SIMATIC STEP 7 Basic 是西门子公司开发的高集成度工程组态系统，SIMATIC WinCC Basic 是面向任务的 HMI 智能组态软件。两个软件集成在一起，称为 TIA（Totally Integrated Automation，全集成自动化）Portal（门户），如图 4-46 所示。它提供了直观易用的编辑器，用于对 S7-1200 和精简系列面板进行高效组态。除了支持编程以外，STEP 7 Basic 还为硬件和网络组态、诊断等提供通用的工程组态框架。

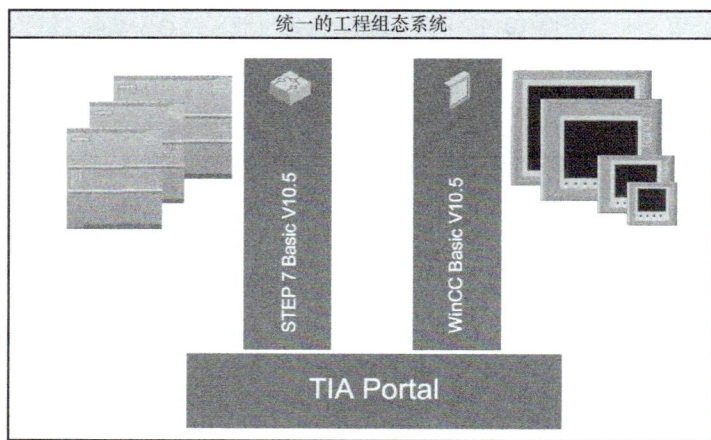

图 4-46　TIA 博途软件结构

典型的自动化系统包含以下内容：借助程序来控制过程的 PLC；用来操作和可视化过程的 HMI 设备。可以使用 TIA Portal 在同一个工程组态系统中组态 PLC 和可视化 HMI，如图 4-47 所示。所有数据均存储在一个项目中，STEP7 和 WinCC 不是单独的程序，而是可以访问的公共数据库，所有数据均存储在一个公共的项目文件中。

TIA Portal 可用来帮助创建自动化系统，关键的组态步骤为：创建项目→配置硬件→联网设备→对 PLC 编程→组态可视化→加载组态数据→使用在线和诊断功能。

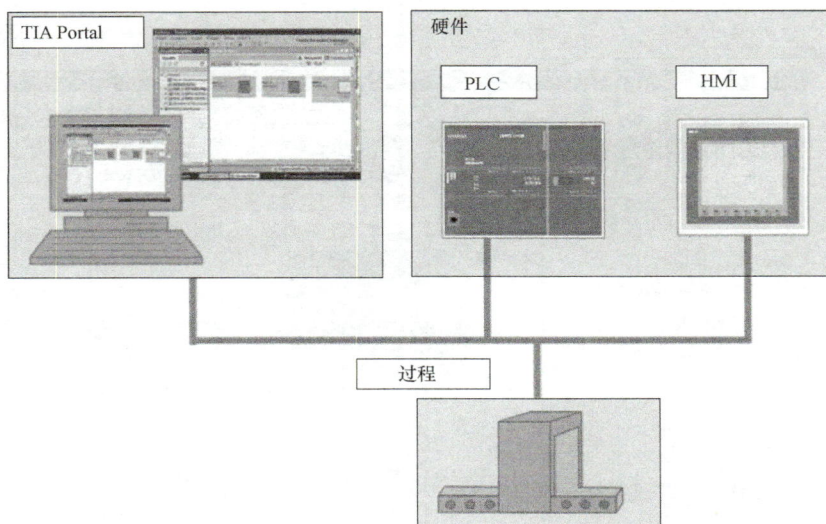

图 4-47　工程组态系统图

（2）**项目视图的结构**　STEP 7 Basic 提供了两种不同的工具视图：一种是 Portal（门户）视图，可以概览自动化项目的所有任务；另一种是项目视图，将整个项目（包括 PLC 和 HMI）按多层结构显示在项目树中。

Portal 视图提供了面向任务的视图，类似于向导操作，可以一步一步地进行相应的操作。选择不同的任务入口可处理启动、设备和网络、PLC 编程、可视化、在线和诊断等各种工程任务，如图 4-48 所示。

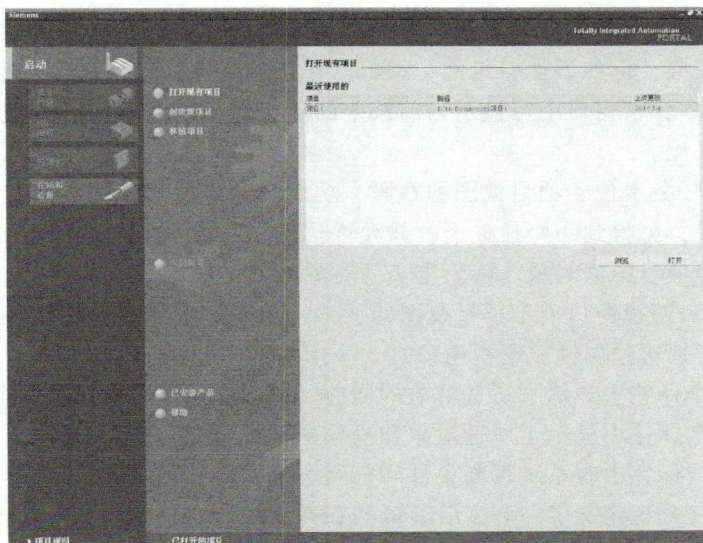

图 4-48　启动画面（Portal 视图）

单击视图左下角的"项目视图"将切换到项目视图，如图 4-49 所示。

项目视图是一个包含所有项目组件的结构视图，在项目视图中可以直接访问所有的编辑器、参数和数据，并进行高效的工程组态和编程。项目视图包括标题栏、工具栏、编辑区和

工作区

任务卡

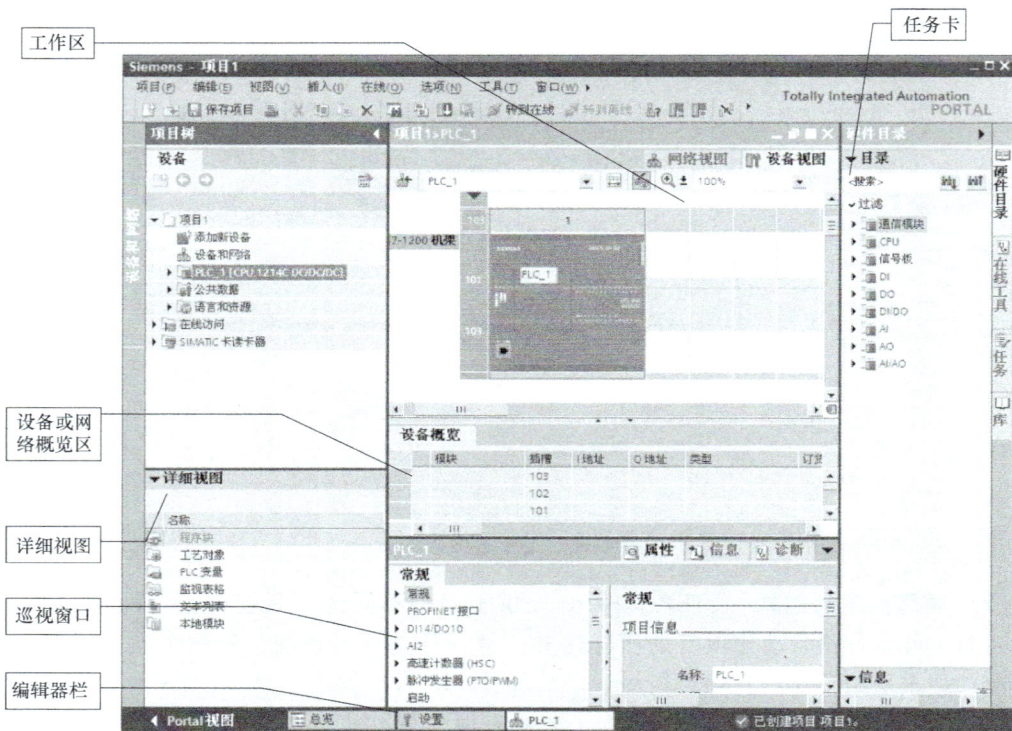

图 4-49　项目视图

状态栏等。

1）项目树。项目树位于项目视图的左侧，可以访问所有设备和项目数据，也可以在项目树中直接执行任务，例如添加新组件、编辑已存在的组件、打开编辑器处理项目数据等。

2）详情视图。详情窗口中可显示当前选中的项目树中的对象，可以直接从详情窗口将对象拖放到应用区域。

3）任务卡。任务卡位于项目视图的右侧，功能选项卡的功能取决于编辑器，根据已编辑或已选择的对象，可得到一些任务卡，并允许执行一些附加操作，例如从库或目录中选取对象、查找和替换项目中的对象、将预定义的对象拖到工作区等。

4）巡视窗口。巡视窗口位于项目视图的下部，用来显示选中的工作区中的对象附加信息，还可以用来设置对象属性。巡视窗口有 3 个标签：

① 属性。这个标签中显示了所选对象的属性，可以在这里更改可编辑的属性。

② 信息。这个标签中显示了所选对象和操作的详细信息，例如编译。

③ 诊断。这个标签中有系统诊断事件和已组态报警事件信息。

5）工作区。工作区定义了一个显示编辑器和列表的特定区域，显示所编辑对象的参数，包括编辑器、界面或列表中的参数。可以在工作区同时打开多个元件来组态不同的对象，打开的编辑器会显示在 TIA 页面的任务栏上。如果没有打开的编辑器，那么工作区就是空的。

（3）创建新项目与硬件组态

1）新建一个项目。执行项目视图中的菜单"项目"→"新建"，出现"创建新项目"对话框；进行路径修改，单击"创建"按钮，开始生成项目，如图 4-50 所示。

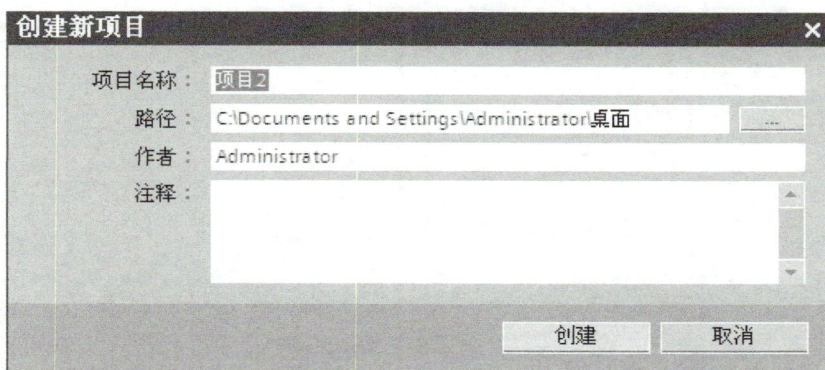

图 4-50 新建项目

2）添加新设备。双击项目树中的"添加新设备"，出现"添加新设备"对话框，如图 4-51 所示。单击控制器按钮，可以添加一个 PLC。

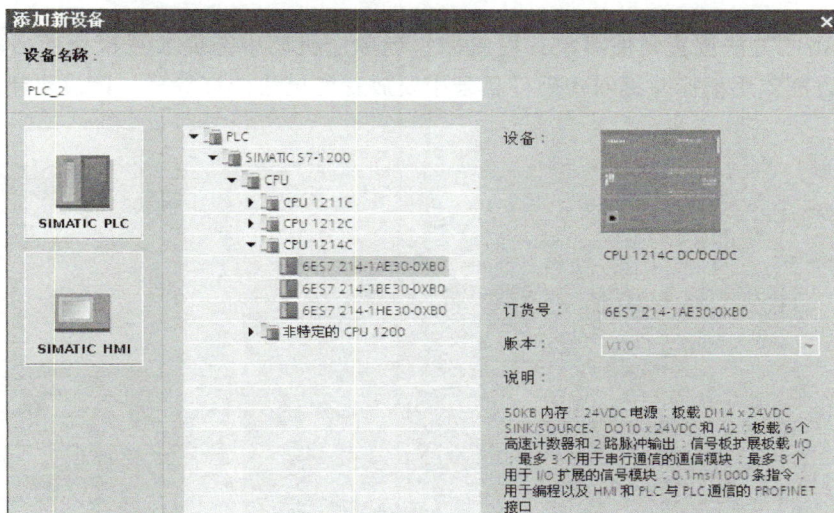

图 4-51 "添加新设备"对话框

3）设置项目参数。在项目菜单中执行"选项"→"设置"，选中工作区左边浏览窗口的"常规"，进行常规设置，如图 4-52 所示。

4）硬件组态任务。设备组态（configuring）的任务就是在设备和网络编辑器中生成一个与实际的硬件系统对应的模拟系统，包括系统中的设备（PLC 和 HMI），PLC 各模块的型号、订货号和版本。模块的安装位置和设备之间的通信连接，都应与实际的硬件系统完全相同。此外还应设置模块的参数，即给参数赋值，或称为参数化。

5）在设备视图中添加模块。打开项目树中的"PLC-1"文件夹，双击其中的"设备组态"，打开设备视图，可以看到 1 号插槽中的 CPU 模块。在硬件组态时，需要将信号模块或通信模块放置到工作区的机架的插槽内。有两种放置方式：

① 用拖放的方法放置硬件对象：将自动化系统所需的设备和模块从硬件目录拖到网络视图、设备视图或拓扑视图中，如图 4-53 所示。

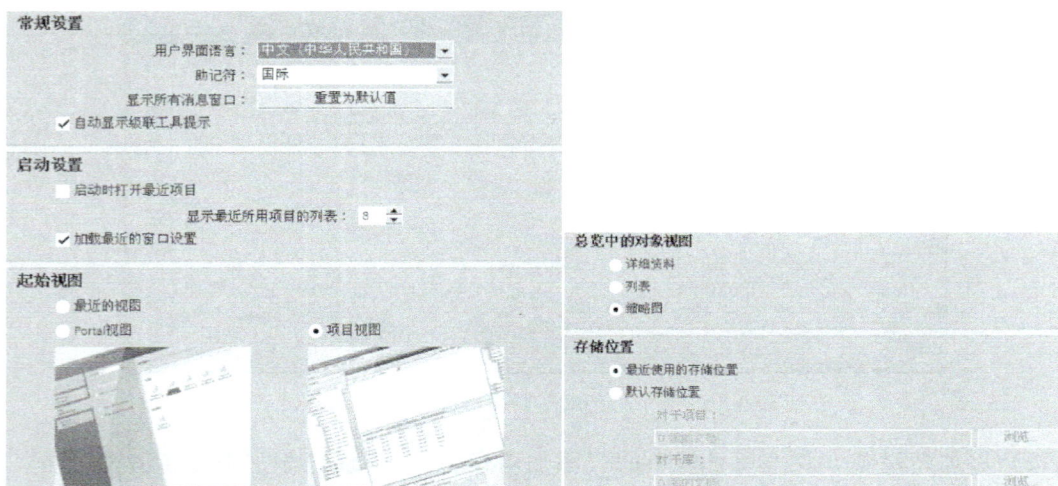

图 4-52　TIA 博途常规参数设置

② 用双击的方法放置硬件对象：用鼠标左键单击机架中需要放置模块的插槽，使它四周出现深蓝边框，用鼠标左键双击硬件目录中要放置的模块的订货号，该模块就出现在选中的插槽中。

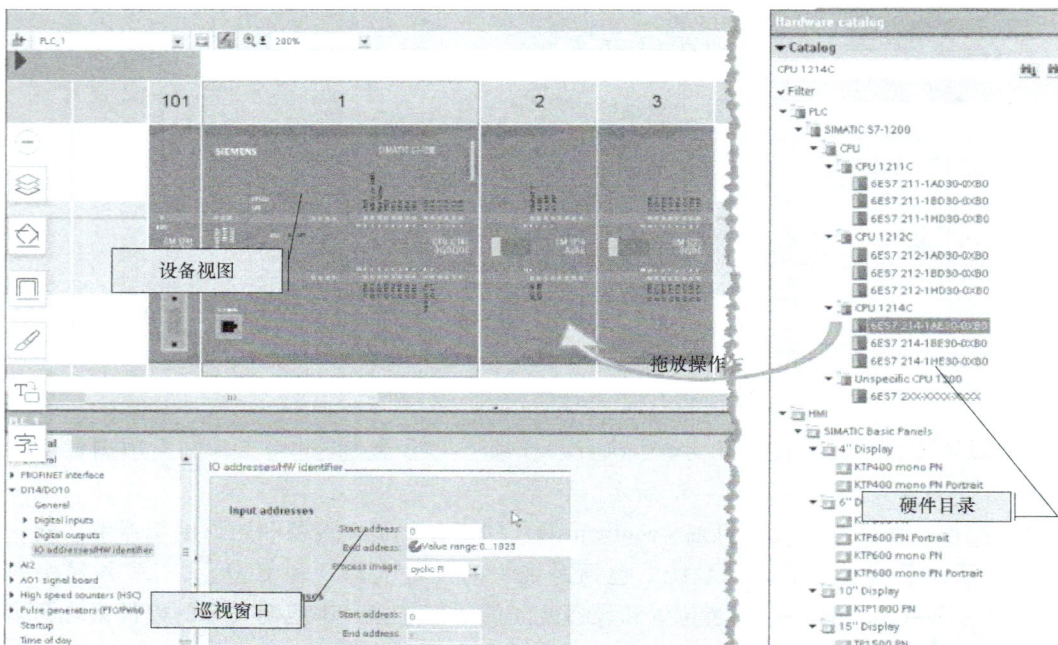

图 4-53　拖放的方法放置硬件对象

6）硬件目录中的过滤器。如果激活了硬件目录的过滤器功能，则硬件目录只显示与工作区有关的硬件。例如用设备视图打开 PLC 的组态画面时，则硬件目录不显示 HMI，只显示 PLC 的模块。

7）删除硬件组件。可以删除设备视图或网络视图中的硬件组态组件，被删除的组件的地址可供其他组件使用。不能单独删除 CPU 模块和机架，只能在网络视图或项目树中删除整个 PLC 站。删除硬件组件后，可以对硬件组态进行编译。编译时进行一致性检查，如果有错误将会显示错误信息，应改正错误后重新进行编译。

8）复制与粘贴硬件组件。可以在项目树、网络视图或设备试图中复制硬件组件，然后将保存在剪裁板上的组件粘贴到其他地方。可以在网络视图中复制和粘贴站点，在设备视图中复制和粘贴模块。可以用拖放的方法或通过剪裁板在设备视图或网络视图中移动硬件组件，但是 CPU 模块必须在 1 号槽。

（4）参数设置

1）CPU 模块的参数设置包括：PROFINET（以太网）接口、时钟、上电模式、保护模式、系统和时钟内存、循环周期、集成的数字量输入（输入滤波器、过程报警、脉冲捕获）、集成的数字量输出、集成的模拟量输入（积分时间、滤波）、集成的功能（高速计数器 HSC、脉冲发生器 PTO/PWM）等。

2）信号模块和信号板的参数设置。

① 地址分配。添加了 CPU 模块、信号板或信号模块后，它们的 I/O 地址是自动分配的。选中"设备概览"，可以看到 CPU 模块集成的 I/O 模板、信号板、信号模块的地址。选中模块，通过巡视窗口的"I/O 地址/硬件标识符"，可以修改模块的地址，也可以直接在设备概览中修改。DI/DO 的地址以字节为单位分配，没有用完一个字节，剩余的位也不能做它用。AI/AO 的地址以组为单位分配，每一组有两个输入/输出点，每个点（通道）占一个字或两个字节。建议不要修改自动分配的地址。

② 常用参数设置包括如下内容。数字量输入（输入滤波器、过程报警、脉冲捕获）、数字量输出（替代值）、模拟量输入（积分时间、滤波）、仅能在信号面板上实现的功能（高速计数器 HSC、脉冲发生器 PTO/PWM）。

③ 通信模块参数设置。通信模块的参数设置主要包括如下内容：端口配置（波特率、奇偶校验、流量控制）、发送信息配置（替代值）、接收信息配置（信息头、信息尾）、通过功能块选择协议（ASCII 协议、USS 协议、Modbus 协议）

二、程序设计基础

1. S7-1200 的编程语言

S7-1200 使用梯形图（LAD）、功能图（FBD）、结构化控制语言（SCL）3 种编程语言。

梯形图中，触点和线圈等组成的电路称为程序段，英语名称为 Network（网络），STEP7 自动为程序段编号。可以在程序段编号的右边加上标题，在程序段编号的下面为程序段加注释。

功能图使用类似数字电子电路的图形逻辑符号来表示控制逻辑，此种方法不常用。

结构化控制语言将复杂的自动化任务分割成与过程工艺功能相对应或可重复使用的更小的子任务，更易于对这些复杂任务进行处理和管理。这些子任务在用户程序中以块来表示。因此每个块是用户程序的独立部分。

2. 用户程序结构

S7-1200 编程采用块（BLOCK）的概念，即将程序分解为独立的、自成体系的各个部件。块类似子程序的功能，但类型更多功能更强大。在工业控制中，程序往往是非常庞大和复杂的，采用块的概念便于大规模程序的设计和理解，可以设计标准化的块程序进行重复调用，程序结构清晰明了，修改方便，调试简单。采用块结构显著地增加了 PLC 程序的组织透明性、可理解性和易维护性。用户块包括组织块、功能块、功能和数据块。

（1）**组织块（OB）**　组织块是操作系统和用户程序之间的接口。组织块只能由操作系统来启动，用于控制扫描循环和中断程序的执行、PLC 的启动和错误处理等。组织块程序是由用户编写的，各种组织块由不同的事件驱动，且具有不同的优先级，而循环执行的主程序则在组织块 OB1 中。一般可分为程序循环组织块、启动组织块和终端组织块。操作系统和用户程序间的接口，可以通过对组织块编程来控制 PLC 的动作

（2）**功能块（FB）**　功能块是用户编写的子程序，调用功能块时，需要指定背景数据块，后者是功能块的专用存储区。CPU 执行 FB 中的程序代码，将块的输入/输出参数和局部静态变量保存在背景数据块中，以便在后面的扫描周期访问它们。FB 的典型应用是不能在一个扫描周期内完成的操作。在调用 FB 时，自动打开对应的背景数据块，后者的变量可以供其他代码块使用。调用同一个功能块使用不同的背景数据块，可以控制不同对象。

（3）**功能（FC）**　功能是用户编写的子程序，它包含完成特定任务的代码和参数。功能是快速执行的代码块，FC 和 FB 有与调用它的块共享的输入/输出参数，执行完毕后返回代码块。FC 没有指定的数据块，因而不能存储信息。FC 常常用于编制重复发生且复杂的自动化过程。在 FC 执行完以后，临时变量里的数据将会丢失。

（4）**数据块（DB）**　数据块中包含程序所使用的数据，分为全局数据块和背景数据块，用于存储用户数据。全局数据块的结构是用户定义的，全局数据块存储供所有的代码块使用的数据，所有的 OB、FB 和 FC 都可以访问。背景数据块由系统创建的，它存储的数据供特定的 FB 使用，它所保存的是对应的 FB 的输入/输出参数和局部静态变量。

3. 系统存储区

系统存储器是 CPU 模块为用户程序提供的存储器组件，被划分为若干个地址区域，使用指令可以在相应的地址区内对数据直接进行寻址。系统存储器用于存放用户程序的操作数据，例如过程映像输入/输出、位存储器、数据块、局部数据，I/O 输入/输出区域和诊断缓冲区等（系统存储区见表 4-21）。在 I/O 点的地址或符号地址后面附加"：P"，可以立即访问外设输入或外设输出，而不是来自过程影像输入/输出。

表 4-21　系统存储区

地址区	说明
输入过程映像 I	输入映像区每一位对应一个数字量输入点，在每个扫描周期的开始,CPU 对输入点进行采样,并将采样值存于输入映像寄存器中。CPU 在接下来的本周期各阶段不再改变输入过程映像寄存器中的值,直到下一个扫描周期的输入处理阶段进行更新
输出过程映像 Q	输出映像区的每一位对应一个数字量输出点,在扫描周期的末尾,CPU 将输出映像寄存器的数据传送给输出模块,再由后者驱动外部负载
位存储区 M	用来保存控制继电器的中间操作状态或其他控制信息
定时器 T	定时器相当于继电器系统中的时间继电器,用定时器地址(T 和定时器号,如 T5)来存取当前值和定时器状态位,带位操作数的指令存取定时器状态位,带字操作的指令存取当前值
计数器 C	用计数器地址(C 和计数器号,如 C20)来存取当前值和计数器状态位,带位操作数的指令存取计数器状态位,带字操作的指令存取当前值
局部数据 L	可以作为暂时存储器或给子程序传递参数,局部变量只在本单元有效
数据块 DB	在程序执行的过程中存放中间结果,或用来保存与工序或任务有关的其他数据

4. 基本数据类型

数据类型用来描述数据长度（二进制位数）和属性。很多指令和代码块的参数支持多种数据类型，例如位逻辑指令使用位数据，MOVE 指令使用字节、字、双字，定时器使用 Time 型数据。表 4-22 给出了常用基本数据类型。

表 4-22　基本数据类型

变量类型	符号	位数	取值范围	常数举例
位	Bool	1	1,0	TRUE,FALSE 或 1,0
字节	Byte	8	16#00 ~ 16#FF	16#12,16#AB
字	Word	16	16#0000 ~ 16#FFFF	16#ABCD,16#0001
双字	DWord	32	16#00000000 ~ 16#FFFFFFFF	16#02468ACE
字符	Char	8	16#00 ~ 16#FF	'A','t','@'
有符号字节	SInt	8	−128 ~ 127	123,−123
整数	Int	16	−32768 ~ 32767	123,−123
双整数	DInt	32	−2147483648 ~ 2147483647	123,−123
无符号字节	USInt	8	0 ~ 255	123
无符号整数	UInt	16	0 ~ 65535	123
无符号双整数	UDInt	32	0 ~ 4294967295	123
浮点数（实数）	Real	32	$\pm 1.175495 \times 10^{-38} \sim \pm 3.402823 \times 10^{38}$	12.45,−3.4,−1.2E+3
双精度浮点数	LReal	64	$\pm 2.2250738585072020 \times 10^{-308} \sim$ $\pm 1.7976931348623157 \times 10^{308}$	12345.12345−1,2E+40
时间	Time	321	T#−24d20h31m23s648ms ~ T#24d20h31m23s648ms	T#1d_2h_15m_30s_45ms

5. 寻址

（1）**直接寻址**　S7-1200 CPU 可以按照位、字节、字和双字对存储单元进行寻址。位存储单元的地址由字节地址和位地址组成，如 I3.2，其中的区域标识符 "I" 表示输入（Input），字节地址为 3，位地址为 2，这种存取方式称为 "字节.位" 寻址方式，又称为绝对地址寻址，如图 4-54 所示。

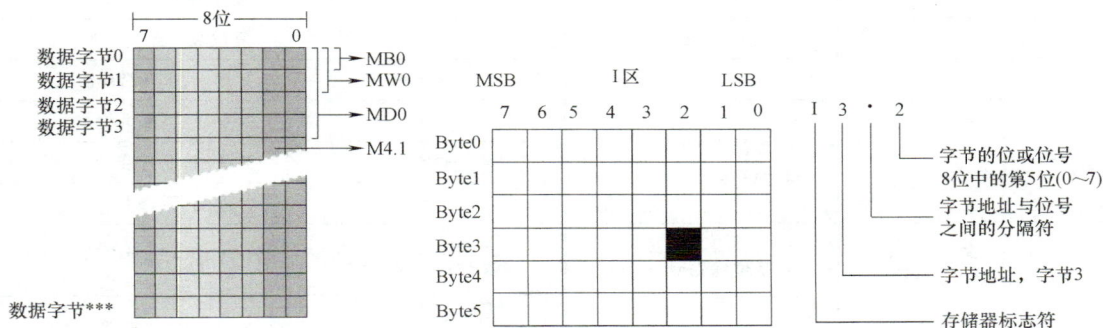

图 4-54　S7-1200 的寻址

（2）**间接寻址**　间接寻址是数据存放在存储器或寄存器中，在指令中只出现所需数据所在单元的内存地址的地址寻址方式。存储单元地址的地址又称为地址指针。这种间接寻址方式与计算机的间接寻址方式相同。间接寻址在处理内存连续地址中的数据时非常方便，而且可以缩短程序所生成的代码的长度，使编程更加灵活。用间接寻址方式存取数据需要做的工作有3种：建立指针、间接存取和修改指针。

6. 编程方法

S7-1200为设计程序提供3种方法，基于这些方法，可以选择适合的程序设计方法。

（1）**线性化编程**　线性化编程，所有的指令都在一个块（OB1）内，CPU循环扫描并执行OB1中全部指令。仅对简单程序进行线性编程。

（2）**模块化编程**　模块化编程是指每个设备的控制指令都在各自的块内，OB1按顺序调用每个块。

（3）**结构化编程**　将复杂自动化任务分割成与过程工艺功能相对应或可重复使用的更小的子任务，更易于对这些复杂任务进行处理和管理。这些子任务在用户程序中以块来表示。每个块是用户程序的独立部分。

三、指令系统

S7-1200的指令从功能上大致可分为3类：基本指令、扩展指令和全局库指令。基本指令包括位逻辑指令、定时器指令、计数器指令、比较指令、数学指令、移动指令、转换指令、程序控制指令、逻辑运算指令以及移位和循环移位指令等。扩展指令包括日期和时间指令、字符串和字符指令、通信指令、中断指令、PID控制指令、运动控制指令、脉冲指令等。全局库指令有USS协议库指令、Modbus协议库指令等。限于篇幅我们只简单介绍位逻辑指令和定时器、计数器指令。

1. 位逻辑指令

常用位逻辑指令见表4-23。

表4-23　常用位逻辑指令

图形符号	功能	图形符号	功能
—| |—	常开触点（地址）	—(S)—	置位线圈
—|/|—	常闭触点（地址）	—(R)—	复位线圈
—( )—	输出线圈	—(SET_BF)—	置位域
—(/)—	反向输出线圈	—(RESET_BF)—	复位域
—| NOT |—	取反	—| P |—	P触点，上升沿检测
RS 置位优先型 RS 触发器 (R Q S1)	RS 置位优先型 RS 触发器	—| N |—	N触点，下降沿检测
		—(P)—	P线圈，上升沿
		—(N)—	N线圈，下降沿
SR 复位优先型 SR 触发器 (S Q R1)	SR 复位优先型 SR 触发器	P_TRIG (CLK Q)	P_Trig，上升沿
		N_TRIG (CLK Q)	N_Trig，下降沿

（1）**常开触点与常闭触点**　打开项目"位逻辑指令应用"。常开触点在指定的位为1状态时闭合，为0状态时断开。常闭触点反之。两个触点串联将进行"与"运算，两个触点并联

将进行"或"运算，如图 4-55a
所示。

（2）取反 RLO 触点　RLO 是
逻辑运算结果的简称，中间有
"NOT"的触点为取反 RLO 触点。
如果没有能流流入取反 RLO 触点，
则有能流流出。如果有能流流入取
反 RLO 触点，则没有能流流出。

（3）线圈　线圈将输入的逻
辑运算结果（RLO）的信号状态写
入指定的地址。线圈通电时写入

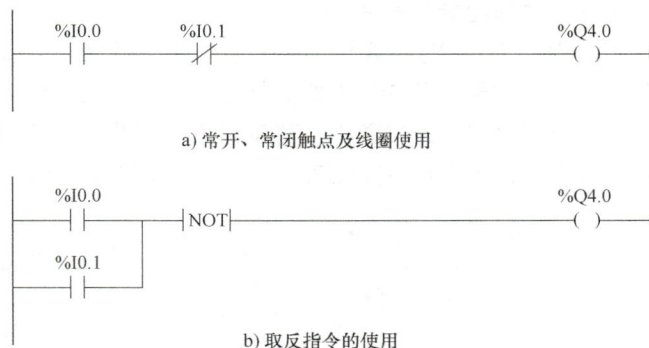

a) 常开、常闭触点及线圈使用

b) 取反指令的使用

图 4-55　触点和线圈使用

1，断电时写入 0。可以用 Q0.4：P 的线圈将位数据值写入过程映像输出 Q0.4，同时立即直
接写给对应的物理输出点。

如图 4-55b 所示的取反指令，如果有能流流过 M4.0 的取反线圈，则 M4.0 为 0 状态，
其常开触点断开，反之 M4.0 为 1 状态，其常开触点闭合。

（4）置位/复位指令与置位/复位位域指令　置位/复位指令与置位/复位位域指令的使
用如图 4-56 所示。

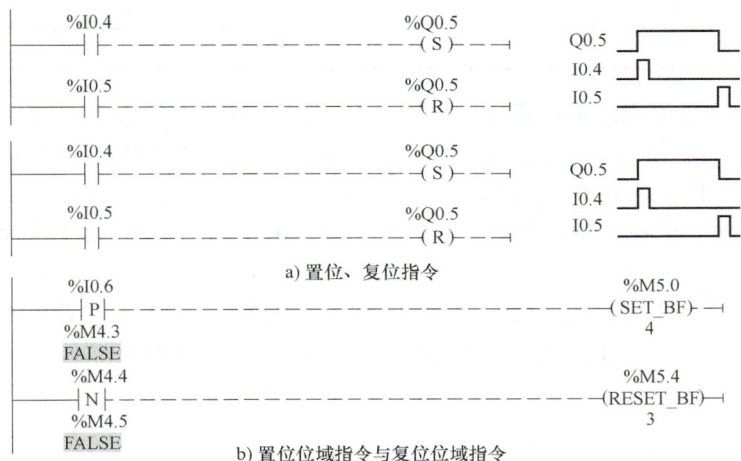

a) 置位、复位指令

b) 置位位域指令与复位位域指令

图 4-56　置位/复位指令与置位/复位位域指令的使用

1）S（置位输出）、R（复位输出）指令将指定的位操作数置位和复位。如果同一操作
数的 S 线圈和 R 线圈同时断电，指定操作数的信号状态不变。

置位输出指令与复位输出指令最主要的特点是有记忆和保持功能。如果 I0.4 的常开触
点闭合，Q0.5 变为 1 状态并保持该状态。即使 I0.4 的常开触点断开，Q0.5 也仍然保持 1 状
态。在程序状态中，用 Q0.5 的 S 和 R 线圈连续的绿色圆弧和绿色的字母表示 Q0.5 为 1 状
态，用间断的蓝色圆弧和蓝色的字母表示 0 状态。

2）置位位域指令 SET_BF 将指定的地址开始的连续的若干个位地址置位，复位位域指
令 RESET_BF 将指定的地址开始的连续的若干个位地址复位。

（5）置位/复位触发器与复位/置位触发器　RS 触发器与 SR 触发器如图 4-57 所示。RS

与 SR 触发器的功能见表 4-24。

1）SR 方框是置位/复位（复位优先）触发器，在置位（S）和复位（R1）信号同时为 1 时，方框上的输出位 M7.2 被复位为 0。可选的输出 Q 反映了 M7.2 的状态。

2）RS 方框是复位/置位（置位优先）触发器，在置位（S1）和复位（R）信号同时为 1 时，方框上的 M7.6 为置位为 1。可选的输出 Q 反映了 M7.6 的状态。

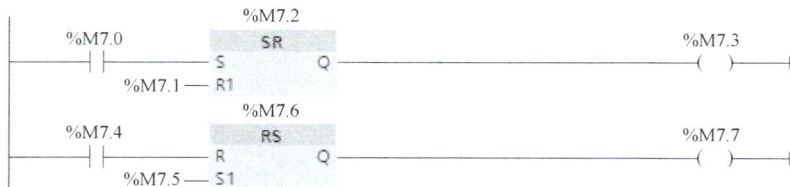

图 4-57 RS 触发器与 SR 触发器

表 4-24 RS 与 SR 触发器的功能表

复位优先触发器（SR）			置位优先触发器（RS）		
S	R1	输出位	S1	R	输出位
0	0	保持前一状态	0	0	保持前一状态
0	1	0	0	1	0
1	0	1	1	0	1
1	1	0	1	1	1

（6）扫描操作数信号边沿的指令 如图 4-58 所示，中间有 P 的触点的名称为"扫描操作数的信号上升沿"。在 I0.6 的上升沿，该触点接通一个扫描周期。M4.3 为边沿存储位，用来存储上一次扫描循环时 I0.6 的状态。通过比较 I0.6 前后两次循环的状态，来检测信号的边沿。边沿存储位的地址只能在程序中使用一次，不能用代码块的临时局部数据或 I/O 变量来做边沿存储位。

中间有 N 的触点的名称为"扫描操作数的信号下降沿"。在 M4.4 的下降沿，RESET_BF 的线圈"通电"一个扫描周期，该触点下面的 M4.5 为边沿存储位。

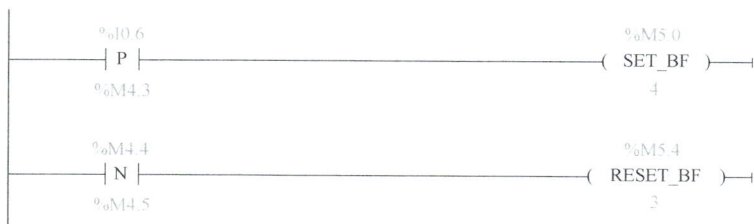

图 4-58 扫描操作数信号边沿的指令

（7）在信号边沿置位操作数的指令 如图 4-59 所示，中间有 P 的线圈是"在信号上升沿置位操作数"指令。仅在流进该线圈的能流的上升沿，该指令的输出位 M6.1 为 1 状态，其他情况下 M6.1 均为 0 状态。M6.2 为保存 P 线圈输入端的 RLO 的边沿存储位。

中间有 N 的线圈是"在信号下降沿置位操作数"指令。仅在流进该线圈的能流的下降沿，该指令的输出位 M6.3 为 1 状态，其他情况下 M6.3 均为 0 状态，M6.4 为边沿存储位。

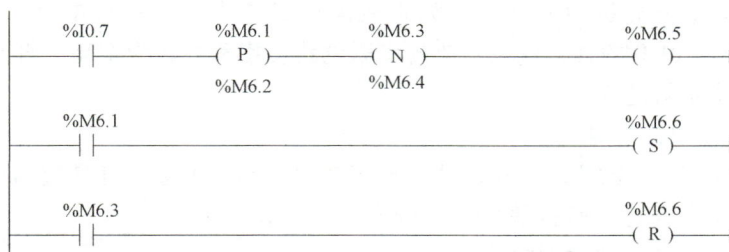

图 4-59　在信号边沿置位操作数的指令

上述两条线圈格式的指令对能流是畅通无阻的，这两条指令可以放置在程序段的中间或最右边。在运行时改变 I0.7 的状态，可以使 M6.6 置位和复位。

（8）**扫描 RLO 的信号边沿指令**　如图 4-60 所示，在流进"扫描 RLO 的信号上升沿"指令（P_TRIG 指令）的 CLK 输入端的能流（即 RLO）的上升沿，Q 端输出脉冲宽度为一个扫描周期的能流，方框下面的 M8.0 是脉冲存储位。

在流进"扫描 RLO 的信号下降沿"指令（N_TRIG 指令）的 CLK 输入端的能流的下降沿，Q 端输出一个扫描周期的能流，方框下面的 M8.2 是脉冲存储器位。P_TRIG 指令与 N_TRIG 指令不能放在电路的开始处和结束处。

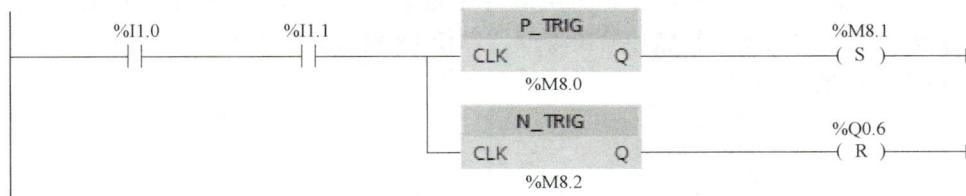

图 4-60　扫描 RLO 的信号边沿指令

例 4-9　故障信息显示电路设计

设计故障信息显示电路,从故障信号 I0.0 的上升沿开始，Q0.7 控制的指示灯以 1Hz 的频率闪烁。操作人员按复位按钮 I0.1 后，如果故障已经消失，则指示灯熄灭，如果没有消失，则指示灯转为常亮，直至故障消失。

图 4-61 所示为故障信息显示电路设计。设置 MB0 为时钟存储器字节，M0.5 提供周期为 1s 的时钟脉冲。出现故障时，将 I0.0 提供的故障信号用 M2.1 锁存起来，M2.1 和 M0.5 的常开触点组成的串联电路使 Q0.7 控制的指示灯以 1Hz 的频率闪烁。按下复位按钮 I0.1,

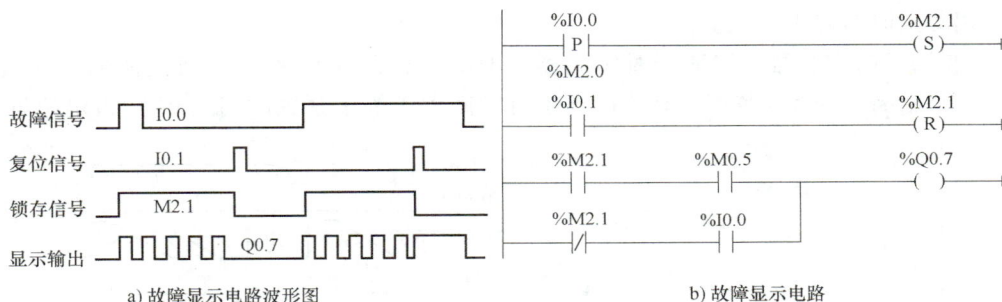

a) 故障显示电路波形图　　　　　　　b) 故障显示电路

图 4-61　故障信息显示电路设计

故障锁存标志 M2.1 被复位为 0 状态。如果故障已经消失，指示灯熄灭。如果没有消失，M2.1 的常闭触点与 I0.0 的常开触点组成的串联电路使指示灯转为常亮，直至 I0.0 变为 0 状态，故障消失，指示灯熄灭。

2. 定时器与计数器指令

IEC 定时器与 IEC 计数器属于功能块，调用时需要制订配套的背景数据块，定时器和计数器指令的数据保存在背景数据块中。打开右边的指令列表窗口，将"定时器操作"文件夹中的定时器指令拖放到梯形图中的适当位置。在出现"调用选项"对话框中，可以修改默认的背景数据块名称。IEC 定时器没有编号，可以用背景数据块的名称来作定时器的标示符。单击"确定"按钮，自动生成的背景数据块如图 4-62 所示。

	名称	数据类型	启动值	保持性
1	▼ Static			
2	ST	Time	T#0ms	
3	PT	Time	T#0ms	
4	ET	Time	T#0ms	
5	RU	Bool	false	
6	IN	Bool	false	
7	Q	Bool	false	

图 4-62　背景数据块

（1）定时器指令

1）脉冲定时器。脉冲定时器类似于数字电路中上升沿触发的单稳态电路。脉冲定时器如图 4-63 所示。在 IN 输入信号的上升沿，Q 输出变为 1 状态，开始输出脉冲。达到 PT 预置的时间时，Q 输出变为 0 状态（见图 4-63 中的波形 A、B、E）。IN 输入的脉冲宽度可以小于 Q 端输出的脉冲宽度。在脉冲输出期间，即使 IN 输入又出现上升沿（见图 4-63 中的波形 B），也不会影响脉冲的输出。

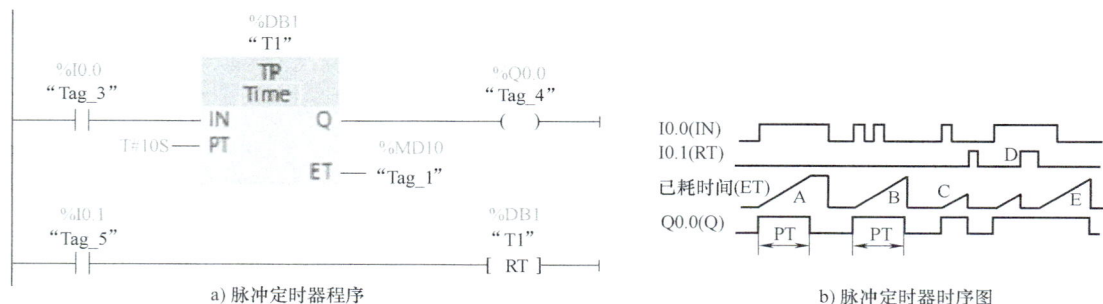

a) 脉冲定时器程序　　　　　　　b) 脉冲定时器时序图

图 4-63　脉冲定时器

定时器指令可以放在程序段的中间或结束处。IEC 定时器没有编号，在使用对定时器复位的 RT 指令时，可以用背景数据块的编号或符号名来指定需要复位的定时器，如果没有必要，不用对定时器使用 RT 指令。

2）接通延时定时器。接通延时定时器（TON）如图 4-64 所示。当使能输入端（IN）的输入电路由断开变为接通时开始定时。定时时间大于等于预置时间（PT）指定的设定值

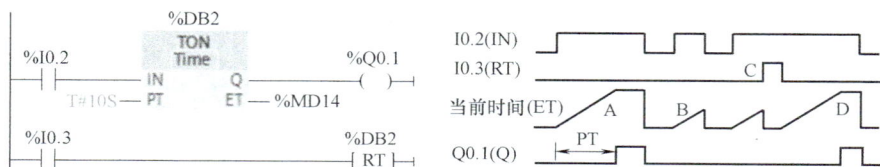

图 4-64　接通延时定时器

时，输出 Q 变为 1 状态，已耗时间值（ET）保持不变。

3）断开延时定时器。断开延时定时器（TOF）如图 4-65 所示。当 IN 输入电路接通时，输出 Q 为 1 状态，已耗时间被清零。输入电路由接通变为断开时（IN 输入的下降沿）开始定时，已耗时间从 0 逐渐增大。已耗时间大于等于设定值时，输出 Q 变为 0 状态，已耗时间保持不变（见波形 A），直到 IN 输入电路接通。

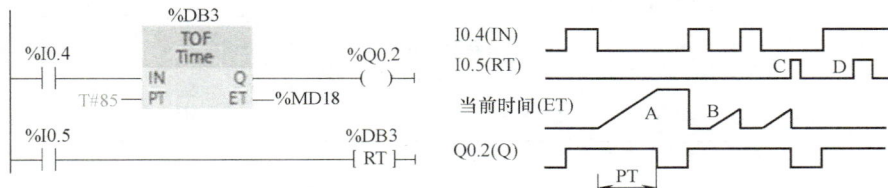

图 4-65　断开延时定时器

4）保持型接通延时定时器。保持型接通延时定时器（TONR）如图 4-66 所示。当 IN 输入电路接通时开始定时（见图中的波形 A 和 B）。输入电路断开时，累计的时间值保持不变。可以用 TONR 来累计输入电路接通的若干个时间间隔。

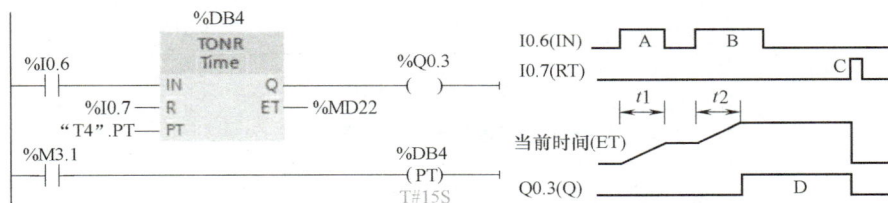

图 4-66　保持型接通延时定时器

例 4-10　传送带传送控制

控制要求：两条传送带顺序相连，如图 4-67a 所示。为了避免运送的物料在 1 号传送带堆积，按下起动按钮 I0.3，1 号传送带开始运行，8s 后 2 号传送带自动起动。停机的顺序与起动的顺序刚好相反，即按了停止按钮 I0.2 后，先停 2 号传送带，8s 后 1 号传送带停。PLC 通过 Q1.1 和 Q0.6 控制两台电动机 M1 和 M2。

程序设计如图 4-67b 所示。在传送带控制程序中设置了一个用起动、停止按钮控制的 M2.3，用它来控制 TON 的 IN 输入端和 TOF 线圈。中间标有 TOF 的线圈上面是定时器的背景数据块，下面是时间预设值 PT。TOF 线圈和 TOF 方框定时器指令的功能相同。

TON 的 Q 输出端控制的 Q0.6 在 I0.3 的上升沿之后 8s 变为 1 状态，在 M2.3 的下降沿时变为 0 状态。所以可以用 TON 的 Q 输出端直接控制 2 号传送带 Q0.6。T11 是 DB11 的符号地址。按下起动按钮 I0.3，TOF 线圈通电。它的 Q 输出"T11".Q 在它的线圈通电时变为 1 状态，在它的线圈断电后延时 8s 变为 0 状态，因此可以用"T11".Q 的常开触点控制 1 号传送带 Q1.1。

（2）计数器指令

1）计数器的数据类型。S7-1200 有 3 种计数器：加计数器（CTU）、减计数器（CTD）和加减计数器（CTUD）。S7-1200 的计数器属于功能，调用时需要生成背景数据块。单击指令助记符下面的问号，用下拉式列表选择某种整数数据类型。计数器数据类型的设置如图 4-68 所示。

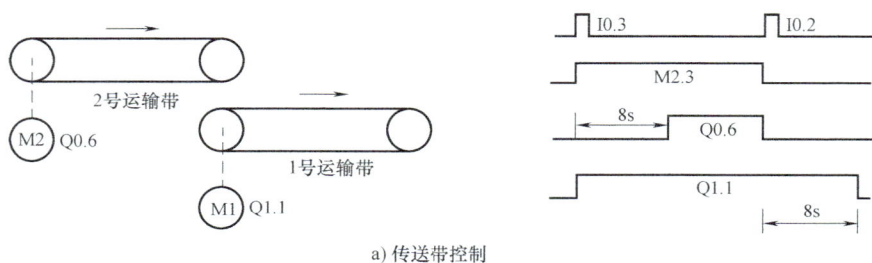

a) 传送带控制

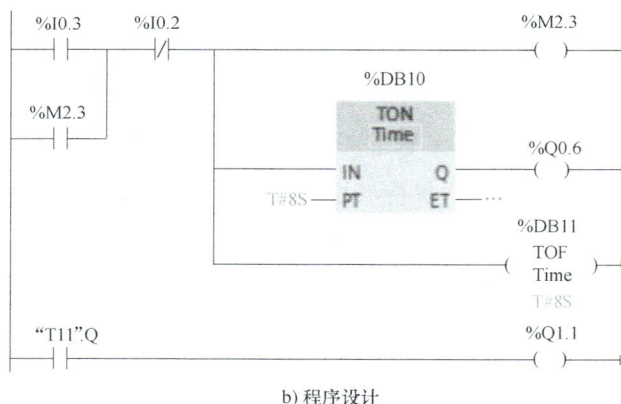

b) 程序设计

图 4-67 传送带控制及程序设计

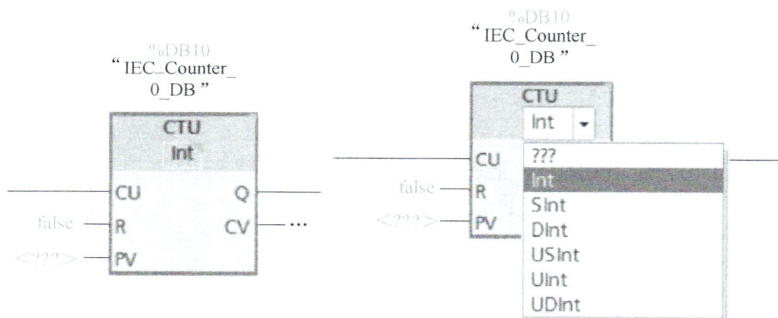

图 4-68 设置计数器的数据类型

CU 和 CD 分别是加计数输入和减计数输入。在 CU 或 CD 信号的上升沿,当前计数器值 CV 被加 1 或减 1。PV 为预设计数值,CV 为当前计数器值,R 为复位输入,Q 为布尔输出。

2)加计数器。加计数器如图 4-69 所示。当接在 R 输入端的 I1.1 为 0 状态,在 CU 信号的上升沿,CV 加 1,直到达到指定的数据类型的上限值用,CV 的值不再增加。

CV 大于等于 PV 时,输出 Q 为 1 状态,反之为 0 状态。第 1 次执行指令时,CV 被清零。各类计数器的复位输入 R 为 1 状态时,计数器被复位,输出 Q 变为 0 状态,CV 被清零。

3)减计数器。减计数器如图 4-70 所示。当装载输入 LD 为 1 状态时,输出 Q 被复位为 0,并把 PV 的值装入 CV。在减计数输入 CD 的上升沿,CV 减 1,直到 CV 达到指定的数据类型的下限值,此后 CV 的值不再减小。CV 小于等于 0 时,输出 Q 为 1 状态,反之 Q 为 0

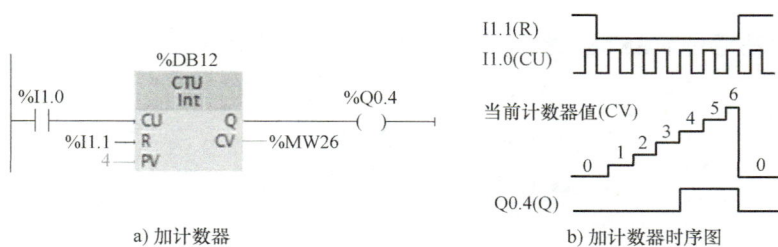

图 4-69　加计数器及其时序图

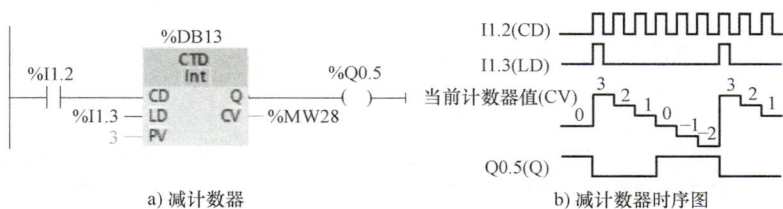

图 4-70　减计数器及其时序图

状态。第 1 次执行指令时，CV 被清零。

4）加减计数器。加减计数器如图 4-71 所示。在 CU 的上升沿，CV 加 1，CV 达到指定的数据类型的上限值时不再增加。在 CD 的上升沿，CV 减 1，CV 达到指定的数据类型的下限值时不再减小。CV 大于等于 PV 时，QU 为 1，反之为 0。CV 小于等于 0 时，QD 为 1，反之为 0。装载输入 LD 为 1 状态时，PV 被装入 CV，QU 变为 1 状态，QD 被复位为 0 状态。R 为 1 状态时，计数器被复位，CV 被清零，输出 QU 变为 0 状态，QD 变为 1 状态，CU 、CD 和 LD 不再起作用。

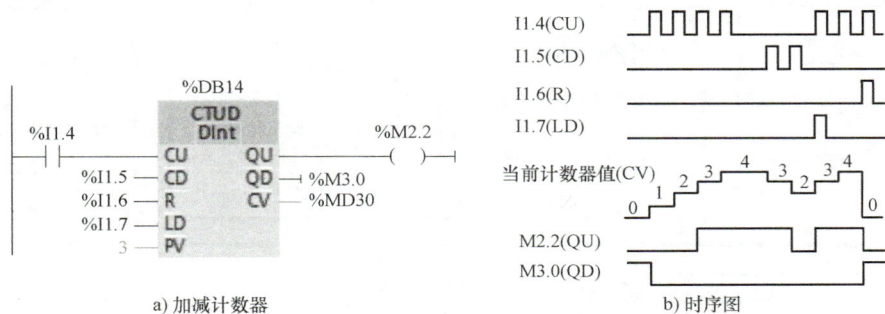

图 4-71　加减计数器及其时序图

例 4-11　设计一个包装用传送带。按下起动按钮起动，每传送 100 件物品，传送带自动停止；然后再按下起动按钮，进行下一轮传送。程序如图 4-72 所示。

四、用 STEP 7 Basic 生成及测试用户程序

1. 用 STEP 7 Basic 对电气控制系统设计的步骤

图 4-73 所示是 STEP 7 Basic 生成用户程序完成测试的步骤。一个电气控制系统使用 STEP 7 Basic 进行硬件组态和程序设计的基本步骤如下：先是新建一个项目，进行硬件组态，然后对系统的各种变量或常量的含义进行定义，再添加新块，编写新块的子程序，然后

程序段 1:

主释

```
                        %DB1
                     "IEC_Counter_
                         0_DB"
                        ┌─────────┐
                        │   CTU   │
      %I0.1             │   Int   │                              %M10.0
     "传感器"           ├─────────┤                           "100个计数满"
   ──────┤├───────────── CU     Q ─────────────────────────────( )────
               %M10.0   │         │
   "100个计数满"─────────── R    CV ── …
                        │         │
               100 ───── PV       │
                        └─────────┘
```

程序段 2:

主释

```
      %I0.0               %M10.0                                  %Q0.0
    "起动按钮"          "100个计数满"                         "传输带电动机"
   ──────┤├──────────────┤/├──────────────────────────────────( )────
      ┌────
      │  %Q0.0
      │"传输带电动机"
      └───┤├──
```

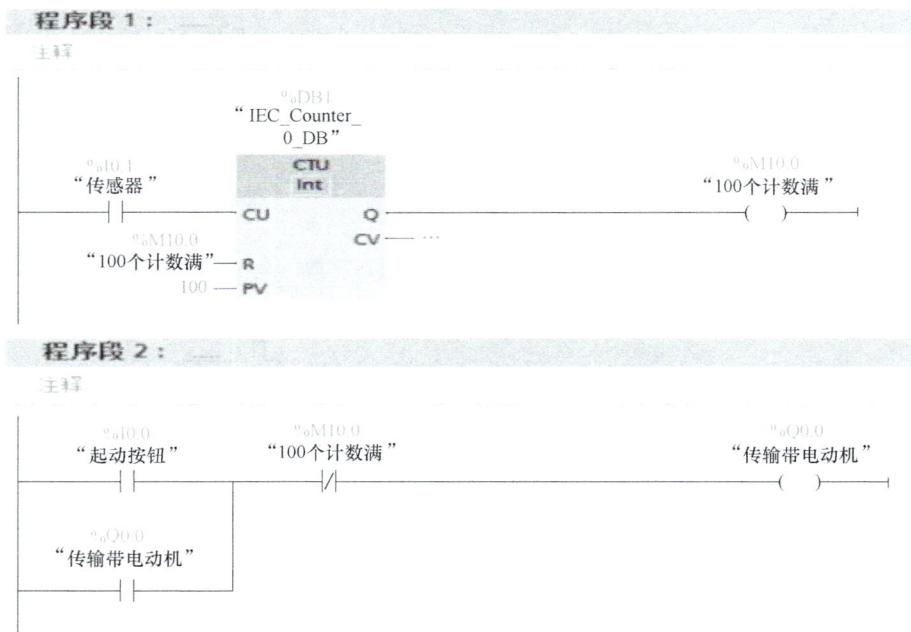

图 4-72 传送带程序

编译新块子程序，如果系统程序需要添加新的块，则重复上述过程。当所有的子程序编写完毕后，再编写组织块的程序，然后进行主程序的编译，最后是程序的下载和程序的测试。

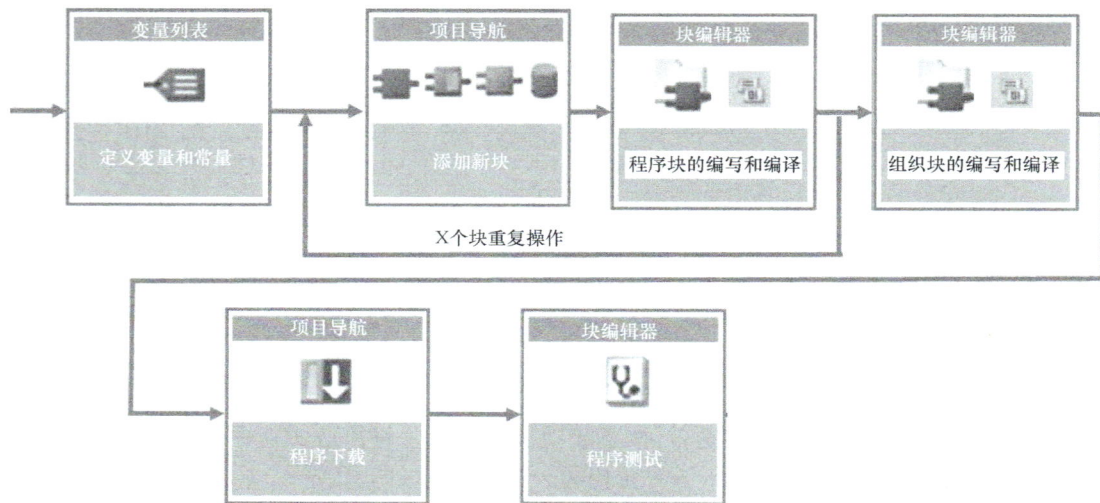

图 4-73 STEP 7 Basic 生成用户程序完成测试的步骤

有关新建项目、硬件组态我们在前面已经有讲解，在这里我们学习通过 STEP 7 Basic 进行变量定义、添加新块、程序编译和程序下载的过程。

2. 用 STEP 7 Basic 生成用户程序的方法

（1）程序编辑器 双击项目树中的文件夹"\PLC-1\程序块"中的 OB1，打开主程序

（图 4-74）。①区是项目树，包括程序块、工艺对象、外部源文件、PLC 变量等。选中项目树中的默认变量表，标有②的详细视图显示该变量表中的变量，可以将其中的变量直接拖到梯形图中使用。拖到已设置的地址上时，原来的地址将被替换。将光标放在 OB1 的程序区最上面的分隔条上，按住鼠标左键，往下拉动分隔条，分隔条上面是代码块的接口区（⑦区），下面是程序区（③区）。将水平分隔条拉至程序编辑器的顶部，不再显示接口区。④区是打开的程序块的巡视窗口，⑥区是任务卡中的指令列表，⑤区是指令收藏夹，用于快速访问常用指令。

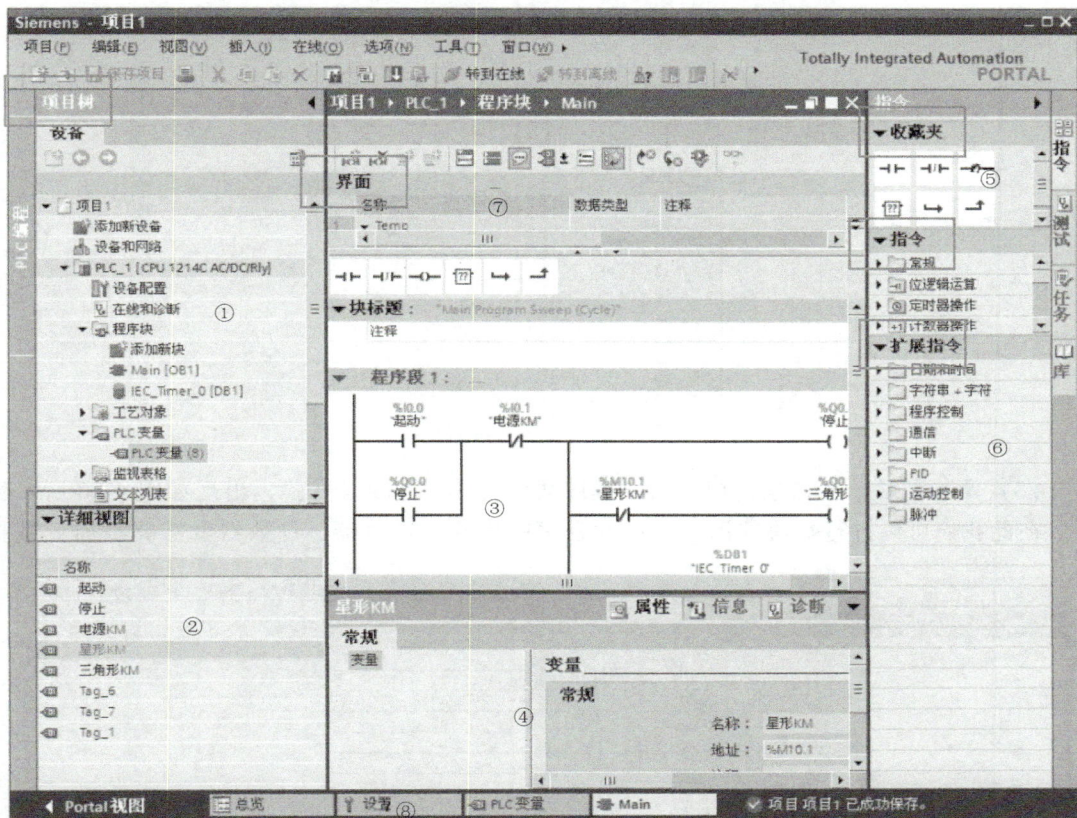

图 4-74　项目视图中的程序编辑器

（2）生成变量　PLC 变量表中的变量可用于整个 PLC 中所有的代码块，在所有的代码中具有相同的意义和唯一的名称。可以在变量表中为输入 I、输出 Q 和位存储器 M 的位、字节、字和双字定义全局变量。在程序中，全局变量被自动添加双引号，例如"起动"。局部变量只能在它被定义的块中使用，同一个变量的名称可以在不同的块中分别使用一次。可以在块的界面区定义块的输入/输出参数（Input，Output，Inout）和临时数据（Temp），以及定义 FB 的静态变量（Static）。在程序中，局部变量被自动添加#号，例如#起动。

打开项目树中的文件夹"PLC 变量"，双击默认变量表，打开变量编辑器。选项卡"变量"用来定义 PLC 变量，"系统常数"是系统自动生成的与 PLC 硬件和中断有关的常数。变量选项卡"名称"一栏输入变量名称，"数据类型"一栏，从右侧隐藏按钮选取数据类型。位数据选 Bool 型，位字符串选字节（Byte）、字（Word）、双字（DWord）。"地址"列输入变量绝对地址，"%"自动添加。电动机Y/△减压起动的变量生成如图 4-75 所示。

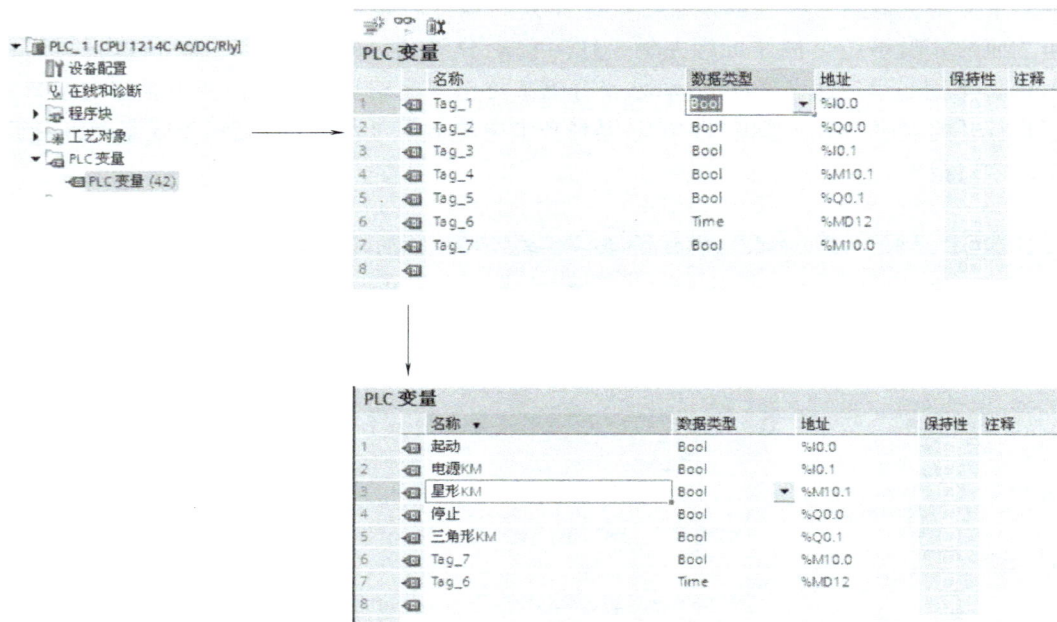

图 4-75　变量生成过程

（3）添加新块　单击项目树中的"程序块"点击"添加新块"，出现如图 4-76 所示窗口。在此我们可以进行新块的添加，比如程序中用到的定时器、计数器就需要添加"数据

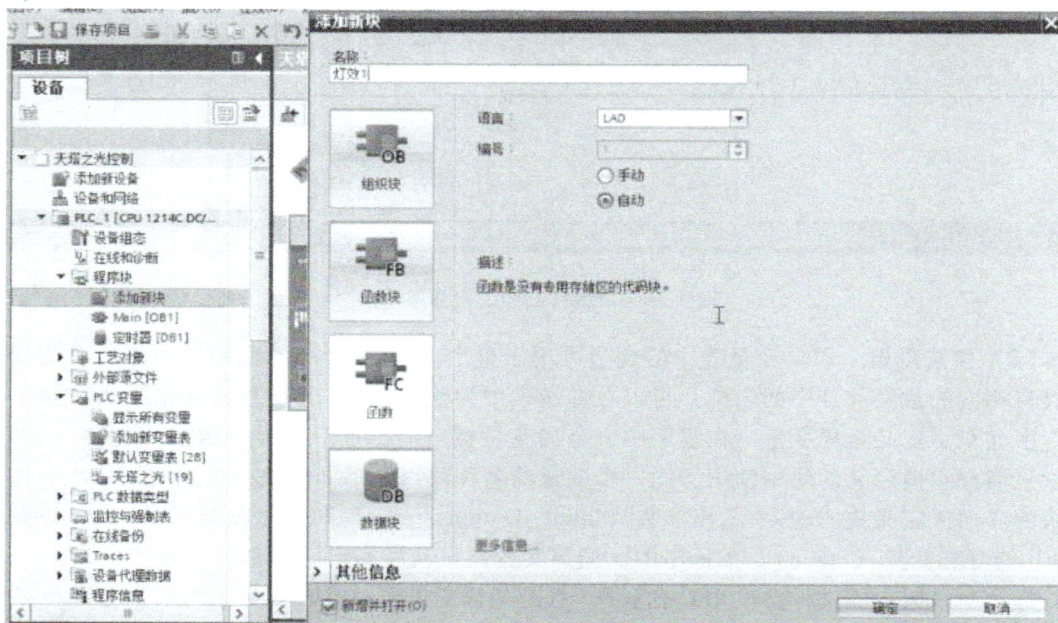

图 4-76　添加新块

块"，主程序中的子程序需要添加函数或功能。建立新块时用到的变量可以在详情窗口和接口区进行拖放操作。

（4）生成用户程序　选中程序段中的需要放置元件的水平线，可用单击收藏夹中的 ┤├、┤╱├、┤↑├、┤─┘、┘─、▣ 等按钮的方式生成位逻辑指令。元件上面红色的地址域用来输入元件地址，可以从变量表中以拖拽的方式输入地址。定时器、计数器以及其他的传送、比较等指令，都可以从右边中对应的指令收藏夹中找到。这时候可以以拖拽的方式将需要的指令拖至需要的水平线上，常数可以通过键盘输入，变量可以从右侧隐藏的按钮中选用，或者从变量表中拖拽。

（5）程序块的编译　当写完一个程序块时可以对这部分程序进行编译，在设备中选取要编译的功能，然后单击 ▣，系统即对这个功能进行组态编译，如图4-77所示。

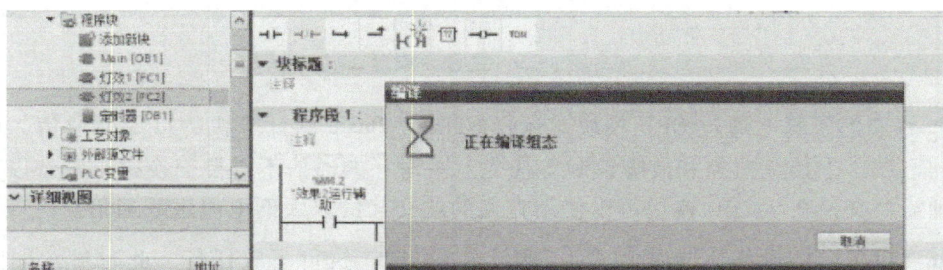

图4-77　程序块的编译

（6）组织块OB的编写和编译　当所有的功能都写完后，便可以进行组织块的编写。找到项目树中的程序块，单击Main（OB1），便可以开始编写主程序。在编写主程序时调用功能块时可以以拖拽的方式调用功能块，如图4-78所示。主程序编写完毕后，可以选中项目树中的主程序Main（OB1），然后单击 ▣，进行主程序的编译，如图4-79所示。

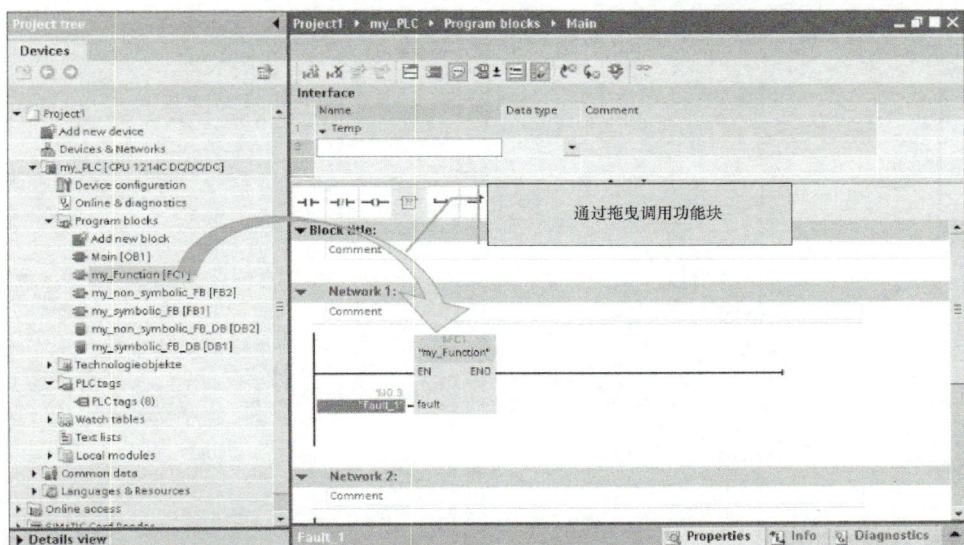

图4-78　调用功能块

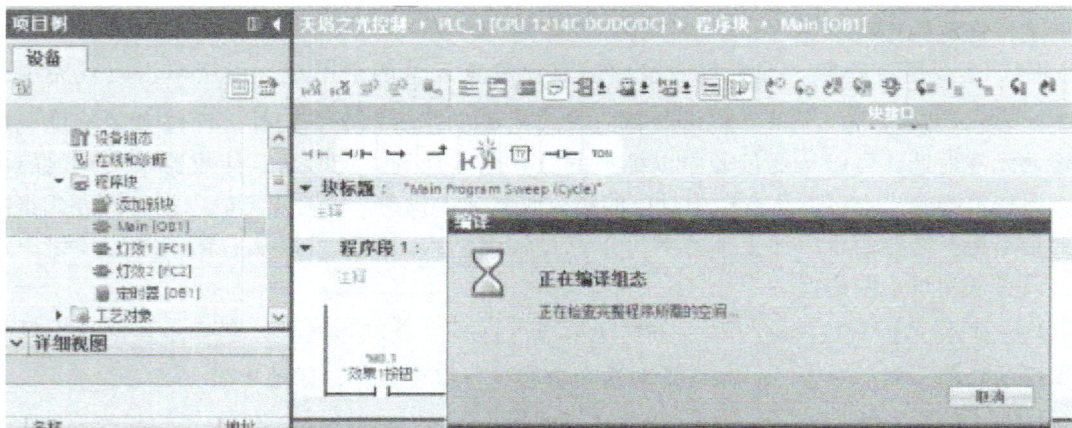

图 4-79　主程序编译

（7）**程序的下载**　通过 CPU 模块与运行 STEP 7 Basic 的计算机的以太网通信，可以执行项目的下载、上传、监控和故障诊断等任务。一对一的通信不需要交换机，两台以上的设备通信则需要交换机。CPU 模块可以使用直通的或交叉的以太网电缆进线通信。

选取项目树中的设备，选取 PLC-1，单击 按钮，执行下载任务，此时显示如图 4-80 所示的对话框。单击"开始搜索"按钮，在"目标子网中的兼容设备"列表中出现网络上的 S7-1200CPU 和它的 IP 地址。此时计算机与 PLC 之间由断开变为接通，CPU 模块进入在线状态。单击"下载"按钮，出现下载预览对话框，下载结束时，出现"下载结果"对话

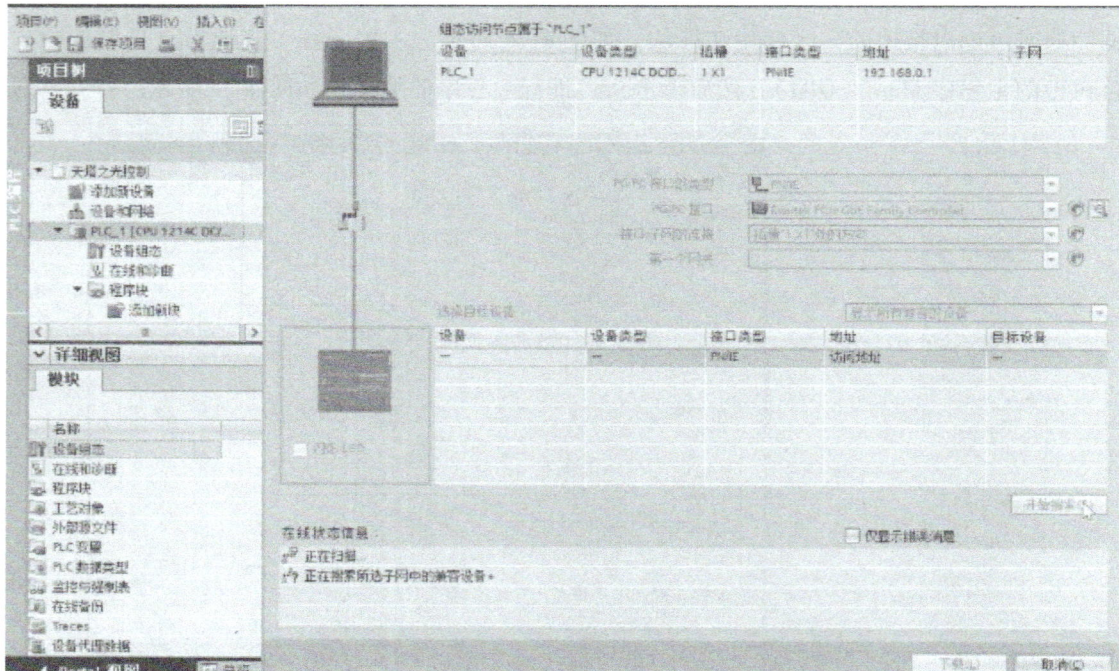

图 4-80　下载任务执行

框。编程软件首先对项目进行编译，编译成功后，勾选"全部覆盖"复选框，单击"下载"按钮开始下载，然后单击"完成"，PLC 切换到 RUN 状态。

（8）测试程序 有两种测试用户程序的方法：程序状态监视与监视表。

1）程序状态监视。与 PLC 建立好在线连接后，打开需要监视的代码块，单击工件栏上的 按钮，启动程序状态监视。启动程序状态监视后，梯形图用绿色实线来表示状态满足，用蓝色虚线表示状态不满足，用灰色实现表示状态未知。

2）用监视表监视变量。与 CPU 模块建立在线连接后，单击工具栏上的 按钮，启动"监视全部"功能，将在"监视值"列连续显示变量的动态实际值。再次单击该按钮，将关闭监视功能。

单击工具栏上的 按钮，可以对所选变量的数值做一次立即更新，该功能主要用于 STOP 模式下的监视和修改。

第四节　PLC 控制系统的设计及维护

一、PLC 控制系统的设计内容及步骤

PLC 控制系统的设计包含两个主要内容：系统设计和程序设计。设计过程如图 4-81 所示。

1. PLC 控制系统功能调查分析

首先对被控对象的工艺过程、工作特点、功能和特性进行认真分析，并通过与有关工程技术人员的共同协作，明确控制任务和设计要求，制订出翔实的工作循环图或状态流程图。然后，根据生产环境和控制要求确定采用何种控制方式，如 PLC 控制、继电器控制或计算机控制。通常，当工业环境较差，而安全性、可靠性要求又高、系统工艺复杂、输入输出点数多、且以开关量为主、而用常规继电器控制系统难以实现、工艺流程又要经常变动的机械和现场，应采用 PLC 控制。

2. 系统设计及硬件配置

系统设计包含以下内容：

1）根据被控对象对控制系统的要求，明确 PLC 系统所要完成的任务及所应具备的功能。

2）分析系统功能要求的实现方法并提出 PLC 系统的基本规模及基本布局。这里强调系统设计的多方案比较及选择。比如为了实现位置控制，可以使用限位开关控制，也可以使用脉冲定位控制。在脉冲定位控制主体设备方案中，可以使用 PLC 主机自带的高速计数器，也可以另加专用的高速计数功能单元。同时，系统的硬件配置和系统的保护及软件的结构也有很大的关系，需统筹考虑。

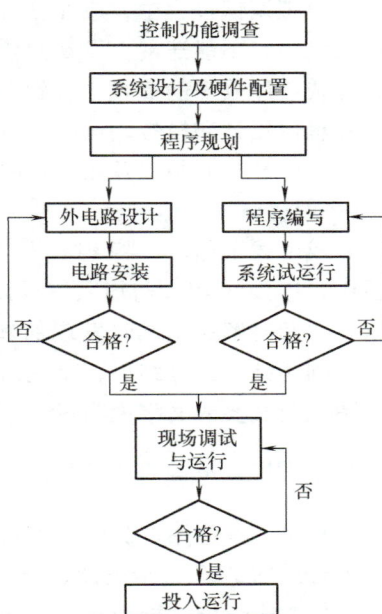

图 4-81　PLC 控制系统的设计过程

195

3）在系统配置的基础上提出 PLC 的机型及具体配置，含 PLC 的型号、单元模式、输入/输出类型和点数，及相关附属设备。选型时还要考虑软件对 PLC 的功能及指令的要求，也要兼顾经济性。

3. 程序总体设计

程序总体设计的主要内容是宏观上确定程序的总体结构、各功能块程序的实现方式及各程序块之间的接口方法。进行程序总体设计前可先绘出控制系统的工作循环图或状态流程图以期进一步明确控制要求及选取程序结构。工作循环图应反映控制系统的工作方式，如自动、半自动还是手动，单机运行还是多机联网运行，是否需要故障报警功能，电源及其他紧急情况的处理功能等。作为程序编制的工具，PLC 端口安排及机内元件的选用安排表也应列出来，以供程序设计时使用。

4. 程序设计

在确定了程序结构前提下，可使用梯形图或指令表完成程序。当然，编程人员如更熟悉其他编程工具或程序编辑需要采取其他编程工具，也可以采用。程序设计使用哪种方法要根据需要，经验法、状态法、逻辑法，或多种方法综合使用。

5. 系统试运行

将设计好的程序输入 PLC 后，首先要检查程序，并改正输入时出现的错误，然后在实验室进行模拟调试。实际的输入信号可用开关及按钮来模拟，各输出量的状态通过 PLC 上的发光二极管或编程器上的显示器显示，一般不接实际负载。

在模拟调试过程中，应充分考虑各种可能情况。对各种不同的工作方式以及运行条件都应逐一试验，不能遗漏，发现问题应及时修改。对于指令较多的程序，需采用设置断点的方法，加快程序故障的查找，直到在各种可能的情况下，控制系统完全符合系统控制要求。

在程序设计和模拟调试时，可同时进行电气控制系统的其他设计和施工，如 PLC 的外部电路、电气控制柜以及操作台的设计、安装和接线等工作。

6. 现场调试与运行

完成上述工作后，将 PLC 安装到控制现场或将调试好的程序传送到现场使用的 PLC 存储器中，连接好 PLC 与输入信号以及驱动负载的接线。当确认连接无误后，就可进行现场调试，并及时解决调试时发现的软件和硬件方面的问题，直到满足工艺流程和系统控制要求。根据调试的最终结果，整理出完整的技术文件，如电气接线图、状态流程图、带注释的梯形图以及必要的文字说明等。

二、PLC 的选型与硬件配置

PLC 是一种应用广泛的工业控制装置，它的功能设置总是面向广大用户的，因此，选择配置合适的 PLC 会给设计、操作以及将来的扩展带来极大的方便。通常 PLC 的选型是在设计开始时进行的，即根据工艺流程特点、控制要求及现场所需信号的数量和类型预先进行。在选型与硬件配置时，一般应从以下几方面来考虑。

1. PLC 的功能选择

通常控制系统需要什么功能，就选择具有什么样功能的 PLC，当然还要兼顾可持续性、经济性和备件的通用性。对于单机控制要求简单仅需开关量控制的设备，一般的小型 PLC 都可以满足要求。但随着计算机控制技术的飞速发展，PLC 与 PLC、PLC 与上位机之间都具备了联网通信以及数据处理、模拟量控制等功能。因此在功能选择方面，还要注意特殊功能模块的使用，提高 PLC 的控制能力，如输入/输出扩展模块、模拟量的输入/输出模块、高速计数模块、通信模块和人机界面模块等。

2. 输入/输出点数的确定

根据控制要求，将各输入设备和被控设备详细列表，准确地统计出被控设备对 I/O 点数的需求量，然后在实际统计的 I/O 点数基础上加 15%~20% 的备用量，以便今后调整和扩充。同时要充分利用好输入/输出扩展单元，提高主机的利用率。例如 FX2N 系列 PLC 主机分为 16、24、32、64、80、128 点共 6 档，还有多种输入/输出扩展模块，这样在增加 I/O 点数时，不必改变机型，可以通过扩展模块实现，降低了经济投入。

在确定好 I/O 点数后，还要注意它们的性质、类型和参数。例如是开关量还是模拟量、交流还是直流以及电压大小等级等，同时还要注意输出端的负载特点，以此选择和配置相应机型和模块。

3. 对 PLC 响应时间的要求

对于多数应用场合，PLC 的响应时间基本能满足控制要求。响应时间包括输入滤波时间、输出滤波时间和扫描周期。PLC 的工作方式决定了它不能接收频率过高或持续时间小于扫描周期的输入信号，当有此类信号输入时，需要选用扫描速度高的 PLC 或快速响应模块和中断输入模块。

4. 程序存储器容量的估算

用户程序所需存储器容量可以预先估算。对于开关量控制系统，用户程序所需存储器的字数等于输入/输出信号总数乘以 8；对于有模拟量输入/输出的系统，每一路模拟量信号大约需 100 字（WORD）的存储容量。

通常 PLC 的存储器采用模块式的存储器卡盒，同一型号的 PLC 可以选择不同容量的存储器卡盒，以便适应不同用户对存储容量的需要。例如 FX2 型 PLC 有 2K 步、8K 步等。此外，还应根据用户程序的使用特点来选择存储器类型。当程序需频繁修改时，应选用 COMS RAM。当程序长期不变和长期保存时应选用 EEPROM 或 EPROM。

5. 系统可靠性

根据生产环境及工艺要求，应采用功能完善、可靠性适宜的 PLC。对可靠性要求极高的系统，应考虑是否采用冗余控制系统或热备份系统。

6. 编程器与外围设备

小型控制系统一般选用价格便宜的简易编程器；如果系统较大或多台 PLC 共用，可以选用功能强、编程方便的图形编辑器；如果有现成的个人计算机，可选用能在个人计算机上使用的编程软件。为了防止写入 RAM 中的用户程序被破坏或丢失，可选用 EPROM 写入器，将用户程序写入 EPROM。

三、软件设计

用户程序的设计是 PLC 应用中的最关键的问题。在掌握 PLC 的指令以及操作方法的同时，还要掌握正确的程序设计方法，才能有效地利用 PLC，使它在工业控制中发挥巨大作用。一般用户程序的设计可分为经验设计法、逻辑设计法和状态流程图设计法等。相关设计方法已在前面章节中有介绍，这里不再赘述。软件设计中的几个重要问题说明如下。

1. 复杂系统程序设计的思路

实际的 PLC 应用系统往往比较复杂，复杂系统不仅需要的 PLC 输入/输出点数多，控制过程复杂，而且为了满足生产的需要，很多工业设备都需要设置多种不同的工作方式，常见的有手动和自动（连续、单周期、单步）等工作方式。

对于复杂系统在进行程序设计时，首先需要确定程序的总体结构，将系统的程序按工作方式和功能分成若干部分，如公共程序、手动程序、自动程序等。手动程序和自动程序是不同时执行的，所以用跳转指令将它们分开，用工作方式的选择信号作为跳转的条件。然后再分别设计局部程序，公共程序和手动程序相对较为简单，一般采用经验设计法进行设计；自动程序相对比较复杂，对于顺序控制系统一般采用逻辑设计法或状态流程图设计法。最后是程序的综合与调试，进一步理顺各部分程序之间的相互关系，并进行程序的调试。

2. 程序的内容和质量

1）PLC 程序的内容应能最大限度地满足控制要求，完成所要求的控制功能。除控制功能外，通常还应包括以下几个方面的内容：

① 初始化程序：在 PLC 上电后，一般都要做一些初始化的操作，其作用是为启动做必要的准备，并避免系统发生误动作。

② 检测、故障诊断、显示程序：应用程序一般都设有检测、故障诊断和显示程序等内容。

③ 保护、联锁程序：各种应用程序中，保护和联锁是不可缺少的部分，它可以杜绝由于非法操作而引起的控制逻辑混乱，保证系统的运行更安全、可靠。

2）PLC 程序的质量可以由以下几个方面来衡量：

① 程序的正确性：所谓正确的程序必须能经得起系统运行实践的考验，离开这一条对程序所做的评价都是没有意义的。

② 程序的可靠性：好的应用程序可以保证系统在正常和非正常（短时掉电再复电、某些被控量超标、某个环节有故障等）工作条件下都能安全可靠地运行，也能保证在出现非法操作（如按动或误触动了不该动作的按钮）等情况下不至于出现系统控制失误。

③ 参数的易调整性：容易通过修改程序或参数而改变系统的某些功能。例如，有的系统在一定情况下需要变动某些控制量的参数（如定时器或计数器的设定值等），在设计程序时必须考虑怎样编写才能易于修改。

④ 程序的简洁性：编写的程序应尽可能简洁。

⑤ 程序的可读性：程序不仅仅给设计者自己看，系统的维护人员也要读。因此，为了有利于交流，也要求程序有一定的可读性。

3. 程序的调试

PLC 程序的调试可以分为模拟调试和现场调试。调试之前首先对 PLC 外部接线做仔细检查。也可以用事先编写好的试验程序对外部接线做扫描通电检查来查找接线故障。

为了安全，最好将主电路断开，当确认接线无误后再连接主电路。将模拟调试好的程序送入用户存储器进行调试，直到各部分的功能都正常，并能协调一致地完成整体的控制功能为止。

（1）**模拟调试**　将设计好的程序写入 PLC 后，首先逐条仔细检查，并改正写入时出现的错误。用户程序一般先在实验室模拟调试，实际的输入信号可以用钮子开关和按钮来模拟，各输出量的通/断状态用 PLC 上有关的发光二极管来显示，一般不用接 PLC 实际的负载（如接触器、电磁阀等）。在调试时应充分考虑各种可能的情况，各种可能的进展路线，都应逐一检查，不能遗漏。

发现问题后应及时修改梯形图和 PLC 中的程序，直到在各种可能的情况下输入量与输出量之间的关系完全符合要求。

如果程序中某些定时器或计数器的设定值不合适，应该选择合适的设定值。

（2）现场调试　将 PLC 安装在控制现场进行联机总调试，在调试过程中将暴露出系统中和梯形图程序设计中的问题，应对出现的问题及可能存在的传感器、执行器和硬接线等方面的问题，以及 PLC 的外部接线问题加以解决。

如果调试达不到指标要求，则对相应硬件和软件部分做适当调整，通常只需要修改程序就可能达到调整的目的。

全部调试通过后，经过一段时间的考验，系统就可以投入实际的运行了。

四、可靠性要求

PLC 是专门为工业生产服务的控制装置，通常不需要采取什么措施，就可以直接在工业环境使用。但是，当生产环境过于恶劣，电磁干扰特别强烈，或安装使用不当，就不能保证 PLC 的正常运行，因此使用时应注意以下问题。

1. 工作环境

PLC 可直接应用于工业现场，对使用环境要求不高。但在下列任一环境下使用都会影响 PLC 使用寿命，甚至会影响其操作性能。

1）环境温度低于 0℃ 或高于 55℃ 的场所。安装时应有足够的通风散热空间，必要时要安装电风扇强迫散热。

2）温度变化急剧和凝露场所。

3）环境湿度低于 10% 或高于 90% 的场所。

4）具有高腐蚀性气体或易燃气体的场所。

5）有过多尘埃（特别是导电尘埃）或氯化物的场所。

6）PLC 会接触到水、油或化学试剂的场合。

7）直接在阳光下的场合。

8）PLC 被频繁、连续振动的场合

如果在上述环境下使用必须采取措施，例如采用机罩方式。

2. 安装与布线

1）为达到最大程度的对流冷却，所有 PLC 元件都应安装于垂直（竖直）位置。

2）PLC 可根据要求用 DIN 导轨安装，也可直接安装在符合要求的坚固支持物上。

3）PLC 主机应安装在一个使用、维护方便的工作面上（如与坐势或站立时的眼睛处于同一水平面），I/O 机架常安装在 PLC 主机之下或与其相邻的位置。

4）为了避免其他外围的电干扰，PLC 应远离高压电源和高压设备。PLC 不能与高压电器安装在同一个控制柜内。

5）PLC 的电源线应与系统的动力线、控制线分开配线。对于来自电源线的干扰，PLC 本身应有足够的抑制能力。如果电源干扰特别严重，可加接一带屏蔽层的隔离变压器以减少设备与地之间的干扰。隔离变压器与 PLC 和 I/O 之间应采用双绞线连接。若一个系统中选用了扩充单元，则其电源必须与基本单元共用一个开关，也就是说基本单元与扩展单元的上电与断电必须同时进行。

6）PLC 的输入/输出线与系统控制线应分开布线，并保持一定距离，如不得已需要在同一槽中布线，则应使用屏蔽电缆。此外，PLC 的交流线与直流线、开关量和模拟量的 I/O 线也要分开敷设，后者最好用屏蔽线。模拟信号的传送应采用屏蔽线，屏蔽层应一端或两端接地，接地电阻要小于屏蔽层电阻的 1/10。

此外，PLC 基本单元与扩展单元之间的传送信号电压低、频率高，很容易受到干扰，所以，它们之间传送电缆不能与别的线敷设在同一个管道内。

3. I/O 端的接线

（1）输入接线　输入接线一般不要超过 30m。但如果环境干扰较小，电压降不大时，输入接线可适当长些。输入/输出线不能用同一根电缆，输入线与输出线应分开走线。尽可能采用常开触点形式连接到输入端，使编制的梯形图与继电器原理图一致，便于阅读。

（2）输出接线　输出接线分为独立输出和公共输出。在不同组中可采用不同类型和电压等级的输出电压，但在同一组中的输出只能用同一类型、同一电压等级的电源。由于 PLC 的输出元件被封装在印制电路板上，并且连接至端子板，如将连接输出元件的负载短路，将烧毁印制电路板，因此应用熔丝保护输出元件。采用继电器输出时，所承受的电感性负载的大小，会影响到继电器的工作寿命，因此选择继电器工作寿命要长。PLC 的输出负载可能产生干扰，因此要采取措施加以控制，如直流输出的续流管保护，交流输出的阻容吸收电路，晶体管及双向晶闸管输出的旁路电阻保护。

4. 外部安全电路

为确保整个系统能在安全状态下可靠工作，避免由于外部电源发生故障、PLC 出现异常误操作以及误输出造成的重大经济损失和人身伤亡，PLC 外部应安装必要的保护电路。

1）急停电路。对于会对用户造成伤害的危险负载，除了在控制程序中加以考虑外，还应设计外部紧急停车电路，使 PLC 发生故障时，能将引起伤害的负载电源可靠切断。

2）保护电路。正反向运转等可逆操作的控制系统，要设置外部电路互锁；往复运行及升降移动的控制系统，要设置外部限位保护电路。

3）PLC 有监视定时器等自检功能，检测出异常时，输出全部关闭，但当 CPU 故障时就不能控制输出。因此对于会对用户造成伤害的危险负载，为确保设备在安全状态下运行，需设计外部电路加以防护。

（1）电源过负荷的防护　如果 PLC 电源发生故障，中断时间少于 10ms，PLC 工作不受影响，若电源中断时间超过 10ms，或电源下降超过允许值，则 PLC 停止工作，所有的输出点均同时断开。当电源恢复时，如 RUN 输入接通，则操作自动进行。因此，对于一些易过负荷的输入设备应设置必要的限流保护电路。

（2）重大故障的报警和防护　对于易发生重大事故的场所，为确保控制系统在重大事故发生时仍可靠地报警及防护，应将与重大故障有联系的信号通过外电路输出，以使控制系统在安全状况下运行。

5. PLC 的接地

有关 PLC 的接地方式在第三章实训项目 3-3 的图 3-95 有讲解。此外，接地线的截面积

应大于 $2mm^2$，接地电阻应小于 100Ω，且接地点应尽可能靠近 PLC。

五、PLC 控制系统的维护与故障诊断

1. PLC 控制系统的维护

PLC 控制系统的维护主要包括以下方面。

1）对大中型 PLC 系统，应制定维护保养制度，做好运行、维护、保养记录。

2）定期对系统进行检查保养，时间间隔为半年，最长不超过一年，特殊场合应缩短时间间隔。

3）检查设备安装、接线有无松动现象及焊点、接点有无松动或脱落。除去尘污，清除杂质。

4）检查供电电压是否在允许的范围之内。

5）重要器件或模块应有备份。

6）校验输入元件、信号是否正常，有无出现偏差异常现象。

7）机内后备电池应定期更换。锂电池寿命通常为 3~5 年，当电池电压降到一定值时，电池电压指示 BATT. V 亮。

8）加强 PLC 维护和使用人员的思想教育和业务培训。

2. 故障检查与排除

（1）PLC 的自诊断　PLC 本身具有一定的自诊断能力，使用者可从 PLC 面板上各种指示灯的发亮和熄灭，判断 PLC 系统是否存在故障，这给用户初步诊断故障带来很大的方便。PLC 基本单元面板上的指示灯如下。

1）POWER 电源指示。当供给 PLC 的电源接通时，该指示灯亮。

2）RUN 运行指示。SW1 置于"RUN"位置或基本单元的 RUN 端与 COM 端的开关合上，则 PLC 处于运行状态，该指示灯亮。

3）BATT. V 机内后备电池电压指示。PLC 的电源接通，如果锂电池电压跌落到一定值时，该指示灯亮。

4）PROG. E（CPU. E）程序出错指示。若出现以下错误时，该指示灯闪烁。

① 程序语法有错。

② 程序线路有错。

③ 定时器或计数器没有设置常数。

④ 锂电池电压跌落。

⑤ 由于噪声干扰或导线脱落在 PLC 内导致检查和出错。

当发生以下情况时，该指示灯持续亮。

① 程序执行时间超过允许时，使监视器动作。

② 由于电源浪涌电压的影响，造成电压噪声瞬时加到 PLC 内，致使程序执行出错。

5）输入指示。PLC 输入端有正常输入时，输入指示灯亮。有输入而指示灯不亮或无输入而指示灯亮则有故障。

6）输出指示。若有输入且输出继电器触点动作，输出指示灯亮。如果指示灯亮而触点不动作，可能输出继电器触点已烧坏。

（2）故障检查　利用 PLC 基本单元面板上各种指示灯运行状态，可初步判断出发生故

障的范围，在此基础上可进一步查清故障。先检查确定故障出现在哪一部分，即先进行 PLC 系统的总体检查，检查的顺序和步骤以及检查的项目和内容如下。

1）电源系统的检查。从 POWER 指示灯的亮或灭，较容易判断出电源系统正常与否。因为只有电源正常工作时，才能检查其他部分的故障，所以应先检查或修复电源系统。电源系统故障往往是供电电压不正常、熔断器熔断或连接不好、接线或插座接触不良，有时也可能是指示灯或电源部件坏了。

2）系统异常运行检查。先检查 PLC 是否置于运行状态，再监视检查程序是否有错，若还不能查出，应接着检查存储器芯片是否插接良好，仍查不出时，则检查或更换微处理器。

3）输入部分检查。输入部分常见故障及其产生原因和处理建议见表 4-25。

表 4-25　输入部分检查表

故障现象	产生原因	处理建议
输入均不接通	1）未向输入信号源供电 2）输入信号源电源电压过低 3）端子螺钉松动 4）端子板接触不良	接通有关电源 调整合适 拧紧 处理后重接
PLC 输入全异常	输入单元故障	更换输入部件
某特定输入继电器不接通	1）输入信号源（器件）故障 2）输入配线断 3）输入端子松动 4）输入端接触不良 5）输入接通时间过短 6）输入回路（电路）故障	更换输入器件 重接 拧紧 处理后重接 调整有关参数 查电路或更换
某特定输入继电器关闭	输入回路（电路）故障	查电路或更换
输入随机性动作	1）输入信号电平过低 2）输入接触不良 3）输入噪声过大	查电源及输入器件 检查端子接线 加屏蔽或滤波措施
动作正确，但指示灯灭	LED 损坏	更换 LED

4）输出部分检查。输出部分常见的故障及其产生原因和处理建议见表 4-26。系统的输入/输出部分通过接线端子和 PLC 连接起来，而且输入外围设备和输出驱动的外围设备均为硬件和硬线连接，因此，检查时须多加注意。

5）电池检查。机内电池部分出现故障，一般是由于电池装接不好或使用时间过长所致，把电池装接牢固或更换电池即可。

表 4-26　输出部分检查表

故障现象	产生原因	处理建议
输出均不能接通	1）未加负载电源 2）负载电源已坏或电压过低 3）接触不良（端子排） 4）熔断器已坏 5）输出回路（电路）故障 6）I/O 总线插座脱落	接通电源 调整或修理 处理后重接 更换熔断器 更换输出部件 重接

（续）

故障现象	产生原因	处理建议
输出均不关断	输出回路（电路）故障	更换输出部件
特定输出继电器不接通（指示灯灭）	1）输出接通时间过短 2）输出回路（电路）故障	修改输出程序或数据 更换输出部件
特定继电器（输出）不接通（指示灯亮）	1）输出继电器损坏 2）输出配线断 3）输出端子接触不良 4）输出驱动电路故障	更换继电器 重接或更新 处理后更新 更换输出部件

6）外部环境检查。PLC控制系统工作正常与否，与外部条件环境也有关系，有时发生故障的原因可能就在于外部环境不合乎PLC系统工作的要求。检查外部工作环境主要包括以下几个方面。

① 如果环境温度高于55℃，应安装电风扇或空调机，以改善通风条件；如果温度低于0℃，应安装加热设备。

② 如果相对湿度高于85%。容易造成控制柜中挂霜或滴水，引起电路故障，应安装空调等。相对湿度不应低于35%。

③ 周围有无大功率电气设备（例如晶闸管变流装置、弧焊机、大电动机）产生不良影响，如果有就应采取隔离、滤波、稳压等抗干扰措施。

④ 特别指出的是，不能忽视检查交流供电电源的电压是否经常性波动及波动幅度的大小，如果经常性波动且幅度大时，就应加装交流稳压器。

⑤ 其他方面也不能忽视，例如周围环境粉尘、腐蚀性气体是否过多，振动是否过大等。

查找故障，尤其是查找大中型系统的故障，是比较困难的。上面介绍了查找故障的思路和基本方法，但重要的是使用者对系统的熟悉程度和检修经验。

（3）设计故障检修程序　充分利用PLC的内部功能，提供设备的有关运行信息，以方便检查、维护和故障排除。

实训项目4-1　剪板机PLC控制系统的设计与安装

一、项目任务

剪板机PLC控制的示意图如图4-82所示。控制要求如下：开始时压钳和剪刀在上限位置，限位开关SQ1和SQ2闭合。按下起动按钮后，板料右行至限位开关SQ3处，然后压钳下行，压紧板料后压力继电器吸合，压钳保持压紧，剪刀开始下行。剪断板料后，压钳和剪刀同时上行，分别碰到限位开关SQ1和SQ2后，停止上行。压钳和剪刀都停止后，又开始下一周期的工作。

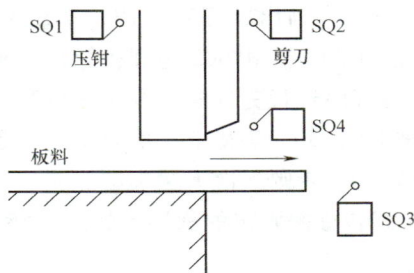

图4-82　剪板机示意图

PLC控制剪板机的设计与安装

二、实训设备

计算机、PLC主机、实验台、导线、万用表等。

三、项目实施及指导

1. 硬件设计

根据以上原理分析的动作关系，可以确定本系统需要输入6个，输出5个。

（1）I/O分配表 根据剪板机控制要求确定I/O分配，见表4-27。

表4-27 剪板机PLC控制系统I/O分配

输入		输出	
输入设备	输入编号	输出设备	输出编号
起动按钮SB1	X000	板料右行电动机KM1	Y000
压钳上限位开关SQ1	X001	压钳下行电磁阀YV1	Y001
剪刀上限位开关SQ2	X002	压钳上行电磁阀YV2	Y002
右行限位开关SQ3	X003	剪刀下行电磁阀YV3	Y003
压力继电器	X004	剪刀上行电磁阀YV4	Y004
剪刀下限位开关SQ4	X005		

（2）PLC电气接线图 剪板机PLC接线图如图4-83所示。

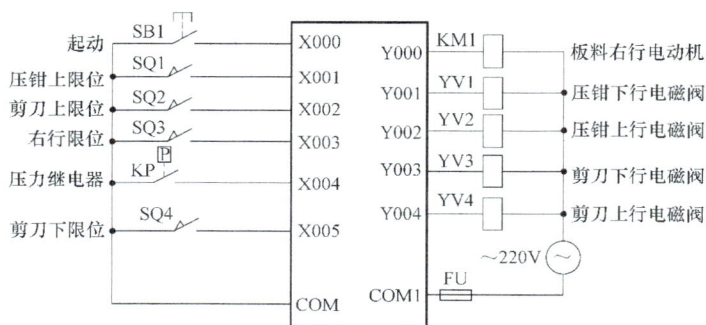

图4-83 剪板机PLC接线图

2. 程序设计

1）根据工艺要求画出状态转移图，如图4-84所示。图中是一个简单流程的状态转移图，其中特殊辅助继电器M8002为开机脉冲特殊辅助继电器，利用它使PLC在开机时进入初始状态S0。当程序运行完毕时，利用限位开关SQ1（X001）和SQ2（X002）为转移条件使程序返回初始状态S0，等待下一次起动（即程序停止）。特别指出：该程序结束后，一定要返回初始状态S0，否则下次无法起动。

2）根据状态转移图画出的梯形图如图4-85所示。

3. 调试运行步骤

1）按图4-83接线图接线。

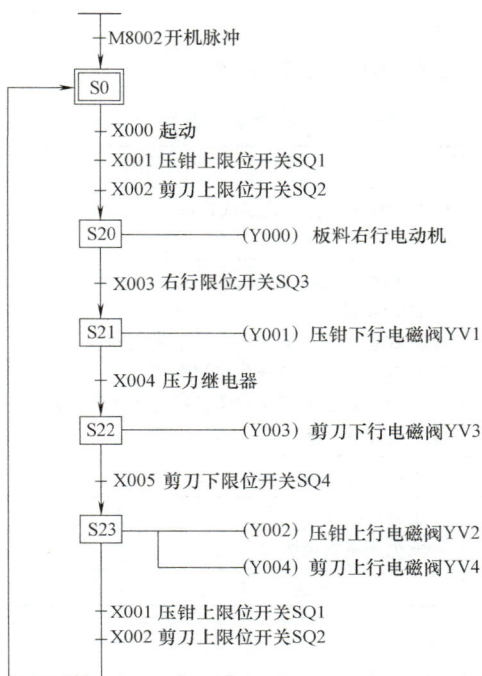

图 4-84　剪板机状态转移图

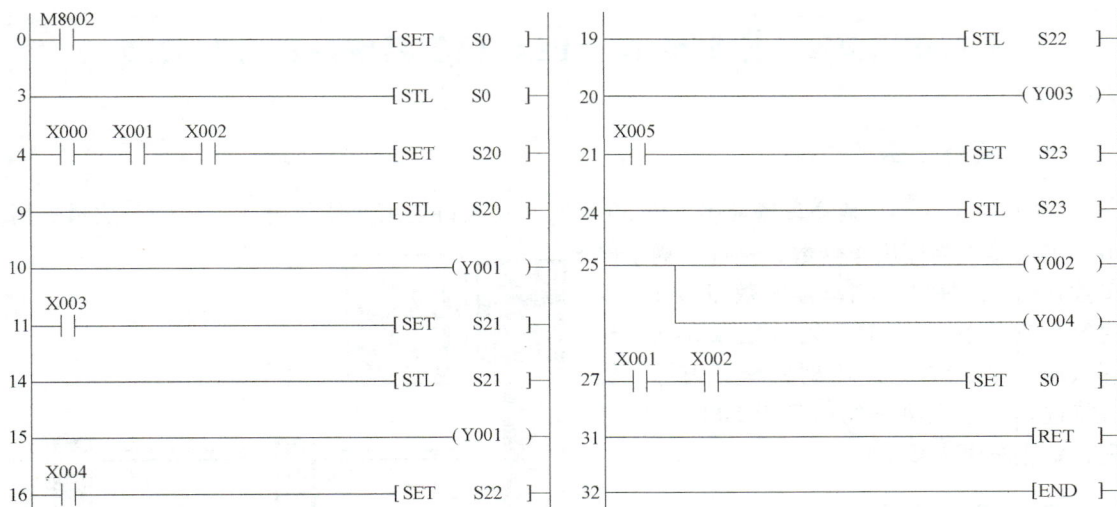

图 4-85　剪板机 PLC 控制梯形图

2）用 GX 软件编写如图 4-85 所示的程序。程序编译无误后下载到 PLC，将模式开关拨至 RUN 状态。

3）按照剪板机的动作顺序，顺序按下模拟开关 X000 ~ X005，观察剪板机各部分动作（Y000 ~ Y004）是否与其工艺要求一致。

四、评分标准

考核项目、内容、要求及评分标准见表4-28。

表4-28　考核项目及评分标准

序号	项目	配分	评分标准		得分	
1	I/O 分配与接线	20分	1）I/O 地址分配错误或遗漏 2）I/O 接线不正确	每处扣2分 每处扣2分		
2	程序设计、输入及模拟调试	60分	1）梯形图表达不正确或画法不规范 2）指令错误 3）编程软件或编程器使用不熟练 4）不会使用按钮开关模拟调试 5）调试时没有严格按照被控设备动作过程进行或达不到设计要求	每处扣4分 每条扣4分 扣5分 扣5分 扣10分		
3	时间	10分	未按规定时间完成	扣2~10分		
4	安全文明操作	10分	每违规操作 发生严重安全事故	一次扣2分 扣50分		
5	实训记录		调试是否成功		接线工艺情况记录	
6	安全情况					
7	合计	100分	总评得分		实习时间	工位号
8	教师签名					

实训项目 4-2　停车场车位 PLC 控制系统的设计与安装

一、项目任务

如图 4-86 所示，某停车场最多可停 50 辆车，在入口处用两位数码管显示停车数量。用出入传感器检测进出车辆数，每进一辆车停车数量增1，每出一辆车停车数量减1。场内停车数量小于 45 时，入口处绿灯亮，允许入场；等于或大于 45 时，绿灯闪烁，提醒待进车辆注意将满场；等于 50 时，红灯亮，禁止车辆入场。

二、实训设备

计算机、PLC 主机、实验台、导线、万用表等。

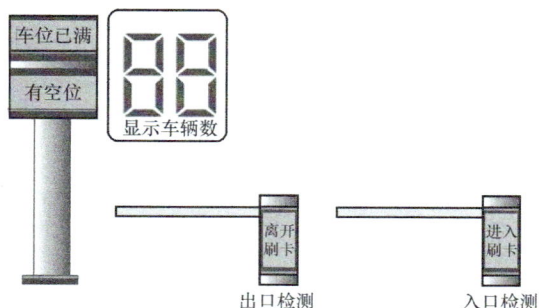

图 4-86　停车场车位控制系统示意图

三、相关知识讲解

七段译码指令 SEGD 的使用

七段译码指令 SEGD（P）如图 4-87 所示。将源操作数〔S〕中指定元件的低 4 位所确定的十六进制数（0~F）经译码后存于〔D〕指定的元件中，以驱动七段数码管；〔D〕的高 8 位保持不变。七段显示码对应的代码见表 4-29。

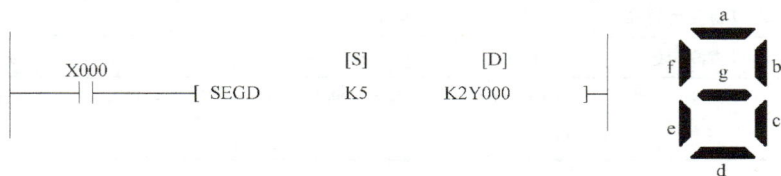

图 4-87　七段译码指令 SEGD（P）使用

表 4-29　七段显示码对应的代码

源操作数		七段数码管	目标输出						
16 进制数	低 4 位数		g	f	e	d	c	b	a
0	0000		1	1	1	1	1	1	1
1	0001		0	0	0	0	1	1	0
2	0010		1	0	1	1	0	1	1
3	0011		1	0	0	1	1	1	1
4	0100		1	1	0	0	1	1	0
5	0101		1	1	0	1	1	0	1
6	0110		1	1	1	1	1	0	1
7	0111		0	1	0	0	1	1	1
8	1000		1	1	1	1	1	1	1
9	1001		1	1	0	1	1	1	1
A	1010		1	1	1	0	1	1	1
B	1011		1	1	1	1	1	0	0
C	1100		0	1	1	1	0	0	1
D	1101		1	0	1	1	1	1	0
E	1110		1	1	1	1	0	0	1
F	1111		1	1	1	0	0	0	1

当 X0 闭合时，对数字 5 执行七段译码指令 SEGD，并将译码 H6D 存入输出位组件 K2Y0，即输出继电器 Y7~Y0 的位状态为 0110　1101。

使用 SEGD 指令时应注意：

1）源操作数〔S〕可取 K、H、KnX、KnY、KnM、KnS、T、C、D、V 和 Z；目标操作数〔D〕可取 KnY、KnM、KnS、T、C、D、V 和 Z。

2）SEGD 指令是对 4 位二进制数编码，若源操作数大于 4 位，只对最低 4 位编码。

3）SEGD 指令的译码范围为一位十六进制数字 0~9、A~F。

四、项目实施及指导

1. 硬件设计

根据以上原理分析的动作关系，可以确定本系统需要输入 7 个，输出 5 个。

（1）I/O 分配表　根据控制电路确定 I/O 分配见表 4-30。

表 4-30　I/O 分配

输入		输出		其他软元件	
输入继电器	作用	输出继电器	作用	名称	作用
X000	入口检测传感器	Y004	绿灯指示器	D0	车辆数
X001	出口检测传感器	Y005	红灯指示器	M3~M0	车辆个位数的 BCD 码
		Y016~Y010	显示车辆个位	M7~M4	车辆十位数的 BCD 码
		Y026~Y020	显示车辆十位		

（2）PLC 电气接线图　停车场车位控制系统 I/O 接线图如图 4-88 所示。

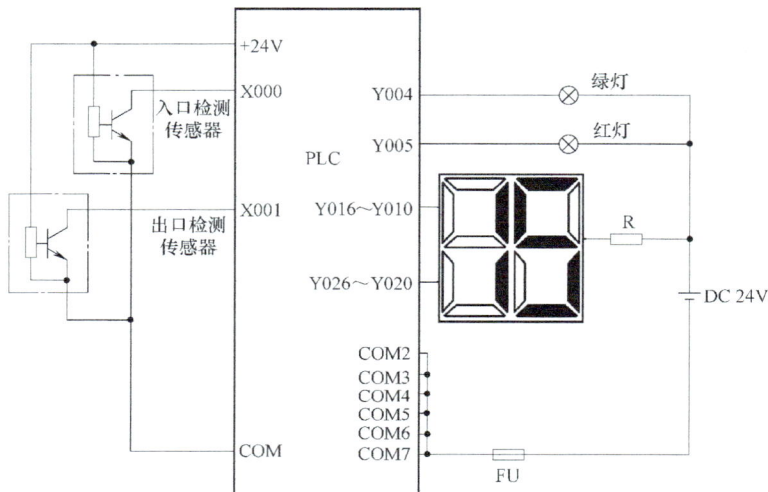

图 4-88　停车场车位控制系统 I/O 接线图

2. 程序设计

停车场车位控制梯形图如图 4-89 所示。

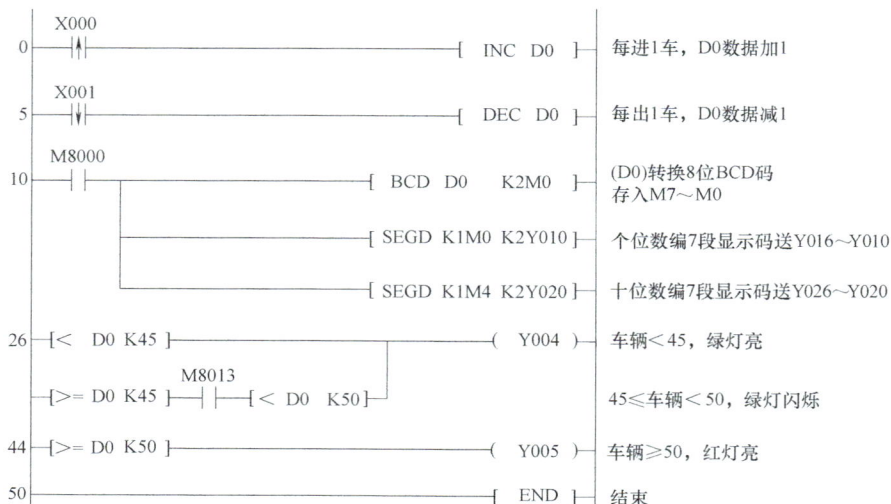

图 4-89　停车场车位控制梯形图

第 0 步至第 9 步：用加 1、减 1 指令计算进出场车辆数并存入 D0 内。

第 10 步至第 25 步：首先用 BCD 指令将 D0 中的车辆数转换成 8 位 BCD 码，然后用 SEGD 指令将车辆中的个位和十位分别显示出来。

3. 调试运行步骤。

1）按图 4-88 接线图接线。

2）用 GX 软件编写如图 4-89 所示的程序。程序编译无误后下载到 PLC，将模式开关拨至 RUN 状态。

3）按下模拟开关 X000 或 X001，观察两个七段数码管显示的车辆数以及两盏灯的状态。

五、评分标准

实训项目 4-2 的考核项目、内容、要求及评分标准参照表 4-28。

实训项目 4-3　送料车自动往返系统 PLC 控制系统的设计与安装

一、项目任务

送料车自动往返系统如图 4-90 所示。控制要求如下：

1）送料车开始应能准确停留在 6 个工作台中任意一个到位开关的位置上。

2）设送料车现暂停于 m 号工作台（SQm 为 ON）处，这时 n 号工作台呼叫（SBn 为 ON），若：①$m>n$，送料车左行，直至 SQn 动作，到位停车，即送料车所停位置 SQ 的编号大于呼叫按钮 SB 的编号时，送料车往左运行至呼叫位置后停止；②$m<n$，送料车右行，直至 SQn 动作，到位停车，即送料车所停位置 SQ 的编号小于呼叫按钮 SB 的编号时，送料车往右运行至呼叫位置后停止；③$m=n$，送料车原位不动，即送料车所停位置 SQ 的编号与呼叫按钮 SB 的编号相同时，送料车不动。

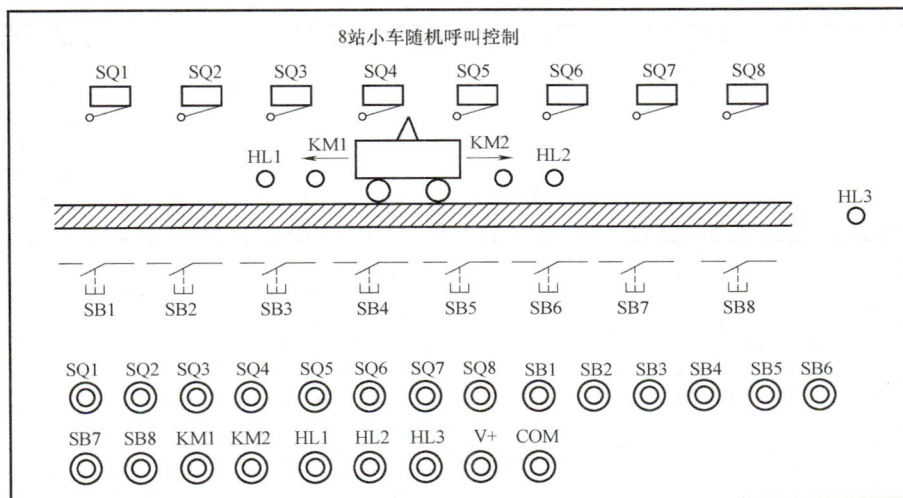

送料车自动往返系统的设计与安装

图 4-90　送料车自动往返系统

二、实训设备

计算机、FX3U 系列 PLC 主机、按钮开关、接触器、电动机、热继电器、连接导线等。

三、项目实施及指导

1. 硬件设计

(1) I/O 的分配 I/O 分配表见表 4-31。

表 4-31 I/O 分配表

输入			输出		
名称	符号	X 元件编号	名称	符号	Y 元件编号
1# 限位开关	SQ1	X000	小车左行控制接触器	KM1	Y000
2# 限位开关	SQ2	X001	小车右行控制接触器	KM2	Y001
⋮	⋮	⋮	小车左行指示	HL1	Y004
7# 限位开关	SQ7	X006	小车右行指示	HL2	Y005
8# 限位开关	SQ8	X007	小车原位指示	HL3	Y006
1# 呼叫按钮	SB1	X010			
2# 呼叫按钮	SB2	X011			
⋮	⋮	⋮			
7# 呼叫按钮	SB7	X016			
8# 呼叫按钮	SB8	X017			

(2) I/O 的外部接线 绘制 PLC 外部接线图如图 4-91 所示。

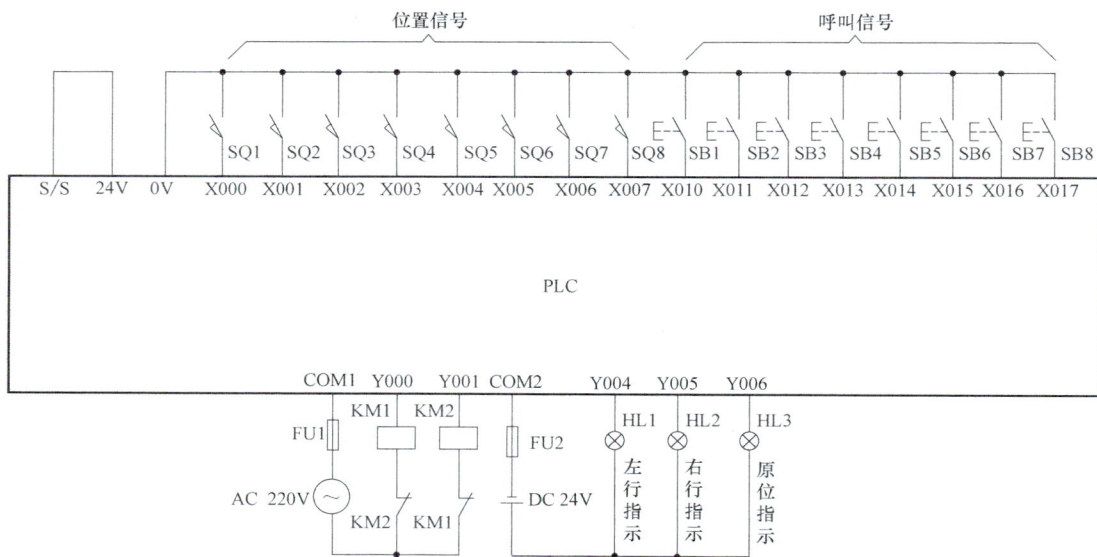

图 4-91 PLC 外部接线图

2. 软件的设计

根据被控对象的工艺条件和控制要求设计系统梯形图。参考梯形图如图 4-92 所示。

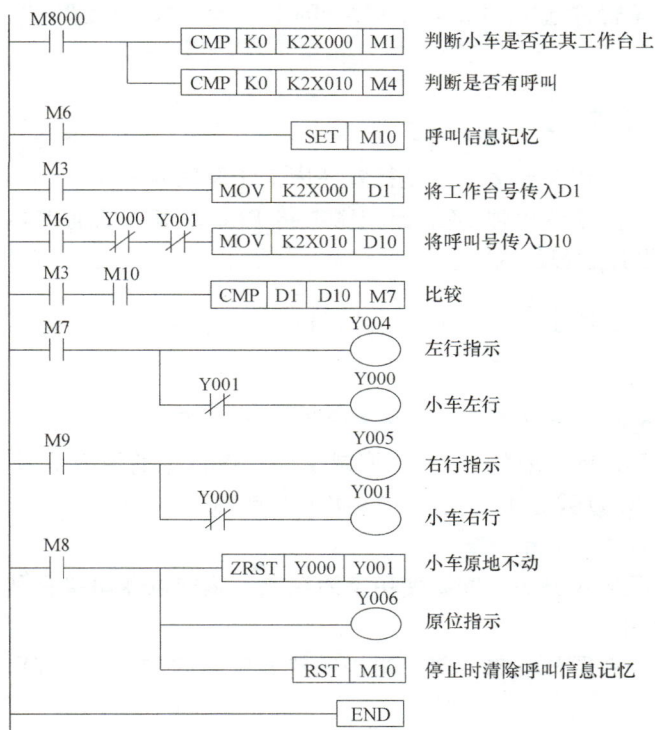

图 4-92　参考梯形图

3. 综合调试软硬件

首先按系统接线图连接好系统，根据控制要求对系统进行调试，直到符合要求。

1）PLC 通电，通过编程软件将 PLC 置于非运行状态，并将程序下载到 PLC。

2）通过编程软件将 PLC 置于运行（RUN）状态，按下起动按钮，指示灯状态和计算机上显示程序中各触点和线圈的状态。

3）进行系统的运行和通过 PLC 编程软件进行监控联合调试、发现问题进行修改，直到系统完善。

四、评分标准

实训项目 4-3 的考核项目、内容、要求及评分标准见表 4-28。

实训项目 4-4　Z3040 型摇臂钻床控制电路的改造

一、项目任务

将 Z3040 型摇臂钻床的控制电路改由 PLC 实现控制。

二、实训设备

本课题在钻床实验台上实施，需要尖嘴钳、偏口钳、剥线钳、旋具、万用表、个人计算机（配置相应的编程软件包）、PLC（FX2N-40MR）、Z3040 型摇臂钻床实验台、RV-500-0.5mm² 导线等。

三、相关知识讲解

1）阅读分析第二章中关于 Z3040 型摇臂钻床工作原理的内容。

2）学习第三章中关于继电器-接触器控制电路 PLC 改造方法的内容以及本章第四节中关于 PLC 控制系统设计过程的内容。

四、项目实施及指导

1. 硬件设计

（1）Z3040 型摇臂钻床 PLC 控制系统的 I/O 地址分配

PLC 选型。根据 Z3040 型摇臂钻床的控制要求，该钻床的输入信号 11 个，输出信号 9 个，因此，可选用 I/O 点数为 40 点的 FX2N-40MR 型 PLC。

（2）PLC 与现场器件实际连接

1）SQ1 和 SQ5 是限位开关，需要使用常闭触点。热继电器串接在其保护的电动机所对应的接触器硬件回路中。

2）输出回路中，有两种电源，即控制接触器和电磁阀的交流 127V 电源和控制指示灯的交流 36V 电源。

3）电磁阀的工作电流大于 PLC 的负载电流（一般是 2A），可以外加一个继电器 KA，用 Y006 的输出点先驱动继电器，再用 KA 的触点控制电磁阀。根据控制要求确定输入/输出点数及地址。根据以上分析，I/O 地址分配见表 4-32。

4）为操作方便，照明灯的开关一般安装在灯具上，本例不用 PLC 控制。

表 4-32　I/O 分配表

输入设备	I 点	输出设备	O 点
M1 停止按钮 SB1	X001	主轴电动机 M1 起动接触器 KM1	Y001
M1 起动按钮 SB2	X002	摇臂上升接触器 KM2	Y002
摇臂上升按钮 SB3	X003	摇臂下降接触器 KM3	Y003
摇臂下降按钮 SB4	X004	主轴箱与立柱松开接触器 KM4	Y004
主轴箱和立柱松开按钮 SB5	X005	主轴箱与立柱夹紧接触器 KM5	Y005
主轴箱和立柱夹紧按钮 SB6	X006	驱动电磁阀的中间继电器 KA	Y006
摇臂下降限位开关 SQ5	X010	松开指示灯 HL1	Y011
摇臂上升限位开关 SQ1	X011	夹紧指示灯 HL2	Y012
摇臂松开到位开关 SQ2	X012	主轴电动机运转指示灯 HL3	Y013
摇臂夹紧到位开关 SQ3	X013		
主轴箱和立柱夹紧到位开关 SQ4	X014		

（3）Z3040 摇臂钻床 PLC 控制 I/O 接线图　按照给出的控制要求，PLC 改造 Z3040 型摇臂钻床控制电路的 I/O 接线图如图 4-93 所示。

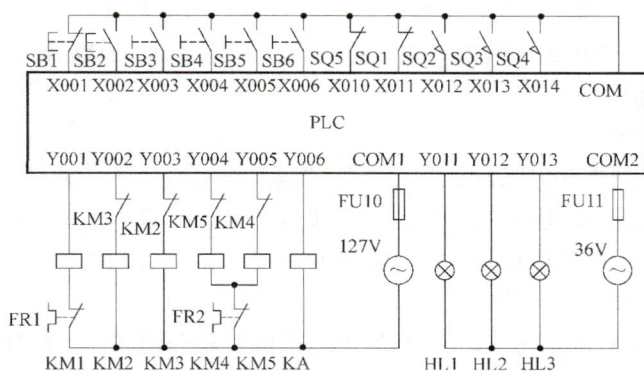

图 4-93　PLC 改造 Z3040 型摇臂钻床控制电路的 I/O 接线图

2. 软件设计

参考梯形图如图 4-94 所示。

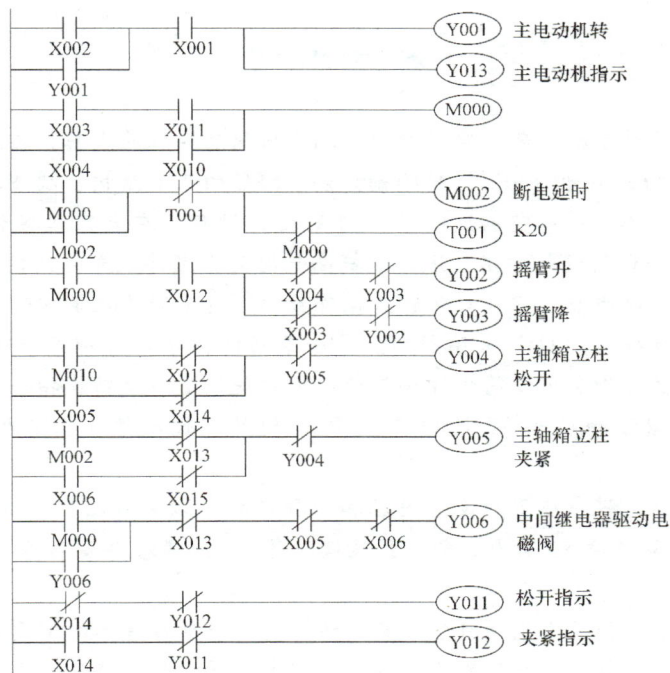

图 4-94　PLC 改造 Z3040 型摇臂钻床控制电路的参考梯形图

（1）**主轴电动机控制**　起动用 X002（SB2），停止用 X001（SB1）。起动 X002 时，Y001（KM1）和 Y013（HL3）接通，KM1 控制主轴电动机全压起动旋转，指示灯 HL3 亮。按下 SB1、X001 断开，Y001、Y003 断开，主轴电动机停转，灯灭。

（2）**摇臂上升/下降与摇臂放松/夹紧控制**　M000 是摇臂升降继电器，摇臂到达极限位置或松开摇臂按钮时断开。M002 起断开延时作用，即 M000 断开后，M002 会延时再断掉，主要用于保证摇臂上升（或下降）时，升降电动机在断开电源依惯性旋转已经完全停止旋转后，才开始摇臂的夹紧动作。M002 电动机断开电源到完全停止需要时间小于 2s。

213

（3）**主轴箱与立柱夹紧、松开及其指示灯**　主轴箱与立柱在平时是夹紧的，SQ4 被压，X004 通，夹紧指示灯 Y012（HL2）通（亮）；松开到位时，SQ4 释放，Y011（HL1）通（亮）。两者是互锁的。

3. 综合调试软硬件

首先按系统接线图连接好系统，然后根据控制要求对系统进行调试，直到符合要求。

1）PLC 通电，通过编程软件将 PLC 置于非运行状态，并将程序下载到 PLC。

2）通过编程软件将 PLC 置于运行（RUN）状态，按下起动按钮，指示灯状态和计算机上显示程序中各触点和线圈的状态。

3）进行系统的运行和通过 PLC 编程软件进行监控联合调试、发现问题进行修改。直到系统完善。

五、评分标准

实训项目 4-4 的考核项目、内容、要求及评分标准见表 4-28。

本 章 小 结

本章首先介绍了对于较复杂的顺序控制系统应用状态编程的思想，之后讲解了 FX2N 系列 PLC 步进指令、功能表图（SFC）的绘制方法、SFC 的基本结构、状态转移图转化为梯形图的方法，并且配以各种应用实例说明了 SFC 的设计过程。在大家掌握和熟练基本指令的基础上，通过应用 SFC 的设计方法，进一步提高针对复杂顺序控制系统的设计能力。

功能指令大多是以字节、字或双字作为操作数的，这不同于之前学过的基本指令。基本指令的编写是基于数据的"位"来编程的。每一条功能指令其实都是一个完成某一特殊功能的小程序，运用功能指令可以简化程序设计，文中提供了多个功能指令的应用实例。

本章还简要介绍了西门子 S7-1200 系列 PLC 硬件、软元件、基本指令、编程软件的使用。

PLC 在工业控制过程中应用的设计内容和步骤包括：调查分析 PLC 控制系统的控制功能、对 PLC 进行选型（输入/输出点数、扩展模块等）、配置硬件、程序的设计方法、系统的可靠性考虑等。

本章选取了 4 个典型的实训项目供大家训练。这 4 个项目考察的侧重点不同，同学们可以有选择地进行。通过操作技能的实战，进一步提高同学们的编程能力和编程技巧。

思考与练习

4-1　PLC 控制自动送料装置。加热炉自动送料装置工作示意图如图 4-95 所示，其控制要求如下：

1）按 SB1 起动按钮→KM1 得电，炉门电动机正转→炉门开。

2）压限位开关 SQ1→KM1 失电，炉门电动机停转；KM3 得电，推料机电动机正转→推料机进，送料入炉到料位。

3）压限位开关 SQ2→KM3 失电，推料机电动机停转，延时 3s 后，KM4 得电，推料机电动机反转→推料机退到原位。

4）压限位开关 SQ3→KM4 失电，推料机电动机停转；KM2 得电，炉门电动机反转→炉门闭。

5）压限位开关 SQ4→KM2 失电，炉门电动机停转；SQ4 常开触点闭合，并延时 3s 后才允许下次循环开始。

6）上述过程不断运行，若按下停止按钮 SB2 后，立即停止，再按起动按钮继续运行。

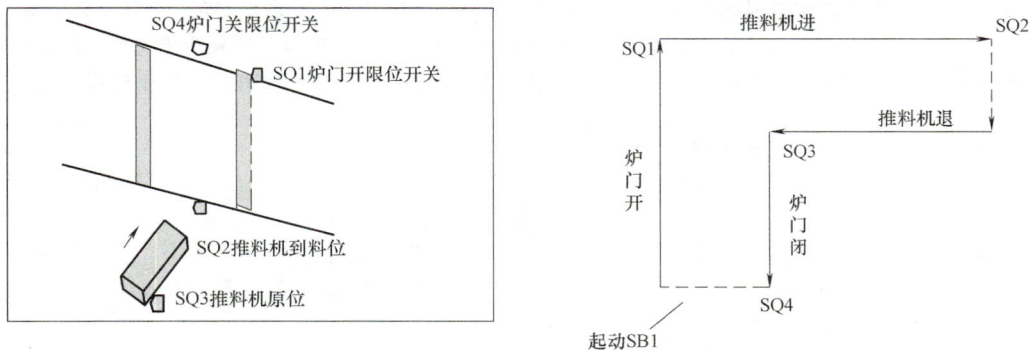

图 4-95　加热炉自动送料装置工作示意图

4-2　对第三章例 3-3 的钻孔动力头的控制过程改用 SFC 方法编程。

4-3　PLC 控制机械滑台的设计。设计任务和要求如下：工作台往返运动由直流电动机带动蜗轮驱动，工作台速度和方向由限位开关 SQ1~SQ4 控制。工作台循环过程为：工作台起动→向右移动快进→减速至换向工进→左移快速返回→减速至换向→进入正向工作状态，如图 4-96 所示。设计 PLC 程序。

4-4　8 盏彩灯，其控制要求如下：

1）X0 接通时，8 盏灯全亮；

2）X1 接通时，奇数灯亮；

3）X2 接通时，偶数灯亮；

4）X3 接通时，灯全灭。

图 4-96　工作台循环过程

4-5　电动机手动/自动选择控制程序。控制要求如下：

SB3 是操作方式选择开关，当 SB3 处于断开状态时，选择手动操作方式，当 SB3 处于接通方式时，选择自动操作方式。不同操作方式进程如下：

1）手动操作方式：按起动按钮 SB2，电动机旋转；按停止按钮 SB1，电动机停止。

2）自动操作方式：按起动按钮 SB2，电动机连续运转 1min 后，自动停机；按停止按钮 SB1，电动机立即停机。

4-6　CA6140 型卧式车床控制电路（见图 2-6）中，M1 为主轴电动机，带动主轴旋转和刀架做进给运动；M2 为切削液泵电动机；M3 为刀架快速移动电动机；HL 为电源指示灯；EL 为照明灯。试改用 PLC 实现对车床的功能控制。

4-7　"除 3 取余"方式实现 PLC 控制水泵电动机随机起动。

通常在水塔控制的过程中，为保证控制的可靠性，在水塔泵房内安装有 3 台交流异步电动机驱动水泵，3 台水泵电动机正常情况下只运转 2 台，另 1 台为备用。为了防止备用机组因长期闲置而出现锈蚀等故障，正常情况下，按下起动按钮，运转的 2 台水泵电动机和备用的 1 台水泵电动机的选择是随机的。

4-8　使用乘除运算指令实现 8 盏流水灯控制程序。控制要求如下：

有一组灯 8 个，接于 Y7~Y0，要求：当 X0=ON 时，灯正序每隔 1s 单个移位，接着灯反序每隔 1s 单个移位并不断循环。

4-9　PLC 控制双面钻床的设计。

工作台往返运动由液压驱动，工作台速度和方向由限位开关 SQ1～SQ3 控制。工作台与主轴循环工作过程为：工作台起动→向右快进（左动力头）→减速工进，同时主轴起动，加工结束→停止工进→主轴延时 10s 停转→工作台向左快退回原位→进入下一循环工作状态。右动力头的运行方向与左动力头相反。

控制要求：PLC 梯形图设计时，工作方式设置为自动循环、点动、单周循环和步进 4 种；主轴只在自动循环和单周循环时起动；要有必要的电气保护和联锁装置；自动循环适应按图 4-97 所示的顺序动作。

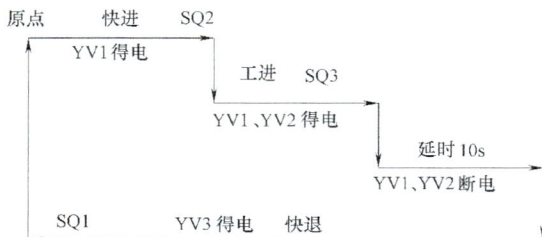

图 4-97　双面钻床动力头动作顺序

4-10　报警系统。一个展厅中只能容纳 10 人，在展厅进口装设一传感器检测进入展厅的人数，在展厅的出口装设一传感器检测离开展厅的人数。试用算术运算指令设计一段程序，当展厅中的总人数多于 10 人时就报警。

第五章

交流电动机变频调速技术

【知识目标】

1. 了解变频器的工作原理及结构。
2. 掌握变频器的基本参数设置。
3. 掌握变频器控制的应用方法。

【能力目标】

1. 能根据不同场合，正确地选用变频器。
2. 能熟练应用 FR-D700 变频器进行电动机的起动、点动、正反转及停车等控制。
3. 能熟练应用 FR-D700 变频器的数字量、模拟量、多段速等功能进行电动机控制。
重点是 PLC 与 FR-D700 的联机运行。

第一节　交流电动机调速系统概述

一、运动控制系统

　　自动控制系统是在无人直接参与的情况下使生产过程或其他过程按期望规律或预定程序进行的控制系统，是实现自动化的主要手段。自动控制系统分两大类型：过程控制和运动控制。

　　过程控制系统是以表征生产过程的参量为被控制量，使之接近给定值或保持在给定范围内的自动控制系统。这里"过程"是指在生产装置或设备中进行的物质和能量的相互作用和转换过程。表征过程的主要参量有温度、压力、流量、液位、成分、浓度等。通过对过程参量的控制，可使生产过程中产品的产量增加、质量提高和能耗减少。

　　运动控制系统就是以运动机构作为控制对象的自动控制系统，其输出量（被控量）是速度、位移等参数。以转速为被控量的称为调速系统，以位移为被控量的称为伺服系统。各种普通机床电气控制系统都属于调速系统，数控机床的控制则主要是伺服系统。运动控制系统的框图如图 5-1 所示。

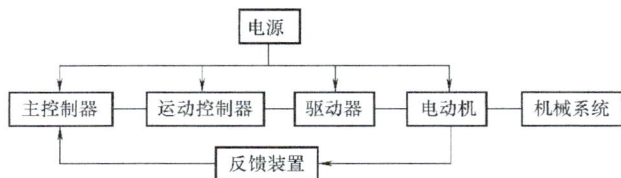

图 5-1 运动控制系统的框图

控制器是 PC/PLC，产生使运动控制系统性能满足要求的控制策略和控制信号。控制的策略分开环控制与闭环控制，其中闭环控制策略又分位置控制、速度控制和转矩控制。并非所有控制系统都需要 3 个闭环，伺服系统一般是三闭环结构，调速系统一般是双闭环结构。驱动器是电力电子与变换装置，它将控制信号放大到足以推动执行元件动作且进行所需的能量变换；反馈装置是各类传感器，它将系统输出的速度或位置信号检测出来经转换和处理（包括滤波、整形、电压匹配、极性转换、A-D 转换等）后得到反馈信号，与给定输入信号比较后送给控制器决策运算。

二、交（直）流电动机调速系统

以交流（直流）电动机为动力拖动各种生产机械的系统称为交流（直流）电气传动系统，也称为交流（直流）电气拖动系统，如图 5-2 所示。根据设备和工艺的要求通过改变电动机速度或输出转矩改变终端机械的速度或转矩。电气传动的意义在于：①节能，如风机、泵类、注塑机等；②提高产品质量，如机床、印刷、包装等生产线；③改善工作环境，如电梯、中央空调等。

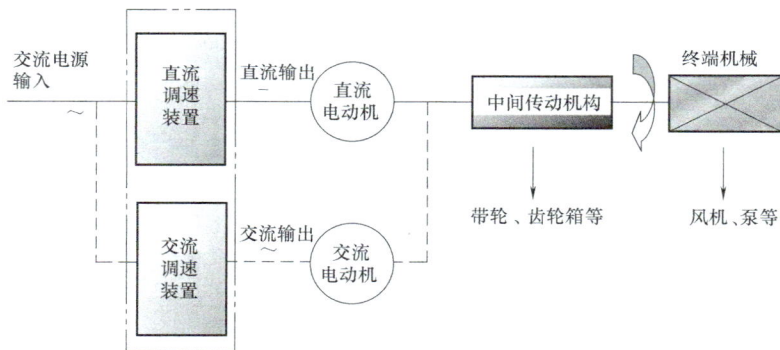

图 5-2 交直流电气传动系统

20 世纪 70 年代以前，直流电动机占统治地位，交流电动机只在定速机械上使用。20 世纪 90 年代中期开始，交流变频调速逐渐成为调速领域的主角。

调速系统的发展经历了如下的历程：

1）定速拖动：电动机转速不可调。

2）直流调速：直流电动机体积大、造价高、维护复杂、不节能；调速性能较好（调速方便、调速连续、机械特性硬）。

3）交流调速：电动机体积小、价格低、性能好、维护方便、节能、控制精度高。

三、三相异步电动机调速的基本类型

1. 电磁转差离合器调速（异步电动机本身并不调速）

电磁转差离合器调速系统由笼型异步电动机、电磁转差离合器以及控制装置组合而成，其结构如图 5-3 所示，其机械特性曲线如图 5-4 所示。

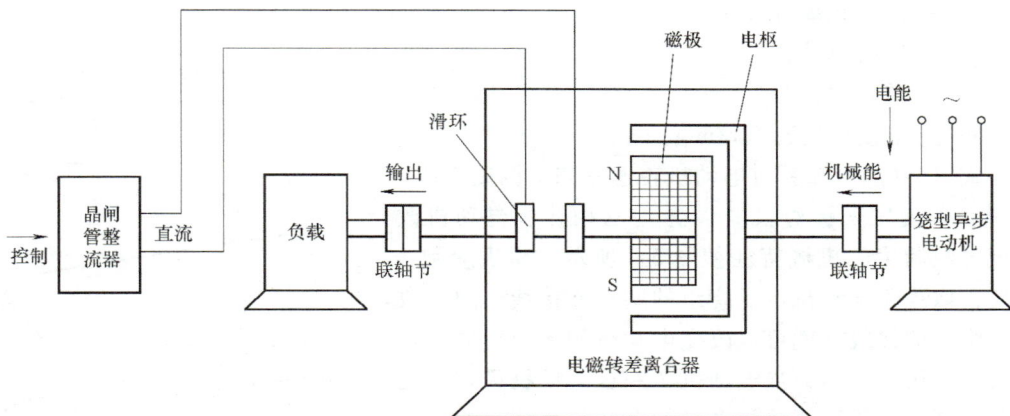

图 5-3　电磁较差离合器结构

（1）电磁转差离合器的转速和转向

1）从动轴的转速 n 取决于励磁电流的大小。

2）从动轴的转向则取决于原动机的转向。

电磁转差离合器本身并不是一个电动机，它只是一种传递功率的装置。

（2）电磁转差离合器闭环调速系统　电磁转差离合器的机械特性很软，实际使用时都加上转速负反馈控制，从而可获得 10∶1 的调速范围，闭环系统的组成如图 5-5 所示，其静特性如图 5-6 所示。

这种调速系统的优点是：电路简单，价格便

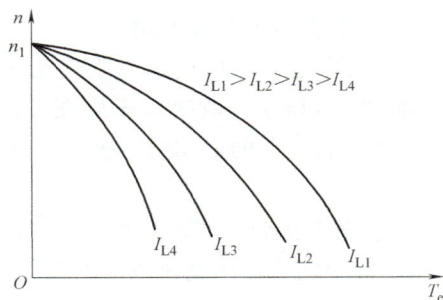

图 5-4　电磁转差离合器调速的机械特性

n_1—原动机转速　T_e—电磁转差离合器
轴上输出转矩　I_L—电磁转差离合器的励磁电流

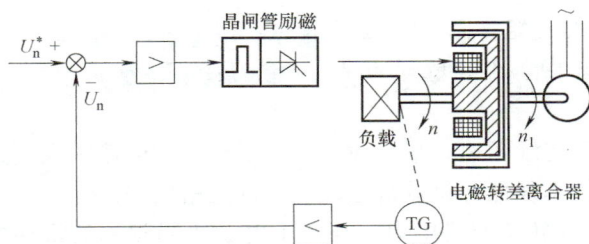

图 5-5　电磁转差离合器闭环系统的组成

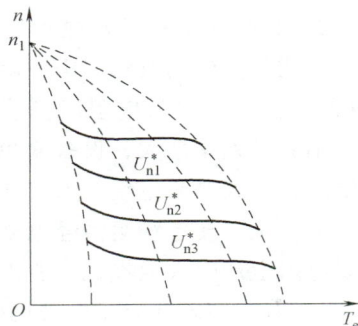

图 5-6　电磁转差离合器
闭环系统的静特性

宜；速度负反馈后调速相当精确（平滑调速）。缺点是：低速运行时损耗较大（增加了滑差离合器）；调速效率较低。

2. 异步电动机的3种基本调速方法

交流异步电动机转速公式如下

$$n = \frac{60f_1}{p}(1-s) \tag{5-1}$$

式中　f_1——定子频率（Hz）；

　　　p——磁极对数；

　　　s——转差率；

　　　n——电动机转速（r/min）。

由式（5-1）可知针对电动机转速有如下调速方法。

（1）改变定子极对数 p 调速　三相异步电动机改变磁极对数调速的机械特性如图5-7所示。磁极对数 p 的改变，取决于电动机定子绕组的结构和接线。通过改变定子绕组的接线，就可以改变电动机的磁极对数。这种方法只适用于笼型异步电动机，一台电动机最多只能安置两套绕组，每套绕组最多只能有两种接法。所以最多只能得到4种转速，通常不能满足工作机械的要求。

（2）改变转差率 s 调速。

1）改变定子电压调速。改变定子电压调速的机械特性如图5-8所示。改变定子电压 U_1 可以得到一组不同的人为特性。在带恒转矩负载 T_Z 时，可得到不同的稳定转速，如图5-8中的1、2、3点。

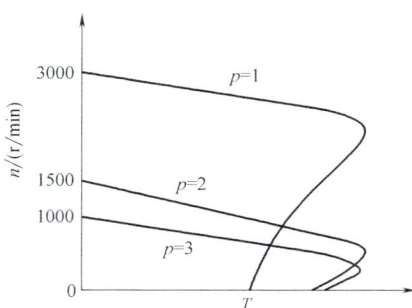

图5-7　改变磁极对数调速的机械特性

异步电动机调压调速时存在的问题：

① 改变定子电压调速范围不大（恒转矩负载），如图5-8中1、2、3点。

② 低速时运行稳定性不好（如 c 点），转子电流相应增大。为了既低速运行稳定又不致过热，要求电动机转子绕组有较高的电阻。

2）绕线转子式异步电动机转子串联电阻调速。绕线转子式异步电动机转子串联电阻调速的机械特性如图5-9所示。转子串联电阻时同步转速和最大转矩 T_m 不变，临界转差率增大，设备简单，主要用于中、小容量的绕线转子式异步电动机如桥式起重机等。

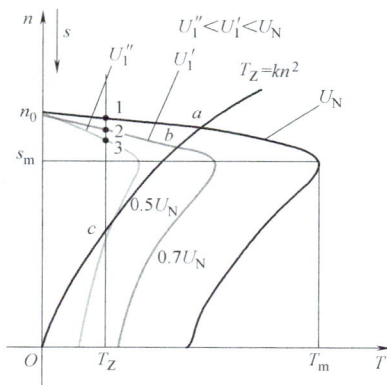

图5-8　改变定子电压
调速的机械特性

缺点是：转子绕组需经电刷引出，属于有级调速，平滑性差；由于转子中电流很大，在串联电阻上产生很大损耗，所以电动机的效率很低，机械特性较软，调速精度差。

3）绕线转子式异步电动机串级调速。在转子回路中串入与转子电动势同频率的附加电动势，通过改变附加电动势的幅值和相位实现调速。优点是：可以通过某种控制方式，使转子回路的能量回馈到电网，从而提高效率；在适当的控制方式下，可以实现低同步或高同步的连续调速。缺点是：只能适应于绕线转子式异步电动机，且控制系统相对复杂。

（3）**改变电源频率调速**　由式（5-1）可知，当极对数 p 不变时，同步转速和电源频率 f_1 成正比。连续地改变供电电源的频率，就可以平滑地调节电动机的速度，这种调速方法称为变频调速。交流变频调速技术的原理是把工频 50Hz 的交流电转换成频率和电压可调的交流电，通过改变交流异步电动机定子绕组的供电频率，在改变频率的同时也改变电压，从而达到调节电动机转速的目的。它与直流调速系统相比具有以下显著优点：

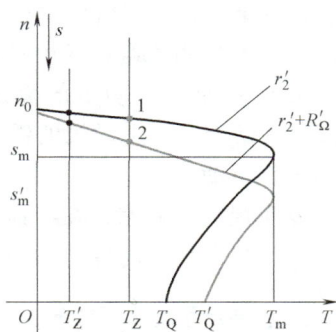

图 5-9　绕线转子式异步电动机转子串联电阻调速的机械特性

1）变频调速装置的容量大。

2）变频调速系统调速范围宽，能平滑调速，其调速静态精度及动态品质好。

3）变频调速系统可以直接在线起动，起动转矩大，起动电流小，减小了对电网和设备的冲击，并具有转矩提升功能，节省软起动装置。

4）变频器内置功能多，可满足不同工艺要求；保护功能完善，能自诊断并显示故障所在，维护简便；具有通用的外部接口端子，可同计算机、PLC 联机，便于实现自动控制。

5）变频调速系统在节约能源方面有着很大的优势，是目前世界公认的交流电动机的最理想、最有前途的调速技术，尤其以风机、泵类负载的节能效果最为显著，节电率可达到 20% ~ 60%。

第二节　三相异步电动机的变频调速原理

随着交流电动机调速控制理论、电力电子及数字化控制技术的发展，交流变频调速技术已经成熟。在各种异步电动机调速控制系统中，目前效率最高、性能最好的系统是变压变频调速控制系统。异步电动机的变压变频调速控制系统一般简称为变频器。由于通用变频器使用方便、可靠性高，所以它成为现代自动控制系统的主要组成元件之一。

一、异步电动机变频调速的控制方式

定子绕组的反电动势是定子绕组切割旋转磁场磁力线的结果，本质上是定子绕组的自感电动势。三相异步电动机定子每相电动势的有效值为

$$E_1 = 4.44 k_{r1} f_1 N_1 \Phi_M \qquad (5-2)$$

式中　E_1——气隙磁通在定子每相中感应电动势的有效值（V）；

　　　f_1——定子频率（Hz）；

　　　N_1——定子每相绕组串联匝数；

　　　k_{r1}——与绕组结构有关的常数；

　　　Φ_M——每极气隙磁通量（Wb）。

由式（5-2）可知，如果定子每相电动势的有效值 E_1 不变，当改变定子频率时就会出现下面两种情况：

如果 f_1 大于电动机的额定频率 f_{1N}，那么气隙磁通量 Φ_M 就会小于额定气隙磁通

Φ_{MN}，其结果是：尽管电动机的铁心没有得到充分利用是一种浪费，但是在机械条件允许的情况下长期使用不会损坏电动机。

如果 f_1 小于电动机的额定频率 f_{1N}，那么气隙磁通量 Φ_M 就会大于额定气隙磁通量 Φ_{MN}，其结果是：电动机的铁心产生过饱和，从而导致过大的励磁电流，严重时会因绕组过热而损坏电动机。

要实现变频调速，在不损坏电动机的条件下，充分利用电动机铁心，发挥电动机转矩的能力，最好在变频时保持每极磁通量 Φ_M 为额定值不变。

二、基频以下调速

由式（5-2）可知，要保持 Φ_M 不变，当频率 f_1 从额定值 f_{1N} 向下调节时，必须同时降低 E_1，使 E_1/f_1 = 常数，即采用电动势与频率之比恒定的控制方式。然而，绕组中的感应电动势是难以直接控制的，当电动势的值较高时，可以忽略定子绕组的漏磁阻抗压降，而认为定子相电压 $U_1 \approx E_1$，则得 U_1/f_1 = 常数，这就是恒压频比的控制方式。在恒压频比条件下改变频率时，机械特性基本上是平行下移的，如图 5-10 所示。由于基频以下调速时磁通恒定，所以转矩恒定，因此在基频以下调速属于恒转矩调速。

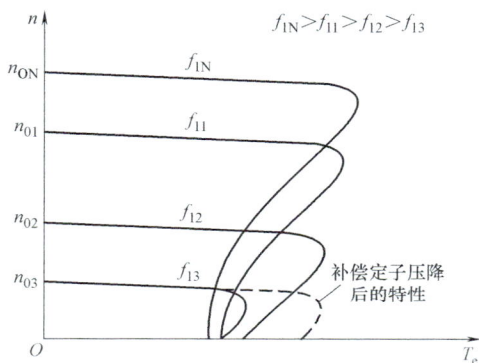

图 5-10　基频以下调速时的机械特性

三、基频以上调速

在基频以上调速时，频率可以从 f_{1N} 往上增高，但电压 U_1 却不能超过额定电压 U_{1N}，最多只能保持 $U_1 = U_{1N}$。由式（5-2）可知，这将迫使磁通随频率升高而降低，相当于直流电动机弱磁升速的情况。

在基频 f_{1N} 以上调速时，由于电压 $U_1 = U_{1N}$ 不变，不难证明，当频率提高时，同步转速随之提高，最大转矩减小，机械特性上移，如图 5-11 所示。

由于频率提高而电压不变，气隙磁动势必然减弱，导致转矩减小。由于转速升高了，可以认为输出功率基本不变。所以，基频以上变频调速属于弱磁恒功率调速。

把基频以上调速和基频以下调速两种情况结合起来，可得到图 5-12 所示的异步电动机

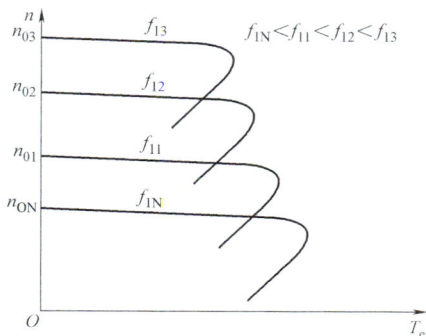

图 5-11　基频以上调速时的机械特性

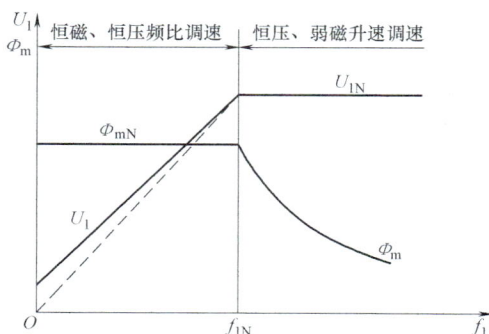

图 5-12　异步电动机变频调速控制特性

变频调速控制特性。

第三节　通用变频器的分类和基本结构

一、变频器的分类

从结构上变频器可分为直接变频器和间接变频器。直接变频器将工频交流电一次变换为可控电压、频率的交流电，没有中间直流环节，也称为交-交变频器。如图 5-13 所示，交-交变频器改变正反组切换频率可以调节输出交流电的频率，而改变触发延迟角 α 的大小即可调节矩形波的幅值，交-交变频器没有中间环节，变换效率高。但是总设备投资大，最大输出频率为 30Hz，其连续可调的频率范围较窄，主要用于大容量、低速场合。

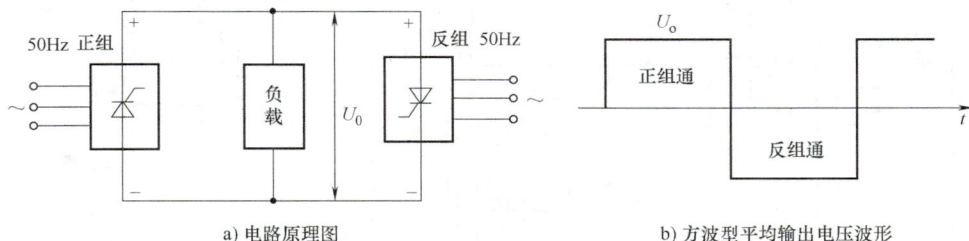

a) 电路原理图　　　　　　　　　　　　b) 方波型平均输出电压波形

图 5-13　交-交变频器

间接变频器也称为交-直-交变频器，它是先将工频交流电源通过整流器变成平滑直流电，然后利用半导体器件（GTO、GTR 或 IGBT）组成的三相逆变器，采用输出波形调制技术（常采用正弦脉宽调制 SPWM，使输出波形近似正弦波），把平滑直流电变换为可变电压和可变频率的交流电。在交-直-交变频器中，又可分为电流源型和电压源型。电流源型的变频器中间直流环节采用大电感滤波，输出交流电流是矩形波或阶梯波，电压波形接近于正弦波，如图 5-14a 所示；电压源型的变频器中间直流环节采用大电容滤波，输出交流电压是矩形波或阶梯波，电流波形接近于正弦波。现在变频器大多都属于电压源型，如图 5-14b 所示。

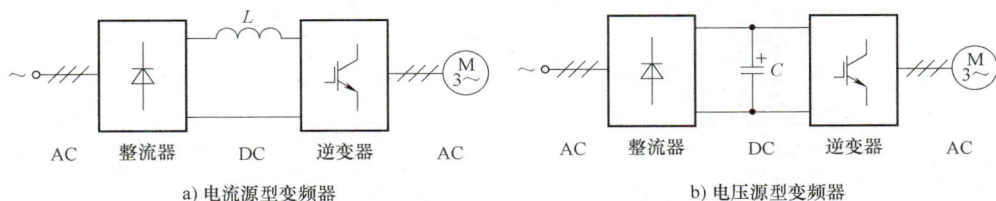

a) 电流源型变频器　　　　　　　　　　b) 电压源型变频器

图 5-14　电流源型变频器和电压源型变频器

二、通用变频器的基本结构

通用变频器的基本结构如图 5-15 所示，它由主电路、控制电路、输入/输出控制端子和操作面板组成。

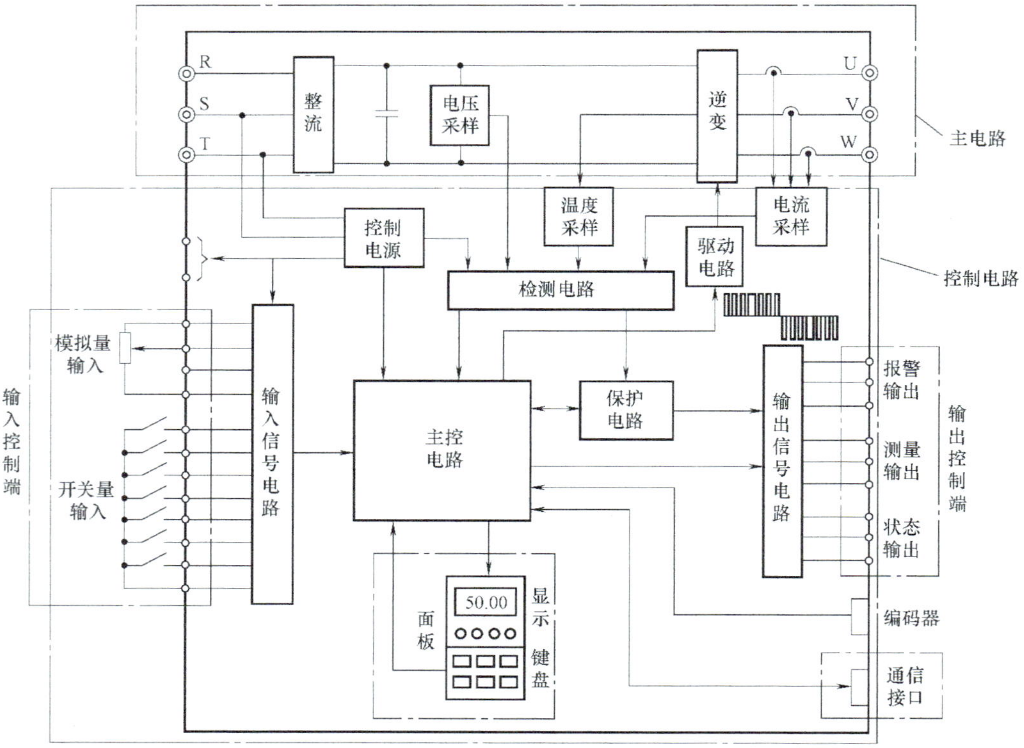

图 5-15 通用变频器的基本结构

1. 变频器的主电路

通用变频器的主电路由整流电路、直流中间电路及逆变电路等构成,其电路如图 5-16 所示。

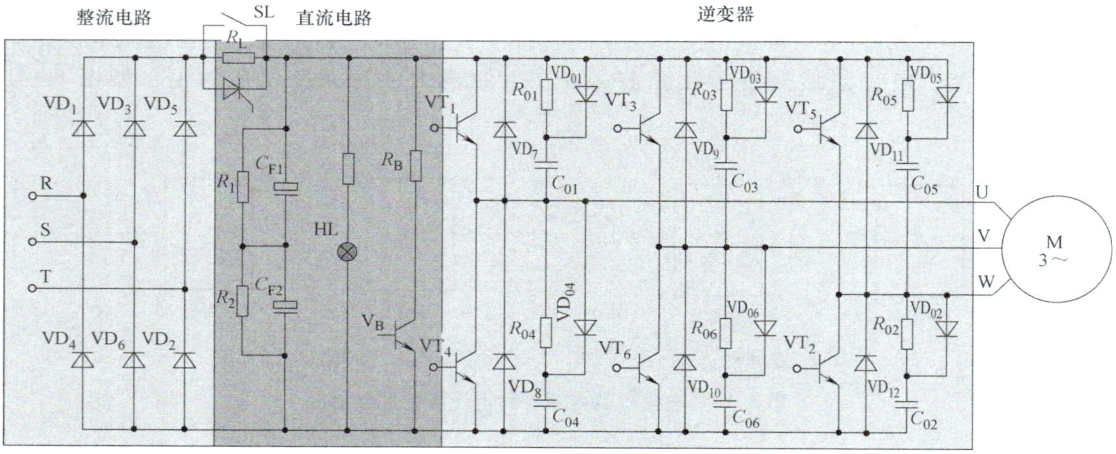

图 5-16 变频器主电路

（1）整流电路 整流电路由 $VD_1 \sim VD_6$ 组成三相不可控整流桥,它们将电源的三相交流全波整流成直流。整流电路因变频器输出功率大小不同而异:小功率的,输入电源多用单相

220V，整流电路为单相全波整流桥；功率较大的，一般用三相 380V 电源，整流电路为三相桥式全波整流电路。整流桥集成电路模块如图 5-17 所示。

图 5-17 整流桥集成电路模块

（2）**滤波储能电容器 C_F** 整流电路输出的整流电压是脉动的直流电压，必须加以滤波。电容 C_F 的作用是：除了滤除整流后的电压纹波，还在整流电路与逆变器之间起去耦作用，以消除相互干扰，这就给作为感性负载的电动机提供必要的无功功率。中间直流电路电容器的电容量必须较大，起到储能作用，所以中间直流电路的电容器又称为储能电容器。R_1 和 R_2 并联在 C_{F1} 和 C_{F2} 两端起到均压作用。

电源指示 HL：HL 除了表示电源是否接通以外，还有一个十分重要的功能，即在变频器切断电源后，显示滤波电容器 C_F 上的电荷是否已经释放完毕。

（3）**制动电阻和制动单元**

1）制动电阻 R_B：电动机在工作频率下降过程中，转子转速将超过此时的同步转速处于再生制动状态，拖动系统的动能要反馈到直流电路中，使电容上的直流电压不断上升（即泵升电压），甚至可能达到危险的地步。因此，必须将再生到直流电路的能量消耗掉，使电容上的直流电压保持在允许范围内。制动电阻 R_B 就是用来消耗这部分能量的。

2）制动单元 V_B：制动单元 V_B 由大功率晶体管 GTR 及其驱动电路构成，其功能是控制流经 R_B 的放电电流 I_B。

（4）**逆变器** 逆变管 $VT_1 \sim VT_6$ 组成逆变器，把 $VD_1 \sim VD_6$ 整流后的直流电，再"逆变"成频率、幅值都可调的交流电。这是变频器实现变频的执行环节，因而是变频器的核心部分。当前常用的逆变管有绝缘栅双极晶体管（IGBT）、大功率晶体管（GTR）、门极关断晶闸管（GTO）以及功率场效应晶体管（MOSFET）等。

IGBT 单管封装模块较小，电流通常在 100A 以下。IGBT 模块就是将多个 IGBT 集成封装在一起，IGBT 实物图如图 5-18 所示。

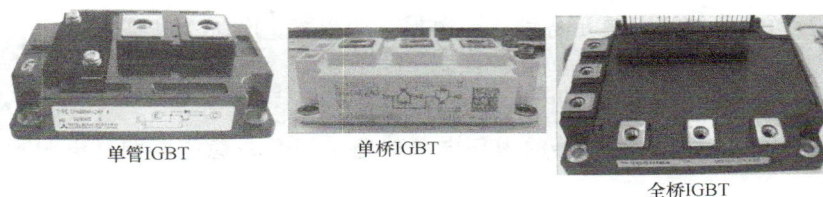

单管IGBT

单桥IGBT

全桥IGBT

图 5-18 IGBT 实物图

目前市场上 15kW 以上变频器使用的是 150A/200A/300A/400A/450A 的两单元 IGBT 模

块或 100A/150A 的三相逆变 IGBT 模块。15kW 以下小功率变频器多采用 25A/50A/75A 的 PIM 模块。PIM 是将整流桥、制动单元以及三相逆变桥集成在一起，即变频器的主回路全部封装在一个模块内，在中小功率变频器上（15kW 以下）均使用 PIM 模块以降低成本。

2. 变频器的控制电路

变频器控制部分一般有 CPU 单元、显示单元、电流检测单元、电压检测单元、输入/输出控制端子、驱动放大电路、开关电源等。变频器的控制电路为主电路提供控制信号，其主要任务是完成对逆变器开关元件的开关控制和提供多种保护功能。通用变频器控制电路的框图如图 5-19 所示，主要由主控板、键盘与显示板、电源板与驱动板、外接控制电路等构成。大多数中小容量通用变频器外接控制电路往往与主控电路设计在同一电路板上，以减小整体体积，降低成本，提高电路可靠性。

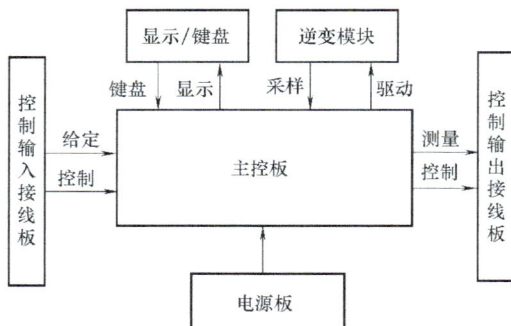

图 5-19　通用变频器控制电路的框图

（1）**主控板**　主控板是变频器运行的控制中心，其核心器件是微控制器（单片机）或数字信号处理器（DSP）。其主要功能如下：

1）接收从键盘输入与外部控制电路输入的各种信号。

2）将接收的各种信号进行判断和综合运算，产生相应的调制指令，并分配给各逆变管的驱动电路。

3）接收内部的采样信号，如电压与电流的采样信号、各部分温度的采样信号及各逆变管工作状态的采样信号等。

4）发出保护指令。变频器必须根据各种采样信号随时判断其工作是否正常，一旦发现异常工况，必须发出保护指令进行保护。

5）向外电路发出控制信号及显示信号，如正常运行信号、频率到达信号及故障信号等。

（2）**键盘与显示板**　键盘与显示板总是组合在一起。键盘向主控板发出各种信号或指令，主要向变频器发出运行控制指令或修改运行数据等。显示板将主控板提供的各种数据进行显示，大部分变频器配置了液晶或数码管显示屏。还有 RUN（运行）、STOP（停止）、FWD（正转）、REV（反转）、FLT（故障）等状态指示灯，可以完成以下指示功能：

1）在运行监视模式下，显示各种运行数据，如频率、电压、电流等。

2）在参数模式下，显示功能码和数据码。

3）在故障状态下，显示故障代码。

（3）**电源板与驱动板**　变频器的内部电源普遍采用开关稳压电源，电源板主要提供以下直流电源：

1）主控板电源。具有极好稳定性和抗干扰能力的一组直流电源。

2）驱动电源。逆变电路中上桥臂的 3 只逆变管驱动电路的电源是相互隔离的 3 组独立电源，下桥臂 3 只逆变管驱动电源则可共"地"。驱动电源与主板电源必须可靠绝缘。

3）外控电源。为变频器外电路提供稳恒直流电源。

中小功率变频器的驱动电路往往与电源电路在同一块电路板上，驱动电路接受主控板发来的 SPWM 调制信号，在进行光电隔离、放大后驱动逆变管的开关工作。

（4）外接控制电路　可实现由电位器、主令电器、继电器及其他自控设备对变频器的运行控制，并输出其运行状态、故障报警、运行数据信号等。外接控制电路一般包括外部给定电路、外接输入控制电路、外接输出电路、报警输出电路等。

变频器通常采用标准装备 RS485 接口，配上选择通信卡可以与其他变频器进行通信，主要用于各类中大型生产线或系统。

第四节　变频器的脉宽调制原理

变频器就是将恒压恒频的交流电转换为变压变频（Variable Voltage Variable Frequency VVVF）的交流电，以满足交流电动机变频调速的需要。脉宽调制（PWM）变频的设计思想，源于通信系统中的载波调制技术，目前 PWM 已成为现代变频器产品的主导设计思想。

一、变频器输出的正弦等效脉宽波

通用变频器输出的波形并非是标准正弦波，而是一系列幅值相等而宽度不等的矩形波脉冲，其波形如图 5-20 所示。逆变器输出的三相波形完全一样，所不同的是它们在相位上互差 120°。

变频器正是用这些等幅等距不等宽的脉冲序列来等效正弦波，这种等效的原则是每一区

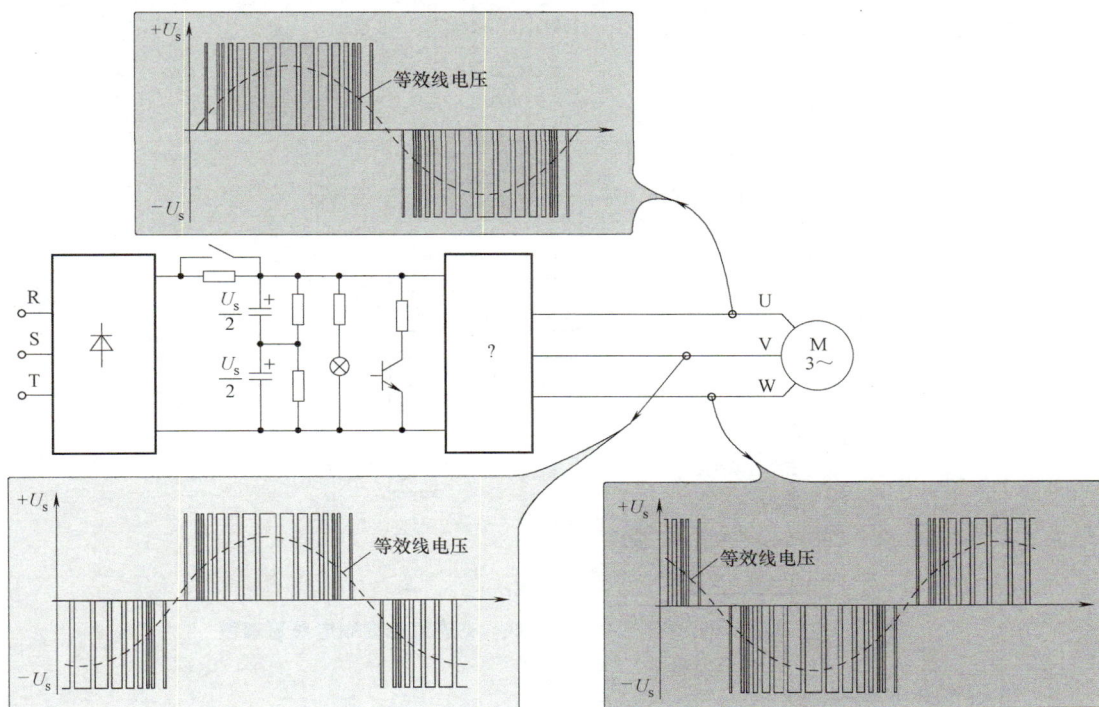

图 5-20　变频器输出的三相电压波形

间的面积相等。如果把一个正弦半波分作 n 等份，然后把每一等份的正弦曲线与横轴所包围的面积都用一个与此面积相等的矩形脉冲来代替，矩形脉冲的幅值不变，各脉冲的中点与正弦波每一等份的中点相重合。这样，由 n 个等幅不等宽的矩形脉冲所组成的波形就与正弦波的半周等效。

二、脉宽调制（PWM）过程

PWM 调制是利用半导体开关器件的导通和关断把直流电压调制成电压可变、频率可变的电压脉冲列。将输出波形作为调制信号，采用等腰三角波或锯齿波作为载波，进行调制得到期望脉宽波的过程称为 PWM 调制。用幅值、频率均可调的正弦波做调制信号，用等腰三角波或锯齿波做载波信号，利用载波和正弦调制波相互比较的方式来确定脉宽和间隔，就可以产生与正弦波等效的脉宽调制波。一般将调制信号为正弦波的脉宽调制称为正弦波脉宽调制，简称 SPWM。为使分析简明起见，我们将以单相逆变器来分析电路的工作原理。

图 5-21 所示为一单相 IGBT-SPWM（电压型）交流变压变频电路的原理图（图中二极管整流器部分未画出）。主电路 $VT_1 \sim VT_4$ 为 IGBT 开关管，$VD_1 \sim VD_4$ 为续流二极管，Z_L 为负载，$R_{G1} \sim R_{G4}$ 为 IGBT 栅极限流电阻，C 为大容量电容器。

图 5-21 中 4 个 IGBT 开关管，以 VT_1 与 VT_4 为一组，VT_2 与 VT_3 为另一组，调制工作时，正弦调制波电压 u_R 与载波三角波电压 u_C 相比较，控制 $VT_1 \sim VT_4$ 通断，从而控制感性负载两端电压 u_o 的变化，实现了 PWM 调制。若使两组开关管依次轮流通、断，则在负载上流过的将是正、反向交替的交流电流，从而实现了将直流电变换成交流电的要求。

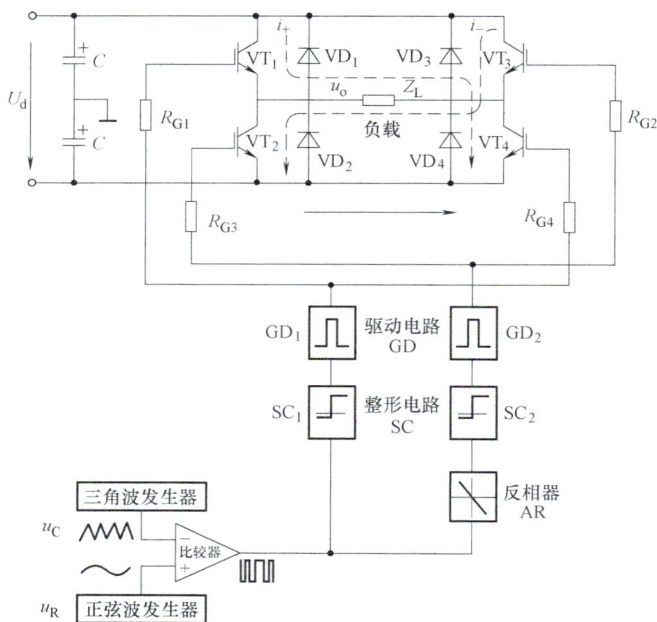

图 5-21 单相 IGBT-SPWM（电压型）交流变压变频电路原理图

1. 单极性脉宽调制

单极性脉宽调制的特征是：参考信号和载波信号都为单极性的信号。逆变器输出的基波电压大小和频率均由参考电压来控制。当改变参考电压幅值时，脉宽随之改变，从而改变输出电压大小；当改变参考电压频率时，输出电压频率随之改变。如图 5-22 所示，任一时刻载波与调制波的极性相同，在任意半个周期内 PWM 波单方向变化。

在 u_R 的正半周，VT_1 保持通，VT_2 保持断：

当 $u_R > u_C$ 时，VT_4 通，VT_3 断，$u_o = U_d$

当 $u_R < u_C$ 时，VT_3 通，VT_4 断，$u_o = 0$

在 u_R 的负半周，VT_1 保持断，VT_2 保持通：

当 $u_R < u_C$ 时，使 VT_3 通，VT_4 断，$u_o = -U_d$

当 $u_R > u_C$ 时，VT_3 断，VT_4 通，$u_o = 0$

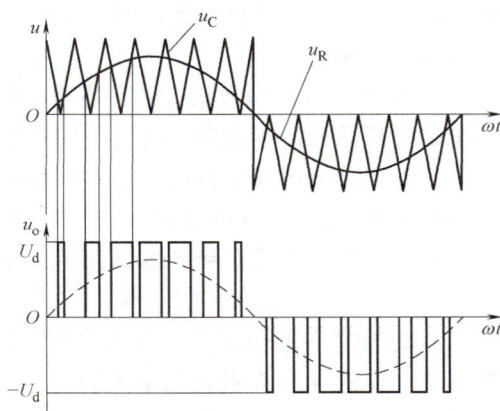

图 5-22　单极性正弦波 PWM

每半个周期内，逆变桥同一桥臂的两个逆变器件中，只有一个器件按脉冲系列的规律时通时断地工作，另一个完全截止；而在另半个周期内，两个器件的工作情况正好相反。流经负载 Z_L 的便是正、负交替的交变电流。

2. 双极性 PWM 控制

双极性脉宽调制和单极性脉宽调制原理相同，输出基波大小和频率也是通过改变正弦参考信号幅值和频率而改变的，如图 5-23 所示。

当 $u_R > u_C$ 时，VT_1、VT_4 通，VT_2、VT_3 断，$u_o = U_d$；

当 $u_R < u_C$ 时，VT_2、VT_3 通，VT_1、VT_4 断，$u_o = -U_d$。

双极性 PWM 调制过程中，载波信号和调制信号的极性交替地不断改变，让同一桥臂上、下两个开关交替导通。由于是双极性调制，所以不像单极性调制那样，不必加导向控制信号。

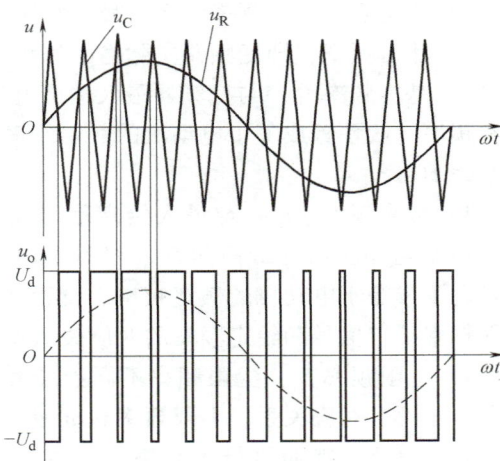

图 5-23　双极性正弦波 PWM

第五节　变频器的主要参数

了解变频器的主要参数的含义对于参数的设定是非常重要的，变频器参数设置可看成是一种特殊方式的编程。

一、变频器的起停控制方式

变频器初始上电时，处于待机状态。此时其输出端子 U、V、W 没有电源输出，电动机处于停机状态，必须起动变频器才能使其输出预期频率的交流电。起动方式有以下几种，可以通过设置相关参数进行选择。选择哪种方式应根据生产过程的控制要求和生产作业的现场条件等因素来确定。

（1）**操作面板控制方式**　各种通用变频器一般都配有操作面板，上面有按键和显示器，可以设定变频器的运行频率、监视操作命令、各种符合运行要求的参数和显示故障报警信息等，同时也可以利用其按键进行变频器的起停控制。此模式不需外接其他操作控制信号，可直接在变频器的面板上进行操作。操作面板也可以从变频器上取下来，通过选件用电缆进行远距离操作。此种方式在变频器试用和初期调试时使用比较方便，但不适用于自动控制系统中。

（2）**外接端子控制方式**　通用型变频器均具有专门用于起停控制的外部端子，一般由外部的命令按钮或 PLC 的输出端子控制，适合于构成自动控制系统，使用较多。

（3）**通信控制方式**　目前的变频器一般均具有通信功能，通过 RS485 等通信线路实现PC 机与变频器之间、变频器与变频器之间以及变频器与 PLC 之间的数据交换，可以实现变频器的起停控制及参数设定等，具有传输数据量大、节省导线等优点，在大型自动控制系统中应用较多。

二、与频率设定相关的参数

1）给定频率：与频率给定信号相对应的频率称为给定频率。

2）输出频率：即变频器实际输出的频率。

3）基本频率f_B：与变频器最大输出电压相对应的频率称为基本频率，如图 5-24 所示。基本频率一般预置成等于电动机的额定频率，在我国，基本频率为 50Hz。

4）最高频率f_{max}：与最大给定信号相对应的频率，也是变频器允许输出的最高频率，如图 5-24 所示。最高频率一般设置成等于电动机的额定频率。设置好了最高频率，则外部频率给定信号和给定频率的对应关系就确定了。

5）上限频率f_H：上限频率不同于最大频率，它和频率给定信号没有对应关系。上限频率和机械所要求的最高转速相对应，一般不能超过最大频率。如图 5-25 所示，当给定信号 $X>X_H$ 时，$f_X=f_H$。变频器的输出频率不可能超过上限频率，因此它可以避免生产机械运行在过高的转速下。

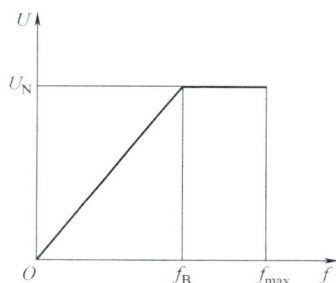

图 5-24　基本频率和最高频率

6）下限频率f_L：下限频率与生产机械所要求的最低转速相对应。变频器的输出频率不可能低于下限频率，具有保护作用。如图 5-25 所示，当 $X<X_L$ 时，$f_X=f_L$。

7）起动频率：起动频率即变频器起动时的开始频率。由于在恒 U/f 控制方式下，在刚开始起动时，频率很低，电压很低，使得电动机起动转矩不足，对于较大负载可能会造成电动机无法起动。为了避开这一频率死区，可将起动频率设置在能够确保电动机正常起动的频率上。但起动频率设置过高会造成电动机起动不平滑，对生产机械造成

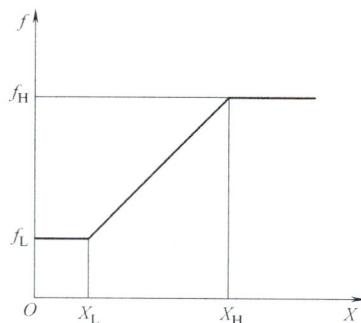

图 5-25　上限频率和下限频率

冲击。需要注意的是，起动频率预制好后，小于该频率的运行频率将不能工作。

8）跳跃频率：任何机械都有一个固有的振荡频率，在对机械进行无级调速时其实际振荡频率也在不断变化。当两个频率相等时机械将发生谐振，振荡加剧，可能损坏设备。消除机械振荡的方法很多，在变频器中，只要使其输出频率始终不经过导致谐振的频率值，就可避免共振，这个频率值即为跳跃频率，如图 5-26 所示。

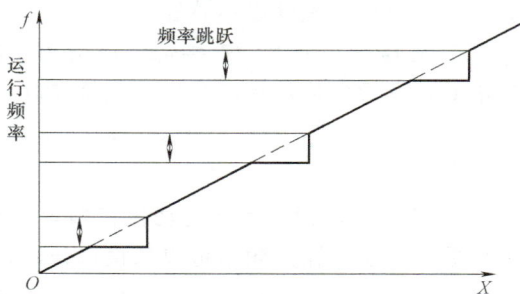

图 5-26　跳跃频率

9）点动频率：生产机械在调试过程中以及每次新的加工过程开始前，常需要点动运行，变频器可根据生产机械的特点和要求，预先一次性的设定一个点动频率，每次点动时都在该频率下运行，而不必变动已经设定好的给定频率。

10）多段速设定功能：通用变频器一般都具多段速功能，可以设置多达 15 段运行频率，可通过变频器的外部接线端子及内部参数设定来选择运行频率，从而实现多段速运行功能。

三、频率给定方式

频率给定方式就是调节变频器输出频率的具体方法。

（1）**外部模拟量给定方式**　当给定信号为模拟量时，频率给定精度略低，给定信号有以下两种：

1）电压信号：以电压大小作为给定信号，给定信号的范围一般为 0~10V。

2）电流信号：以电流大小作为给定信号，给定信号的范围一般为 4~20mA。

（2）**数字量给定方式**　即给定信号为数字量，频率给定精度高，常见的给定方式有以下两种：

1）操作面板给定：通过操作面板上的"加"和"减"键来控制频率的上升和下降。

2）多档转速控制：在变频器的外接控制端子中，通过必要的参数设置，可以将若干个输入端作为多档转速控制端。根据这些输入端子的状态可以组合成若干档。每一档可预制一个对应的工作频率。这样电动机速度的切换就可以用外部开关通过改变外接端子的状态来实现。

（3）**通信给定方式**　由上位机通过通信接口进行设定，上位机一般为 PC 机或可编程序控制器。

四、变频器的控制方式

（1）**U/f 控制**　为保证磁通为恒值，以充分发挥电动机的潜能，变频调速最基本的方法就是输出频率和输出电压按正比例变化。此控制方式的缺点是低频区电动机的转矩不足，因此在低频时一般要使用转矩提升功能。

（2）**矢量控制**　矢量控制的基本思想就是模仿直流调速系统的控制特点，实现对电磁转矩的有效控制，可与直流调速相媲美，其控制性能优于普通的恒 U/f 控制。矢量控制效果与三相异步电动机的参数有很大关系。因此，如果选用矢量控制方式，则必须向变频器提供相关信息，比如，定子电阻和电感、转子电阻和电感、转速等参数。当然由于变频器的智能化程度越来越高，矢量控制所需的参数可由变频器的参数自检测功能实现，速度信息也可以估算出来，可以省去速度传感器。

（3）**直接转矩控制**　直接转矩控制和矢量控制都是高性能的控制方式，但直接转矩控制对电动机参数的依赖程度略好于矢量控制。

五、工艺参数

（1）**加减速时间**　异步电动机在额定频率和电压下直接起动时，起动电流很大，使用变频器后，由于其输出频率可以从很低开始，频率上升快慢可以任意设定从而可以有效地将起动电流限制在一定范围内。不同变频器对加减速时间的定义不同。一般有两种：一种是从0Hz 升到变频器基本频率的时间或从基本频率降到0Hz 所用时间；另一种定义是指从0Hz 上升到变频器最高频率或者从最高频率下降到0Hz 所用的时间。加速时间的设定值大小，应该确保电动机在升速过程中将电流限制在过电流的限幅之内，不应使过电流保护动作；减速时间的设定值大小应确保电动机在减速过程中不能使直流回路电压过高，造成过电压保护动作。加减速时间如图5-27所示。

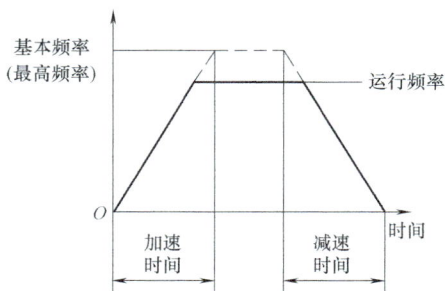

图 5-27　加减速时间

（2）**加减速曲线**　变频起动是通过控制定子电压和定子频率来获得所需的起动性能。根据工程的需要，起动时常有以下几种情况需要考虑：起动电流最小，或起动损耗最小，或起动时间最短，或起动过程平滑等。对于不同的变频器，可有不同的加减速曲线设定，如图5-28 和图5-29 所示。

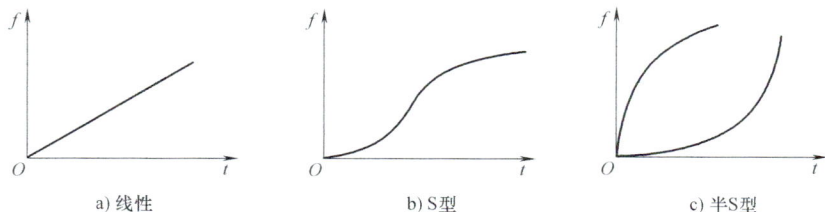

a) 线性　　　　b) S型　　　　c) 半S型

图 5-28　速度上升曲线

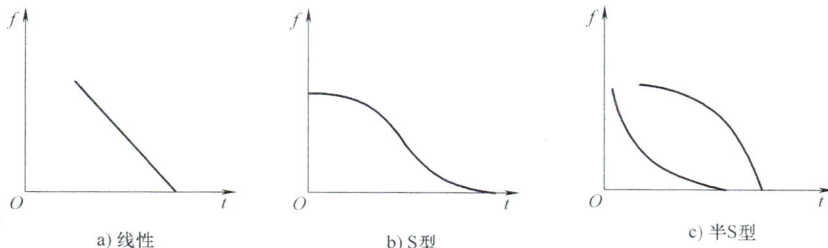

a) 线性　　　　b) S型　　　　c) 半S型

图 5-29　速度下降曲线

（3）**转矩提升**　在恒 U/f 控制方式中，当变频器在低频区运行时（如起动初期），定子电压很低，此时由于定子电压降在定子阻抗上的比例增加，造成磁通降低，从而使电动机产生的电磁转矩不足，在负载较大时使电动机无法正常起动或无法拖动负载运行。为此，就必须对低速区转矩加以提升，方法就是在低速区人为地将定子电压增加一部分，增加的部分就消除或减弱了定子阻抗对磁通的影响，如图 5-30 所示。对于不同的变频器，其转矩提升可通过相应的参数进行设定，设定时要同时考虑负载的类型和大小，可参考说明书进行参数设定。

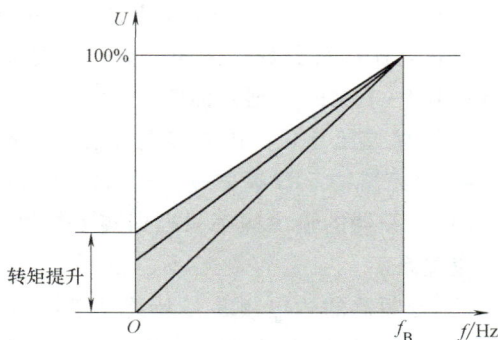

图 5-30　转矩提升

六、变频器参数

（1）**死区时间**　在变频器逆变电路部分，为了防止同一桥臂上下两个功率开关器件同时导通发生桥臂直通现象，要设置死区时间。死区时间大小和开关器件关断时间有关。死区时间太小，有发生桥臂直通的危险，太大则会影响输出波形的质量。一般使用出厂值即可。

（2）**载波频率**　载波频率高低影响电动机运行时的噪声大小和变频器的开关损耗等。在变频器运行时若对噪声抑制要求不高，可选用较低的载波频率，这样将有利于减小变频器的开关损耗和降低射频干扰发射强度。一般使用出厂值即可。

七、PID 调节功能参数

PID 控制是利用 PI 控制和 PD 控制的优点组合成的控制。PI 控制是由比例控制（P）和积分控制（I）组合成的，根据偏差及时间变化，产生一个执行量。PD 控制是由比例控制（P）和微分控制（D）组成，根据改变动态特性的偏差速率，产生一个执行量。

大多数变频器都自带有 PID 调节功能，有的变频器需要附加选件才具有该项功能。变频器如进行 PID 控制，需要对相关参数进行设定。

1. 变频器的 PID 闭环控制

变频器的 PID 闭环控制是指将被控量的检测信号（即由传感器测得的实际值）反馈到变频器，并与被控量的目标信号相比较，以判断是否已经达到预定的控制目标。如尚未达到，则根据两者的差值进行调整，直至达到预定的控制目标为止。

变频器 PID 控制反馈信号的接入有两种方法：

（1）**给定输入法**　变频器在使用 PID 功能时，将传感器测得的反馈信号直接接到给定信号端，其目标信号由键盘给定。

（2）**独立输入法**　变频器专门配置了独立的反馈信号输入端，有的变频器还为传感器配置了电源，其目标值可以由键盘给定，也可以由指定输入端输入。

2. PID 调节功能的预置

预置的内容是变频器的 PID 调节功能是否有效的关键，这是十分重要的。因为变频器的 PID 调节功能有效后，其升、降速过程将完全取决于由 P、I、D 数据所决定的动态响应过程，而原来预置的"升速时间"和"降速时间"将不再起作用。

3. 目标值的预置

PID 调节的根本依据是反馈量与目标值之间进行比较的结果。因此，准确地预置目标值是十分重要的。主要有以下两种方法：

（1）面板输入式　只需通过键盘输入目标值即可。目标值通常是被测量实际大小与传感器量程之比的百分数。例如，空气压缩机要求的压力（目标压力）为 6MPa，所用压力表的量程是 0~10MPa，则目标值为 60%。

（2）外接给定式　由外接电位器进行预置，调整较方便。

4. 变频器按 PID 调节规律运行时的特点

1）变频器的输出频率只根据实际数值与目标数值的比较结果进行调整，与被控量之间无对应关系。

2）变频器的输出频率 f_x 始终处于调整状态，其数值常不稳定。

在使用变频器中的 PID 功能时，除了设定 P、I 两个参数之外（一般微分环节不用），还要指定 PID 给定信号和反馈信号接收端子，以及设定反馈信号的滤波时间常数等。

八、变频器保护功能参数

在通用变频器中，故障保护和报警功能都比较完善，如过电流、过载、过电压、欠电压保护等，为用户提供了很大的方便。通过故障报警提示信息，可以帮助用户找到故障原因，自行消除故障。此类参数只能查阅，不能改写。

1. 过电流保护功能

当变频器由于负载突变、输出侧短路等原因出现过大电流峰值时，可能超过主电路电力半导体器件的允许值，此时变频器可采取保护措施限制电流值，或关断主电路逆变桥，停止变频器工作，俗称"跳闸"。在实际电力拖动系统中，大部分负载是经常变动的，短时过流难以避免。变频器处理过流的原则是尽量不跳闸，因此设置了防跳闸功能（即防失速功能），只有冲击电流太大或防跳闸功能不能解决问题时，才迅速跳闸。

2. 过载保护功能

此功能主要用于电动机的过载保护。变频器输出电流超过额定值，且持续时间达到规定时间时，为防止变频器所驱动的电动机被烧坏，变频器应进行过载保护。过载保护需要反时限特性，由于变频器内能方便而准确地检测电动机的工作电流值，并可通过其内部微处理器的运算来实现反时限特性，从而大大提高了保护的正确性和可靠性，可较好地实现电动机的过载预报警和过载保护

3. 过电压/欠电压保护

当变频器由于快速加减速、电源电压波动、电源缺相等原因出现中间直流电路的电压超过或低于允许值时变频器可采取保护措施限制电压值的波动或跳闸。由于降速过快而发生再生过电压时，变频器将自动延长降速时间或自动暂停降速，减缓降速过程，直到电压回到正常范围后再恢复到原设定的降速状态。当出现欠电压现象且持续一段时间时，变频器将停止运转。新系列变频器在停电时间极短时，允许电源自动重合闸，变频器可不必因欠压而跳闸。

另外变频器还具有接地保护、冷却风扇异常保护、过热保护和短路保护等功能。

第六节　通用变频器调速控制系统的设计、安装与调试

变频调速控制系统应用范围很广，如轧钢机、卷扬机、造纸机等，各类机械设备对于系统性能指标有不同要求。对于动、静态指标要求较高的生产系统在变频调速系统中常用速度反馈、电流反馈、电压反馈、张力反馈、位置反馈等来改善系统性能。对于动、静态指标要求不高的生产系统，在变频调速系统中也有电流反馈、位置反馈，这些反馈一般都是开关量，通常用于变频调速系统的保护。虽然变频调速控制系统根据不同控制对象会选择不同设计方案，但它们的总体设计原则是相同的。根据设计任务，在满足生产工艺控制要求的前提下，做到安全可靠、经济实用、操作简单、维护方便、适应发展。

一、变频调速系统的设计步骤

无论生产工艺提出的动态、静态指标要求如何，其变频调速控制系统的设计过程基本相同，基本设计步骤是：

1）了解生产工艺对转速变化的要求，分析影响转速变化的因素，根据自动控制系统的形成理论，建立调速系统的原理框图。

2）了解生产工艺的操作过程，根据控制电路的设计方法，建立调速控制系统的控制电路原理框图。

3）根据负载情况和生产工艺的要求，选择电动机、变频器及其外围设备。如果是闭环控制，最好选用能四象限运行的通用变频器。

4）根据掌握被控对象数学模型的情况，决定选择常规 PID 调节器还是选择智能调节器。如果被控对象的数学模型不是很清楚，又想知道被控对象的数学模型，若条件允许，可用动态信号测试仪实测数学模型。被控对象的数学模型无严格要求的调节器，应属于非常规的 PID 调节器。

5）购置基本设备：通用变频器、反馈元件、PLC、调节器和电动机。如果所设计的工程项目属于旧设备的改造项目，电动机不需要重新购置。

根据实际购置的设备，绘制调速控制系统的控制电路图，编制控制系统的程序，修改调速系统的原理框图。

二、变频器及外围设备的选用

1. 变频器的指标

（1）变频器的额定值

1）输入侧的额定值。主要是电压和相数。在我国使用的中小容量变频器中，输入电压的额定值有以下几种（均为线电压）：

① 380V/50Hz，三相，主要用于国内设备中。

② 220V～230V/50Hz 或 60Hz，三相，主要用于某些进口设备中。

③ 220V～230V/50Hz，单相主要用于家用小容量电器中。

2）输出侧的额定值

① 额定输出电压 U_N。由于变频器在变频的同时也要变压，所以输出电压的额定值是指

输出电压的最大值。在大多数情况下，它是输出频率等于电动机额定频率时的输出电压值。通常，输出电压的额定值总与输入电压额定值相等。

② 额定输出电流 I_N。指变频器可以连续输出的最大交流电流的有效值，是用户选择变频器时的主要依据。

③ 输出容量 S_N（kVA）。变频器输出容量是决定于额定输出电流和额定输出电压的三相视在输出功率。S_N 与 U_N 和 I_N 的关系为

$$S_N = \sqrt{3}\, U_N I_N \tag{5-3}$$

④ 配用电动机容量 P_N（kW）。是指以 4 极标准电动机为对象，表示在额定输出电流内可以驱动的电动机功率。对于变频器说明书中规定的配用电动机容量，需说明如下：

P_N 是估算的结果，由下式确定

$$P_N = S_N \eta_M \cos\varphi_M \tag{5-4}$$

式中　η_M——电动机的效率；

　　　$\cos\varphi_M$——电动机的功率因数。

电动机容量的标称值是比较统一的，但 η_M 和 $\cos\varphi_M$ 的值却有差异，因此配用电动机容量相同的不同品牌的变频器的容量往往不同。说明书中的配用电动机容量仅适用于长期连续负载，对于各种变动负载则不适用。

⑤ 过载能力。变频器的过载能力是指其输出电流超过额定电流的允许范围和允许时间。大多数变频器都规定为 150% I_N、60s，专门用于风机、泵类负载调速的变频器规定为 120% I_N、60s。

（2）频率指标

1）频率范围。即变频器输出的最高频率 f_{max} 和最低频率 f_{min}。各种变频器规定的频率范围各不相同。通常，最低工作频率为 0.1~1Hz；最高工作频率为 200~500Hz。

2）频率精度。指变频器输出频率的准确程度。用变频器的实际输出频率与给定频率之间的最大差值与最高工作频率之比的百分数表示。通常，由数字量给定时的频率精度约比由模拟量给定时的频率精度高一个数量级。

3）频率分辨率。指输出频率的最小改变量，即各相邻频率之间的最小差值。

2. 变频器的选择

变频器的选择包括类型的选择、容量的选择、外围设备的选择 3 方面。

（1）类型选择　根据控制功能可将变频器分为 3 类：普通功能型 U/f 控制变频器、具有转矩控制功能的高功能型 U/f 控制变频器和矢量控制高性能型变频器。变频器类型的选择要根据负载要求进行。风机、泵类负载，低速下负载转矩较小（为平方转矩负载），通常可以选择普通功能型。恒转矩类负载，例如挤压机、搅拌机、传送带、起重机的平移机构和提升机等有以下两种情况。

1）采用普通功能型变频器。为了保证低速时的恒转矩调速，常需要采用加大电动机和变频器容量的办法，以提高低速转矩。

2）采用比较理想的具有转矩控制功能的高功能型 U/f 控制变频器，实现恒转矩负载的恒速运行。这种变频器低速转矩大，静态机械特性硬度大，不怕冲击负载，具有挖土机特性，性价比高。

（2）变频器容量选择　变频器容量通常用额定输出电流（A）、输出容量（kVA）、适

用电动机功率（kW）表示。对于标准 4 极电动机拖动的连续恒定负载变频器容量可根据适用电动机的功率选择。对于其他极数电动机拖动的负载、变动负载、短时负载和断续负载，因其额定电流比标准电动机大，不能根据适用电动机的功率选择变频器容量。变频器功率应按运行过程中可能出现的最大工作电流来选择。

$$I_N \geq I_{Mmax}$$

式中　I_N——变频器额定电流（A）；

I_{Mmax}——电动机最大工作电流（A）。

无论做什么用途都不允许连续输出超过额定值的电流。

3. 变频器外围设备及其选择

在选择了变频器后，下一步的工作就是根据需要选择与变频器配合工作的各种周边设备。正确选择周边设备可以达到保证变频器驱动系统能够正常工作、提供对变频器和电动机的保护、减少对其他设备的影响等目的。

外围设备通常是指配件，分为常规配件和专用配件，如图 5-31 所示。断路器和接触器是常规配件；交流电抗器、滤波器、制动电阻、直流电抗器和输出交流电抗器是专用配件。

（1）常用常规配件的选择　由于变频调速系统中电动机的起动电流可控制在较小范围内，因此电源侧的断路器的额定电流可按变频器的额定电流来选用。接触器的选用方法与断路器相同，使用时应注意：不要用交流接触器进行频繁的起动或停止（变频器输入回路的开闭寿命大约为 10 万次），不能用电源侧的交流接触器停止变频器。

变频器内部、电动机内部及输入/输出引线均存在对地静电电容，且变频器所使用的载波频率较高，因此变频器对地漏电流较大，有时甚至会导致保护电路误动作。若需要使用漏电保护器时，应注意以下两点：一是漏电保护器应设于变频器的输入侧置于断路器之后；二是漏电保护器的动作电流应大于该线路在工频下不使用变频器时漏电流的 10 倍。

（2）专用配件的选择　专用配件的选择应以变频器厂家提供的变频器使用手册中的要求为依据，不可盲目选取。

三、变频器常用控制电路

1. 单独控制的主电路

图 5-32 所示为单独控制的外接主电路。图中 QF 是断路器，KM 是交流接触器的主触点，UF 是变频器。断路器实现隔离和保护作用；交流接触器可通过按钮方便地控制变频器的通电和断电，且在变频器发生故障时能够自动切断电源。

由于变频器有比较完善的过电流和过载保护功能，且断路器也具有过流保护功能，故进线侧可不必接熔断器。同时，变频器内部具有电子热保护功能，因此可不接热继电器。

2. 变频和工频切换的主电路

图 5-33 所示为变频和工频切换电路，其应用场所如下：

1）在供水系统中，为减少设备的投资，通常采用由 1 台变频器来控制 2 台或 3 台水泵的方案。工作过程是：首先由变频器控制 1 号泵，实行恒压供水，当工作频率到达 50Hz 仍供水不足时，则将 1 号泵切换成工频运行，再由变频器起动 2 号泵。

2）某些不允许停机的生产机械。在变频运行时，当变频器发生故障而跳闸时，须将电动机迅速切换至工频运行，确保生产机械不停机。

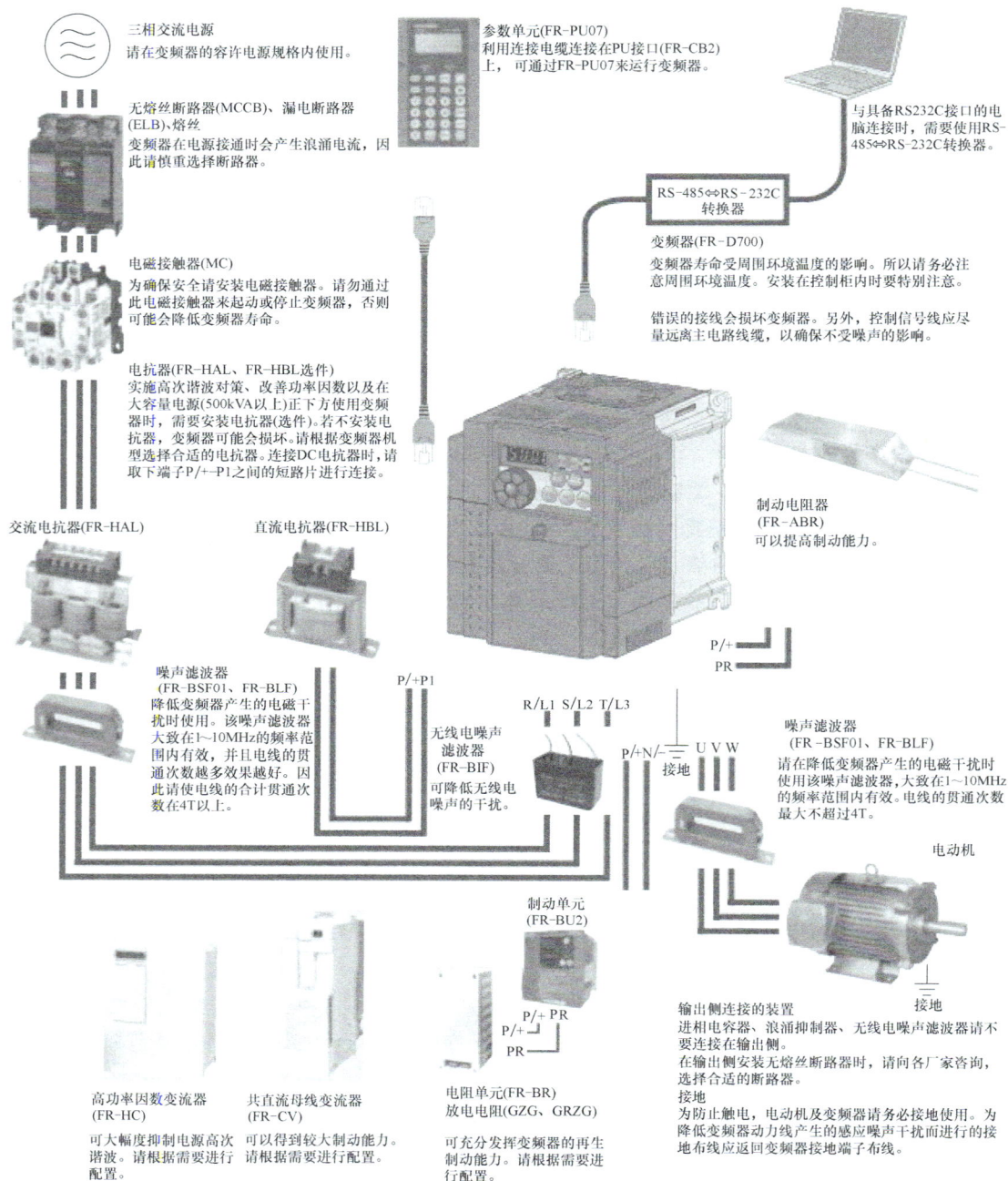

图 5-31 三菱 FR-D700 系列变频器的外围设备

3）用户根据工作需要选择"变频运行"或"工频运行"时。

变频和工频切换的电路特点有：

① 由于电动机具有在工频下运行的可能性，因此热继电器 FR 不可省略。

② 在进行控制时，变频器的输出接触器 KM2 和工频接触器 KM3 之间必须有可靠的互锁，防止工频电源直接与变频器的输出端相接而损坏变频器。

图 5-32　变频器单独控制主电路

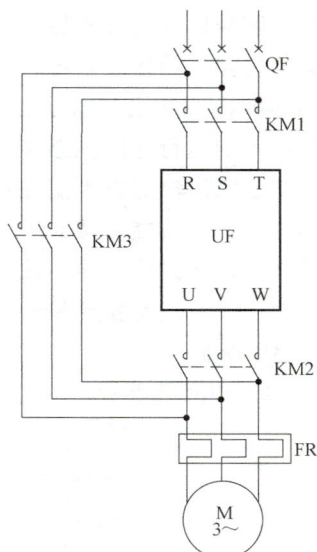

图 5-33　变频和工频切换控制主电路

3. 正反转控制电路

继电器控制的正反转电路如图 5-34 所示。电路构成分析如下：按钮 SB2、SB1 用于控制接触器 KM，从而控制变频器接通或断开电源；按钮 SB4、SB3 用于控制正转继电器 KA1，从而控制电动机的正转运行、停止；按钮 SB5、SB3 用于控制反转继电器 KA2，从而控制电动机的反转运行、停止。PS 用于故障状态下切断电路。正转与反转运行只有在接触器 KM 已经运作、变频器已经通电的状态下才能运行。与按钮 SB1 的常闭触点并联的 KA1、KA2 的常开触点用以防止电动机在运行状态下通过 KM 直接停机。

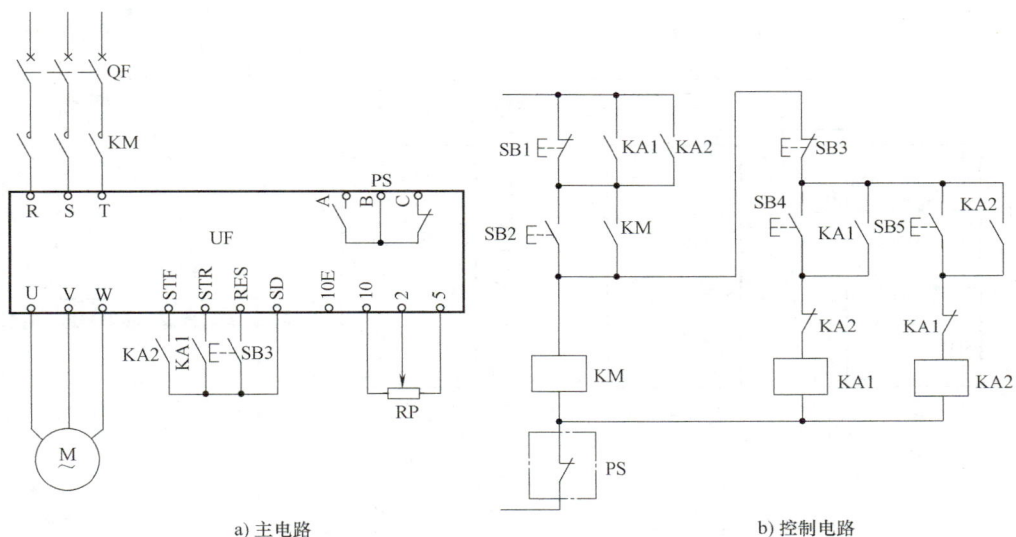

a) 主电路

b) 控制电路

图 5-34　继电器控制的正反转电路

4. 变频器的同步运行控制电路

在纺织、印染以及造纸机械中，根据生产工艺的需要，往往划分成许多个加工单元，每个单元都有各自独立的拖动系统，如图5-35a所示。如果后面单元的线速度低于前面，将导致被加工物的堆积；反之，如果后面单元的线速度高于前面，将导致被加工物的撕裂。因此，要求各单元的运行速度能够步调一致，即实现同步运行。

同步控制必须解决好以下问题：①各单元要能够同时升速和降速；②当某单元的速度与其他单元不一致时，应能手动或自动微调，微调时，该单元以后的各单元必须同时升或降速；③各单元的调试过程应能单独运行。

如图5-35b所示，接触器KM控制3台变频器通电、断电；3台变频器的速度给定通过同一电位器RP控制，保证3台变频器给定电压相同，同步运行调速；3台变频器的正转控制端子STF均由中间继电器KA的触点控制，实现同步起动。

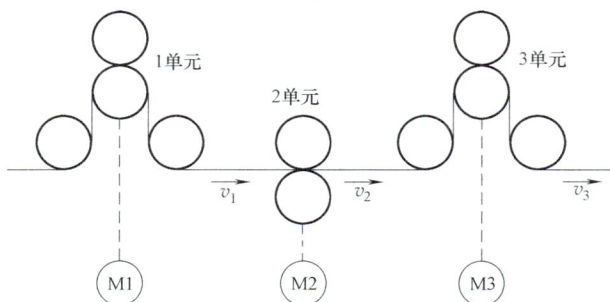

a) 同步运行示意图

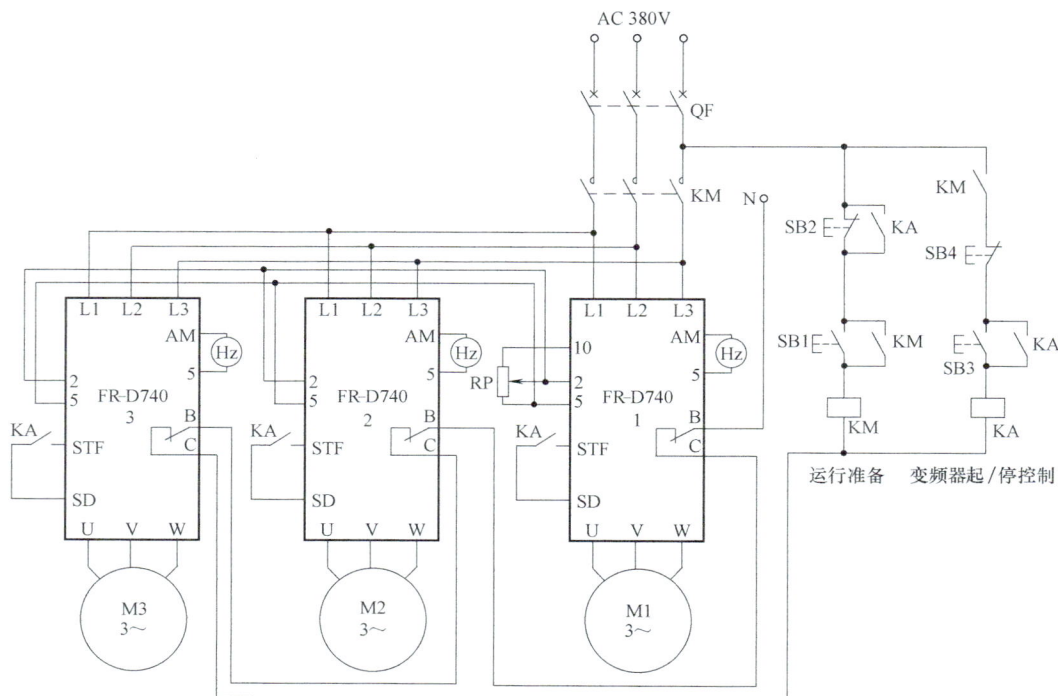

b) 同步运行电路

图 5-35　同步运行控制

5. 变频器的 PID 控制电路

三菱 FR-A700 系列和 FR-D700 系列变频器都有内置 PID 功能。恒压供水在供水网中用水量发生变化时，能够保持出水口压力不变，图 5-36 所示为恒压供水变频器的 PID 闭环控制系统。压力传感器 SP 将管网水压信号转变成 4~20mA 电流信号作为反馈值输入变频器的端子 4、5 间，压力传感器工作时需要 DC 24V 电源。外部压力设定器将指定的压力（0~1.0MPa）转变为 0~5V 电压信号输入变频器端子 2、5 间。变频器根据给定值与反馈值的偏差量进行 PID 控制，输出频率控制电动机的转速，从而使系统处于稳定的工作状态，保持管网水压恒定。

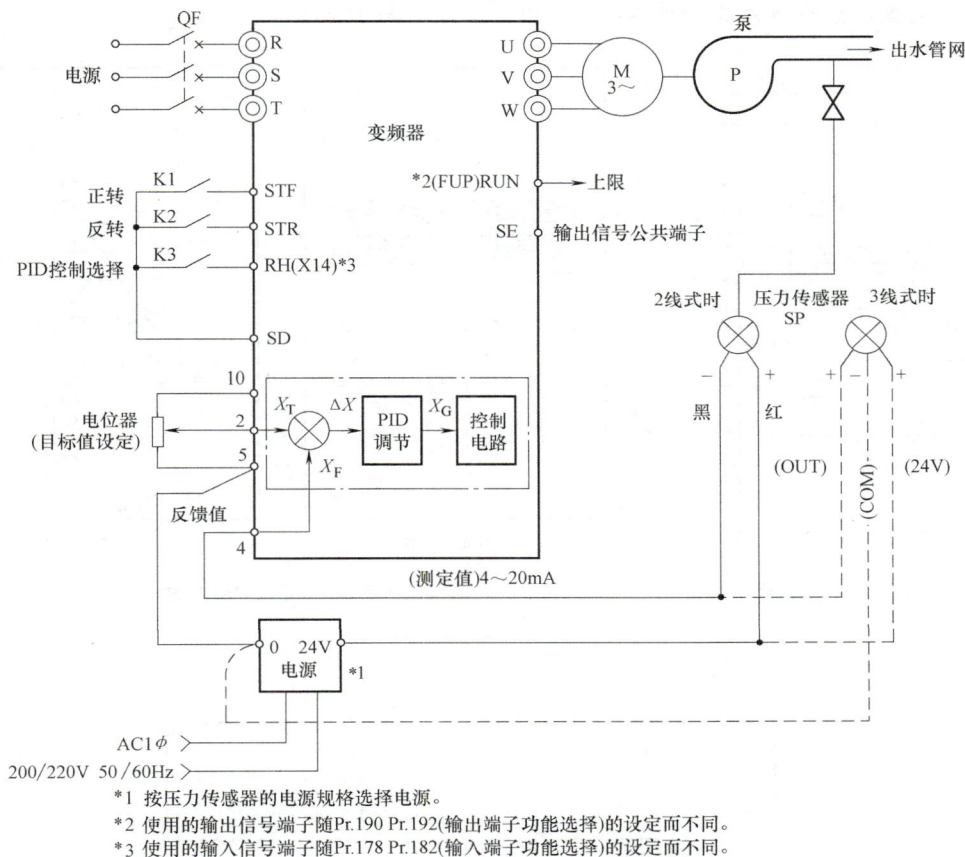

*1 按压力传感器的电源规格选择电源。
*2 使用的输出信号端子随 Pr.190 Pr.192(输出端子功能选择)的设定而不同。
*3 使用的输入信号端子随 Pr.178 Pr.182(输入端子功能选择)的设定而不同。

图 5-36　恒压供水系统的 PID 闭环控制系统

四、变频器的安装

1. 变频器对安装环境的要求

1）环境温度：变频器的工作环境温度范围一般为 -10~+40℃。

2）环境湿度：变频器工作环境的相对湿度为 20%~90%（无结露现象）。

3）海拔高度：变频器应用的海拔高度应低于 1000m。

4）周围空气：无水滴、蒸汽、酸、碱、腐蚀性气体及导电粉尘。

5）电磁辐射：变频器柜内的仪表和电子系统，应该选用金属外壳，屏蔽变频器对仪表的干扰。所有的元器件均应可靠接地。

6）振动：变频器在运行的过程中，要注意避免受到振动和冲击。

2. 变频器的安装方式

（1）墙挂式安装 如图 5-37 所示，正面是变频器面板，请勿上下颠倒或平放安装，周围留有一点空间，上下间距 150mm 以上，左右间距 100mm 以上。因变频器在运行过程中会产生热量，必须保持冷风通畅。

（2）柜式安装 当周围有较多尘埃时，或和变频器配用的其他控制电器较多而需要和变频器安装在一起时，采用柜式安装。如图 5-38 所示，柜内安装多台变频器时要横向安装。在配电柜内要注意变频器和和排风扇的位置，如图 5-39 所示。

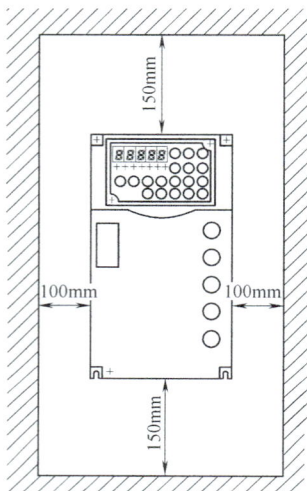

图 5-37 墙挂式安装

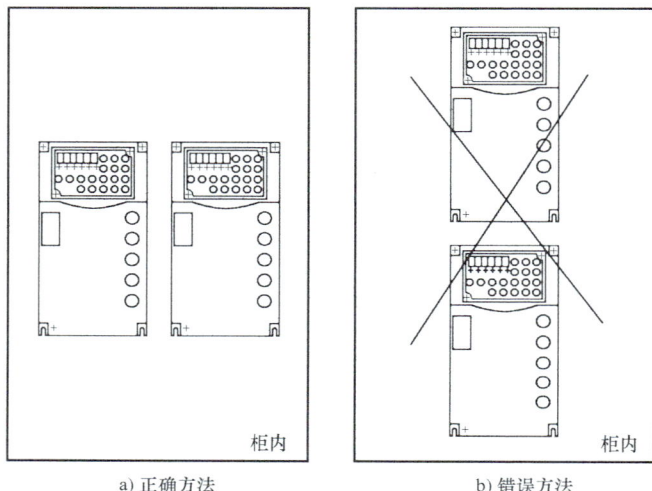

a) 正确方法   b) 错误方法

图 5-38 柜式安装方法

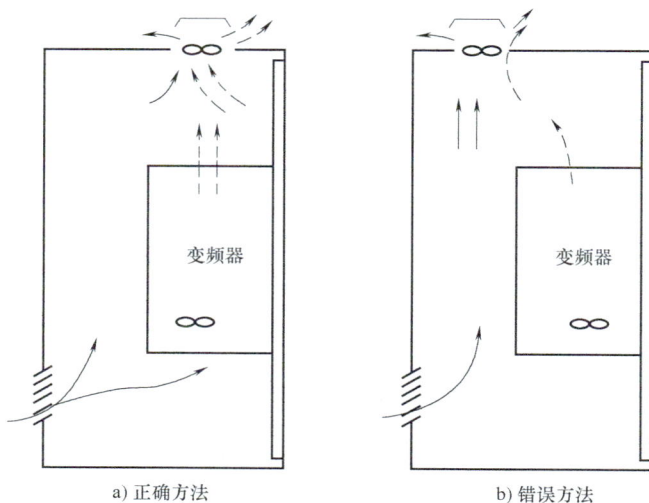

a) 正确方法   b) 错误方法

图 5-39 通风口开设位置

3. 变频器的接线

1）在电源和变频器之间，通常要接入低压断路器和接触器，以便在发生故障时能迅速切断电源。

2）变频器的输入端和输出端是绝对不允许接错的，在变频器和电动机之间一般不允许接入接触器。由于变频器具有电子热保护功能，一般情况下可以不接热继电器。变频器输出侧不允许接电容器，也不允许接电容式单相电动机。

3）输入侧的给定信号线和反馈信号线、输出侧频率信号线和电流信号线，传输的信号都是模拟量，模拟量信号抗干扰能力较低，因此必须使用屏蔽线。屏蔽层靠近变频器的一端，应接控制电路的公共端（COM），屏蔽层的另一端应该悬空。

4）对于开关量控制线，如起动、点动、多档转速控制等控制线，不使用屏蔽线，但是同一信号的两根线必须相互绞在一起。

5）所有变频器都专门有一个接地端子"E"，用户应将此端子与大地相接。当变频器和其他设备，或有多台变频器一起接地时，每台设备都必须分别和地线相接，不允许将一台设备的接地端和另一台设备的接地端相接后再接地。

五、变频调速系统的调试

变频调速系统的调试工作，并没有规定的步骤，只是一般应遵循"先外围电路，后变频器""先空载、继轻载、后重载"的规律。

1. 变频器通电前的检查

变频器安装、接线完成后，通电前应进行下列检查。

（1）外观、构造检查　包括检查变频器的型号是否有误、安装环境有无问题、装置有无脱落或破损、电缆直径和种类是否合适、电气连接有无松动、接线有无错误、接地是否可靠等。

（2）绝缘电阻的检查　测量变频器主电路绝缘电阻时，必须将所有输入端（R、S、T）和输出端（U、V、W）都连接起来，再用 500V 兆欧表测量绝缘电阻，其值应在 $10M\Omega$ 以上。控制电路的绝缘电阻要用万用表的高阻档测量，不能用兆欧表或其他有高电压的仪表测量。

（3）电源电压检查　检查主电路电源电压是否在容许电压值以内。

2. 变频器的功能预置

变频器在和具体的生产机械配用时，需根据该机械的特性与要求，预先进行一系列的功能设定（如设定基本频率、最高频率、升降速时间等），这称为预置设定，简称预置。

功能预置的方法主要有手动设定和程序设定两种。手动设定也称为模拟设定，是通过电位器和多级开关完成的。程序设定也称为数字设定，是通过编辑的方式进行的。多数变频器的功能预置采用程序设定，通过变频器配置的键盘来实现。

（1）变频器的键盘设置　不同的变频器其键盘配置及各键的名称差异很大，常用的几种键及其功能见本章实训项目。

（2）变频器的参数设定　参数设定就是通过改变变频器相应参数代码参数值的方法对其进行功能预置，如设定起动时间、停止时间等，其步骤可用图 5-40 所示的流程图来表示。

变频器预置完成后，可先在输出端不接电动机的情况下，就几个较易观察的项目，如升速和降速时间、点动频率等，检查变频器的执行情况是否与预置相符合，并检查三相输出电压是否平衡。

3. 电动机的空载试验

空载试验的内容是将变频器的输出端接上电动机，但将电动机与负载脱开，进行通电试验，以观察变频器配上电动机后的工作情况，并校准电动机的旋转方向。试验步骤如下：

1）先将频率设置于 0 位，合上电源后，稍微增大工作频率，观察电动机的起转情况以及旋转方向是否正确。如方向相反，则断电并予以纠正（任意调换 U、V、W 三根导线中的两根）。

2）将频率上升至额定值，让电动机运行一段时间，观察变频器的运行情况。如一切正常，再选若干个常用的工作频率，也使电动机运行一段时间，观察系统运行有无异常情况。

3）将给定频率信号突降至 0（或按停止按钮），观察电动机的制动情况。

4. 调速系统的负载试验

将电动机的输出轴通过机械传动装置与负载连接起来，进行试验。

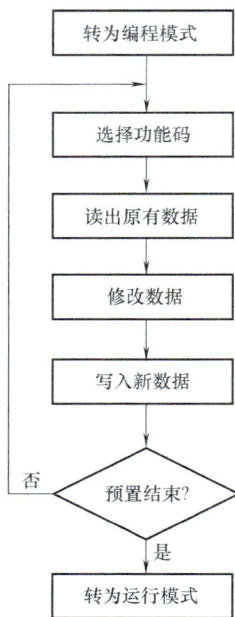

图 5-40　程序预置流程

（1）**起转试验**　使工作频率从 0Hz 开始缓慢增加，观察拖动系统能否起转及在多大频率下起转。如起转比较困难，应设法加大起动转矩。具体方法有加大起动频率，加大 U/f 比，以及采用矢量控制等。

（2）**起动试验**　将给定信号调至最大，按下起动键，注意观察起动电流的变化以及整个拖动系统在升速过程中运行是否平稳。

如因起动电流过大而跳闸，则应适当延长升速时间。如在某一速度段起动电流偏大，则设法通过改变起动方式（S 形、半 S 形）来解决。

（3）**运行试验**　试验的主要内容有：

1）进行最高频率下的带载能力试验，即检查电动机能否带动正常负载运行。

2）在负载的最低工作频率下，应考察电动机的发热情况。使拖动系统工作在负载所要求的最低转速下，施加该转速下的最大负载，按负载所要求的连续运行时间进行低速连续运行，观察电动机的发热情况。

3）过载试验。按负载可能出现的过载情况及持续时间进行试验，观察拖动系统能否继续工作。当电动机在工频以上运行时，不能超过电动机容许的最高频率范围。

4）停机试验。将运行频率调至最高工作频率，按停止键，注意观察拖动系统的停机过程中，是否出现因过电压或过电流而跳闸的情况，如有则应适当延长降速时间。当输出频率为 0Hz 时，观察拖动系统是否有爬行现象，如有则应适当加强直流制动。

5. 测量变频器电路时仪表类型的选择

在变频器的调试及运行过程中，有时需要测量它的某些输入量和输出量。由于通常使用的交流仪表都是以测量工频正弦波为目的而设计制造的，而变频器电路中的许多量并非标准工频正弦波。因此，测量变频器电路时，如果仪表类型选择不当，测量结果会有较大误差，甚至根本无法进行测量。测量变频器电路的电压、电流、功率时可根据下列要求，选择适用的仪表。

（1）**输入电压**　因变频器使用工频正弦电压，故各类仪表均可使用。

（2）**输出电压**　以整流式仪表为宜。如选用电磁式仪表，则读数偏差较大。注意绝对不能用一般数字电压表。

（3）**输入和输出电流**　均以选用电磁式仪表为宜。热电式仪表也可选用，但其反应迟钝，不适用于负载变动的场合。

（4）**输入和输出功率**　均可选用电动式仪表。

六、通用变频器常见故障的检修

1. 过电流跳闸的原因分析

重新起动时，一升速就跳闸，这是过电流十分严重的表现。主要原因有：负载侧短路；工作机械卡住；逆变管损坏；电动机的起动转矩过小，拖动系统转不起来。

重新起动时并不立即跳闸，而是在运行过程（包括升速和降速运行）中跳闸。可能的原因有：升速时间设定太短；降速时间设定太短；转矩补偿（V/F 比）设定较大，引起低频时空载电流过大；电子热继电器整定不当，动作电流设定得太小，引起误动作。

2. 过电压、欠电压跳闸的原因分析

1）过电压跳闸的主要原因有：电源电压过高；降速时间设定太短；降速过程中再生制动的放电单元工作不理想。如果属于来不及放电所造成的，应增加外接制动电阻和制动单元；如果有制动电阻和制动单元，那么可能是放电支路实际不放电。

2）欠电压跳闸的可能原因有：电源电压过低；电源断相；整流桥故障。

3. 电动机不转的原因分析

1）功能预置不当。例如上限频率与最高频率或基本频率与最高频率设定矛盾，最高频率的预置值必须大于上限频率和基本频率的顶置值；使用外接给定时，未对"键盘给定，外接给定"的选择进行预置；其他的不合理预置。

2）在使用外接给定方式时，无"起动"信号。使用外接给定信号，必须由起动按钮或其他触点来控制其起动。如不需要控制时，应将 RUN 端（或 FWD 端）与 CM 端之间短接。

3）其他可能的原因：机械有卡住现象；电动机的起动转矩不足；变频器发生电路故障。

4. 保护功能的复位方法

变频器发生了异常（重故障）时保护功能会动作，并报警停止，PU 的显示部将会自动切换为下述错误（异常）显示。

（1）**错误信息**　显示有关操作面板或参数单元（FR-PU04-CH/FR-PU07）的操作错误或设定错误的信息。变频器并不切断输出。

（2）**报警**　操作面板显示有关故障信息时，虽然变频器并未切断输出，但如果不采取处理措施，便可能会引发重故障。

（3）**轻故障**　变频器并不切断输出。用参数设定也可以输出轻故障信号。

（4）**重故障**　保护功能动作，切断变频器输出。

执行下列操作中的任一项均可复位变频器。注意，复位变频器时，电子过电流保护器内部的热累计值和再试次数将被清零。复位所需时间约为 1s。

操作 1：通过操作面板，按 🅂🆃🅾🅿/🆁🅴🆂🅴🆃 键复位变频器。只在变频器保护功能（重故障）动作时才可操作。

操作 2：断开电源，再恢复通电。

操作 3：接通复位信号（RES）0.1s 以上。RES 信号保持 ON 时，显示"Err"（闪烁），通知正处于复位状态。

实训项目 5-1　认识变频器

一、项目任务

认识三菱 FR-D700 系列变频器各部分，掌握各端子的功能，了解变频器的安装要求。

二、实训设备

三菱 FR-D740 变频器 1 台、《三菱 FR-D700 系列变频器使用手册》、工具包一个。

三、相关知识讲解

1. 三菱 FR-700 系列变频器外观、结构、性能认知

三菱变频器的产品目前有 FR-700 系列和 FR-800 系列 2 大类。FR-700 系列变频器在市场上用量较多，它又分为 FR-A700、FR-D700、FR-E700、FR-F700 和 FR-L700 5 个子系列，各系列的特点如图 5-41 所示，其外形如图 5-42 所示。变频器铭牌数据一般包括变频器型号、适用电源、适用电动机的最大容量、输出频率、有关额定值和制造编号等，是变频器的最重要参数。

FR-A700 系列高性能矢量变频器，适用于各类对负载要求较高的场合，如起重机、电梯、印

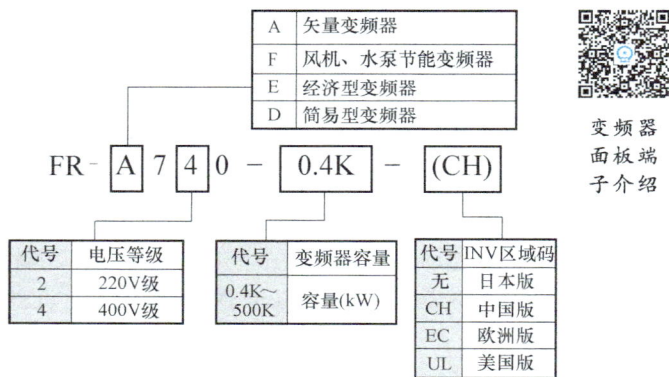

A	矢量变频器
F	风机、水泵节能变频器
E	经济型变频器
D	简易型变频器

FR - A 7 4 0 - 0.4K - (CH)

变频器面板端子介绍

代号	电压等级
2	220V级
4	400V级

代号	变频器容量
0.4K~500K	容量(kW)

代号	INV区域码
无	日本版
CH	中国版
EC	欧洲版
UL	美国版

图 5-41　三菱 FR-700 各系列变频器的特点

包、印染、材料卷取及其他通用场合。FR-F700 系列多功能通用变频器采用最佳励磁控制方式，实现更高节能运行，适用于风机泵类负载。FR-E700 系列是经济型高性能变频器，采用磁通矢量控制方式，内置 RS485 通信接口，具有 15 段速和 PID 等多种功能。FR-D700 系列是紧凑型多功能变频器，适用于负载不太重，起动性能要求不高的场合，集成 LED 显示器和数字式旋钮使用户可以直接访问重要参数，从而加快并简化设置过程。FR-L700 专用化多用途矢量变频器，是三菱公司根据中国市场情况研发的专用变频器，内置专用功能，体现较强行业特性，广泛应用于印刷包装、线缆材料、纺织印染、橡胶轮胎、物流机械等行业。图 5-43 所示为 FR-700 系列变频器内部结构。

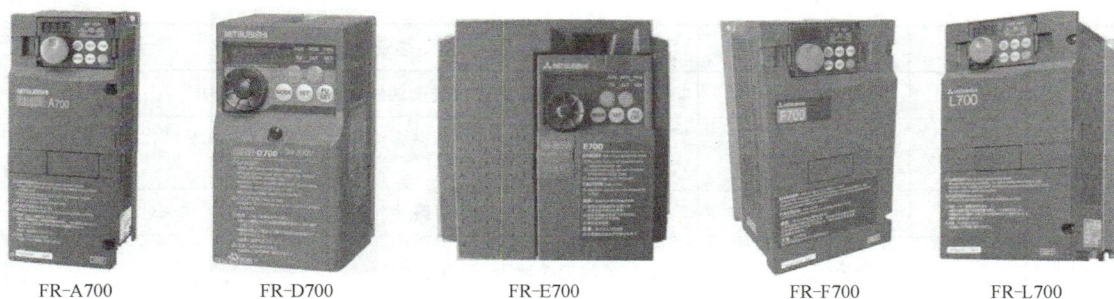

FR-A700   FR-D700   FR-E700   FR-F700   FR-L700

图 5-42　FR-700 系列变频器的外形

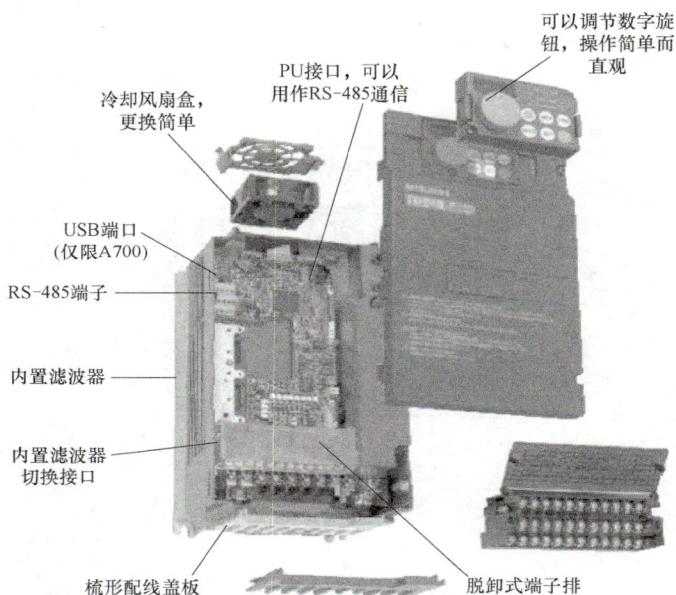

图 5-43　FR-700 系列变频器内部结构

2. 熟悉面板显示及各按键操作

使用变频器调速器之前，首先要熟悉它的面板显示和键盘操作单元，并且按照使用现场的要求合理设定参数。本变频器的操作面板及其各部分功能说明如图 5-44 所示。

3. 三菱 FR-700 系列变频器接线图

三菱 FR-D700 系列变频器端子接线图如图 5-45 所示。

（1）主回路端子说明　主回路端子说明见表 5-1。

表 5-1　主回路端子

端子记号	端子名称	端子功能说明
R/L1、S/L2、T/L3	交流电源输入	连接工频电源。 当使用高功率因数变流器（FR-HC）及共直流母线变流器（FR-CV）时不要连接任何东西
U、V、W	变频器输出	连接三相笼型电机

（续）

端子记号	端子名称	端子功能说明
P/+、PR	制动电阻器连接	在端子 P/+-PR 间连接选购的制动电阻器（FR-ABR）
P/+,N/-	制动单元连接	连接制动单元（FR-BU2）、共直流母线变流器（FR-CV）以及高功率因数变流器（FR-HC）
P/+,P1	直流电抗器连接	拆下端子 P/+-P1 间的短路片，连接直流电抗器
⏚	接地	变频器机架接地用，必须接大地

运行模式显示
PU:PU运行模式时亮灯。
EXT:外部运行模式时亮灯。
NET:网络运行模式时亮灯。

单位显示
·Hz:显示频率时亮灯。
·A:显示电流时亮灯。
(显示电压时熄灯,显示设定频率监视时闪灯。)

监视器(4位LED)
显示频率、参数编号等。

M旋钮
(M旋钮:三菱变频器的旋钮。)
用于变更频率设定、参数的设定值。
按该旋钮可显示以下内容。
·监视模式时的设定频率
·校正时的当前设定值
·报警历史模式时的顺序

模式切换
用于切换各设定模式。
和 (PU/EXT) 同时按下也可以用来切换运行模式。
长按此键(2秒)可以锁定操作。

各设定的确定
运行中按此键则监视器出现以下显示。

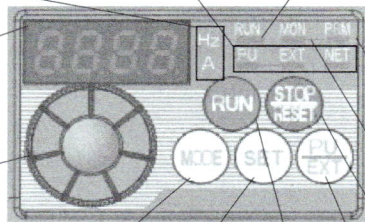

运行频率 → 输出电流 → 输出电压

运行状态显示
变频器动作中亮灯/闪烁。*
* 亮灯:正转运行中
缓慢闪烁(1.4s循环):
反转运行中
快速闪烁(0.2s循环):
· 按 (RUN) 键或输入起动指令都无法运行时
· 有起动指令、频率指令在起动频率以下时
· 输入了MRS信号时

参数设定模式显示
参数设定模式时亮灯。

监视器显示
监视模式时亮灯。

停止运行
停止运转指令。
保护功能(严重故障)生效时,也可以进行报警复位。

运行模式切换
用于切换PU/外部运行模式。
使用外部运行模式(通过另接的频率设定电位器和起动信号起动的运行)时请按此键,使表示运行模式的EXT处于亮灯状态。(切换至组合模式时,可同时按 (MODE) (0.5s)或者变更参数Pr.79。)
PU:PU运行模式
EXT:外部运行模式
也可以解除PU停止。

起动指令
通过Pr.40的设定,可以选择旋转方向。

图 5-44　变频器操作面板说明

（2）控制回路端子说明　控制回路端子说明见表 5-2~表 5-5。

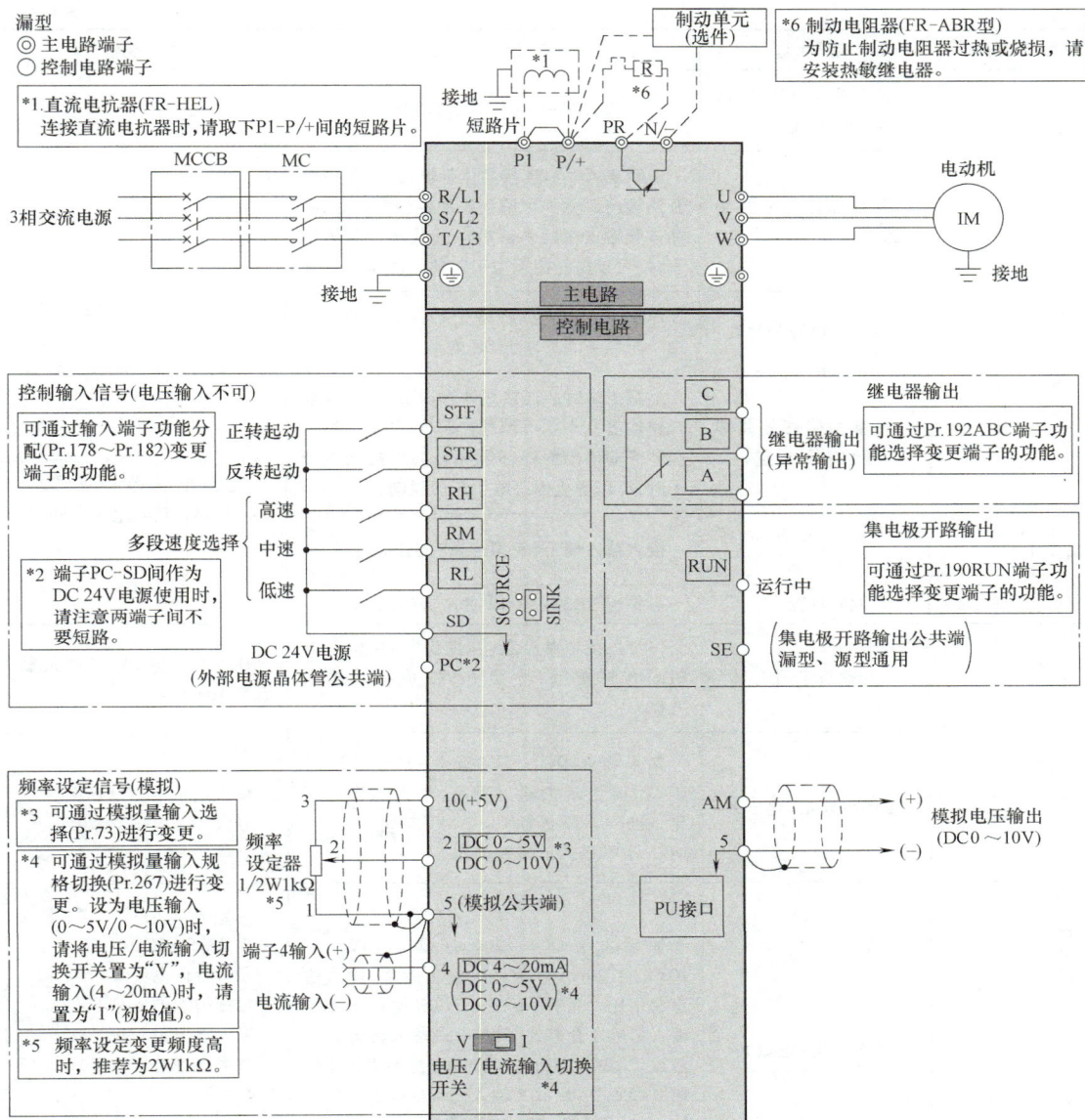

图 5-45　三菱 FR-D700 系列变频器端子接线图

表 5-2　控制回路输入信号端子

种类	端子记号	端子名称	端子功能说明		额定规格
接点输入	STF	正转起动	STF 信号 ON 时为正转、OFF 时为停止指令	STF、STR 信号同时 ON 时变成停止指令	输入电阻 4.7kΩ 开路时电压 DC21～26V 短路时 DC4～6mA
	STR	反转起动	STR 信号 ON 时为反转、OFF 时为停止指令		
	RH、RM、RL	多段速度选择	用 RH、RM 和 RL 信号的组合可以选择多段速度		

（续）

种类	端子记号	端子名称	端子功能说明	额定规格
接点输入	SD	接点输入公共端(漏型)(初始设定)	接点输入端子(漏型逻辑)的公共端子	—
		外部晶体管公共端(源型)	源型逻辑时当连接晶体管输出(即集电极开路输出)、例如可编程控制器(PLC)时,将晶体管输出用的外部电源公共端接到该端子时,可以防止因漏电引起的误动作	
		DC24V 电源公共端	DC24V 0.1A 电源(端子 PC)的公共输出端子与端子 5 及端子 SE 绝缘	
	PC	外部晶体管公共端(漏型)(初始设定)	漏型逻辑时当连接晶体管输出(即集电极开路输出)、例如可编程控制器(PLC)时,将晶体管输出用的外部电源公共端接到该端子时,可以防止因漏电引起的误动作	电源电压范围 DC22 ~ 26.5V 容许负载电流 100mA
		接点输入公共端(源型)	接点输入端子(源型逻辑)的公共端子	
		DC24V 电源	可作为 DC24V、0.1A 的电源使用	
频率设定	10	频率设定用电源	作为外接频率设定(速度设定)用电位器时的电源使用(参照 Pr.73 模拟量输入选择)	DC5.0V±0.2V 容许负载电流 10mA
	2	频率设定(电压)	如果输入 DC0~5V(或 0~10V),在 5V(10V)时为最大输出频率,输入输出成正比,通过 Pr.73 进行 DC0~5V(初始设定)和 DC0~10V 输入的切换操作	输入电阻 10kΩ±1kΩ 最大容许电压 DC20V
	4	频率设定(电流)	如果输入 DC4~20mA(或 0~5V,0~10V),在 20mA 时为最大输出频率,输入输出成正比。只有 AU 信号为 ON 时端子 4 的输入信号才会有效(端子 2 的输入将无效)。通过 Pr.267 进行 4~20mA(初始设定)和 DC0~5V、DC0~10V 输入的切换操作。电压输入(0~5V/0~10V)时,请将电压/电流输入切换开关切换至"V"	电流输入的情况下:输入电阻 233Ω±5Ω 最大容许电流 30mA 电压输入的情况下:输入电阻 10kΩ±1kΩ 最大容许电压 DC20V
	5	频率设定公共端	频率设定信号(端子 2 或 4)及端子 AM 的公共端子。请勿接大地	—
PTC 热敏电阻	10 2	PTC 热敏电阻输入	连接 PTC 热敏电阻输出。将 PTC 热敏电阻设定为有效(Pr.561 ≠ "9999")后,端子 2 的频率设定无效	适用 PTC 热敏电阻电阻值 100Ω~30kΩ

注: 1. 请正确设定 Pr.267 和电压/电流输入切换开关,输入与设定相符的模拟信号。
　　2. 若将电压/电流输入切换开关设为"1"(电流输入规格)进行电压输入,若将开关设为"V"(电压输入规格)进行电流输入,可能导致变频器或外部设备的模拟电路发生故障。

表 5-3　控制回路输出信号端子

种类	端子记号	端子名称	端子功能说明		额定规格
继电器	A、B、C	继电器输出（异常输出）	指示变频器因保护功能动作时输出停止的 1c 接点输出。异常时：B-C 间不导通（A-C 间导通），正常时：B-C 间导通（A-C 间不导通）		接点容量 AC230V　0.3A（功率因数 = 0.4） DC30V　0.3A
集电极开路	RUN	变频器正在运行	变频器输出频率大于或等于起动频率（初始值 0.5Hz）时为低电平，已停止或正在直流制动时为高电平 低电平表示集电极开路输出用的晶体管处于 ON（导通状态）。高电平表示处于 OFF（不导通状态）		容许负载 DC24V（最大 DC27V）0.1A（ON 时最大电压降 3.4V）
	SE	集电极开路输出公共端	端子 RUN 的公共端子		—
模拟	AM	模拟电压输出	可以从多种监示项目中选一种作为输出。变频器复位中不被输出 输出信号与监示项目的大小成比例	输出项目：输出频率（初始设定）	输出信号 DC0 ~ 10V 许可负载电流 1mA（负载阻抗 10kΩ 以上）分辨率 8 位

表 5-4　通信端子

种类	端子记号	端子名称	端子功能说明
RS-485	—	PU 接口	通过 PU 接口，可进行 RS-485 通信 ● 标准规格：EIA-485（RS-485） ● 传输方式：多站点通信 ● 通信速率：4800 ~ 38400bps ● 总长距离：500m

表 5-5　生产厂家设定用端子

端子记号	端子功能说明
S1	
S2	请勿连接任何设备，否则可能导致变频器故障 另外，请不要拆下连接在端子 S1-SC、S2-SC 间的短路用电线。任何一个短路用电线被拆下后，变频器都将无法运行
S0	
SC	

四、项目实施及指导

1）参照图 5-43 FR-700 系列变频器结构，按照变频器说明书的方法和步骤，打开端盖和外壳，观察辨认变频器的各个部分。在装卸过程中，不要损坏变频器的端子和外壳。

2）教师演示：通过变频器面板控制或外部控制实现用变频器控制一台电动机起动、停止、调速的任务，通过演示增加同学们对变频器控制电动机的感性认识，增强同学们的学习兴趣。

3）引导学生自主观察学习变频器各个端子功能，自主记忆变频器面板各个键的功能。

实训项目 5-2　三菱变频器的面板操作模式

一、项目任务

1）实现变频器主电路的接线。

2）变频器参数设定。

3）变频器面板控制方式。

4）变频器面板运行的点动控制。

5）电压、电流的监视。

二、实训设备

三菱 FR-D740 变频器 1 台、交流调速实训工作台、《三菱 FR-D700 系列变频器使用手册》、工具包一个。

三、相关知识讲解

1. 变频器的运行操作模式

所谓变频器的运行操作模式是指输入变频器的起动、停止指令及设定频率的场所。变频器的运行操作模式见表 5-6，有"PU 操作模式""外部操作模式""组合操作模式"和"通信操作模式"。

表 5-6　变频器的运行操作模式

Pr. 79	功能			LED 显示
0	外部/PU 切换模式，电源接通时，为外部运行操作模式，EXT 指示灯点亮；通过 $\frac{PU}{EXT}$ 键可切换 PU 或外部运行操作模式			参考设定值 1 或 2
	运行模式	运行频率	起动信号	
1	PU 操作模式	操作面板（M 旋钮）	操作面板（RUN 键或正、反转键）	PU 点亮
2	外部操作模式	外部输入信号（端子 2（4）、5 之间、多段速选择、点动）	外部输入信号（STF、STR 端子）	EXT 点亮
3	外部/PU 组合操作模式 1	用操作面板设定或外部输入信号（多段速度设定、端子 4、5 间（AU 信号 ON 时有效））	外部输入信号（STF、STR 端子）	PU 和 EXT 同时点亮
4	外部/PU 组合操作模式 2	外部输入信号（端子 2、4、1、点动、多段速度选择）	RUN 键或正、反转键	PU 和 EXT 同时点亮

（1）面板（PU）操作模式　通过操作面板按键进行变频器的起动和运行频率的操作，不需外接信号。采用 PU 操作模式时，可通过设定"运行操作模式选择"参数 Pr.79＝1 或 0 来实现。

（2）外部操作模式（Pr.79＝2）　接通电源时，变频器为外部操作模式。根据外部起动信号和频率设定信号运行。

1）起动信号。开关，继电器等。

2）频率设定信号。外部旋钮或来自外部的 DC 0～5V、DC 0～10V 或 DC 4～20mA 信号以及多段速信号等。

（3）组合操作模式 1（Pr. 79 = 3）

1）起动信号。开关、继电器等。

2）操作单元。操作面板（FR-DU-04）或参数单元（FR-PU04）。

（4）组合操作模式 2（Pr. 79 = 4）　起动信号是操作面板的运行指令键，频率设定是外部频率设定信号。

1）设定信号。外部旋钮或来自外部的 DC 0～5V、DC 0～10V 或 DC 4～20mA 信号。

2）操作单元。操作面板（FR-DU04）或参数单元（FR-DU04）。

（5）通信操作模式（Pr. 79 = 6）　通过 RS485 接口和通信电缆可以将变频器的 PU 接口与 PLC 和工业用计算机（PC）等数字化控制器进行连接，实现先进的数字化控制现场总线系统等。该模式适用于各类中大型生产线或系统。这时不仅可以进行数字化控制器与变频器的通信操作，还可以进行计算机通信操作与其他操作模式的相互切换。

2. FR-D700 变频器的基本操作流程

FR-D700 变频器的基本操作包括设定频率、设定参数、显示报警履历等，如图 5-46 所示。此时变频器运行模式选择参数设定为 Pr. 79 = 0 或 1。

Pr. 79 = 0 时，变频器可以在外部运行、PU 运行和 PU 点动（PU JOG）运行 3 种模式之间进行切换控制。当变频器上电时，首先进入外部运行模式，以后每按一次 $\overset{PU}{EXT}$ 键，变频器都将以外部运行→PU 运行→PU JOG 运行的顺序切换。

3. 参数设定方法

参数设定必须在面板控制方式下才可以设定，而且变频器运行时不可进行参数设定，当 Pr. 77 = 1 时也不可以写入参数。例如将上限频率 Pr. 1 的设定值由 120 改为 50，其操作步骤如图 5-47 所示。

4. 参数清除及全部清除操作

在变频器操作之前必须清除变频器的参数，使其恢复出厂值，遇到无法解决的问题也可以将参数恢复出厂设置。设定 Pr. CL 参数清除、ALLC 参数全部清除 = "1"，可使参数恢复为初始值（如果设定 Pr. 77 参数写入选择 = "1"，则无法清除）。参数清除的操作步骤如图 5-48 所示。

四、项目实施及指导

1. 接线练习

面板运行模式接线图如图 5-49a 所示，图 5-49b 所示为主电路端子分布图。电源接线端子为 R/L1、S/L2、T/L3，接线时无需考虑相序。电动机接线端子为 U、V、W，将它们接到实操台面板上的 U、V、W 接线柱上。当接线正确时，按下正转起动按钮，从负载侧看，电动机应按逆时针方向旋转。如果转向相反，则可交换 U、V、W 端子中的任意两相。此外，还可以重新定义旋转方向，只要电动机转动方向满足要求即可。

运行模式切换

接通电源时(外部运行模式)

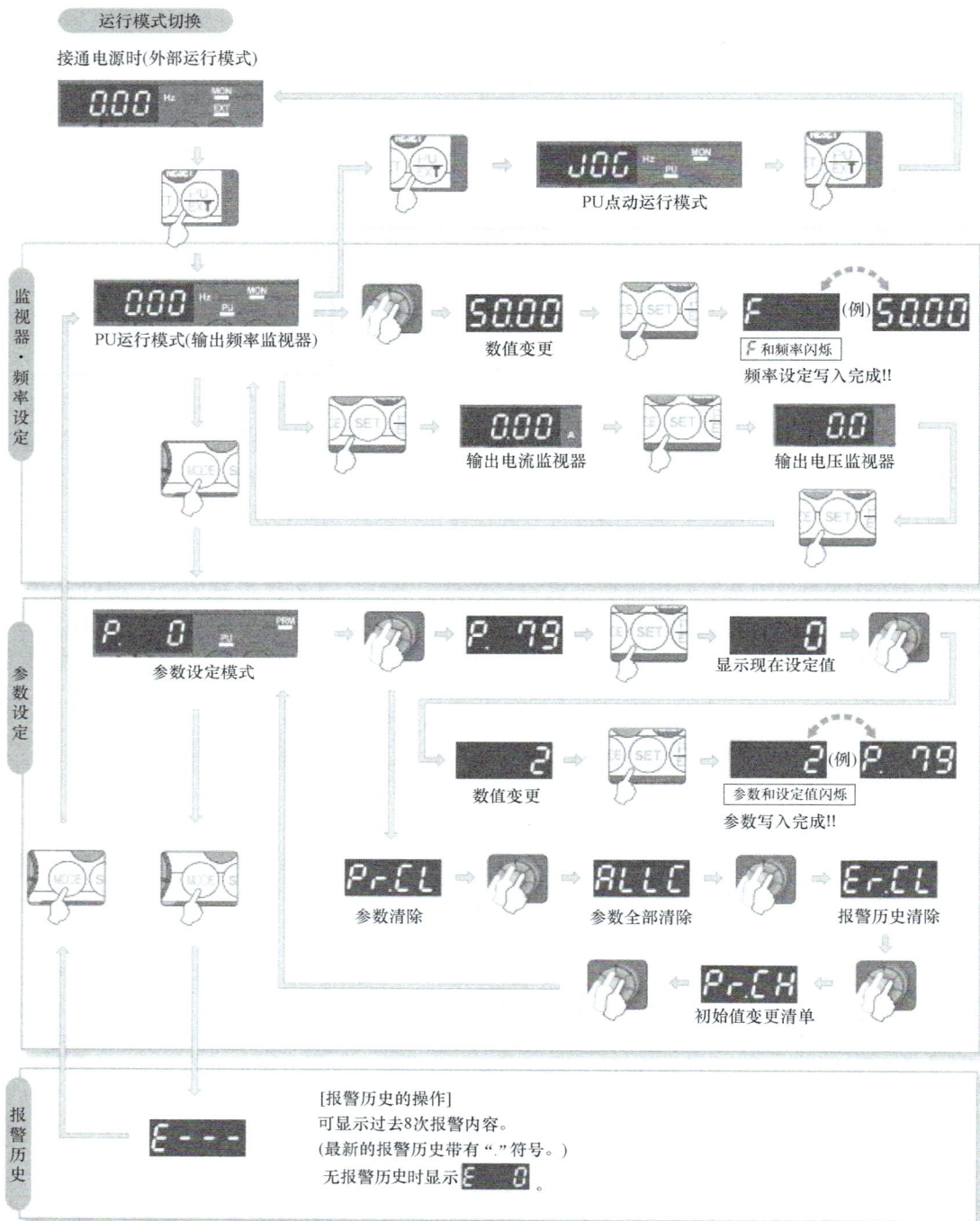

PU点动运行模式

监视器·频率设定

PU运行模式(输出频率监视器)

数值变更

F和频率闪烁

频率设定写入完成!!

输出电流监视器

输出电压监视器

参数设定

参数设定模式

显示现在设定值

数值变更

参数和设定值闪烁

参数写入完成!!

参数清除

参数全部清除

报警历史清除

初始值变更清单

报警历史

[报警历史的操作]
可显示过去8次报警内容。
(最新的报警历史带有 "." 符号。)
无报警历史时显示 E 0 。

图 5-46　FR-D700 变频器的基本操作流程

变频器参数
设置方法

操　作
显　示
1)电源接通时显示的监视器画面。
0.00 Hz MON EXT
2)按 PU EXT 键，进入PU运行模式。
PU显示灯亮。
PU EXT
0.00 PU
3)按 MODE 键，进入参数设定模式。
PRM显示灯亮。
MODE
P. 0 PRM
(显示以前读取的参数编号)
4)旋转 ，将参数编号设定为 P. 1 (Pr. 1)。
P. 1
5)按 SET 键，读取当前的设定值。
显示 " 120.0 " [120.0Hz(初始值)]。
SET
120.0 Hz
6)旋转 ，将值设定为 "50.00" (50.00Hz)。
50.00 Hz
7)按 SET 键确定。
SET
50.00 Hz
P. 1
闪烁…… 参数设定完成!!
• 旋转 键可读取其他参数。
• 按 SET 键可再次显示设定值。
• 按两次 SET 键可显示下一个参数。
• 按两次 MODE 键可返回频率监视画面。

图 5-47　参数设定步骤

2. 参数设定

在 PU 操作模式下运行时，需要将 Pr. 79 = 0 或 1。请同学们完成如下参数的设置：Pr. 1 = 50Hz（上限频率）；Pr. 2 = 0Hz（下限频率）；Pr. 7 = 5s（加速时间）；Pr. 8 = 5s（减速时间）。

3. 采用 PU 运行操作模式

变频器需要设置频率指令与起动指令才可以运行。将起动指令设为 ON 后电动机便开始运转，同时根据频率指令（设定频率）来决定电动机的转速。假使变频器在 f = 30Hz 下运行。用操作面板设定频率运行的步骤见表 5-7。

将“RUN 键旋转方向选择”参数 Pr. 40 = 1，变频器可以反转运行。

另外 FR-D700 变频器可以用 M 旋钮作为电位器来设定频率，在变频器运行中或停止中都可以通过 M 旋钮来设定频率。此时设置“扩展功能显示选择” Pr. 160 = 0，“频率设定/键盘锁定操作选择” Pr. 161 = 1，即为“M 旋钮电位器模式”，可以通过旋转 M 旋钮调节输出频率大小。

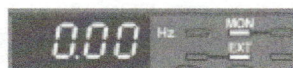

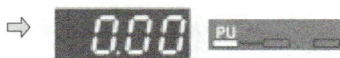

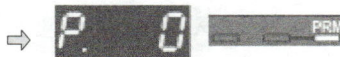

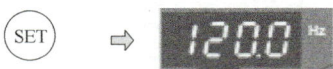

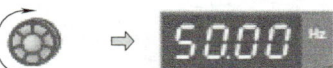

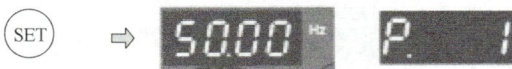

—————— 操 作 ——————   —————— 显 示 ——————

1)电源接通时显示的监视器画面。

2) 按 $\left(\frac{PU}{EXT}\right)$ 键，进入PU运行模式。

PU显示灯亮。

3) 按 (MODE) 键，进入参数设定模式。

PRM显示灯亮。

（显示以前读取的参数编号）
参数清除

4) 旋转 ⬡，将参数编号设定为

Pr.CL （*ALLC*）。

参数全部清除

5) 按 (SET) 键，读取当前的设定值。
显示 "*0*"（初始值）。

6) 旋转 ⬡，将值设定为 "*1*"。

7) 按 (SET) 键确定。

参数清除

参数全部清除

闪烁 …… 参数设定完成！！

图 5-48　参数清除步骤

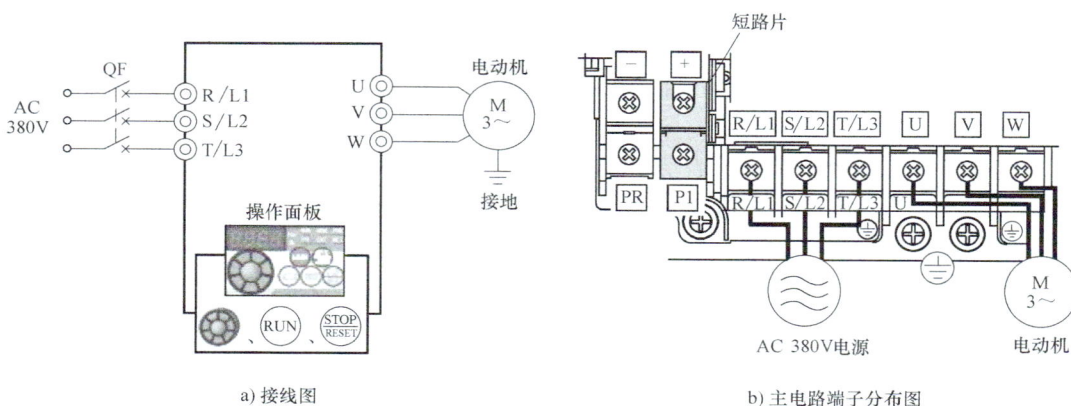

a) 接线图　　　　　　　　　b) 主电路端子分布图

图 5-49　FR-D740-0.75K-CHT 变频器面板运行接线图

表 5-7　用操作面板设定频率运行的步骤

	操作步骤	显示结果
1	运行模式的变更 按 PU/EXT 键，进入 PU 运行模式	PU显示灯亮 0.00 PU
2	频率的设定 旋转 设定用旋钮，显示想要设定的频率 30.00，闪烁约 5s。 在数值闪烁期间，按 SET 键设定频率值，F 和 30.00 交替闪烁（若不按 SET 键，数值闪烁约 5s 后显示将变为 0.00（监视显示）。这种情况下请再次旋转 重新设定频率）	30.00 F
3	起动→加速→恒速 按 RUN 键，运行。显示器的频率值随 Pr.7 加速时间而增大，显示为 30.00（30.00Hz）	30.00
4	要变更设定频率，例如，将运行频率改为46Hz，请执行第3项操作（从之前设定的频率开始）	
5	减速→停止 按 STOP/RESET 键，停止。显示器的频率值随 Pr.8 减速时间而减小，显示为 0.00（0.00Hz），电动机停止运行	0.00

4. 用操作面板进行点动控制

用操作面板可以对变频器进行点动控制，其操作步骤见表 5-8。

表 5-8　变频器面板点动操作步骤

	操作步骤	显示结果
1	确认运行显示和运行模式显示 • 应为监视模式 • 应为停止中状态	0.00
2	按 PU/EXT 键，进入 PU 点动运行模式	JOG
3	按 RUN 键 • 按下 RUN 键的期间电动机旋转 • 以 5Hz 旋转（Pr.15 的初始值）	5.00 Hz
4	松开 RUN 键	停止 

（续）

	操作步骤	显示结果
5	（变更 PU 点动运行的频率时） 按 Nxxx 键,进入参数设定模式	PRM显示灯亮 `P 0` （显示以前读取的参数编号）
6	旋转 ，将参数编号设定为 Pr.15 点动频率	`P 15`
7	按 SET 键,显示当前设定值	`5.00 Hz`
8	旋转 ，将数值设定为 10Hz	`10.00 Hz`
9	按 SET 键确定	`10.00 P 15` 闪烁……参数设定完成!!
10	执行 1~4 步的操作	

5. 监视输出电流和输出电压

在监视模式中按 SET 键可以切换输出频率、输出电流、输出电压的监视器显示，其操作步骤见表 5-9。

表 5-9　监视输出电流、输出电压的步骤

	操作步骤	显示结果
1	在运行中按 SET 键,使监视器显示输出频率	`50.00 Hz`　Hz亮灯
2	无论在哪种运行模式下,运行、停止中按住 SET 键,监视器上都显示输出电流	`1.00 A`　A亮灯
3	按 SET 键,监视器上将显示输出电压	`448.0`　Hz、A熄灭

注：显示结果根据设定频率的不同会与表中显示的数据不同。

实训项目 5-3　三菱变频器的外部操作模式和组合操作模式

一、项目任务

通过设置 Pr.79 分别完成变频器外部操作模式和组合操作模式的起停和调速控制。

二、实训设备

三菱 FR-D740 变频器 1 台、交流调速实训工作台、《三菱 FR-D700 系列变频器使用手册》、工具包一个。

三、相关知识讲解

1. 输入端子功能

（1）外接输入控制端子的分类 变频器常见的输入控制端子都采用光电隔离方式，接受的都是开关量信号，所有端子大体上可以分为2大类。

1）基本控制输入端。如正转、反转、点动、复位等，这些端子的功能是变频器在出厂时已经标定的，一般不能再更改。

2）可编程控制输入端。通过改变参数设定值来改变端子的功能，常见的可编程功能端子有起/停控制、多段速控制、升速/降速控制等。模拟量输入端一般可接受 0～5V（或 0～10V）电压信号和 0～20mA（或 4～20mA）电流信号，从而调节变频器的输出频率。

（2）外接输入开关与开关量输入端子的接口方式

1）干接点方式。如图 5-50a 所示。它可以使用变频器内部电源，也可以使用外部电源 DC 9～30V。这种方式能接受如继电器、按钮、行程开关等无源输入开关量信号。

2）漏型方式。当外部输入信号为 NPN 型的有源信号时，变频器输入端子必须采用漏型逻辑方式，如图 5-50b 所示。这种方式能接受接近开关、PLC 或旋转脉冲编码器等输出电路提供的信号，用于测速、计数或限位动作等。

3）源型方式。当外部输入信号为 PNP 型的有源信号时，变频器输入端子必须采用源型逻辑方式，如图 5-50c 所示。这种方式的信号源与漏型相同。

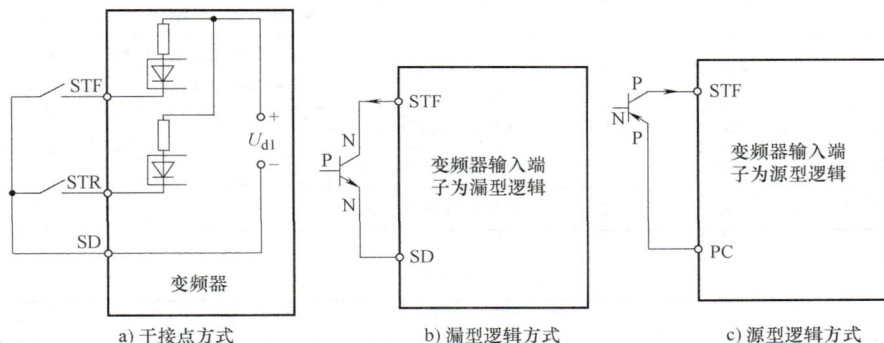

a) 干接点方式 b) 漏型逻辑方式 c) 源型逻辑方式

图 5-50　变频器在不同信号输入时的连接方式

在控制电路端子板的背面有一个逻辑切换跳线开关，用于设定端子是漏型还是源型。控制电路输入信号出厂默认的是漏型逻辑（SINK）。

（3）输入端子的控制方式 变频器的基本运行控制端子包括正转运行（STF）、反转运行（STR）、高中低速选择（RH、RM、RL）等。控制方式有 2 种，如图 5-51 所示。

1）开关信号控制方式。当 STF 或 STR 处于闭合状态时，电动机正转或反转运行；当它们处于断开状态时，电动机即停止。

2）脉冲信号控制方式。在 STF 或 STR 端只输入一个脉冲信号，电动机即可以维持正转或反转状态，犹如具有自锁功能。此时需要一个常闭按钮连接变频器的 STOP 端子。FR-D700 变频器的 STOP 功能需要通过端子功能设定来实现，参数设置如要停机须断开停止按钮。

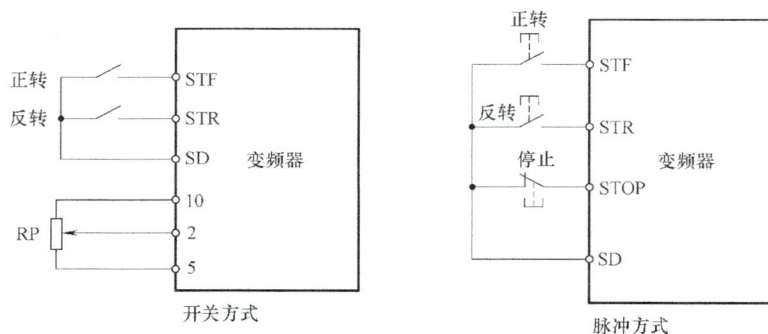

图 5-51　变频器输入端子的控制方式

（4）可编程控制输入端子的功能设定

1）数字量输入端子功能设定。三菱 FR-D740 变频器的输入信号中 STF、STR、RL、RM、RH 等端子是多功能端子，这些端子功能可以通过参数 Pr.178~Pr.182 设定的方法来选择，见表 5-10，以节省变频器控制端子的数量。参数设定与功能选择的部分设定见表 5-11。

表 5-10　FR-D740 变频器的多功能端子参数设置一览表

	参数号	端子符号	出厂设定	出厂设定端子功能	设定范围
输入端子	Pr.178	STF	60	正转指令（STF）	0~5,7,8,10,12,14,16,18,24,25,37,60,62,65~67,9999
	Pr.179	STR	61	反转指令（STR）	0~5,7,8,10,12,14,16,18,24,25,37,61,62,65~67,9999
	Pr.180	RL	0	低速运行指令（RL）	0~5,7,8,10,12,14,16,18,24,25,37,62,65~67,9999
	Pr.181	RM	1	中速运行指令（RM）	
	Pr.182	RH	2	高速运行指令（RH）	

表 5-11　输入端子参数设定与功能选择

设定值	端子名称	功能	
		Pr.59=0	Pr.59=1,2
0	RL	低速运行指令	遥控设定清除
1	RM	中速运行指令	遥控设定减速
2	RH	高速运行指令	遥控设定加速
3	RT	第2功能选择	
4	AU	端子4输入选择	
5	JOG	点动运行选择	
7	OH	外部热继电器输入	
8	REX	15段速选择（同 RL、RM、RH 组合使用）	
14	X14	PID 控制有效端子	
24	MRS	输出停止	
25	STOP	起动自保持选择	

（续）

设定值	端子名称	功能	
		Pr. 59 = 0	Pr. 59 = 1, 2
60	STF	正转指令（仅 STF 端子, 即 Pr178 可分配）	
61	STR	反转指令（仅 STR 端子, 即 Pr179 可分配）	
62	RES	变频器复位	
9999	—	无功能	

说明：

① 一个功能可以分配到 2 个以上的端子上, 这种情况下, 端子输入取逻辑和。

② 速度指令的优先顺序为点动>多段速设定（RH、RM、RL、REX）>PID（X14）。

③ 当没有选择 HC 连接（变频器运行允许信号）时, MRS 端子分担此功能。

④ AU 信号 ON 时端子 2（电压输入）无效。

2）模拟量输入端子功能的设定。三菱变频器可以通过外部给定电压信号或电流信号调节变频器输出频率。三菱变频器的模拟量输入端有 2、5 和 4、5 两路输入, 如图 5-52 所示。模拟量电压输入使用端子 2 可以选择 0~5V（初始值）或 0~10V 的电压信号, 其输入规格由 Pr. 73 来设定。模拟量输入端子 4 可以选 0~5V、0~10V 的电压或 4~20mA 电流（初始值）, 其输入规格由 Pr. 267 设定。参数意义及设定范围见表 5-12。使用端子 4 作为模拟量输入时, 必须将 AU 信号为 ON, 此时端子 2 电压输入无效。

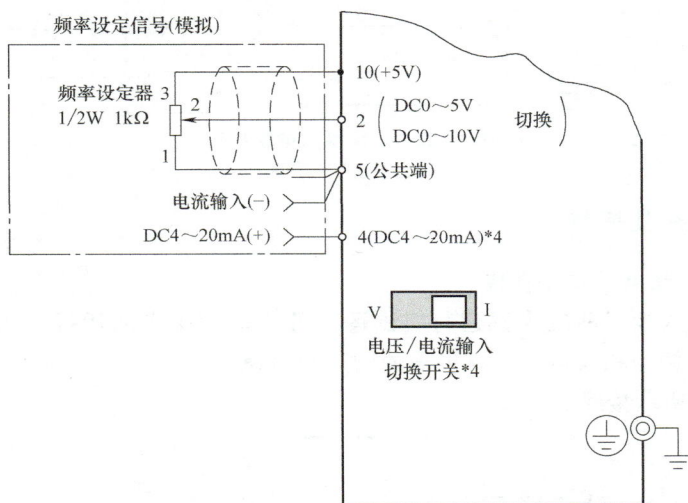

图 5-52　模拟量输入端子功能的设定

表 5-12 中的可逆运行是指可以通过设定输入 2 端的电压信号大小实现正反转功能, 在此不做介绍。

2. 输出端子功能

外接输出控制端子主要有 3 个, 如图 5-53 所示。一个是 RUN 端子, 当变频器输出频率高于起动频率时输出, SE 是集电极开路输出信号 RUN 端子的公共端, 容许负载为 DC24V、0.1A。低电平表示集电极开路输出用的晶体管处于 ON（导通状态）, 高电平为 OFF（不导

表 5-12　模拟量输入端子设置的相关参数及设定范围

参数编号	名称	初始值	设定范围	内容	
Pr. 73	模拟量输入选择	1	0	端子 2 输入 0～10V	无可逆运行
			1	端子 2 输入 0～5V	
			10	端子 2 输入 0～10V	可逆运行
			11	端子 2 输入 0～5V	
Pr. 267	端子 4 输入选择	0	电压/电流输入切换开关		内容
			0		端子 4 输入 4～20mA
			1		端子 4 输入 0～5V
			2		端子 4 输入 0～10V

通状态)。另一组报警输出 A、B、C 端子，当变频器发生故障时，变频器将通过输出端子 A、B、C 发出报警信号。正常时 B、C 间导通，A、C 间不导通；故障时 B、C 间断开，A、C 间导通。再一个是测量信号端 AM，变频器的运行参数（频率、电压、电流等）可以通过外接仪表来进行测量。

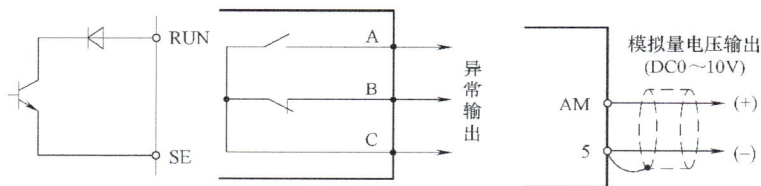

图 5-53　外接输出控制端子

四、项目实施及指导

1. 变频器的外部点动操作训练

变频器正式投入运行前应先试运行。试运行可选择 5Hz 点动运行，此时电动机应旋转平稳，无不正常的振动和噪声，具有平滑的增速和减速。

1）按图 5-54 所示接线。

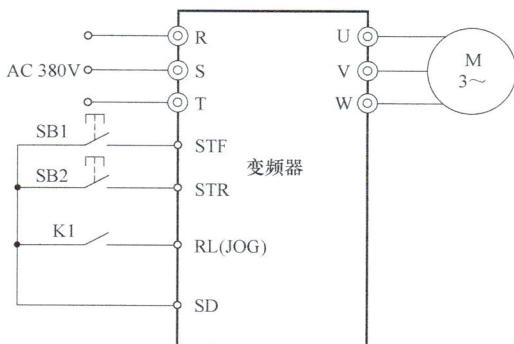

变频器的外部运行操作

图 5-54　外部点动运行接线图

2）打开电源开关，在 PU 模式下，按表 5-13 设置变频器参数，设定完成后，EXT 灯亮。设置参数时，先恢复出厂设置，然后将 Pr.15 的值要大于 Pr.13 的值。通过设置 Pr.180＝5 将点动信号分配到 RL 端子上。

表 5-13　点动控制功能参数设定功能表

序号	变频器参数	出厂值	设定值	功能说明
1	Pr.1	50	50	上限频率（50Hz）
2	Pr.2	0	0	下限频率（0Hz）
3	Pr.9	0	1	电子过电流保护（按照电动机额定电流设定）
4	Pr.160	9999	0	扩展功能显示选择
5	Pr.13	0.5	5	起动频率（5Hz）
6	Pr.15	5	10.00	点动频率（10Hz）
7	Pr.16	0.5	1	点动加减速时间（1s）
8	Pr.180	0	5	设定 RL 为点动运行功能
9	Pr.79	0	2	运行模式选择

3）操作运行。

① 闭合点动开关 K1，操作面板显示"JOG"，按下正转起动按钮 SB1 或反转起动按钮 SB2，电动机便会以 10Hz 的点动频率正转或反转点动运行，注意操作面板的显示频率。

② 断开 K1，电动机停止点动运行。改变 Pr.15、Pr.16 的值，重复上述步骤，观察电动机运转状态有什么变化。

外部操作时，若按 (STOP/RESET) 键将会出错报警，不能重新起动，必须停电复位。

2. 变频器的外部控制方式操作训练

利用外部的开关、电位器等元器件将外部操作信号输入到变频器，控制变频器的运转。

1）按图 5-55 所示接线。连接到端子板的外部操作信号（频率设定电位器，起动开关等）控制变频器的运行。接通电源，STF/STR 置 ON，则开始运行。

外部频率设定信号为 0～5V 或 0～10V 电压信号。三脚电位器（1kΩ）要把中间接线柱接到变频器的 2 端子上，其他两个分别接变频器的端子 10 和 5。

2）参数设置。打开电源开关，在 PU 模式下，按表 5-14 设置变频器参数，设定完成后，EXT 灯亮。

3）操作运行。

① 开始。将起动开关（STF 或 STR）处于 ON。表示运转状态的 RUN 灯闪烁。

② 加速。顺时针方向缓慢旋转电位器（频率设定电位器）到满刻度。显示的频率数值逐渐增大，电动机加速，当显示 45Hz 时，停止旋转电位器。此时变频器运行在 45Hz 上，RUN 灯一直亮。

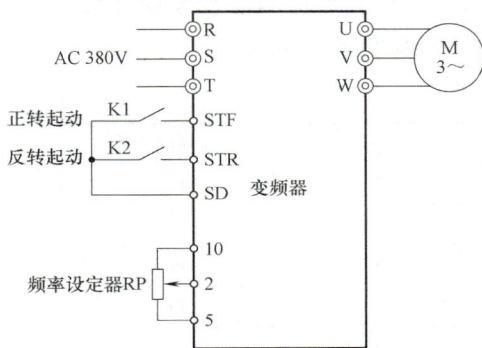

图 5-55　外部控制方式接线图

表 5-14　外部控制功能参数设定功能表

序号	变频器参数	设定值	功能说明
1	Pr. 1	50Hz	上限频率
2	Pr. 2	0Hz	下限频率
3	Pr. 7	5s	加速时间
4	Pr. 8	5s	减速时间
5	Pr. 9	2.5A	电子过电流保护（按电动机的额定电流）
6	Pr. 73	1	端子 2 输入 0~5V 电压信号
7	Pr. 125	50Hz	端子 2 频率设定增益频率
8	Pr. 178	60	端子 STF 设定为正转端子
9	Pr. 179	61	端子 STR 设定为反转端子
10	Pr. 180	25	将 RL 端子功能变更为 STOP 端子功能
11	Pr. 79	2	选择外部运行模式

③ 减速。逆时针方向缓慢旋转电位器（频率设定电位器）到底。显示的频率数值逐渐减小到 0Hz，电动机减速，最后停止运行。

④ 停止。断开起动开关（STF 或 STR），电动机将停止运行。

3. 组合运行模式 1 操作训练

起动信号用外部信号设定（通过 STF 或 STR 端子设定），频率信号用 PU 模式操作设定。

1）按图 5-56 所示接线。

2）参数设置。打开电源开关，在 PU 模式下，按表 5-15 设置变频器参数。设定完成后，PU 和 EXT 灯亮。

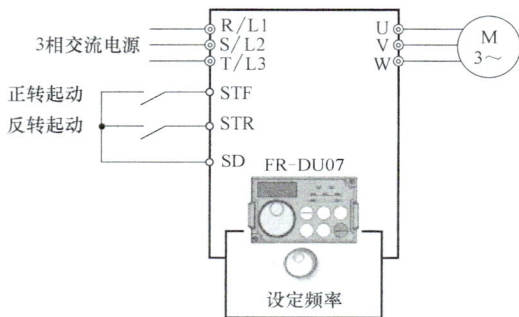

图 5-56　组合模式 1 接线图

表 5-15　组合模式 1 控制功能参数设定功能表

序号	变频器参数	设定值	功能说明
1	Pr. 1	50Hz	上限频率
2	Pr. 2	0Hz	下限频率
3	Pr. 7	5s	加速时间
4	Pr. 8	5s	减速时间
5	Pr. 9	2.5A	电子过电流保护（按电动机的额定电流）
6	Pr. 178	60	端子 STF 设定为正转端子
7	Pr. 179	61	端子 STR 设定为反转端子
8	Pr. 79	3	选择组合 1 运行模式

3）操作运行。

① 变频器上电，确定 PU 灯亮。

② 运行模式选择：将运行操作模式选择参数 Pr.79 设定为 3，选择组合运行操作模式 1，运行状态 EXT 和 PU 指示灯都亮。

③ 合上 SA1 或 SA2 使 STF 或 STR 中的一个信号接通。RUN 灯点亮，反转时闪烁。电动机以在操作面板的频率设定模式中设定的频率运行。

④ 旋转 ⊙ 设定运行频率为 40Hz。变频器频率逐渐上升到 40Hz。

⑤ 断开 SA1 或 SA2，电动机停止运行。

4. 组合运行模式 2 操作训练

假设用端子 4、端子 5 给定 4~20mA 电流信号，让变频器运行在 0~50Hz 的输出频率范围，变频器面板上 RUN 的控制变频器起动。

1）按图 5-57 所示接线。

2）参数设置。打开电源开关，在 PU 模式下，按表 5-16 设置变频器参数。设定完成后，PU 和 EXT 灯亮。

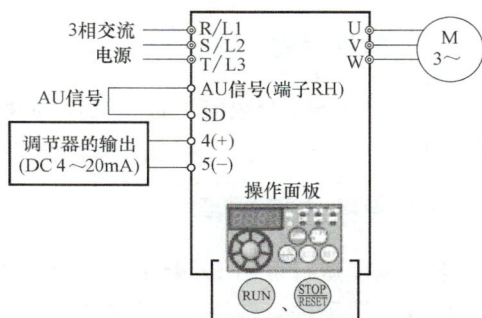

图 5-57　组合模式 2 接线图

表 5-16　组合模式 2 控制功能参数设定功能表

序号	变频器参数	设定值	功能说明
1	Pr.1	50Hz	上限频率
2	Pr.2	0Hz	下限频率
3	Pr.7	5s	加速时间
4	Pr.8	5s	减速时间
5	Pr.9	2.5A	电子过电流保护（按电动机的额定电流）
6	Pr.267	0	端子 4 输入 4~20mA 电流信号，并将电压/电流切换开关置于 I（电流）位置
7	Pr.126	50	端子 4 频率设定增益频率
8	Pr.182	4	将 RH 端子功能变更为 AU 端子功能
8	Pr.79	4	选择组合模式 2 运行模式

3）操作运行。

① 起动。请确认端子 4 输入选择信号（AU）是否为 ON。将起动开关 RUN 设置为 ON。无频率指令时［RUN］指示灯会快速闪烁。

② 加速→恒速。输入 20mA 电流，显示屏上的频率数值随 Pr.7 加速时间而增大，变为 50.00Hz。［RUN］指示灯在正转时亮灯，反转时缓慢闪烁。

③ 减速。输入 4mA 电流，显示屏上的频率数值随 Pr.8 减速时间而减小，变为 0.00Hz，电动机停止运行，［RUN］指示灯快速闪烁。

④ 停止设置。按下 STOP/RESET，变频器停止运行，［RUN］指示灯熄灭。

实训项目 5-4　变频器的多段速度运行

一、项目任务

实现变频器的多段速度运行。

变频器的多
段速度运行

二、实训设备

三菱 FR-D740 变频器 1 台、交流调速实训工作台、《三菱 FR-D700 系列变频器使用手册》、工具包一个。

三、相关知识讲解

多段速度运行可用 Pr. 4 ~ Pr. 6、Pr. 24 ~ Pr. 27、Pr. 232 ~ Pr. 239 参数号设置多种运行速度，用输入端子进行转换。多段速度设定只在外部操作模式和 PU/外部组合模式（Pr. 79 = 3、4）中有效。可通过开启、关闭外部触点信号（RH、RM、RL 和 REX 信号）选择多种速度。多段速度功能参数设定表见表 5-17。借助于点动频率 Pr. 15、上限额频率 Pr. 1 和下限额频率 Pr. 2，最多可设定 18 种速度。各开关状态与各段速度关系如图 5-58 所示，对于 REX 信号输入所使用的端子，通过将 Pr. 178 ~ Pr. 182 中的任一个参数设定为 "8" 来进行功能的分配。

表 5-17　多段速度功能参数设定表

参数号	出厂设定/Hz	设定范围/Hz	功能
Pr. 4	50	0 ~ 400	设定 RH 闭合时的频率
Pr. 5	30	0 ~ 400	设定 RM 闭合时的频率
Pr. 6	10	0 ~ 400	设定 RL 闭合时的频率
Pr. 24 ~ Pr. 27	9999	0 ~ 400Hz, 9999	设定 4 ~ 7 段速度
Pr. 232 ~ Pr. 239	9999	0 ~ 400Hz, 9999	设定 8 ~ 15 段速度

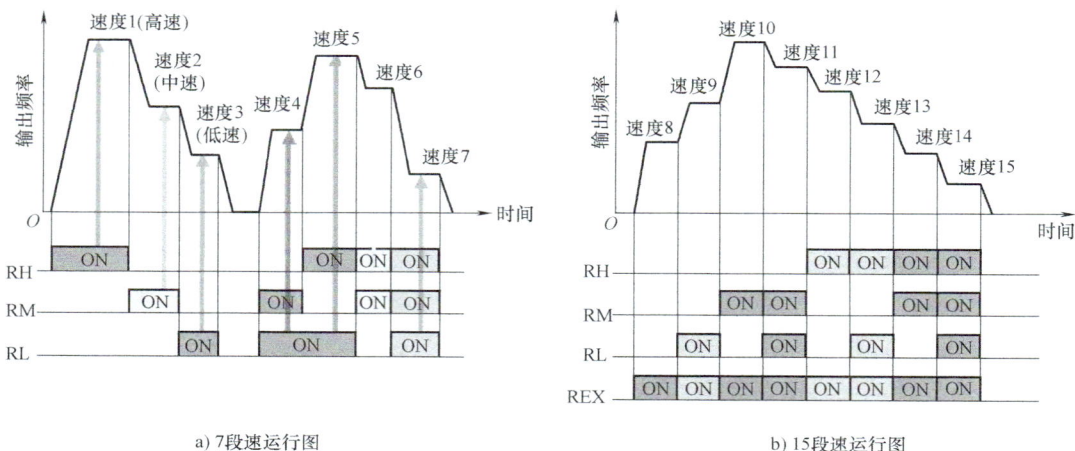

a) 7段速运行图　　　　　　　　　　　　b) 15段速运行图

图 5-58　各开关状态与各段速度关系

多段速度运行的注意事项：

1）多段速度比主速度优先。

2）多段速度设定在 PU 和外部运行中都可实现。

3）多个速度同时被选择时，低速信号的设定频率优先。

4）Pr.24～Pr.27 和 Pr.232～Pr.239 之间的设定没有优先级。

5）运行参数值可被改变。

6）当用 Pr.78 至 Pr.182 改变端子分配时，其他功能可能受到影响。应在设定前检查相应端子的功能。

四、项目实施及指导

1. 7 段速度以下运行

（1）**硬件接线**　按图 5-59 所示接线。通过 RH、RM、RL 的开关信号，则最多可选择 7 段速度。例如设置下列各段速度参数：

Pr.4 = 50Hz　　　Pr.25 = 40Hz

Pr.5 = 30Hz　　　Pr.26 = 35Hz

Pr.6 = 10Hz　　　Pr.27 = 8Hz

Pr.24 = 15Hz

闭合 STF 或 STR，并闭合 RH，则电动机按速度 1（50Hz）运转；闭合 RH 和 RL，则电动机按速度 5（40Hz）运转，如图 5-58a 所示。

（2）**参数设置**　参数设置见表 5-18。

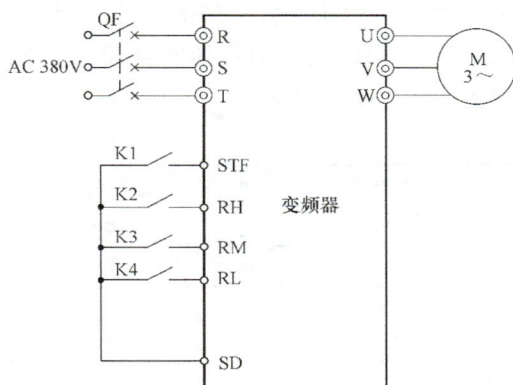

图 5-59　7 段速度运行接线图

表 5-18　7 段速度参数设置表

参数号	设定值	功能说明
Pr.1	50Hz	上限频率
Pr.2	0Hz	下限频率
Pr.4	15	七段速度:数值大小没有顺序关系
Pr.5	20	
Pr.6	25	
Pr.24	30	
Pr.25	35	
Pr.26	40	
Pr.27	45	
Pr.7	2s	加速时间
Pr.8	2s	减速时间
Pr.160	0	扩张参数
Pr.180	0	RL 低速信号
Pr.181	1	RM 中速信号
Pr.182	2	RH 高速信号
Pr.79	3	PU/组合模式 1

（3）**运行操作** 将开关 K1 一直闭合，按照图 5-58a 图的端子开关顺序，通断 K2、K3、K4，通过面板监视频率变化观察，观察运转速度的变化。

2. 15 段速度运行

（1）**按图 5-60 接线** 将 STR 端子的功能变更为 REX。将 Pr. 179 = "8"来进行功能的分配。

（2）**参数设置** 参数设置见表 5-19。

（3）**运行操作** 将开关 K1 一直闭合，按照图 5-58b 图的端子开关顺序，通断 K2、K3、K4、K5，通过面板监视频率变化观察，观察运转速度的变化。

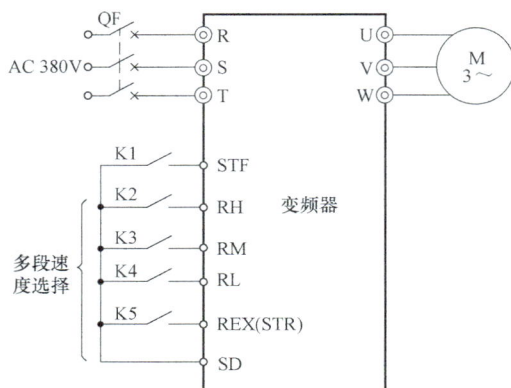

图 5-60 15 段速度以上接线图

表 5-19 15 段速度以上参数设置表

参数号	设定值	功能说明
Pr. 1	50Hz	上限频率
Pr. 2	0Hz	下限频率
Pr. 4	5	
Pr. 5	10	
Pr. 6	13	
Pr. 24	15	
Pr. 25	18	
Pr. 26	20	
Pr. 27	28	
Pr. 232	32	15 段速度:数值大小没有顺序关系
Pr. 233	35	
Pr. 234	38	
Pr. 235	41	
Pr. 236	44	
Pr. 237	40	
Pr. 238	46	
Pr. 239	48	
Pr. 7	2s	加速时间
Pr. 8	2s	减速时间
Pr. 160	0	扩张参数
Pr. 179	8	将 STR 端子功能变更为 REX 端子功能
Pr. 180	0	RL 低速信号
Pr. 181	1	RM 中速信号
Pr. 182	2	RH 高速信号
Pr. 79	3	PU/组合模式 1

实训项目 5-5 变频器与 PLC 的联机运行

一、项目任务

物料分拣输送带采用三相笼型异步电动机。物料分拣输送带如图 5-61 所示。

1）输送带能进行正反转控制，且用操作台上按钮通过 PLC 进行控制，不用变频器的操作面板。

2）通过 PLC 控制变频器的外部端子进行电动机起动/停止、正转/反转运行。

3）速度设定用可调电位器 RP 给定。

4）变频器一旦出现故障，系统会自动切断变频器的电源。通过外接按钮变频器能进行复位操作。

二、实训设备

三菱 FR-D740-0.75K-CHT 变频器 1 台、三菱 FX2N-32MR 的 PLC 1 台、三相异步电动机 1 台、装有 PLC 编程软件的计算机 1 台、USB-SC09-FX 编程电缆 1 根、接触器 1 个、按钮若干、1kΩ 电位器 1 个、《三菱 FR-D700 系列通用变频器使用手册》、电工工具 1 套。

PLC 与变频器组成的调速系统设计与安装

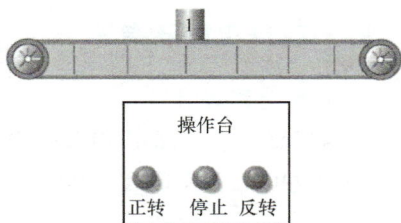

图 5-61 物料分拣输送带

三、相关知识讲解

1. PLC 控制的变频器电路的连接

根据不同的信号连接，变频器 PLC 控制系统接口部分互联接线如图 5-62 所示。接线包括以下 3 种情况：

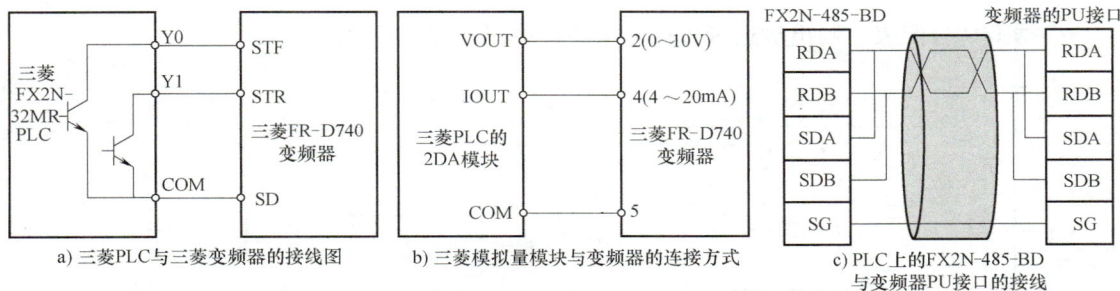

a) 三菱PLC与三菱变频器的接线图　　b) 三菱模拟量模块与变频器的连接方式　　c) PLC上的FX2N-485-BD 与变频器PU接口的接线

图 5-62 PLC 与变频器接口部分互联接线

1）PLC 的开关量输出与变频器的开关量输入接口的互联。PLC 的开关量继电器输出端子一般可以与变频器的开关量输入端子直接相连，通过 PLC 控制变频器的正反转、点动、多段速度及升降速运行。但是对于晶体管输出的 PLC 要注意是否与变频器的默认输入方式匹配。图 5-62a NPN 型 PLC 输出可以与三菱变频器漏型输出电平匹配。

2）PLC 的模拟量输出与变频器的模拟量输入接口的互联。三菱变频器的模拟量输入端子（2、5 端，4、5 端）可以接受来自 PLC 模拟量输出模块 FX2N-2DA 的（0~5V 或 0~

10V）的电压信号（VOUT、COM 端子）或 4~20mA 电流信号（IOUT、COM 端子）。

3）PLC 与变频器的通信连接。PLC 通过网络可以连接多台变频器进行监控，实现多台变频器之间的联动控制和同步控制。三菱 PLC 与三菱变频器通信时需要配置 FX2N-485-BD 通信板，通信板与变频器 PU 接口连接要尽量使用屏蔽双绞线。

2. 设计一个 PLC 控制变频器电路的步骤

1）根据控制要求，确定 PLC 的输入/输出并分配地址，画出 PLC 与变频器的接线图。一般常用 PLC 的输出信号直接控制变频器的 STF、STR、RH、RM、RL 端子的闭合或断开。

2）确定变频器的运行模式，并设定变频器运行的相关参数。

3）根据接线图，设计 PLC 程序，以实现变频器的控制要求。

四、项目实施及指导

1. 硬件电路设计

根据控制要求，确定 PLC 的输入/输出分配。PLC 选用三菱 FX2N-32MR，变频器选用三菱 FR-D740-0.75K-CHT，其输入/输出分配表见表 5-20。

表 5-20 物料输送带正反转控制的 I/O 分配

输入			输出		
输入继电器	输入元件	作用	输出继电器	输出元件	作用
X000	SB1	变频器上电	Y010	KM	接通 KM
X001	SB2	变频器失电	Y001	STF	变频器正转
X002	SB3	变频器正转起动	Y002	STR	变频器反转
X003	SB4	变频器反转起动	Y004	HL1	正转指示
X004	SB5	变频器停止	Y005	HL2	反转指示
X005	A、C	故障信号	Y006	HL3	报警指示

根据 I/O 分配表，画出输送带正反转电路接线图如图 5-63 所示。

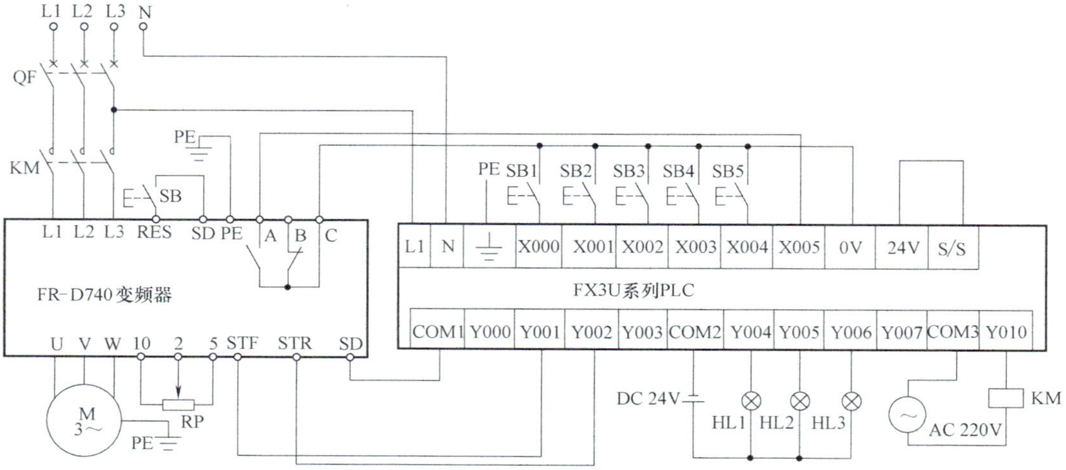

图 5-63 物料输送带正反转控制接线图

图中由于 PLC 的 3 组输出所使用的电压不同，所以不能将 COM1、COM2 和 COM3 连接在一起。

2. 参数设置

根据控制要求，设置变频器参数见表 5-21。

表 5-21　物料输送带正反转控制参数表

参数	设定值	功　　　能
Pr.1	50Hz	上限频率
Pr.2	0Hz	下限频率
Pr.7	5s	加速时间
Pr.8	5s	减速时间
Pr.9	2.5A	电子过电流保护，一般设定为变频器的额定电流
Pr.73	1	端子 2 输入 0~5V 电压信号
Pr.125	50Hz	端子 2 频率设定增益频率
Pr.178	60	端子 STF 设定为正转端子
Pr.179	61	端子 STR 设定为反转端子
Pr.182	62	将 RH 端子功能变更为 RES 端子功能
Pr.192	99	将变频器输出端子 A、B、C 设置为异常输出功能
Pr.79	2	选择外部运行模式

3. 程序设计

物流输送带正反转程序梯形图如图 5-64 所示。图中 0 步是控制接触器 KM 线圈得电电路，给变频器接通电源，同时保证在变频器运行时不能切断电源，一旦变频器故障报警，故障输出 A 点的触点动作可以切断接触器，从而使变频器断开电源。8 步和 15 步分别是变频器正反转控制和运行指示程序，这两段程序中串联的 Y010 常开触点用于必须先起动接触器给变频器送电后，才能实现正反转控制。

4. 运行操作

1）按图 5-63 正确接线。

2）合上 QF，给 PLC 送电，将图 5-64 所示程序下载到 PLC。

3）使 PLC 处于 RUN 状态，按下 SB1，接触器 KM 线圈得电，变频器接通电源

4）将变频器进行参数复位，然后将表 5-21 参数写入变频器中。

5）检查无误后联机运行。

6）按下按钮 SB3，正转运行。

7）按下按钮 SB5，变频器停止。

8）按下按钮 SB4，反转运行。

9）按下按钮 SB5，变频器停止。

10）按下按钮 SB2，接触器 KM 断开，变频器断电。

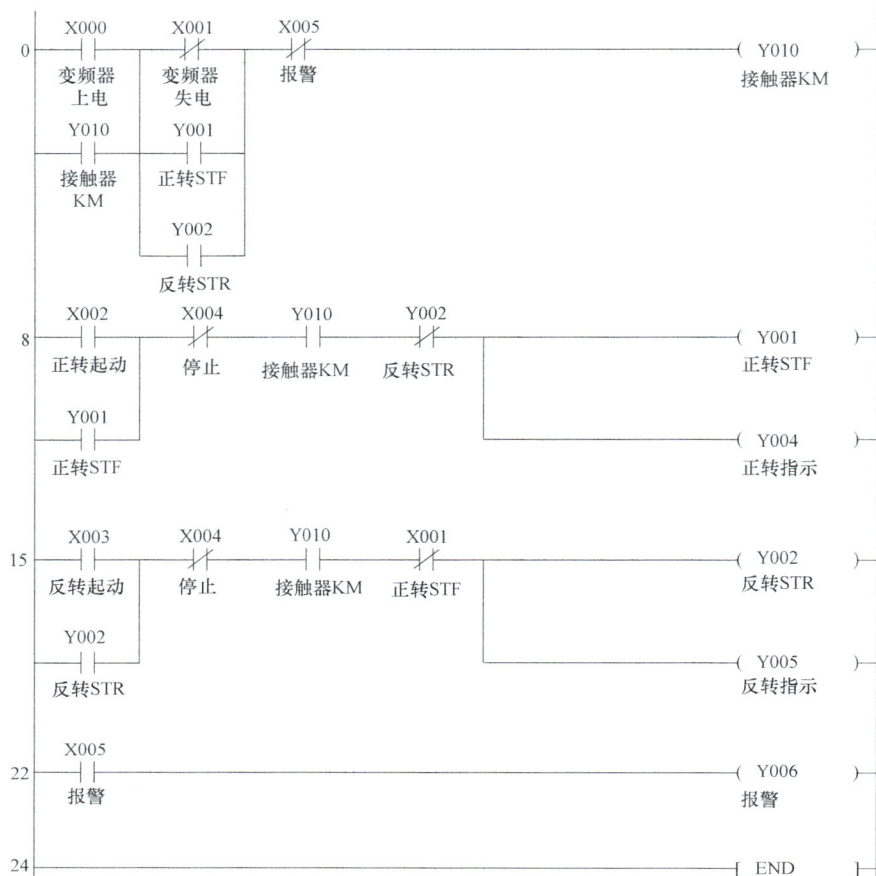

图 5-64 物料输送带正反转控制梯形图

本 章 小 结

本章从交流电动机的调速系统入手介绍了各种交流调速系统的调速方法，以三菱新产品 FR-D700 系列变频器为例，系统介绍了变频器的结构、工作原理、基本使用方法和实训操作。

通用型变频器一般由主控电路、操作面板、外接给定与输入控制端、外接输出控制端、控制电源、采样及驱动电路等部分组成。变频器参数设置可看成是一种特殊方式的编程，通过参数的设置，可以使变频器控制的电动机具有良好的起动、制动、运行性能。本章讲述了变频器的 4 种运行方式，分别适应不同的工作场景，讲述了常见变频调速电路，这是变频器主要的电路形式。本章还介绍了变频调速系统的设计，讲述了器件选择、接线方法、调试方法、故障检修方法。

学会使用变频器是本章的主要学习目的，为此本章通过 5 个实训项目，由浅入深地引导同学们从认识变频器到简单使用变频器，再到系统中的软硬件的设计。

学习这部分内容要结合变频器使用手册，反复练习，才可以熟练掌握。

思考与练习

5-1　运动控制系统的构成有哪些？

5-2　三相异步电动机的调速类型有哪些？

5-3　三相异步电动机的变频调速原理是什么？

5-4　VVVF 变频调速的机械特性有什么特点？

5-5　通用变频器的基本结构有哪些？

5-6　什么是变频器的 SPWM 脉宽调制？

5-7　变频器常用控制电路有哪几种？各适用于哪些场合？

5-8　如将变频器的工频切换电路改为由 PLC 控制，试画出控制电路图，并编写 PLC 梯形图。

5-9　变频器复位方法有哪几种？

5-10　变频器的主要技术参数有哪些？

5-11　三菱变频器有哪几种运行方式？如何设置？

5-12　三菱变频器在不同信号输入时的连接方式有哪些？

5-13　模拟量输入端子功能的如何设定？

5-14　变频调速系统的负载试验有哪些？

5-15　设计一个 PLC 控制变频器电路的步骤是什么？

附录

常用电器元件的图形与文字符号

（摘自 GB/T 4728—1996～2005～2008 和 GB/T 7159—1987）

类别	名称	图形符号	文字符号	类别	名称	图形符号	文字符号
开关	单极控制开关		SA	位置开关	常开触点		SQ
	手动开关一般符号		SA		常闭触点		SQ
	三极控制开关		QS		复合触点		SQ
	三极隔离开关		QS	按钮	常开按钮		SB
	三极负荷开关		QS		常闭按钮		SB
	组合旋钮开关		QS		复合按钮		SB
	低压断路器		QF		急停按钮		SB
	控制器或操作开关		SA		钥匙操作式按钮		SB

（续）

类别	名称	图形符号	文字符号	类别	名称	图形符号	文字符号
接触器	线圈操作器件	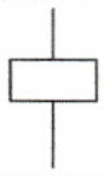	KM	中间继电器	线圈		KA
	常开主触点	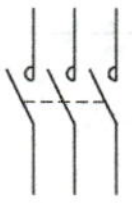	KM		常开触点		KA
	常开辅助触点		KM		常闭触点		KA
	常闭辅助触点		KM	电流继电器	过电流线圈	$I>$	KA
热继电器	热元件	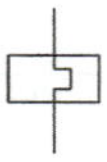	FR		欠电流线圈	$I<$	KA
	常闭触点	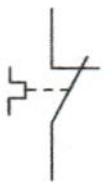	FR		常开触点		KA
时间继电器	通电延时（缓吸）线圈	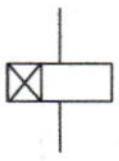	KT		常闭触点		KA
	断电延时（缓放）线圈	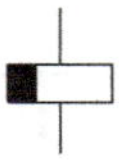	KT	电压继电器	过电压线圈	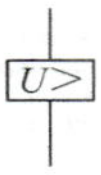 $U>$	KV
	瞬时闭合的常开触点		KT		欠电压线圈	 $U<$	KV
	瞬时断开的常闭触点		KT		常开触点		KV
	延时闭合的常开触点		KT		常闭触点		KV
	延时断开的常闭触点		KT	非电量控制的继电器	速度继电器常开触点	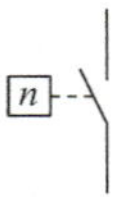 n	KS
	延时闭合的常开触点		KT		压力继电器常开触点	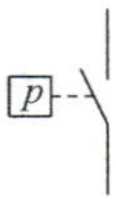 P	KP
	延时断开的常开触点		KT	熔断器	熔断器		FU

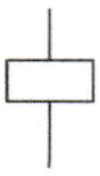

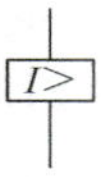

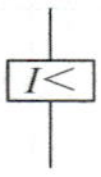

275

（续）

类别	名称	图形符号	文字符号	类别	名称	图形符号	文字符号
电磁操作器	电磁铁的一般符号		YA	发电机	发电机		G
	电磁吸盘		YH		直流测速发电机		TG
	电磁离合器		YC	变压器	单相变压器		TC
	电磁制动器		YB		三相变压器		TM
	电磁阀		YV	灯	信号灯（指示灯）		HL
电动机	三相笼型异步电动机		M		照明灯		EL
	三相绕线转子异步电动机		M	接插器	插头和插座		X 插头 XP 插座 XS
	他励直流电动机		M	互感器	电流互感器		TA
	并励直流电动机		M		电压互感器		TV
	串励直流电动机		M		电抗器		L

参 考 文 献

［1］ 郭艳萍，张海红，冯凯. 电气控制与 PLC 应用［M］. 3 版. 北京：人民邮电出版社，2017.

［2］ 张静之，刘建华，陈梅. 三菱 FX_{3U} 系列 PLC 编程技术与应用［M］. 北京：机械工业出版社，2017.

［3］ 陈相志. 交直流调速系统［M］. 2 版. 北京：人民邮电出版社，2015.

［4］ 杜德昌，宋丽娜. 电气控制线路安装与检修［M］. 北京：高等教育出版社，2015.

［5］ 李兴莲，孙锦全，杨志良. 机床电气控制与排故［M］. 北京：高等教育出版社，2015.

［6］ 廖常初. S7-1200 PLC 应用教程［M］. 3 版. 北京：机械工业出版社，2017.

［7］ 张豪. 三菱 PLC 应用案例解析［M］. 北京：中国电力出版社，2012.